通用智能与大模型丛书

Chatbot
从0到1（第2版）
对话式交互实践指南

李佳芮　李卓桓　编著

电子工业出版社
Publishing House of Electronics Industry
北京·BEIJING

内 容 简 介

本书内容共 6 部分。第 1 部分帮助你理解"Chatbot"和"对话式交互";第 2 部分带你了解通用人工智能及其代表 GPT;第 3 部分和第 4 部分介绍 Chatbot 的生命周期;第 5 部分介绍通用人工智能与现实世界的接口——机器人流程自动化;第 6 部分介绍行业对 Chatbot 的评价,明确 Chatbot 的边界并给出可落地的方法。现在就让我们开始这场干货满满的旅程吧!

本书适合希望从事 Chatbot 行业的读者阅读,尤其是正在考虑将业务切入 Chatbot 领域的决策者,即将或正在从事 Chatbot 专业工作的产品经理和项目经理,以及希望了解 Chatbot 领域工作流程的开发人员。

图书在版编目(CIP)数据

Chatbot 从 0 到 1:对话式交互实践指南 / 李佳芮,李卓桓编著. —2 版. —北京:电子工业出版社,2024.1

(通用智能与大模型丛书)

ISBN 978-7-121-46292-4

Ⅰ. ①C… Ⅱ. ①李… ②李… Ⅲ. ①人机界面—程序设计 Ⅳ. ①TP311.1

中国国家版本馆 CIP 数据核字(2023)第 172979 号

责任编辑:郑柳洁

印   刷:天津千鹤文化传播有限公司
装   订:天津千鹤文化传播有限公司
出版发行:电子工业出版社
         北京市海淀区万寿路 173 信箱   邮编:100036
开   本:720×1000   1/16   印张:29.5   字数:515 千字
版   次:2020 年 4 月第 1 版
         2024 年 1 月第 2 版
印   次:2024 年 1 月第 1 次印刷
定   价:119.00 元

凡所购买电子工业出版社图书有缺损问题,请向购买书店调换。若书店售缺,请与本社发行部联系,联系及邮购电话:(010)88254888,88258888。

质量投诉请发邮件至 zlts@phei.com.cn,盗版侵权举报请发邮件至 dbqq@phei.com.cn。

本书咨询联系方式:faq@phei.com.cn。

推荐序一

我们非常高兴再次为本书作者的书作序。

在人工智能潮流的引领下，ChatGPT 已经将对话式交互的产品形式推向顶峰。李佳芮在微信生态和 Chatbot 领域深耕七年，这使她能够迅速响应并抓住市场机会，站在大语言模型技术浪潮的前沿。凭借作者的实践经验，本书不仅扩充了内容，还增加了 ChatGPT 的相关内容，更新了在大语言模型时代搭建 Chatbot 的方法。不论您是创业者，还是面临 Chatbot 升级迭代的产品经理，我们相信，阅读本书后，您都将获益良多。

我们和李佳芮的故事可以追溯到 2018 年，李佳芮创立的句子互动公司是 YC 中国（奇绩创坛前身）建立后的第一批入选项目，她因此前往硅谷参加了为期三个月的 YC 创业营。我们一直保持交流，目睹了李佳芮不断推进项目发展的过程。

2023 年，奇绩创坛投资了句子互动，也与李佳芮的团队合作，打造了专属于奇绩创坛的 Chatbot。李佳芮非常善于学习和总结，在奇绩社区也非常活跃，她经常分享自己在 Chatbot、出海等领域的实践经验。

我们相信，本书将成为中文世界 Chatbot 推广过程中的重要一环，也会极大地帮助 Chatbot 走向大众视野，帮助读者全面了解设计 Chatbot 所需的基础知识。书中用通俗易懂的语言，从团队的实战经验出发，列举了许多标准流程，总结了系统性的方法论，帮助读者结构性地梳理垂直场景业务，使读者能够亲自动手，以可视化的方式完整实现 Chatbot。

奇绩创业者社区聚集了一群对最前沿技术保持高度热情的创始人，他们总是能以最快的速度、用最新的技术打造产品。李佳芮毫无疑问是其中的快速行动者，除了快速迭代产品，她还将自己在人机对话领域的经验汇编成书，为整个行业的从业者提供有力支持。本书可以帮助你对 Chatbot 有一个系统的了解，你也可以在本书的指导下，尝试设计一个自己专属的 Chatbot，开启你在人机交互领域的探索。

陆奇和奇绩创业团队

推荐序二

在这个技术狂欢的时代，最不缺的就是新的技术名词和概念，真正需要的是，无论技术先进或流行与否，它能够解决人类的实际问题，在人类的日常工作与生活中发挥真正的效力。对人类有用的技术，其应用结果或者减轻了人类的负担，或者提高了人类的成就感，或者让人类更加幸福，不同技术发展观念的核心区别就在于技术的应用是以人为本还是以技术为本。

真正经历过和正在经历数字化转型的组织与个人，大体上在这些年里听说了许多技术，可能也尝试过不少曾经流行或已经不流行的技术，但能够真正落地解决实际问题的技术微乎其微。如今，人工智能再次热火起来，它能不能真正为我们所用成为热门话题。

如本书作者李佳芮和李卓桓所强调的，我们正在经历人工智能的新一轮飞速发展。在这个充满机遇和挑战的领域，我们需要关注的不仅是技术的进步，更是如何将这些前沿技术与商业需求结合，创造出具有实际价值的产品和解决方案。本书介绍的技术与应用实践，在数字化基础、持续优化流程和培养数字化人才的基础上，能发挥提效、降本和提高用户与员工满意度的巨大作用。本书的独特之处在于，作者根据多年来在技术领域的持续探索与应用实践，针对人工智能领域的最新进展，为读者提供了技术发展和应用落地的崭新视角。

人工智能正在成为引领产业革命和社会变革的强大引擎，云计算、物联网、大数据、机器学习和人工智能等领域的创新技术，不仅改变着商业模式，也深刻影响着人们的生活方式。而 Chatbot 作为变革浪潮中的重要角色，已经在多个行业，为企业和用户提供了全新的交互体验。

本书作者以 Chatbot 为切入点，以深厚的专业知识，结合丰富的实践经验，为我们展示了 Chatbot 从起源到应用的全生命周期，深入探讨了对话式交互的发展历程、技术原理、应用场景及实践方法。与此同时，本书还着眼于大语言模型的崛起，特别关注了 ChatGPT 这一代表性的人工智能技术。我们必须认识到，技术本身只是一部分，更重要的是如何在不断变化的技术环境中，找到创新的应用方法，为用户创造出更好的体验。

从对话式交互的起源到通用人工智能的春天，从数据处理到对话脚本撰写，本书几乎涵盖了 Chatbot 生命周期的各个方面。而在其中，作为一名以工程师为己任的技术与管理实践者，我尤为强调产品工程的重要性。Chatbot 的技术虽然是关键，但更需要在产品设计和用户需求理解上下功夫。正如作者所言，AI 里 80%是产品工程，20%是技术工程。这不仅是一种思维方式，更是一种使命感，我们应该始终将用户需求和体验放在首位。在数字化时代，技术的价值必须能够转化为产品和解决方案，满足用户的真实需求。正如我一直强调的，AI 的成功不仅在于技术的发展，更在于对用户需求的深刻理解和产品设计的精准实施——无论技术多么先进，最终起作用的是人性。

我们应该认识到，AI 不是单纯的工程问题，它涵盖了广泛的领域，需要产品、技术、设计和用户体验等多方面的协同合作。本书为读者提供了全面的指导：从需求分析、流程设计、数据处理到对话脚本撰写，从系统搭建到运营反馈，展示了构建一个优秀 Chatbot 的全过程。

当然，本书的内容不仅包括 Chatbot 领域的知识，还涵盖了机器人流程自动化及与现实世界接口的建立。随着技术的不断演进，我们有机会将 AI 应用于更广泛的领域，从而实现更高效、更智能的工作流程和服务。

今天，我们正站在数字化时代的风口，拥有重新定义产业与社会的机会。而本书，为我们在 Chatbot 领域的探索和创新提供了有力的引导。希望读者能够通过阅读本书，深入了解 Chatbot 技术的发展与应用，拥抱智能时代，共同塑造人类的数字化未来。

韦青

微软中国首席技术官

推荐序三

回溯时光，当我仍在搜狗公司领导搜狗搜索和搜狗输入法研发时，人工智能的风声尚未这般嘹亮。如今，身在百川，我深知大语言模型的深度与广度，更对 Chatbot 的发展有浓厚的期许。

打开本书，我仿佛再次走过人工智能的每一个里程碑。对话式人工智能，是一次对技术与人性的升华，它不仅是技术变革，更是对人机交互哲学的重新定义。

作者回溯了技术发展的每一个阶段，深入剖析了交互界面的演变。未来的世界，无疑是以对话为核心的。这不只是技术的进步，更是一次对人类交流本质的回归。人与人之间沟通的核心，始终是语言；随着 AI 的发展，人与机器的沟通必然走向人类交流的本质。

对话式 AI 是个突破，它给人带来的，不仅是方便，更多的是陪伴、理解和关心。在本书中，从技术到应用，从理论到实践，为读者提供了宝贵的参考和启示。

我有幸目睹本书的诞生，看到它跨越时代的界限，为我们描绘一个即将到来的对话式未来，我为之赞叹。对话不仅是技术的产物，它是文化、是情感，是人类对未来的渴望与期待。

希望每一位读者，在翻阅本书的每一页时，都能感受到对话式 AI 带来的无限可能性和希望。也希望每一个创作者、开发者，都能在这个时代，找到自己的位置，为构建一个更智能、更人性化的未来尽一份微薄之力。

王小川

百川智能 CEO

本推荐序由 GPT 与王小川博士共同创作完成。

前言

缘起

8 年前，我与朋友联合创立了对话式 RPA 开源框架 Wechaty。如今，Wechaty 已成为 GitHub 上 Star 最多的对话式 RPA 开源框架。

5 年前，我为百度制作了《对话式 AI》系列视频课程。至今，该课程仍在百度 AI 官网开放，帮助百万名对话式 AI 的开发者了解如何搭建 Chatbot。

3 年前，我出版了对话式 AI 图书《Chatbot 从 0 到 1：对话式交互设计实践指南》，首次提出了 Chatbot 全生命周期的理念，试图根据我的经验，为 Chatbot 行业的从业者和决策者提供一份指南。

2022 年，ChatGPT 横空出世，再次引发公众对 Chatbot 的热烈讨论。我除了感受到公众对 Chatbot 技术的憧憬，也感受到了公众对 Chatbot 的误解和疑惑。我意识到，或许我可以在 AGI 背景下分享我对 Chatbot 的理解。因此，我接受了极客时间的邀请，出品了我的公开课《ChatGPT 从 0 到 1》。

随着《Chatbot 从 0 到 1：对话式交互设计实践指南》(后文简称第 1 版) 的脱销，出版社的编辑希望我在 ChatGPT 的大背景下更新这本书。

回顾技术发展的历史，我们可以发现其中较为重要的几次浪潮均遵循一个规律：随着新的核心技术（无论是在软件方面，还是在硬件方面）的涌现和融合，全新的人机交互方式随之出现，从而催生大量的商业应用。

软件界面交互方式的发展可以分为以下 3 个阶段。

- 20 世纪 80 年代（第 1 阶段），以 DOS/UNIX 为代表的文本命令行交互方式。
- 20 世纪 90 年代（第 2 阶段），进化为以 Windows 图形化鼠标键盘为主的交互方式。
- 进入 21 世纪（第 3 阶段），演变为以当前主流的移动设备触屏为主的交互方式。

在这 3 个阶段中，虽然每次升级都为交互体验带来了革命性的变革，但是有一点一直没有变：无论是文本命令行，还是图形化鼠标键盘，抑或是移动设备触屏交互，都必须基于计算机系统预先设置好的界面，且人类需要熟悉这个界面，还必须按照系统规定的方式操作。

一直以来，计算机系统必须提供软件界面，让用户操作。原因很简单，计算机系统的处理能力有限，它必须给出几个选项，让用户在其中选择，才能继续运转。

但是我相信，人工智能强大后，人类所追求的以自然语言对话为主的人机对话方式将自然而然地成为现实。未来是对话交互的时代，过去的成百上千个 App 会逐渐演化成未来的成百上千个 Chatbot。

其实，人类的需求——追求更简单的人机交互方式，一直没有发生变化。这种交互方式的演进是一种不可避免的变化，也是技术升级和信息服务发展的必经之路。

因此，我在 7 年前进入 Chatbot 的世界并创立了我的公司——句子互动。通过 "RPA + AI"，打造大模型驱动的基于 IM（即时聊天工具）的跨平台对话式营销云。跨平台体现在我们的产品打通了企业微信、飞书、5G 消息、WhatsApp 等不同的 IM，通过 RPA 沉淀营销的最佳实践，使用不同的 IM 在对话场景中让企业和用户实现千人千面的、场景化的、带有情感的互动，进而提升销售转化率和运营留存率。

7 年前，我就坚信，Chatbot 未来会成为营销的基础设施和重要的人机交互窗口，我为之坚持至今。

本书特色

在从事 Chatbot 工作的 7 年中，我从程序员的角色起步，从参与开源项目逐渐转向为商业化客户打造实际应用。我经历了从定制化项目到标准化产品的转变，从梳理客户需求到开展商务谈判和报价的过程。我参与了从需求抽象到产品设计的阶段，从算法设计到工程实现，再到数据调优、运营反馈、产品交付的流程。除此之外，我也负责市场公关（以吸引更多的客户），与客户的沟通（涵盖交付、定价、解约、制订方案等方面）……我几乎参与了与 Chatbot 相关的所有工作，甚至很多工作并不是 CEO 必须亲力亲为的。

7 年并不短暂，我有幸见证了我的公司在人工智能领域的持续发展，并穿越了人工智能的周期——从热门到平常，再到如今再度引领科技的潮流。这段历程让我对 Chatbot 有了更理性和更深入的理解。只有冷静地看待人工智能的发展，理解技术周期性的变化并持续拥抱最新的技术，我们才能抓住真正的机会，做出人们期待的产品。希望本书能让读者感受到技术发生的各种变化，在当下的人工智能浪潮中多一些冷静和思考。

与出版本书第 1 版时的情形非常相似，如今，大家对 ChatGPT 有和 Chatbot 一样巨大的误区，认为人工智能是一个纯粹的技术工程，被各种技术术语影响，忽略了商业应用中产品设计和对用户需求的理解实际上是更为重要的事实。我认为，人工智能里 80% 是产品工程，20% 是技术工程。在大模型时代，甚至只有 10% 是技术工程。当然，在产品工程中，不可缺少的是技术专家对技术的基本理解。

我发现自己坚持的理念和 3 年前出版本书第 1 版时没有变化：搭建 Chatbot 是一个产品问题，而不是简单的算法问题或者技术问题。我们需要理解用户的需求，知道他们在什么场景下需要使用 Chatbot，他们期望 Chatbot 帮助他们解决什么问题，我们必须具备优秀的产品思维和基础的 Chatbot 产品方法论。然后，通过技术实现这些需求，创造能够真正解决用户问题的 Chatbot。

所以，我决定接受出版社的邀请，在本书中增加 ChatGPT 的内容并介绍在大模型时代下搭建 Chatbot 的方法。虽然搭建 Chatbot 的产品方法论并没有因为以 ChatGPT 为代表的大模型的出现发生本质的变化，但是在一些技术落地的实现路径中，新的技术对旧的技术确实有了一定程度的替换。我将自己全新的理解和实践更新在本书中，希望能帮助读者在面对人工智能浪潮时，在了解技术的基础之上，能在产品维度有更清晰的认知、更深入的理解、更务实的应用。

本书不仅会让读者了解 Chatbot 及其相关的人工智能技术，还能帮助读者培养产品思维，学会从用户的角度看待问题，理解 Chatbot 的本质，从而打造出真正优秀的 Chatbot。推动 Chatbot 和人工智能技术发展的关键不仅在于技术的进步，更在于对产品的深刻理解、对用户需求的深刻洞察，以及对人机交互方式变革的准确把握。只有明确了这一点，我们才能够打造出真正有价值的产品，充分挖掘人工智能的潜力。

欢迎交流

以 ChatGPT 为代表的大模型的应用仍处于初级阶段。Chatbot 离真正的大规模落地还有很长的路要走。虽然我自己的经验也有一定的局限性，但是分享和交流能让我们共同进步。我们需要行业的朋友们共同帮忙，一起做出更专业的产品。

坦白地讲，出版本书的进度远比我预期的要缓慢，出版社期待在我推出《ChatGPT 从 0 到 1》的公开课后，立刻更新本书，但公司业务的飞速发展让我整理本书的时间少之又少。由于是在第 1 版的基础上更新，而非完全从零开始写作，我本以为本书会成为最早的 ChatGPT 相关图书之一。然而，随着整理工作的进行，我意识到技术的变化远远超过了我的整理速度。如果我追求完美，则可能本书将一直难产。因此，不如将更多的期望寄托在本书的第 3 版上。毕竟，Chatbot 本身还有很长的路要走。我会在我的公众号上持续更新更多的内容。希望读者能够原谅本书的不完美。

此外，我也怀着一个小小的期待，或许可以通过出版本书吸引更多的人加入 Chatbot 行业。尽管人工智能变得备受瞩目，但真正"下场"做 Chatbot 的人仍然屈指可数。无论是与"下场"的朋友合作，还是成为竞争对手都无关紧要。只有越来越多的聪明产品/技术人加入这个行业，我们才能以理性的眼光看待人工智能，理解人类需求的本质，从产品的角度创造 Chatbot，推动这个行业健康地发展，一同开创对话式人工智能的未来。

致谢

我要感谢父母对我的鼓励和支持；感谢我的 YC 中国导师、奇绩创坛创始人陆奇博士，每次与他交流都令我有醍醐灌顶之感；感谢我的合伙人、句子互动 CTO 高原，与我在创业路上并肩负重前行。记得在一次和陆奇博士的 Office Hour 中，陆奇博士说所有市场侧的工作佳芮都承担了，而高原似乎没有太多市场发声。其实，高原在交付侧和技术侧的积累远胜于我，只是我更善于表达，以及因为我是 CEO，所以很多前面的"风头"都是我出了。实际上，句子互动所有的积累，都是我和高原一步一步走出来的。感谢本书的联合作者、Wechaty 的作者李卓桓，他一直激励我在 Chatbot 领域持续进步，并总在我要放弃之际推动我前进。感谢句子互动所有的股东，包括 Pre-Angel、Plug and Play、YC、TSVC、阿尔法公社、真成基金、奇绩创坛，没有你们的支持，就没有句子互动大量的商业实践和试错。感谢 MRS.ai CEO Mingke（江湖人称"S 先生"）和知未智能的创始人段清华，我在撰写本书过程中与他们有深入的讨论并引用了他们的观点。感谢《出海相对论》播客的制作人陈杰，在一起做播客的过程中，我们产生了大量的对 ChatGPT 的反思和总结。感谢句子互动市场团队的伙伴王勇、王慧蓉基于我在极客时间公开课内容的二次整理。感谢句子互动交付团队的伙伴陈广萍（卡卡）在本书整理、写作上的协助。感谢电子工业出版社的策划编辑郑柳洁，持续帮助我梳理书稿的内容并最终推动了本书的顺利出版。

说明

本书包含大量与 ChatGPT 的对话示例。为了真实地展示 ChatGPT 的对话能力，对话内容中难免会出现用词不规范、语句不通顺甚至错误的情况。在此，恳请各位读者包涵。

李佳芮

句子互动创始人&CEO

2023 年 7 月

读者服务

微信扫码回复：46292

● 获取本书作者 PPT 资源

● 加入本书读者交流群，与作者互动

● 获取【百场业界大咖直播合集】（持续更新），仅需 1 元

目录

第 1 部分　人工智能时代之骄子

第 2 部分　通用人工智能的春天：引领未来的关键技术

第 3 部分　Chatbot 的生命周期（上）

第 4 部分 Chatbot 的生命周期（下）

第 5 部分 机器人流程自动化：建立 AGI 与现实世界的接口

第 6 部分　对话式 AI 的时代已经到来

第 1 部分

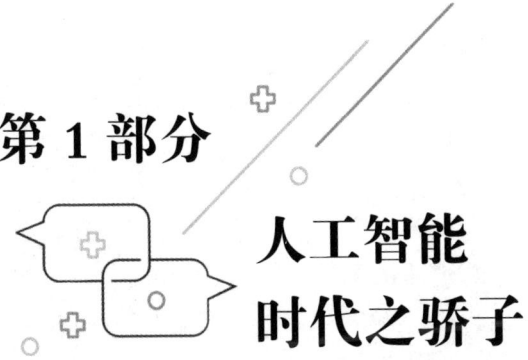

人工智能
时代之骄子

1

人工智能的春天来了

1.1　灼灼热望

自阿兰·图灵提出"图灵测试"已过去七十余年,第一个Chatbot"Eliza"的诞生距今也有七十余年。半个多世纪以来,对人工智能(Artificial Intelligence,AI)的探索几经起落,但人类似乎始终没有停止对完美人工智能的幻想与渴望。深度学习技术的崛起使得诸如ChatGPT这样的语言模型得以问世,为人工智能的发展开辟了新的道路。

2011年10月4日,苹果公司在美国加利福尼亚州的库比蒂诺总部发布了它们的新一代智能手机——iPhone 4S。在这次发布会上,蒂姆·库克首次作为苹果新任CEO亮相。一天之后,乔布斯与世长辞。

这本该是一场极其特别的发布会,但新推出的iPhone 4S却有点不尽如人意:它和被视为经典产品的前作iPhone 4太像了,以至于区分二者一时成了"果粉"论坛里的"找茬"游戏。iPhone 4S的外表虽然和iPhone 4非常相像,内部却蕴含了被苹果公司寄予厚望的一个全新突破——语音助手Siri,即"4S"里的"S"。它带来了一项重要创新——语音助手Siri。Siri的问世是人工智能领域的一大突破。

在乔布斯生前留下的最后一部作品中,Siri被视为最主要的创新点。在 All Things

Digital 大会上被问及 Siri 是什么时，乔布斯曾斩钉截铁地说："Siri 不属于搜索领域，而属于人工智能领域。"在那个人工智能从业者多在孤独中前行的年代，这样的远见着实令人佩服。

智慧的头脑固然孤独，但总会有伟大的思想与之契合。在微软 Build 2016 开发者大会上，微软 CEO 纳德拉首先提出了"对话即平台"（Conversations as a Platform，CaaP）的人工智能发展方向："我们最终将教会计算机以人类思维交流，而不是与机器人进行对抗，人工智能能够被人类所信赖。"紧接着，他宣布了自公司建立以来最大的一次部门重组，将著名的 Windows 所属部门拆分，分别合并到两个新成立的部门："云服务+人工智能平台"部门和"体验与设备"部门。当然，架构重组带来的人事变动不可避免，Windows 部门的执行副总裁 Terry Myerson 只能离职。

众所周知，部门拆分、架构重组，是商业公司进行业务重点转移的步骤。微软的这次动作之所以被称为"史上最大"，无疑是基于 Windows 操作系统对于微软公司的重大意义，毕竟微软的一切都是从它开始的。当然，拆分合并并不意味着消灭操作系统，而是让微软未来的操作系统更深度地融入云服务、人工智能和物联网设备中。

微软在人工智能领域的投入和进展取得了显著的成果。微软除了从 2019 年开始与 OpenAI 紧密合作，推动 GPT-3、ChatGPT 和 GPT-4 技术的发展和应用，还在 2021 年收购了领先的人工智能和语音技术公司 Nuance Communications，进一步加强了在人工智能和自然语言处理领域的领导地位。

在接下来的几年中，深度学习和大规模语言模型（后文简称大语言模型）的发展取得了显著的进步。OpenAI 推出了 GPT-3，作为第三代生成预训练转换器，它在诸多任务中展现了卓越的性能。在 GPT-4 推出之际，人工智能界的期望已经达到了新的高度。GPT-4 基于更大的数据集和更强大的计算能力，其性能比 GPT-3 更出色。

GPT-4 的出现，使 Chatbot 的应用变得更广泛，ChatGPT 便是一个典型的例子。ChatGPT 不仅可以用于日常的对话场景，还能在技术支持、教育、创意写作等领域发挥重要作用。它的强大性能和广泛应用使得人工智能距离完美的目标越来越近。

与此同时，微软在人工智能领域的投入和进展也取得了显著成果。微软 Azure 云服务平台通过提供先进的人工智能和深度学习工具，为企业和开发者带来了便捷、高效的解决方案。此外，微软还与 OpenAI 合作，旨在推动人工智能技术的发展，实现更广泛的应用。

值得注意的是，随着人工智能的发展，一些道德和伦理问题也开始受到关注。例如，GPT-4 等大语言模型可能会产生不符合道德规范的内容，或被用于恶意目的。为了应对这些挑战，OpenAI 和微软等行业巨头正积极探讨如何确保人工智能技术的安全和可靠。

自阿兰·图灵提出"图灵测试"以来，人工智能领域已取得了长足的进步。从 Siri 到 ChatGPT，从 GPT-3 到 GPT-4，这些技术的发展都为实现完美的人工智能提供了有力支持。面对未来，我们有理由相信，科幻世界中的智能机器人将在现实世界中成为可能。

1.2 起伏跌宕

然而，人工智能并非一直是时代的宠儿，正如尼采所说："谁终将声震人间，必长久深自缄默；谁终将点燃闪电，必长久如云漂泊。"

1940—1955 年，早期的人工智能研究始于研究人员对人类思维和计算理论的探索。在这个时期，研究人员对于如何构建一台像人一样思考的计算机充满了好奇。为了达成这个目标，很多研究人员通过研究大脑结构和功能，试图从中获取灵感。在这个时期，Warren McCulloch 和 Walter Pitts 提出了神经网络模型，为人工智能研究奠定了基础。这个模型基于人脑的神经元之间的连接方式，实现了简单的逻辑计算。1950 年，Alan Turing 发表了《计算机与智能》的论文，提出了著名的图灵测试，成为人工智能领域的奠基之作。他认为，如果一台计算机能够通过图灵测试，即让人类无法区分计算机和人类的回答，那么这台计算机就可以被认为是具有智能的。

1956 年，在由达特茅斯学院举办的一次会议上，计算机专家约翰·麦卡锡提出了"人工智能"一词，这被人们视为人工智能正式诞生的标志。这次会议之后，人工智能迎来了属于它的第一段黄金时期，在这段长达十余年的时间里，计算机被广泛应用于数学和自然语言领域，用来解决代数、几何和英语问题。这提振了很多研究人员对机器向人工智能发展的信心。当时，很多学者甚至断言："二十年内，机器将能完成人能做到的一切。"

然而，早期的人工智能研究面临着许多挑战。当时可用的计算能力有限，人工智能研究缺乏资金和资源的支持。此外，对于什么是人工智能的定义缺乏明确性，这导致了领域内的混乱和广泛的解释。20 世纪 70 年代，人工智能十余载的光辉逐渐日薄西山。对项目难度预估不足，最终没有产生实际落地的应用项目，让人们暗自怀疑人工智能是否只是幻梦一场。舆论压力慢慢压向人工智能领域，很多研究经费被转移到其他项目上。当时，人工智能面临的技术瓶颈主要有三个方面：

第一，计算机性能不足。早期能在人工智能领域得到应用的程序寥寥无几。

第二，问题远比想象的复杂。在问题单一的特定场景下，人工智能程序还可以应对，一旦场景多维，问题更复杂后，就无能为力了。

第三，数据量严重缺失。没有足够的数据进行深度学习，机器的智能程度要快速上一个台阶变得非常困难。

因此，人工智能项目停滞不前。詹姆斯·莱特希尔于 1973 年发表了针对英国人工智能研究状况的报告，批评了人工智能在实现"宏伟目标"上的失败。此后，人工智能遭遇了长达 6 年的低迷期。

尽管面临许多挑战，但早期的人工智能研究为未来的发展奠定了基础。它引发了研究人员对于开发能够执行以前被认为需要人类智能才能完成的任务的机器的兴趣。随着人工智能领域的不断发展和演变，研究人员开始开发新的技术和模型，如专家系统和机器学习算法，为现代的人工智能时代铺平了道路。

遇冷 6 年后，人工智能又奋力爬起。1980 年，卡内基梅隆大学为数字设备公司设计了一套名为 XCON 的"专家系统"。专家系统是一种采用人工智能程序的系统，可以简单地理解为"知识库+推理机"的组合。XCON 是一套具有完整专业知识和经验的计算机智能系统，直到 1986 年，这套系统每年能为公司节省超过 4000 美元的经费。Symbolics[1]、Lisp Machines[2]和 IntelliCorp[3]等软硬件公司应运而生。在这个时期，仅专家系统产业的价值就高达 5 亿美元。

---

[1] Symbolics：出售和维护 Open Genera Lisp 系统的计算机制造商。
[2] Lisp Machines：是被设计来高效运行以 Lisp 语言为主要软件开发语言的通用型计算机（通常通过硬件支持）。
[3] IntelliCorp：一家为 SAP 客户和合作伙伴提供开发和销售 SAP 应用程序生命周期管理、业务流程管理和数据管理软件的软件公司。IntelliCorp 应用程序可提供 SAP 系统的自动智能影响分析，并且已通过 SAP 集成认证。

令人不胜唏嘘的是，命运的巨轮再一次碾过人工智能，让其回到原点。在维持了仅仅7 年之后，这个曾经轰动一时的人工智能系统的历史进程就宣告结束。到 1987 年，苹果和 IBM 公司生产的台式机性能都超过了 Symbolics 等厂商生产的通用计算机。从此，专家系统风光不再。

尽管专家系统的兴盛逐渐消退，但机器学习的进展为人工智能带来了新的希望。自20 世纪 80 年代以来，机器学习已经成为人工智能领域的核心技术之一。机器学习研究如何让计算机从数据中学习和提取知识，以自动适应不断变化的环境。这一领域取得了许多突破性成果，为人工智能的发展和应用提供了重要推动力。

一个重要的机器学习技术是神经网络，尤其是深度学习。深度学习是一种多层次的神经网络，可以从原始数据中自动学习多层次的表征。在此基础上，深度学习可以识别复杂的模式，从而应对前所未有的挑战。21 世纪初，随着计算能力的提升和大数据的涌现，深度学习取得了令人瞩目的进展。

20 世纪 90 年代中期，随着人工智能技术尤其是神经网络技术的逐步发展，以及人们对人工智能越来越客观的认知，人工智能技术进入平稳发展期。1997 年 5 月 11 日，IBM的计算机系统"深蓝"①战胜了国际象棋世界冠军卡斯帕罗夫，这在公众领域引发了现象级的人工智能话题讨论。这是人工智能发展的一个重要里程碑。2006 年，辛顿②在神经网络的深度学习领域取得突破，人类又一次看到机器赶超人类的希望，这也是标志性的技术进步。2016 年至 2017 年，由 Google DeepMind③开发的人工智能围棋程序 AlphaGo 战胜人类围棋冠军。AlphaGo 具有自我学习能力，它能够搜集大量围棋对弈数据和名人棋谱，学习并模仿人类下棋。DeepMind 也已进军医疗保健等领域。2017 年，深度学习大热。在无任何数据输入的情况下，AlphaGoZero（第四代 AlphaGo）自学围棋 3 天后便以 100：0

---

① 深蓝：美国 IBM 公司生产的一台分析国际象棋的超级计算机，重 1270kg，有 32 个微处理器，每秒可以计算 2 亿步。"深蓝"输入了 100 多年来优秀棋手的 200 多万对局。

② 辛顿：Geoffrey Everest Hinton（1947 年 12 月 6 日—　），加拿大计算机学家和心理学家，多伦多大学教授，以其在类神经网络方面的贡献闻名。辛顿是反向传播算法和对比散度算法的发明人之一，也是深度学习的积极推动者，被誉为"深度学习之父"。2018 年，辛顿因其在深度学习方面的贡献与约书亚·本希奥和杨立昆一同被授予了图灵奖。

③ DeepMind：一家英国的人工智能公司。公司创建于 2010 年，最初的名称是 DeepMind 科技（DeepMind Technologies Limited），在 2014 年被谷歌收购。

的比分横扫了第二代 AlphaGo——"旧狗"；学习 40 天后，它又战胜了在人类高手看来不可企及的第三代 AlphaGo——"大师"。

后来，大语言模型出现。在这个领域，OpenAI 开发的 GPT 系列模型成了研究和应用的典范。GPT（Generative Pre-trained Transformer）是 OpenAI 开发的基于 Transformer 架构的预训练语言模型系列。从 2018 年的 GPT-1 开始，逐步演变到 2020 年的 GPT-3，拥有强大的语言生成和泛化能力。随后，通过对代码训练、有监督指令调优及人类反馈的强化学习，诞生了 Codex、InstructGPT、text-davinci-002/003 和 ChatGPT 等多个变体，拓展了在问答、生成任务和对话等领域的应用。需要注意的是，上述模型间的具体关系并未被 OpenAI 完整公布，部分内容是基于研究和推理得出的。GPT-3 的参数量达到 1750 亿，使其具备了强大的自然语言处理能力，以至于在某些任务上已经接近甚至超越了人类水平。GPT-4 是 OpenAI 推出的最新一代大语言模型。该模型在处理自然语言任务方面取得了更为显著的成果。借助 GPT-4，Chatbot 得以在很多方面达到令人惊艳的水平，例如在开放领域的问答、文本生成、摘要、翻译等任务中展现出卓越的性能。这使得 Chatbot 能够更自然、更智能地与用户互动，提供更为精准的信息和服务。

近年来，随着人工智能的飞速发展，我们见证了一场商业领域的巨变。互联网巨头如谷歌、微软、百度等，以及众多富有创新精神的初创公司，纷纷投身于人工智能产品的竞争，掀起了一场智能化浪潮。曾经出现在电影中的科幻场景如今似乎触手可及，愈发多的人带着憧憬和热情，加入了这场连接未来的变革。随着技术日益成熟和公众接受度的提升，我们有理由相信，这场浪潮将构筑一座连接现代文明与未来文明的桥梁。

1.3　关于本书

随着人工智能的持续繁荣，Chatbot 成了互联网行业和投资领域的焦点。众多科技巨头纷纷发布了自家在 Chatbot 领域的战略和相关产品，例如，Facebook Messenger、Amazon Echo、Google Assistant、Apple Siri、IBM Watson、Microsoft Cortana（后已下线，重点押注 OpenAI），以及最近兴起的 OpenAI 的 ChatGPT 等。这些 Chatbot 产品正不同程度地融入我们的日常生活，并对人们的生活产生深远影响。

虽然如此，现阶段大部分人对 Chatbot 的理解还不甚明晰。

维基百科中是这样定义 Chatbot 的：

Chatbot 是经由对话或文字进行交谈的计算机程序。

Chatbot 常被翻译为"聊天机器人""对话机器人""智能助理"等，笔者认为，这些翻译都无法准确传达 Chatbot 的真正意思，不同的翻译对于 Chatbot 的边界定义得非常模糊。例如，"聊天机器人"会让人将 Chatbot 误解成像微软"小冰"那样的闲聊机器人，而"对话机器人"会让人将 Chatbot 误解成一个承载着计算机程序的实体机器人，"智能助理"可能会将 Chatbot 定义成能解决一切问题的虚拟助理。

笔者认为：

Chatbot 是对话式交互的产品形态。

对话式交互的说明如下：

人机交互的方式由图形式交互（Graphical User Interface，GUI）逐渐转化为对话式交互（Conversational User Interface，CUI），即用说话来代替触摸或者鼠标操作计算设备。

为了准确讲解，本书会在全文中使用"Chatbot"及"对话式交互"这两个术语进行所有内容的讲解。笔者将立足于人工智能，专注于 Chatbot 领域，带你走进这个神秘又令人兴奋的世界——

- 如果你想成为一名 Chatbot 产品经理，那么本书将成为你的最佳学习手册。
- 如果你是互联网产品经理，对人工智能或者 Chatbot 感兴趣，那么本书可以帮你快速完成职场转型。
- 如果你是开发者，那么你会从本书中了解到行业最先进的技术框架，透过技术，从产品、设计等多个维度学会如何搭建一个符合用户需求的 Chatbot。
- 如果你是市场拓展或者管理人员，本书可以帮你了解技术的发展历程、边界及局限性，合理引入人工智能，提高公司竞争力。

即使你从来没有接触过代码，通过本书介绍的相关工具和方法论，你也可以快速搭建一个满足自己需求的 Chatbot。

根据笔者的从业经验，对于大多数人而言，Chatbot 技术是一个非常晦涩难懂的领域，只有算法工程师才能驾驭。随着 ChatGPT 等技术的出现，更多的人会被大语言模型、BERT、GPT 等术语吓到，无法深入了解这些技术的内部原理和实际应用。笔者的目标是帮助读者更好地了解 ChatGPT 技术，并尽可能用通俗易懂的语言解释其中的专业术语和概念。

笔者将对 Chatbot 相关技术进行科普，帮助读者了解这些晦涩难懂的术语，以及它们的含义、技术特点、实现原理和应用场景等。笔者将努力用小学生能听懂的语言，而非专业领域的术语来描述 Chatbot 的能力、应用和发展方向。此外，我们还将为读者介绍一些重要的关键词和基础常识，以便更深入地探索 Chatbot 的技术，了解它们的内涵和应用场景。

总之，本书将帮助读者克服传统 Chatbot 技术的局限性，深入理解 ChatGPT 技术的内部原理和实战应用，掌握 Chatbot 技术的前沿动态和趋势，希望能帮助你成为 Chatbot 技术领域的专家。

本书的第 1 部分帮助你理解"Chatbot"和"对话式交互"；第 2 部分带你了解通用人工智能（AGI）及其代表——GPT；第 3 部分和第 4 部分介绍 Chatbot 的生命周期；第 5 部分介绍 AGI 与现实世界的接口——机器人流程自动化（RPA）；第 6 部分介绍行业对 Chatbot 的评价，明确 Chatbot 的边界并给出可落地的方法。现在就让我们开始这场干货满满的旅程吧！

2 对话式交互的登场

2.1 交互演进简史

回顾技术发展的历史，最大的几次浪潮出现基本都伴随着一个规律：新的核心技术（无论是软件还是硬件方面）的出现和整合带来全新的人机交互方式，大量的商业应用应运而生。人机交互的历史变化如图 2-1 所示。

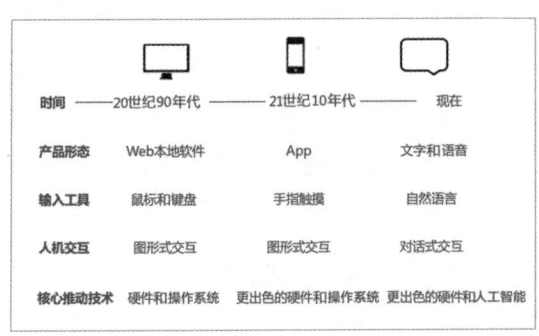

时间	——20世纪90年代——	——21世纪10年代——	现在
产品形态	Web本地软件	App	文字和语音
输入工具	鼠标和键盘	手指触摸	自然语言
人机交互	图形式交互	图形式交互	对话式交互
核心推动技术	硬件和操作系统	更出色的硬件和操作系统	更出色的硬件和人工智能

图 2-1

人机交互形态从 1990 年之前以鼠标键盘为主的本地软件，逐渐过渡到 2010 年以手指触摸为主的移动 App。如今，人机交互形态逐渐变为以自然语言对话为主，比如智能音箱、手机助手等。随着底层硬件、操作系统和人工智能技术的发展，交互的方式变得越来越便捷。

从历史的角度来看，1973 年，第一个可视化操作的 Alto 计算机在施乐帕洛阿尔托研究中心（Xerox PARC）完成。Alto 是第一个把计算机所有元素结合到一起的图形界面操作系统。它结合了 3 键鼠标、位运算显示器、图形窗口及以太网络连接，是第一款运用图形式交互技术的计算机。受软硬件限制，过去用上计算设备的人很少。一方面，当时的人机交互方式是让人学习机器的语言，且操作需要一些专业技术，学习成本高；另一方面，计算设备十分昂贵，远超大众经济承受能力，因此无法成为个人设备；再者，日常应用和普通生产力应用寥寥无几，所以即使学会了交互操作，也并不实用。

1983 年，苹果公司推出 Apple Lisa 个人计算机，它是全球第一款搭载对话式交互的个人计算机，"完美借鉴"了 Xerox 的图形式交互技术，真正将图形式交互的商业应用价值发扬光大。PC 时代由此拉开序幕。

2007 年年末，移动互联网开始普及，核心驱动的硬件技术是触摸技术、各种传感器的成熟及整体计算能力的提升和小型化；软件方面，iOS 系统与 Android 系统的出现，通过软硬件结合的方式创造出完全颠覆过去的触摸操作的体验，并使其成为真正可用的人机交互方式——让图形式交互的输入工具从鼠标键盘时代跨越到更直观的触摸方式。这样的智能系统，能完美地与开放的生态系统结合，让更多的人从使用计算设备中获利，许多不会使用键盘鼠标的人也可以通过触摸手机屏来操作。

举个例子，在智能设备普及之前，大众点评只是一个小众产品，因为网页并不是最合适这个商业模式的产品形态：通常，人们想要找餐厅的时候，很难快速从互联网获取相关的建议信息，毕竟让大家随身携带一台计算机是不太现实的；相比之下，智能手机的便携性很好地解决了这个问题，人们可以随时取出手机，点开大众点评 App 查阅相关信息，继而使大众点评的商业模式有了更合适的产品形态。

如今，随着人工智能和自然语言处理（Natural Language Process，NLP）技术的再次兴起，我们跨入了第三次交互浪潮——对话式交互。对话式交互是一种全新的交互方式。随着技术的平民化，人机交互正不可逆转地向人更习惯的方式靠近。

正如苹果公司前资深交互设计师 Bred Victor 所说：

"在未来的 25 年，没有人会再点击下拉菜单，但是人们仍然会指着地图互相纠正对方说的话，这是最基本的。好的信息软件在处理信息时会更接近人的使用方式，而不是计算机的方式。"

如图 2-2 所示，一方面，人机交互形态正在变化。在过去，网站和 App 强制用户像机器人一样思考问题，而对话系统则强制机器和计算机像人一样思考问题，让机器去适应人，而不是人去适应机器。另一方面，对使用者来说，使用机器的门槛变得越来越低：过去只有专家才能用的巨型人机交互系统，如今，正逐渐变成 3 岁儿童都可以使用的玩具。

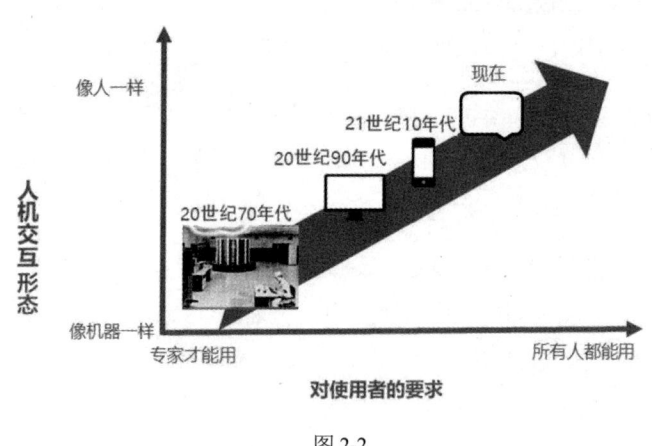

图 2-2

可以预见的是，接下来是人工智能的时代，过去的成百上千个 App 会逐渐演化成未来的成百上千个 Chatbot。过去，我们依赖操作系统完成玩游戏、听音乐、看视频、买东西等操作；未来，这些操作中的一大部分都会交给 Chatbot 去完成。这是未来交互趋势的变化——从没有人工智能到有人工智能，机器从不懂人类到懂人类，从有界面到无界面，从图形式交互界面到对话式交互界面。

如图 2-3 所示，Chatbot 逐渐为各种行业赋能，就像 Android 和 iOS 系统为手机赋能一样：手机到智能手机的最大变化是搭载了 Android 和 iOS 这样的操作系统。类似地，从家居到智能家居、硬件到智能硬件、客服到智能客服，也是因为这些产品有了对话的功能，也就是说有了 Chatbot。这样类比下来，Chatbot 将会逐渐成为新的操作系统。未来，Chatbot 将是人工智能时代不可或缺的基础组成部分，任何产品都要依赖对话系统为之赋能。

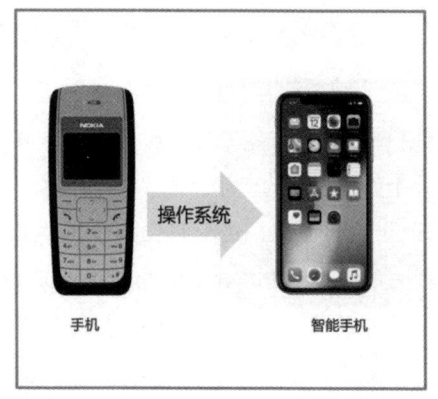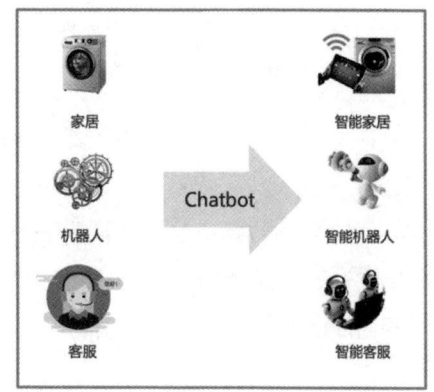

图 2-3

如果一款 Chatbot 产品能够完美地运作，无须依赖特定硬件，与用户使用习惯天然契合，没有使用成本障碍，并且无须下载新的应用程序，直接在用户熟悉的即时通信软件中实现过去需要应用程序来承载的服务，甚至还能开拓新的形态，则将为 Chatbot 带来巨大的创新空间和前景。

App 怎样颠覆 Web，下一代人机交互就会怎样颠覆 App。很多商业模式和形态都可以被重新考虑，越来越多的人都能更自然地通过计算设备获得价值。可以肯定，Chatbot 会成为下一个具有超级增长点的交互方式，会打开新的维度，释放更多的商业价值。以图形化交互界面为基础的人机交互模式将会逐渐消失，取而代之的是对话式人机交互界面，而对话式人机交互界面的底层操作系统以 AGI 为代表。

当然，未来的交互方式并不会是单一的对话式交互，就像移动触摸的交互没有完全取代鼠标键盘的交互一样。未来的交互形态会变成多感官的综合交互，包括对话、视觉、触觉等，本书的主要内容就是围绕对话式交互展开的。

2.2　对话式交互简介

2.1 节简单介绍了图形式交互和对话式交互，本节进行系统讲解。

- 图形式交互：即图形用户界面，我们过去用的计算机、手机都是图形化界面的，需要用户根据设计者的思维方式，一步步点击操作完成。

- 对话式交互：即对话用户界面，通过对话完成所有的交互任务。未来，交互会逐渐从单一的图形式交互转到对话式交互和图形式交互的混合交互方式。

对话式交互的产品形态非常广泛，可以是商用 Chatbot、家用 Chatbot、儿童故事机、智能音响、智能家居、车载系统、智能客服，以及个人助手类的产品。对话式交互的目标是使机器像人一样对话，这不仅需要有合理的逻辑、正确的场景（包括对话的上下文关联、角色的设定），还需要明确 Chatbot 是一个什么样的角色，感知语境，并训练它用得体的语气和用户进行交流。

对话式交互的核心技术是人工智能，真正的对话式交互产品一定是基于自然语言处理技术的，但对话式交互又不仅仅是人工智能或者自然语言处理。深度利用对话式交互的特点，是打造产品的关键。对对话式交互的特点理解决定着产品价值，决定着产品形态上所能发挥的底层技术的商业价值。打造对话式交互产品时，需要特别注意一个问题——对话式交互不只是简单的图形式交互的延续，而是对图形式交互的颠覆，它不是"把按钮变成语言操控"这样简单的事情。

移动设备刚出现时，大家对如何在智能手机上开发产品还没有太多了解。早期的大量 App，都是本着从"如何把内容缩小到在手机屏幕上展示"的思路出发来设计的。这是典型的延续上一代交互的思路。

随着不断思考和挖掘移动端的潜力，开发者慢慢理解了移动端真正的核心特质——"碎片时间""个人身份绑定""基于位置服务（Location Based Services，LBS）"等，才是真正让移动产品体现价值的，是完全颠覆上一代交互的属性。而且我们发现这些特质几乎与"触摸"这个明显的交互行为没有直接关系。

如今，面对对话式交互的出现，产品经理也会遇到类似的问题。当前，大多数智能助理的设计思路都是"用语言代替过去 App 中的触摸操作"，例如用语言代替手指触摸屏幕，或者用说话代替打字。而能让用户感觉真正智能的核心属性尚不明确，有待从业者发掘。

在图形式交互时代，用户使用产品时，会打开一个可视化的界面。例如，我们打开大众点评 App 找餐厅时，其交互页面如图 2-4 所示。

这是一个常见的 App 界面，用户能做的选择，都明确地显示在界面上（所见即所选）。要找美食，用户能做的选择基本就是在"附近""美食""智能排序"等几个选项中筛选。

为了帮助用户决策，这些视觉化的框架会给用户一些提示，比如该从这些方面根据自己的需求做筛选和匹配。

但是在智能助理的界面中，用户看到的是如图 2-5 所示的 Siri 的交互样式。

图 2-4

图 2-5

用户对可以做哪些选择一无所知——在没有可视化的参考下，当用户要找一个餐厅时，面对如此开放的交互，他们提出的要求，大多不在图形式交互设定的范围内。

根据我们实际操作的经验，用户可能对智能助理提如图 2-6 所示的需求。

只有"在外滩附近的"这条需求包含在图形式交互的查询范围中，其他的需求都是图形式交互中不存在的维度。由于对话式交互的开放性，用户很容易根据平时自己的生活经验，给出上面这样的高度个性化（非结构化）的需求。

如果用图形式交互的产品提供个性化的服务，给用户多种选择，就不得不面临用户使用成本的问题。一个界面被下拉列表、层级关系、各种填空和操作充满的 App 用起来会很复杂。如此一来，个性化程度是加深了，但是增加的操作量也可能会让用户放弃使用。

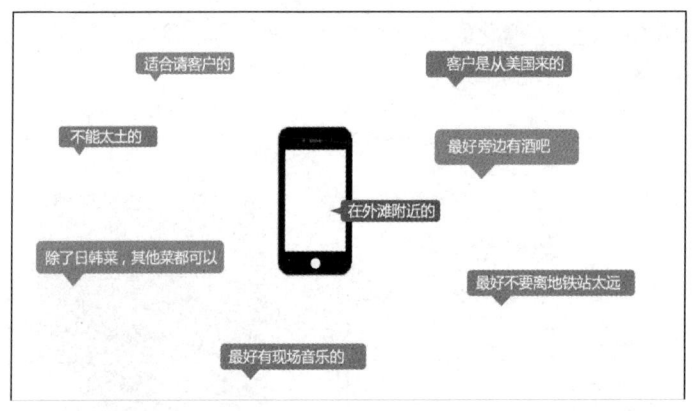

图 2-6

一方面，在对话式交互的产品设计上，不充分考虑用户"高度个性化"的需求，只提供过去 App 本身提供的个性化程度，那么用户在实际提需求时得靠运气撞到既定的条件上，不然需求将无法识别，继而失望。另一方面，如果对话式交互只是在做图形式交互范围内的事情，远不足以发挥其真正的能力。

另外，图形式交互的流程是线性的，界面引导用户一步一步找到结果；而对话式交互则可以是完全无视先后顺序的，用户可以在最开始就提出本来在图形式交互中排在最后的条件。

用户打开一个图形式交互的界面，比如在大众点评平台上找一家餐厅，用户需要按照图形界面的指引，通过操作找寻自己最想要的选项。而对话式交互则简单很多，可以直接给出用户期望的结果。另外，图形式交互还需要给不熟悉场景的用户更多的提示，或者比较结果的机会。

"帮我查一下明天晚上或者后天晚上，最便宜的去上海的机票"——从用户的操作和实际体验来看，图形式交互无法一次给出结果，用户只能先查一次明天晚上的机票，再查一次后天晚上的机票，然后手动对比两次查询的结果。而对话式交互"完胜"，它可以直接给出相关条件的检索结果，前提是人工智能足够优秀。

2.3 职位的变革

《人工智能产品经理：人机对话系统设计逻辑探究》的作者有这样一个"三段论"：

> 一波科技趋势从兴起到没落，技术、产品和运营的重要程度通常会依次经历三个阶段：第一阶段，技术比产品重要，产品比运营重要；第二阶段，产品比技术重要，技术比运营重要；第三阶段，运营比产品和技术都重要。

> 现在，移动互联网已经走到第三阶段，而人工智能还处于第一阶段的中后期。

笔者比较认可这种说法。现阶段可能更需要产品技术型人才来搭建 Chatbot，可能是技术型产品经理，或者是"第一等工程师"。

在这里，笔者稍微解释下这两种职位：

技术型产品经理：以用户需求为导向，充分利用现有技术并推动新技术的研究，为用户提供高质量的产品。这句话有两个要点：一个是"充分利用现有技术"；另一个是"推动新技术的研究"。在人工智能领域，S 先生的创始人曾经说过，"人工智能的归人工智能，产品的归产品"，做工具的人和用工具的人的出发点完全不同，应该带着做产品的目的来使用人工智能，而不是带着"人工智能产品经理是来实现人工智能的"这样的幻觉。

"第一等工程师"是吴军博士在《硅谷之谜》中谈论的概念，他将工程师分为五等：第一等工程师开创行业，第二等工程师改变世界，第三等工程师行业最优，第四等工程师领导产品，第五等工程师独立完成任务，至于其他的工程师，属于我们说的"码农"。第一等工程师如爱迪生、特斯拉、福特、保时捷博士等。第二等工程师如实现第一台个人电脑的沃兹尼亚克、DSL 之父约翰·西奥菲。

这样的人实际上是 Chatbot 的总设计师，他需要同时具备对商业的理解能力、对技术的理解能力、对人心理和语言的洞察能力。通常，能将这 3 种能力集为一体的人是企业家，他们通过自己的产品，逐渐改变世界。

所以，笔者在这里不去争论，在搭建一个 Chatbot 的过程中，到底是工程师更重要，还是产品经理更重要。毋庸置疑的是，现阶段，只有同时结合产品、技术和运营，才能搭建出一个好用的 Chatbot。本书第 3 部分和第 4 部分会详细介绍这 3 个职位是如何在 Chatbot

的生命周期的不同阶段发挥重要作用的。

2.4 Prompt Engineer

随着大语言模型的发展，出现了一个新的职位：Prompt Engineer（提示词工程师），这个职位在硅谷的薪水一度超过百万美元。

在 GPT 技术出现之前，数据科学家和分析师承担了处理和解析大量数据的任务。GPT 的出现，使这些岗位逐渐演变成 Prompt Engineer，专门为 GPT 等人工智能模型设计、优化和测试输入提示。这使得与人工智能相关的职位从更注重数据分析转变为专注于理解和改进人工智能模型与人类的交互。

随着 Prompt Engineer 职位的出现，人们开始关注如何提高人工智能模型的交互质量。他们的主要任务是创建适当的提示，使模型能够更好地理解用户的需求并提供准确、有用的回答。这需要他们熟悉不同领域的知识，以便能够根据用户的需求调整和优化提示。通过不断优化提示，Prompt Engineer 能够提高人工智能模型的性能，使模型更符合用户期望。

Prompt Engineer 职位的出现也意味着从业者需要具备跨学科技能。除了对人工智能技术和数据分析的深入了解，他们还需要具备良好的沟通和协作能力。此外，具有心理学、语言学和认知科学等领域的知识也对 Prompt Engineer 至关重要，因为这有助于更好地理解人类的沟通方式和需求。

具体而言，Prompt Engineer 专注于设计、优化和测试输入提示，以实现更高质量的人工智能与人类的交互，使模型更能满足用户的需求。

Prompt Engineer 的主要职责如下。

（1）设计有效的输入提示：Prompt Engineer 需要为人工智能模型创建明确、简洁且易于理解的输入提示。这些提示将引导模型生成与用户需求相关的回答，提高回答质量。

（2）优化人机交互：通过不断调整和优化输入提示，Prompt Engineer 可以改进人工智能模型与人类用户的交互，使其更具针对性、准确性和实用性。

（3）跨领域合作：Prompt Engineer 需要与其他团队成员（如数据科学家、产品经理和开发者）紧密合作，共同开发和改进人工智能产品。这种跨领域合作有助于确保人工智能模型的实际应用效果更符合用户的需求和期望。

（4）测试与评估：Prompt Engineer 负责对输入提示的效果进行测试和评估，以确定它们是否引导模型产生高质量的回答。他们需要持续监控模型的性能，并根据反馈调整提示，以确保最佳的人机交互体验。

在本书的后续章节中，笔者会为读者详细介绍如何写好一个 Prompt（提示词），进而能从自然语言处理模型（如 GPT 系列）中得到想要的答案。

本书旨在提升读者对于 Chatbot 所具备的能力的认知，使得读者在搭建自己的 Chatbot 或者帮助公司进行人工智能转型时，能够拥有全局的视角。通过本书的学习，读者可以了解 Chatbot 的发展历程、基础技术、设计原则及实现方法等方面的内容。

希望读者能带着下面的问题一边思考，一边阅读：

- 现有技术能搭建的最理想的 Chatbot 应该是什么样子的？
- 如何引导用户给出够用的信息，让我们解决他们遇到的问题？
- 如何设计产品弥补底层技术的不足？
- 在系统不够智能的时候，如何保持用户满意度？
- 如何合理地管理用户的预期值？
- 如何弥补对话过程中因为没有满足用户预期给用户带来的挫败感？
- 如何控制交互过程中用户的情感？
- 以 ChatGPT 为代表的 AGI 的出现，能解决哪些应用场景的问题？
- Prompt 是什么，如何设计一个 Prompt，有哪些方法和技术可以提高 Prompt 的效果和质量？
- Prompt Engineer 在生成式 AI 中有什么作用和价值？

3

Chatbot 应用场景及分类

3.1 开放域和封闭域

从应用场景的覆盖面看，Chatbot 可以分为开放域（Open-domain）问题和封闭域（Closed-domain）问题两大类。

开放域问题非常接近图灵测试，实现起来也非常困难。这类问题没有太多限定的主题或明确的目标，用户和 Chatbot 之间可以进行各种话题的自由对话。很显然，由于话题内容和形式的不确定性，开放域 Chatbot 要准备的知识库和模型要复杂得多。并且，从实际应用场景看，开放域 Chatbot 的主要应用场景在娱乐方面，更多应用在聊天、虚拟形象、儿童玩具等泛娱乐领域，主要功能是同用户进行开放主题的对话，从而实现对用户的精神陪伴、情感慰藉和心理疏导等作用，代表性的系统如微软"小冰"、图灵机器人等。微软"小冰"和图灵机器人除了能够与用户进行开放主题的聊天，还能提供特定主题的服务，如播报天气预报、讲授生活常识等。它的特点是用户基数比较大、问题空间极大、容易传播、不需要很强的目的性、内容覆盖范围广泛。

与开放域问题不同，封闭域问题通常会限定在一定场景之下，有若干明确的目标和限定的知识范围，也就是说，Chatbot 面临的输入和输出通常是有限的。虽然这个限定范围会随着问题领域的变化及对推理深度要求的变化而变化,但无论如何,与开放域问题相比,问题空间大大缩小,目标也更加清晰明确。特别是从应用场景上看,用户不会期待和一个客服 Chatbot 谈论历史,也不会向一个电商导购 Chatbot 提各种与购物无关的"刁钻古怪"的问题。并且,更加垂直和场景化的应用使得封闭域 Chatbot 从诞生的第一天起就肩负了商业使命,无论目标是节省人力成本还是提升人工效率,封闭域 Chatbot 的定义和评判标准都是清晰且明确的。不过,也正因如此,封闭域 Chatbot 对于对话错误的容忍度更低、对于回答质量要求更高,这就要求 Chatbot 能够整合更多的领域知识、用户的基本信息及对上下文语境的分析和判断。并且,针对一个垂直领域建立的模型和知识图谱,往往不能直接迁移到另外的领域。在这些因素的共同作用下,建立一个封闭域 Chatbot 就不仅是一个技术问题,而是融合商业、产品、运营、数据知识积累和模型调优等方方面面的权衡与综合考量的结果。

封闭域产品比较成熟的应用场景主要有在线客服、教育、个人助理和智能问答等。

(1)应用于在线客服场景下的 Chatbot,主要功能是同用户进行基本沟通并自动回复用户有关产品或服务相关的问题,以达到降低企业客服运营成本、提升用户体验的目的。其应用场景通常为网站首页和手机终端。代表性的商用系统有小米的"小爱同学"、京东的 JIMI 客服机器人等。用户可以通过与客服 Chatbot 聊天,了解商品的具体信息、反馈购物中存在的问题等。客服 Chatbot 应具备一定的拒识能力,即知道自己不能回答用户的哪些问题,以及何时应该转向人工客服。

(2)应用于教育场景下的 Chatbot,能根据不同的教育内容构建交互式的语言使用环境,帮助用户学习。在某项专业技能的学习过程中,它能指导用户逐步深入地学习并掌握该技能;在用户的特定年龄阶段,它能帮助用户进行某种知识的辅助学习等。其应用场景通常为具备人机交互功能的学习、培训类软件及智能玩具等。以科大讯飞公司的"开心熊宝"(具备移动终端应用软件和实体型玩具两种形态)智能玩具为例,它可以通过语音对话的形式辅助儿童学习唐诗、宋词,以及回答简单的常识性问题等。

(3)应用于个人助理场景下的 Chatbot,主要通过语音或文字与 Chatbot 系统进行交互,实现个人事务的查询及代办功能,如天气查询、空气质量查询、定位、短信收发、日程提醒、智能搜索等,从而辅助用户更便捷地处理日常事务。其应用场景通常为便携式移动终端设备,代表性的商业系统有 Apple Siri、Google Assistant、微软 Cortana、出门问问等。其中，Apple Siri 的出现引领了移动终端个人事务助理应用的商业化发展潮流，Apple Siri 具备聊天和指令执行功能，可以视为移动终端应用的总入口。然而，因语音识别能力、系统本身自然语言理解能力的不足，以及用户使用语音和 UI（User Interface，用户界面）操作两种形式进行人机交互时的习惯差异等限制，Siri 没能真正担负起个人事务助理的重任。

（4）应用于智能问答场景下的 Chatbot，主要功能包括回答用户以自然语言形式提出的事实型问题和需要计算及逻辑推理型的问题，以达到直接满足用户的信息需求及辅助用户进行决策的目的。其应用场景通常作为问答服务整合到 Chatbot 系统中。典型的智能问答系统除了上文提到的 IBM Watson，还有 Wolfram Alpha 和 Magi，后两者都是基于结构化知识库的问答系统，且分别仅支持英文和中文的问答。

3.2　功能分类

当我们从应用角度来看 Chatbot 时，可以根据其应用场景和特点对其进行分类。以下是一些常见的 Chatbot 分类。

3.2.1　垂直行业 Chatbot

垂直行业 Chatbot 是指基于特定行业或领域的需求和场景而设计的 Chatbot。这种 Chatbot 可以更精准地满足特定行业或领域的用户需求，提供更加定制化的服务和解决方案。

垂直行业 Chatbot 的应用场景非常广泛。举例来说，医疗健康领域的 Chatbot 可以帮助医生记录病历和问诊，也可以为患者提供医疗咨询和指导。在金融领域，Chatbot 可以提供个性化的理财建议，帮助客户优化投资组合，还能进行交易操作。在教育领域，Chatbot 可以帮助学生学习和测试知识，提供个性化的辅导和学习建议。

除了以上行业，垂直行业 Chatbot 的应用场景还包括客服、物流、旅游、餐饮等众多领域。这些 Chatbot 既可以通过企业自有平台进行部署，也可以通过第三方平台接入和使用。

垂直行业 Chatbot 的设计和开发需要考虑行业或领域的特殊需求和场景，包括对行业术语和业务流程的深入理解，以及对行业的法律、政策和规范的了解。同时，垂直行业

Chatbot 的开发也需要对数据的采集和处理进行专业化的处理，以确保 Chatbot 可以提供准确、实用的服务和解决方案。

总的来说，垂直行业 Chatbot 的出现，让企业和用户都能够受益。企业可以通过 Chatbot 提供更加个性化和专业化的服务，提高用户满意度和忠诚度，也可以为企业降本增效。用户则可以享受到更加精准和便捷的服务，解决实际问题，提升生活质量。

3.2.2 智能客服 Chatbot

智能客服 Chatbot 是 Chatbot 应用中应用最为广泛的一类，其主要作用是替代传统的人工客服，提供更快捷、高效、个性化的客户服务，能够有效降低企业运营成本，提升客户满意度。

智能客服 Chatbot 主要应用于以下场景。

（1）在线客服：在企业官网或社交媒体平台上，智能客服 Chatbot 可以通过语音、文字、图片等多种方式在线解答客户咨询的问题。Chatbot 可以利用自然语言处理技术，快速理解客户问题，并给出准确、及时的答案。这种形式的 Chatbot 往往需要接入企业客服系统，将 Chatbot 提供的答案与人工客服答案进行整合，保证客户得到良好的服务质量。

（2）自助服务：智能客服 Chatbot 可以通过自然语言处理技术和机器学习算法学习并理解客户需求，为客户提供更加精准的自助服务。在许多场景下，客户不需要与人工客服交互，只需要通过智能客服 Chatbot 便可快速解决问题，如办理业务、查询账单、修改账户信息等。

（3）客户反馈和投诉：企业可以通过智能客服 Chatbot 为客户提供投诉渠道，客户可以通过 Chatbot 快速进行反馈和投诉，企业可以及时处理客户的投诉，改善服务质量。

智能客服 Chatbot 在应用中的优势主要包括以下几点。

（1）节约成本：与传统人工客服相比，智能客服 Chatbot 能够大幅降低企业运营成本。Chatbot 可以为客户提供 7×24 小时的在线服务，不需要支付额外的加班费用。Chatbot 能够同时为多个客户服务，不需要雇佣大量的人工客服。智能客服 Chatbot 可以根据用户提出的问题快速给出准确的答案，避免了用户等待人工客服的时间和烦琐的问题解答流程。

（2）提升客户体验：智能客服 Chatbot 通过自然语言处理和机器学习算法学习客户需求，能够为客户提供个性化、快速的服务。Chatbot 不会因为客户数量过多而出现疲劳、情绪波动等问题，保证服务质量的稳定性。

（3）实时数据分析：智能客服 Chatbot 可以记录客户的咨询问题、投诉内容等信息，为企业提供实时的数据分析。企业可以通过 Chatbot 分析客户需求，优化产品和服务策略，提高客户满意度。

智能客服 Chatbot 的应用也在不断地演进，从最初的简单问答式 Chatbot，到现在的多场景、多模态、多语言和多渠道的智能客服 Chatbot。随着技术的发展，智能客服 Chatbot 可以利用机器学习、自然语言处理、语音识别等技术，进行智能化的交互，更好地适应用户需求，提升用户体验。此外，智能客服 Chatbot 还可以和其他系统集成，增加更多的服务功能，如智能推荐、个性化服务等，为用户提供更加优质的服务。

3.2.3　工作 Chatbot

工作 Chatbot 是指针对企业内部或者团队的工作流程和任务管理，用于辅助工作的 Chatbot。这些 Chatbot 可以与其他工具和应用程序集成，为用户提供各种辅助工作的功能，例如项目管理、日程管理、文档管理和 DevOps 管理等。常见的工作 Chatbot 如下。

（1）Hubot：GitHub 推出的一款 Chatbot，旨在通过 Chatbot 进行 DevOps 管理，其理念称为 ChatOps。通过在 Slack 中运行 Hubot，可以通过简单的命令完成部署、监控、测试等操作，从而提高开发效率。

（2）Trello：Trello 是一款在线团队协作工具，也提供了 Chatbot 的功能，可以通过在 Slack 中与 Trello Chatbot 交互来管理项目进度、任务分配等事项。

（3）Asana：Asana 是另一款在线团队协作工具，也提供了 Chatbot 的功能，可以通过在 Slack 中与 Asana Chatbot 交互来分配任务、更新进度等事项。

（4）Google Hangouts Chat：Google Hangouts Chat 是谷歌推出的一款企业级团队聊天工具，也支持 Chatbot。通过在 Chat 中与 Google Hangouts Chatbot 交互，可以完成日程安排、任务分配和文件共享等工作事项。

工作 Chatbot 的优点在于可以集成到已有的工作平台中，让用户在一个平台上完成多项工作任务，减少了切换平台的时间和精力，提高了工作效率。同时，工作 Chatbot 可以快速响应用户需求，降低了人工干预的成本，让企业在有限的资源下更高效地完成任务。

3.2.4 娱乐 Chatbot

娱乐 Chatbot 是一类专注于提供用户娱乐服务的 Chatbot，可以为用户提供各种形式的娱乐体验，例如游戏、音乐、电影等。这类 Chatbot 主要应用于游戏、娱乐公司和媒体行业，旨在为用户提供便捷、有趣、交互式的娱乐体验。

具体而言，娱乐 Chatbot 可以分为以下几种。

（1）游戏 Chatbot：这种 Chatbot 可以提供各种类型的游戏，例如文字游戏、智力游戏和角色扮演游戏等。用户可以通过聊天与 Chatbot 互动来完成游戏任务或解谜，享受游戏乐趣。

（2）音乐 Chatbot：这种 Chatbot 可以提供音乐播放、歌曲推荐和歌词查询等功能。用户可以通过对 Chatbot 输入语音或文字获取音乐相关信息或播放自己喜欢的歌曲。

（3）电影 Chatbot：这种 Chatbot 可以提供电影推荐、票房查询和影院选择等功能。用户可以通过对 Chatbot 输入语音或文字获取电影相关信息或选择自己喜欢的电影院和电影。

（4）社交 Chatbot：这种 Chatbot 可以提供交友、约会和配对等功能。用户可以通过与 Chatbot 的聊天来认识新朋友或找到心仪的对象。

总的来说，娱乐 Chatbot 为用户提供便捷、娱乐化的服务，让用户享受到更加有趣、互动式的娱乐体验。

3.2.5 教育 Chatbot

教育 Chatbot 是一类旨在辅助教育教学的 Chatbot，其应用领域涵盖从学前教育到高等教育的各个阶段。它们可以提供实时反馈和有针对性的指导，帮助学生更好地学习，同时还能为教师提供帮助和支持。

教育 Chatbot 的应用场景包括但不限于以下几个方面。

（1）学习辅助：教育 Chatbot 可以为学生提供定制的学习内容和学习计划，还能回答学生的问题并提供实时反馈。通过这种方式，学生可以更加高效地学习，并且在需要时能够得到针对性的帮助。

（2）测评辅助：教育 Chatbot 可以为学生提供模拟测试和评估，评估他们的学习进度和能力水平，并为他们提供个性化的学习建议和指导。

（3）教学辅助：教育 Chatbot 还可以为教师提供支持和帮助，例如在课堂上提供实时答疑，辅助教师管理学生作业和评估学生表现等。

（4）信息查询：教育 Chatbot 还可以帮助学生查询各种教育信息，包括学校和课程介绍、招生信息、奖学金和助学金等。

随着人工智能技术的发展和普及，教育 Chatbot 将越来越受欢迎，并且在未来有望为学生和教师提供更加个性化、高效的学习和教学辅助服务。

3.2.6 个人助手 Chatbot

个人助手 Chatbot 是为了满足个人生活和工作需求而设计的一类 Chatbot，通常被称为虚拟助手，可以帮助用户处理日常事务、提供服务和信息。下面是一些常见的个人助手 Chatbot。

（1）日程管理 Chatbot：这类 Chatbot 可以帮助用户安排日程，提醒用户活动和会议安排、设置提醒和管理日历等。

（2）健康管理 Chatbot：这类 Chatbot 可以帮助用户管理健康，提供健康建议和信息，包括饮食、运动和心理健康等。

（3）购物 Chatbot：这类 Chatbot 可以帮助用户顺利完成在线购物，提供商品搜索、推荐和购物指南等服务。

（4）语言学习 Chatbot：这类 Chatbot 可以帮助用户进行语言学习，提供词汇、语法、口语练习和听力等方面的辅助服务。

（5）社交 Chatbot：这类 Chatbot 可以帮助用户管理社交账户，发送和接收消息，提供社交咨询和建议。

（6）旅游 Chatbot：这类 Chatbot 可以帮助用户规划旅行行程，提供景点介绍、餐饮推荐和交通信息等服务。

（7）金融 Chatbot：这类 Chatbot 可以帮助用户管理个人财务，提供理财建议和投资咨询等服务。

总之，个人助手 Chatbot 可以在多个领域为用户提供便利，为用户解决生活中的各种问题。

值得注意的是，以上分类并不是互相独立的，一个 Chatbot 也可能同时具备多种特点。在实际开发中，需要根据不同的需求和场景，选择合适的 Chatbot 类型。

3.3 行业的典型分类

行业中通常将 Chatbot 分成三类：闲聊型 Chatbot、任务型 Chatbot 和问答型 Chatbot。

3.3.1 闲聊型 Chatbot

闲聊型是一种开放的、不限定领域的 Chatbot 类型，也是最为大众熟知的 Chatbot 类型。

闲聊型 Chatbot 的应用场景通常是虚拟的陪伴助手，如微软"小冰"等。

应用中可能会出现如下对话：

"我今天不高兴。"

"你为什么不高兴？"

"因为感情的问题不高兴。"

闲聊型 Chatbot 几乎不可控，Chatbot 不知道用户下一句话会说什么。通常，这个系统会根据大数据构建一个闲聊库，根据用户的对话，检索类似的回答信息并返回用户。设计闲聊型 Chatbot 有两种技术方案：一种是检索式；另一种是生成式，从闲聊库里生成模型。

闲聊对话系统的优化目标是：与用户聊得越久越好。闲聊型 Chatbot 的案例如图 3-1 所示。

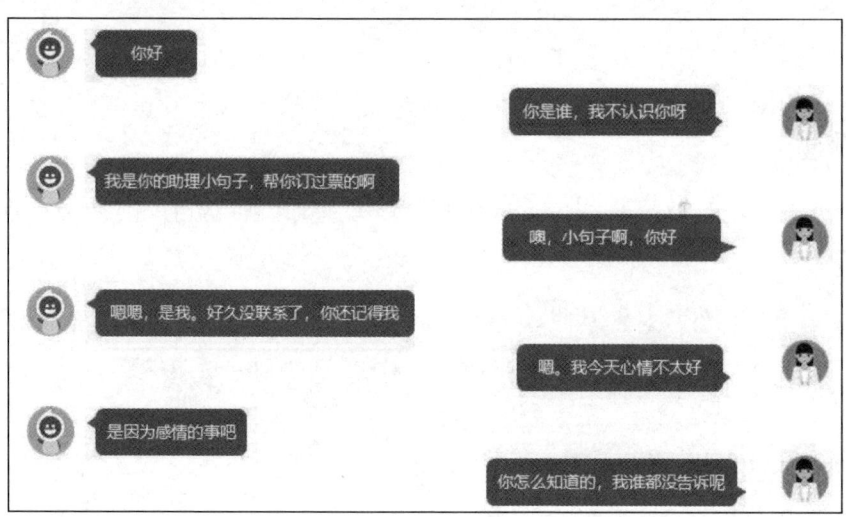

图 3-1

可以看到，这是一种没有明确目的的对话。只要用户愿意，就可以和 Chatbot 一直聊下去。在此说明，闲聊型 Chatbot 的搭建不在本书探讨的范围内。

3.3.2　任务型 Chatbot

任务型 Chatbot 指在特定条件下提供信息或服务的 Chatbot。通常情况下，其功能是满足带有明确目的的用户，可应用在查流量、查话费、订餐、订票、咨询等任务型场景中。由于用户的需求较为复杂，通常需分多轮互动，但是在一些简单的场景（如控制硬开关等）中，仅单轮互动也可以完成目标。用户也可能在对话过程中不断修改自己的需求，任务型 Chatbot 需要通过询问、澄清和确认来帮助用户明确目的。

需要注意的是，任务型 Chatbot 和问答型 Chatbot 都有固定的任务，但是任务型 Chatbot 需要对每一句话进行参数转换。如果用户提出"帮我订一张明天下午 2 点从北京出发去上海的机票"，那么任务型 Chatbot 会把需求参数化为"明天下午 2 点""北京"和"上海"，任务目标是订机票。

任务型 Chatbot 的应用场景如下：

（1）智能助理：例如办公行政的助理。可以向它提出要求："我要订一张从北京到上海的机票"。

（2）母婴专家：问一些育儿相关的问题，Chatbot 通过多轮对话引导用户完成一个任务。

（3）导游：例如"去厦门的鼓浪屿怎么走"。

（4）智能会议系统：例如用一句话操控幻灯片自动打开、投影仪自动打开、拨通一个会议电话等。

（5）地图导航和车载系统。

（6）儿童故事机：它会同时用到任务型 Chatbot 和闲聊型 Chatbot，有明确教育目标的是任务型 Chatbot，剩下的是闲聊型 Chatbot，主要为了陪孩子聊天，聊得越久越好。

从技术方案上看，任务型 Chatbot 会更可控，也可以完成更精准、较好实现的复杂需求。它通常使用意图识别和实体抽取的多轮对话方式完成，通常会对接一些公开的 API（Application Programming Interface，应用程序接口）和相关的知识图谱来获取准确信息，推送给用户。在这里，意图和实体等要素是要预先定义清楚的。

任务型 Chatbot 对话的优化目标是用最短的对话轮次满足用户的需求。

如图 3-2 所示，我们看到，用户说的每一句话都可以转换成明确的参数。Chatbot 收集所有的参数后完成整个任务。整个对话围绕着一个目标，只有通过多轮对话才能达成这个目标。只要完成这个目标，Chatbot 就是合格的。

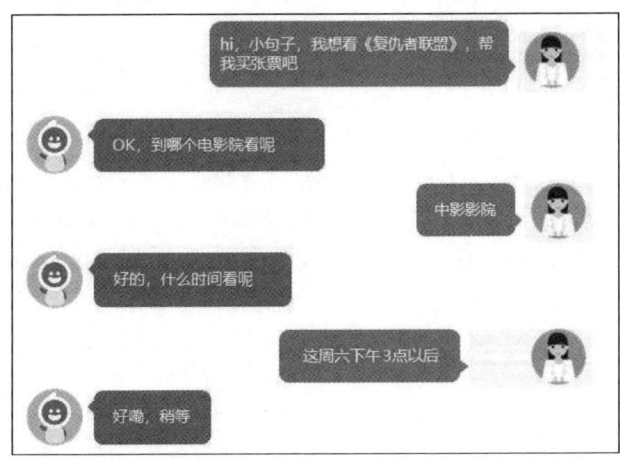

图 3-2

3.3.3 问答型 Chatbot

问答型 Chatbot 同样有任务目标，例如，回答"什么叫作经停航班""怎么定闹钟""如何购买现金贷"，但是不需要将其转化成参数。

问答型 Chatbot 主要应用在电话客服场景中：它能帮我们解决售前 80%的共性基础问题，例如，"什么叫作经停航班"或是某个产品的使用情况等；除了电话客服，在网页、App、微信公众号上，以及电商、金融、银行等系统中，这种问答型 Chatbot 也非常常见。

从技术方案上看，问答型 Chatbot 比任务型 Chatbot 更加精确、可控和简单，需要自行挖掘问答对或知识图谱，通常使用"意图识别+多轮对话+对接企业 API+企业知识图谱补充"的方式回答相关问题。

问答型 Chatbot 对话的优化目标是用最短的对话轮次满足用户的需求。只要解决了问题，聊天时间越短越好。图 3-3 所示为一个问答型 Chatbot 的案例。

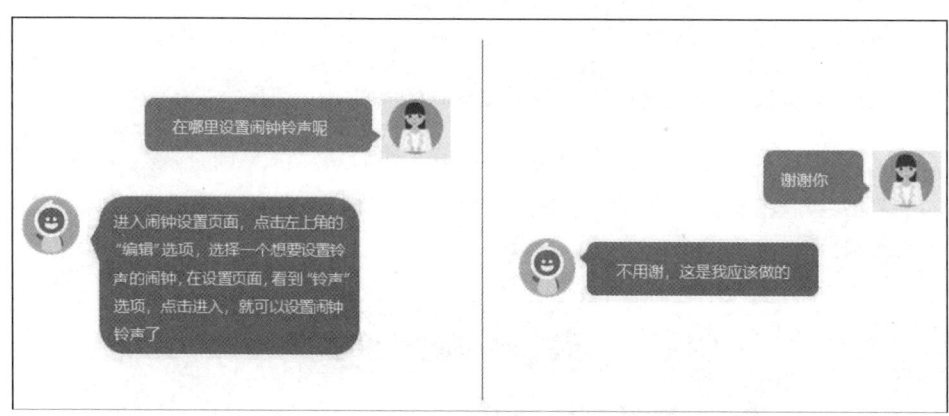

图 3-3

读者需要明确的是：在很多实际场景中，只用一个类型的 Chatbot 很难解决所有问题。如图 3-4 所示，在差旅 Chatbot 的案例中，我们需要同时用到任务型 Chatbot 和问答型 Chatbot。

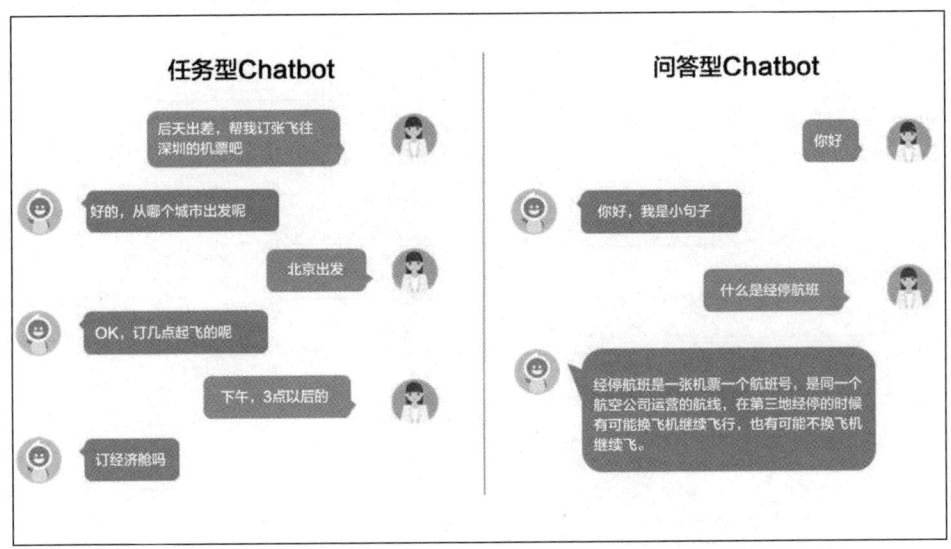

图 3-4

用户提出要求"后天出差，帮我订张飞往深圳的机票吧"，任务型 Chatbot 一步一步地搜集城市、时间等参数信息，直到任务完成。

用户又问："什么是经停航班"问答型 Chatbot 在数据库里检索出类似的问题答案回答用户。

这就是一个任务型 Chatbot 和问答型 Chatbot 结合使用的案例。

三种 Chatbot 的特色对比如表 3-1 所示，希望读者在搭建自己的 Chatbot 时，不要拘泥于某一种场景，例如只用某一类型 Chatbot。只有将多种类型的 Chatbot 综合应用，它才会更聪明。

表 3-1

Chatbot 类型	定　义	应　用	优化目标
闲聊型	开放，不限定领域	儿童故事机、陪聊机器人	对话轮次越多越好
任务型	有任务目标，需要参数化请求	智能助手类、智能会议系统、地图导航、车载系统、儿童故事机	用最短的对话轮次，满足用户需求
问答型	有任务目标，无须参数化请求	电话客服类、智能客服类	用最短的对话轮次，满足用户需求

第 2 部分

通用人工智能的春天：
引领未来的关键技术

4

何谓通用人工智能

随着科技的不断发展，我们已经见证了人工智能领域的巨大进步。特别是在过去的十年里，深度学习、神经网络和自然语言处理技术的飞速发展为通用人工智能（Artificial General Intelligence，AGI）的到来铺平了道路。本章将探讨 AGI 的春天，以及它如何改变人类与机器的互动方式。

AGI 是指一种具有广泛认知能力的人工智能，可以像人类一样在各个领域解决问题、学习新技能、适应不同环境。与当前的狭义人工智能（Artificial Narrow Intelligence，ANI）不同，AGI 的目标是实现更加自主、灵活和智能的人工智能系统。

AGI 是近年来备受关注的研究领域，旨在开发具有广泛认知能力的计算机系统，使其能够解决各种各样的问题，而不仅仅是某个特定的任务。AGI 的概念源自对人类智能各个方面的再现，如结构、行为、能力、功能和原则。尽管不是所有 AGI 系统都具备这些特征，但它们至少应该能解决所有人能解决的问题，或者能接受所有在系统感知范围内的问题并尝试解决它们。

在 AGI 的发展过程中，各种观点和研究方法层出不穷。例如，一些研究人员强调基于人脑模型的类脑智能，而另一些研究人员则更关注在言语行为上与人类保持一致。尽管这些观点在某种程度上可能存在分歧，但正是这种多样性推动了 AGI 的发展。

近年来，深度学习的崛起为 AGI 研究注入了新的活力。然而，深度学习技术的快速发展也引发了一些误解，例如将其与 AGI 等同。尽管深度学习可以被视为一种通用技术，但使用该技术构建的计算机系统通常仅能解决特定任务，因此并非真正意义上的通用系统。

在这个背景下，ChatGPT 这类基于人工神经元网络技术的系统引起了广泛关注。这些系统通过分析大量文本数据，根据统计结论生成流畅的语言表达。虽然它们在很多方面取得了惊人的成果，但也存在一些明显的局限性，例如在缺乏足够类似问题和答案的情况下，可能会产生一些不那么可信的回答。

因此，我们可以认为 ChatGPT 等系统是通往 AGI 春天的里程碑。它们代表了人工智能技术的重要进展，展示了未来 AGI 的潜力。然而，要真正实现 AGI，我们还需要不断探索和研究，以克服现有技术的局限性，实现具有广泛认知和智能决策能力的系统。

从长远来看，AGI 的实现将对社会产生深远影响，包括提高脑力劳动的效率、改变就业结构，促进人类与机器之间的协同工作。同时，AGI 也带来了一系列伦理和安全方面的挑战，例如数据隐私、算法歧视和自主决策的道德责任等问题。

为了应对这些挑战，研究人员、政府和企业需要共同努力，积极探讨如何制定合适的法规和政策，确保 AGI 的健康发展。此外，多学科研究和交叉合作对 AGI 的进一步发展至关重要，包括心理学、认知科学、计算机科学和哲学等领域。

总之，ChatGPT 等基于人工神经元网络技术的系统是通往 AGI 春天的重要里程碑，但距离真正实现 AGI 仍有一段路要走。未来的研究需要深入探讨多样化的方法和理论，跨学科合作及伦理和政策方面的问题，以确保 AGI 的可持续发展和对社会的积极贡献。因此第 2 部分主要通过 ChatGPT 介绍 AGI 的春天。

5

ChatGPT 是什么

5.1 ChatGPT 自己介绍自己

在思考如何向读者介绍 ChatGPT 时，笔者想到了一个独特的方案：让 ChatGPT 自己为自己代言。下面是 ChatGPT 对自己的介绍。

佳芮：什么是 ChatGPT？

ChatGPT：

● ChatGPT 是一个基于深度学习的自然语言处理模型，由 OpenAl 开发。它可以用来回答各种自然语言问题，包括生成文本、回答问题、语言翻译等。

● ChatGPT 的基础架构是 Transformer 模型，该模型具有良好的并行性和可扩展性，因此适用于大规模语言处理任务。

● GPT 首次在 2019 年推出，之后不断进行更新和优化。目前，最新的版本是 GPT-3，拥有数万亿个参数，是目前为止最先进的自然语言处理模型之一。

GPT（Generative Pre-trained Transformer）的全称是生成式预训练变换模型。其中，Generative 的含义是生成式，Pre-trained 的含义是预训练，Transformer 的含义是变换模型。

GPT 中的 G

笔者再问问 ChatGPT 什么是生成式。

佳芮：GPT 中的生成式是什么意思？

ChatGPT：在 GPT（Generative Pre-trained Transformer）中，生成式（generative）意味着这个模型能够生成新的文本序列。这与其他类型的自然语言处理模型不同，其他模型主要是用来对文本进行分类或者预测文本的标签。

通过预训练，GPT 模型能够学习大量的自然语言文本，从而能够捕捉到自然语言的语法、结构和语义等方面的规律。一旦 GPT 模型完成训练，就可以用来生成新的文本，这些文本是基于已经学习到的文本规律和结构进行生成的。

通过生成新文本，GPT 模型可以应用于多种自然语言处理任务，例如：文本摘要、机器翻译、对话系统、问题回答、自动写作，等等。GPT 的生成式能力使其成为自然语言生成任务中的一种有力工具，能够为自然语言处理领域带来新的创新和进步。

简单来讲，生成式就是指它能自发地生成内容。

GPT 中的 P

笔者再问问 ChatGPT 什么是预训练。

佳芮：什么是预训练？

ChatGPT：预训练（Pre-training）是指在大规模数据集上进行无监督学习，学习到一些通用的特征或知识，并将这些特征或知识迁移到其他任务上，用于增强模型的泛化能力和表现。预训练技术在自然语言处理、计算机视觉等领域中得到了广泛应用，并且在很多任务上取得了非常好的效果。

在自然语言处理领域，预训练通常指在大规模的语料库上进行无监督学习，学习到一些通用的语言知识，例如单词的词向量表示、句子的语义表示，等等。这些预训练模型通常基于深度神经网络，例如递归神经网络（RNN）、长短时记忆网（LSTM）、卷积神经网络（CNN）等，通过对大规模数据集进行预训练，可以得到一个通用的特征表示，然后可以将这些特征迁移到其他任务上，例如文本分类、命名实体识别、机器翻译等任务。

在计算机视觉领域，预训练通常指在大规模的图像数据集上进行无监督学习，学习到一些通用的特征表示，例如图像的纹理、边缘、颜色，等等。这些预训练模型通常基于卷积神经网络，例如 AlexNet、VGG、ResNet 等，通过对大规模数据集进行预训练，可以得到一个通用的特征表示，然后可以将这些特征迁移到其他任务上，例如图像分类、目标检测、图像分割等任务。

总之，预训练是一种在大规模数据集上进行无监督学习的技术，通过学习通用的特征或知识，可以增强模型的泛化能力和表现，并在自然语言处理、计算机视觉等领域中取得了广泛应用。

在笔者看来，预训练模型的发展是一个不断演进的过程。首先，为了让模型能够处理诸如文本这样的符号，我们会将这些符号转换为连续的向量，即用固定长度的向量表示一个词、字或 Token。在深度学习模型中，这通常被称为 Embedding。

假设我们的目标是实现文本分类。这需要标注数据，而高质量的标注数据相对昂贵，大量无标注的数据相对便宜。我们发现，利用无监督数据预先进行一些特定任务的训练，例如预测句子中的下一个字（CLM 任务）或预测句子中被遮盖的字（MLM 任务），然后将这些训练好的向量作为起点来训练其他任务，会取得更好的效果。这种思想的最初成果是 Word2Vec，即通过无监督学习为每个字（词）生成唯一确定的向量。

然而，我们很快发现这还不够。由于文字与上下文中的其他文字紧密相连，为某些字词分配固定的向量不能完全表达其含义。例如，"我的苹果手机"和"这个苹果很好吃"，其中的"苹果"一词显然具有不同的含义，因为不同的上下文导致了含义的变化。因此，我们开始使用预训练模型，例如 GPT 和 BERT，来代替预训练词向量（如 Word2Vec），从而生成更有表现力的上下文相关向量。

随着研究的进一步发展，我们发现像 GPT 这样的预训练模型不仅可以提高下游有监督任务的性能，还可以直接完成一些任务。例如，通过直接输入问题获得答案（零样本学习/Zero-shot Learning），或将一些例子和问题作为上下文输入模型以获得答案（基于上下文的学习/In-context-Learning，少样本学习/Few-shot Learning），这些方法在许多任务上都取得了很好的效果。也就是说，对于某些任务，我们甚至不需要进行训练或更新模型参数，就可以达到令人满意的效果。

GPT 中的 T

在 GPT 中，T 就是 Transformer，是变换模型的意思。那么变换模型究竟是什么呢？笔者曾向 ChatGPT 询问过这个问题。

佳芮：什么是变换模型？

ChatGPT：变换模型（Transformer）是一种基于自注意力机制的神经网络结构，最初是由 Vaswani 等人在论文"Attention is All You Need"中提出的。该结构主要用于自然语言处理任务，特别是机器翻译任务，由于在这些任务中序列的长度通常很长，因此传统的循环神经网络（RNN）和卷积神经网络（CNN）的效果不理想，而 Transformer 通过引入自注意力机制，实现了对序列的并行处理，并取得了较好的效果。

在 Transformer 中，自注意力机制可以在不同位置之间计算注意力权重，从而获得一个综合的表示。具体来说，输入序列首先经过一个叫作嵌入层（Embedding）的模块，将每个单词嵌入一个 d 维的向量空间中。然后，经过多个层次的自注意力和前馈神经网络（Feed-Forward Network）的计算，得到最终的输出。自注意力机制可以在序列中的每个位置计算权重，从而计算每个位置与序列中其他位置的关系。这样的注意力机制可以捕获序列中的长期依赖关系，而不像传统的 RNN 和 LSTM 一样，只能处理有限长度的序列。

变换模型在自然语言处理领域中应用广泛，特别是在机器翻译、文本分类、

语言模型等任务中取得了非常好的效果。同时，变换模型的结构也被广泛应用
到其他领域，例如图像处理、语音识别等任务中，成了一种重要的神经网络
结构。

以上解释可能会给没有算法或机器学习背景的读者造成困惑。图 5-1 是更详细地解释
这个问题的说明。

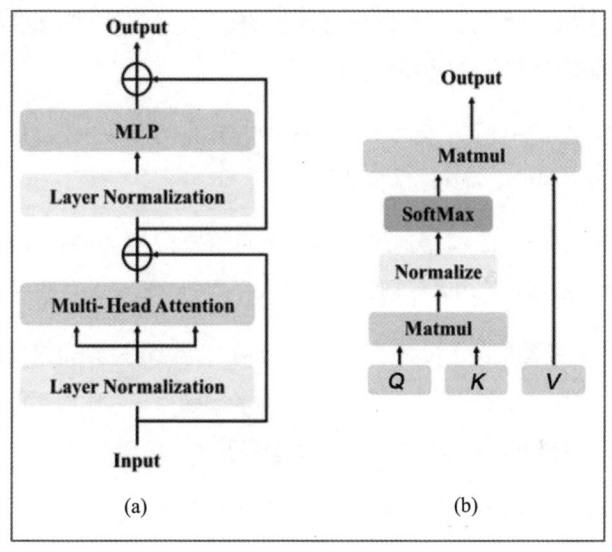

图 5-1

Transformer 模型是由多个 Transformer Block 组成的。每个 Block 包含两个主要部分：
自注意力机制（Self-Attention）和前馈神经网络（Feed-Forward Network）。除此之外，每
个 Block 还包括层归一化（Layer Normalization）和残差连接（Residual Connection）等组
件。下面详细介绍每个部分。

（1）自注意力机制：这部分的作用是使模型能够根据输入序列中不同位置的信息来调
整每个位置的表示。自注意力机制通过计算输入序列中每个位置与其他位置的关联权重，
将这些权重与其他位置的表示相结合，从而获得新的表示。这使得模型能够捕捉长距离依
赖和输入序列的结构信息。一般的注意力机制都是使用多头注意力（Multi-Head
Attention），以便更好地捕捉输入序列的多种模式。这意味着模型会同时学习多个自注意

力模式,每个模式关注不同的信息。这些注意力模式的结果会被拼接起来,通过线性变换生成统一的表示。

(2)前馈神经网络:这是一个简单的全连接神经网络,它作用于每个位置的表示。前馈神经网络包括两个线性变换层和一个激活函数。这部分主要负责捕捉局部特征和执行非线性变换,注意力机制本质上是线性变化,非线性的能力并不充分。

(3)残差连接:为了避免模型在多个层次之间发生梯度消失或梯度爆炸问题,每个 Block 内部的自注意力层和前馈神经网络层都通过残差连接组件与其输入进行连接。这意味着每层的输出都是它的输入与输出之和。

(4)层归一化:这是一种归一化技术,它可以加速模型的训练并提高模型的泛化能力,有助于平衡不同层之间的学习速率和梯度值。

总的来说,Transformer 模型通过堆叠多个具有自注意力机制和前馈神经网络的 Block,能够有效地处理自然语言序列,捕捉输入序列中的依赖关系和复杂模式。

当我们输入"将我爱机器学习翻译成英文"到 GPT 模型时,期望输出的回答是"I love machine learning",在这个过程中,注意力机制会关注输入序列中的 Token 来生成正确的回答。以下是一个简化的注意力分布示例,用于解释这个过程。

(1)模型读取输入序列:"将我爱机器学习翻译成英文"。

(2)当生成第一个 Token "I" 时,注意力分布可能会关注"翻译成英文",因为此时模型需要生成英文翻译部分。同时,注意力分布也可能关注"我",以便将其翻译为英文。

(3)当生成第二个 Token "love" 时,注意力分布可能会关注"爱",以便将这部分翻译成英文。同时,注意力分布也可能关注"I",因为"love"紧跟在"I"后面。

(4)当生成第三个 Token "machine" 时,注意力分布可能会关注"机器",以便将这部分翻译成英文。此外,注意力分布也可能关注"love",因为"machine"通常与前面的动词相关。

(5)当生成第四个 Token "learning" 时,注意力分布可能会关注"学习",以便将这部分翻译成英文。同时,注意力分布也可能关注"machine",因为"learning"是与"machine"紧密相关的名词。

在整个生成过程中，注意力机制会关注输入序列中的相关 Token，以生成正确且连贯的英文翻译。请注意，上述过程解释严格来讲和模型代码级别并不一致，这里的流程描述只是为了解释，帮助读者理解。

值得注意的是，Transformer 不等于预训练模型，它不能完全摆脱人工标注数据。但是与之前的模型相比，它的模型在质量上更优，更易于优化，所需要的训练时间明显缩短。

可解释性和数据偏见

笔者与 ChatGPT 深入探讨了一些问题，如可解释性和数据偏见。这些问题也经常被人们提及。那么，什么是可解释性和数据偏见？以下是笔者与 ChatGPT 的对话。

佳芮： 你在这里提到了可解释性问题和数据偏见，你可以详细展开聊一聊吗？

ChatGPT： 当涉及 ChatGPT 模型时，可解释性和数据偏见都是非常重要的问题。以下是它们的详细介绍：

可解释性问题 ChatGPT 模型具有非常强大的自然语言处理能力，但由于其神经网络结构的复杂性和数学模型的黑盒特性，模型的结果和决策通常难以解释。这就是可解释性问题。

解释性是机器学习的一个重要特性，因为它能够让我们了解模型如何做出决策，以及为什么会有这样的决策。这对于理解和信任模型是非常重要的。例如，在医疗诊断领域，解释性可以帮助医生理解模型如何得出诊断结论，从而更好地指导医疗决策。

对于 ChatGPT 模型来说，虽然它的输出是一个文本序列，但是它内部的运作原理是非常复杂的。这使得模型的输出难以解释，尤其是对于一些对话场景来说，因此，如何提高 ChatGPT 模型的可解释性是目前研究的热点之一。

数据偏见问题 ChatGPT 模型的训练数据通常来自互联网上的海量文本数据，然而，这些数据往往包含着社会和文化的偏见，如性别歧视、种族歧视等。这就是数据偏见问题。

在 ChatGPT 模型中，如果训练数据中包含歧视性文本，那么模型就会学习到这种偏见，进而将其传递到生成的文本中。例如，在聊天机器人应用中，如果模型受到偏见的训练数据的影响，那么它可能会对一些群体或者问题做出不公正的回答。

因此，如何减少数据偏见对 ChatGPT 模型的影响，是目前研究的热点之一。一种解决数据偏见问题的方法是增加代表性数据，例如多样化的性别、年龄、文化和语言等。另外，一些研究者也提出了一些对抗偏见的技术，如去偏见预处理、公平性线约束等。

总之，ChatGPT 模型的可解释性和数据偏见问题是目前研究的热点之一。在未来的发展中我们可以期待更多的研究成果来解决这些问题，使得 ChatGPT 模型更好地服务于人类社会。

ChatGPT 技术的黑盒特性，让人们难以解释其生成结果的原因和机制，这种可解释性问题一直是它所面临的挑战之一。由于训练数据集和模型参数不可见，ChatGPT 生成的对话内容可能是不可预测的，也不一定符合人的思维逻辑。因此，我们需要一种方法来解决 ChatGPT 的可解释性问题。一种方法是采用模型解释和可视化技术，将模型转化为可解释的形式。例如，使用特征权重或决策树等方法，或者使用可视化技术展示模型的内部工作过程，如流程图等。另一种方法是通过开放式训练、数据蒸馏和攻击检测等方式增强 ChatGPT 的可解释性。这些方法可以帮助我们更好地理解 ChatGPT 生成结果的原因和机制，并且帮助我们改进 ChatGPT 的输出结果。

此外，ChatGPT 的数据偏见问题也是我们需要关注和解决的问题之一。这种偏见来源于 ChatGPT 使用的训练数据集可能存在数据偏见问题，即一个数据集中某些内容或特征不足或过多，导致模型预测结果产生偏差。例如，如果训练数据缺少某些语言的数据，那么 ChatGPT 生成的文本就可能出现错误或者不准确。为了解决数据偏见问题，我们需要进行数据采集、处理特征选择、做平衡等工作。同时，我们还需要开发一种扩充训练数据集的方法，通过引入噪声和随机性等方法，使得 ChatGPT 的训练数据更具多样性，从而更好地探测和处理它所面临的数据偏见问题。

众所周知，ChatGPT 是一个非常有用和智能的系统，我们需要继续关注它所面临的挑战和问题，为它的发展提供更好的支持和帮助。

数据隐私

通过 ChatGPT 的阐释，我们可以明显看出这个模型非常清楚地表达了可解释性和数据偏见问题。这些问题可能会带来技术和伦理上的挑战，如隐私保护、误导性和社会责任等。接下来，笔者向 ChatGPT 提出数据隐私相关的问题。

佳芮：再来讲讲 ChatGPT 带来的数据隐私的问题吧！

ChatGPT：当涉及 ChatGPT 模型时，数据隐私也是一个重要的问题。由于 ChatGPT 模型是通过训练数据学习到自然语言规律和特征的，因此在训练数据中包含的隐私信息可能会被模型学习到，从而导致数据隐私泄露的问题。

在实际应用中，ChatGPT 模型往往需要访问用户的个人数据，如个人聊天记录、个人文档等。这些数据往往包含用户的敏感信息，如个人隐私、财务信息、医疗信息等。如果这些数据泄露或被滥用，将会给用户带来极大的风险和危害。

为了保护用户的数据隐私，需要采取一系列的措施。以下是一些可能的解决方案。

1. 数据脱敏：通过对用户的个人数据进行加密或脱敏，以避免数据泄露。

2. 数据集合：对于用户的个人数据，尽量采用集合学习的方式进行模型训练，以避免直接使用个人数据，从而保护数据隐私。

3. 隐私协议：在应用 ChatGPT 模型时，需要制定隐私协议，并在使用前征得用户的明确同意，明确告知用户哪些数据将被使用、用途、保护措施等。

4. 模型加密：通过模型加密技术，将模型参数加密，使得模型训练和使用过程中不会直接暴露用户的数据，从而保护用户的数据隐私。

5. 联邦学习：通过联邦学习技术，将模型训练过程分布在多个设备或者多个数据中心中，从而避免直接访问用户的个人数据，保护数据隐私。

　　总之，在应用 ChatGPT 模型时，数据隐私问题需要引起足够的重视。通过加密、脱敏、协议和联邦学习等多种手段，可以有效保护用户的数据隐私。在未来的发展中，我们也可以期待利用更多的技术手段来保护用户的数据隐私，并为 ChatGPT 模型在更多的应用场景中提供更好的支持。

　　我们看到，在实际应用中，ChatGPT 也面临着数据隐私问题。由于模型的训练需要大量的数据集来实现，包括自然语言对话的生成等任务，这些数据中可能会包含用户的个人信息和隐私。如果这些数据泄露或被滥用，则会对用户的隐私安全构成威胁，可能导致用户的个人隐私被泄露和滥用。这也是我们需要重视数据隐私保护的原因之一。

　　然而，ChatGPT 并没有止步于列举问题，还为我们提出了一些解决方案。例如，数据匿名化和加密等技术手段，可以帮助我们保护用户的数据隐私。数据匿名化可以保护敏感信息不被暴露，而加密则可以确保数据传输时不被截获窃取。这些方案，能够提高数据隐私保护的效果，同时有助于减少数据泄露和滥用风险。

　　ChatGPT 作为一种先进的自然语言处理模型，为我们提供了新的思路和解决方案来保护数据隐私。这也提醒我们在日常实践中，更关注并加强数据隐私的保护。

多模态

我们再来看看 ChatGPT 是如何回答多模态学习这个问题的。

　　佳芮：针对多模态学习，你可以展开说一说吗？

　　ChatGPT：当涉及多模态学习时，通常是指使用多种不同类型的数据来训练和改进机器学习模型，以进一步提高模型的性能和应用范围。ChatGPT 模型本身主要应用于自然语言处理领域，但是通过多模态学习，可以将其他类型的数据与文本信息结合，从而实现更全面和精确的分析和预测。

　　在多模态学习中，最常见的数据类型包括图像、视频、音频等。例如，对于视频数据，可以将其分为多个帧，然后使用卷积神经网络提取每个帧的特征，最终将这些特征结合起来作为模型的输入。对于音频数据，可以使用声音信号处理技术，提取音频中的频率、波形等特征，然后将这些特征结合到模型中。最终，通过将这些数据类型和文本信息结合，可以实现更全面和准确的分析和预测。

对于 ChatGPT 模型而言，多模态学习可以为其带来很多有意义的拓展。例如，通过将图像和文本结合，可以实现更加智能化的图像描述、图像生成、视觉问答等应用。通过将视频和文本结合，可以实现更加智能化的视频描述、视频生成、视频问答等应用。通过将音频和文本结合，可以实现更加智能化的语音识别、语音翻译、音频问答等应用。

总之，多模态学习将为 ChatGPT 模型带来更广泛的应用场景和更好的效果和性能。未来，随着技术的不断进步和发展，我们可以期待更多的多模态学习技术被应用到 ChatGPT 模型和其他机器学习模型中，为我们带来更加智能化和全面的应用体验。

当谈到多模态学习时，我们可以看到这个领域非常广泛，涵盖自然语言处理、计算机视觉、语音识别等领域。在多模态学习中，我们可以使用不同的方法进行联合学习。这些方法包括同时学习和共享学习等。

总体而言，多模态学习在不同领域具有广泛的应用前景。通过研究和探索不同的联合学习方法，我们可以更好地将不同领域的数据进行融合，提高模型的性能和表现，从而更好地解决实际问题。

注意力机制

接下来，为读者介绍什么是注意力机制，先看看 ChatGPT 怎么说？

佳芮：什么是注意力机制？

ChatGPT：注意力机制（Attention Mechanism）是一种神经网络结构，用于计算输入序列中不同部分之间的重要性，并将其应用于不同的自然语言处理任务中。注意力机制最初是在机器翻译任务中引入的，但现在已经广泛应用于各种自然语言处理任务中。

在自然语言处理中，注意力机制可以用于计算每个单词在上下文中的重要性，并将这些重要性应用于模型的输出中。例如，在机器翻译任务中，输入是源语言的一句话，输出是目标语言的一句话。注意力机制可以帮助模型关注源语言中与目标语言相关的部分，并将其翻译为目标语言。

注意力机制的计算过程通常由三个步骤组成：查询、键值对、计算权重。首先，将输入序列经过线性变换得到查询向量，将上下文序列经过线性变换得到键值对。然后，通过计算查询向量与每个键的相似度，得到注意力权重。最后，根据注意力权重和键值对计算加权平均值，得到输出向量。

总之，注意力机制是一种神经网络结构，用于计算输入序列中不同部分之间的重要性，并将其应用于各种自然语言处理任务中。注意力机制可以帮助模型关注与任务相关的部分，并在很多自然语言处理任务中取得了非常好的效果。

介绍注意力机制时，ChatGPT 使用了较为专业和学术性的方式，初学者可能会感到难以理解。那么，如何让 ChatGPT 更平实易懂地介绍注意力机制的概念呢？

笔者不再问什么是注意力机制，而是换了一种问法。

佳芮：用小学生可以理解的例子，形象地解释什么是 Transformer 中的注意力机制。

ChatGPT：假设你是一位小学生，你正在看一本厚厚的科普书，里面有许多重要的知识点，但你只有一定时间来阅读它。这时，如果你能够集中注意力在最重要的知识点上，忽略那些不重要的内容，你就能更好地理解书中的内容。

在机器翻译中，Transformer 模型也需要类似的能力，即需要从输入的源语言句子中挑选出最重要的部分翻译成目标语言句子。注意力机制就是帮助 Transformer 模型集中注意力在输入序列中最重要的部分上的一种技术。

让我们用一个例子来解释 Transformer 模型中的注意力机制。比如你正在学习一个英文句子："The cat sat on the mat"，想要将其翻译成中文。当 Transformer 模型对这个句子进行编码时，它会将句子中每个单词表示成一个向量，然后将这些向量输入一个注意力机制中。

注意力机制会计算每个单词与其他单词的相关性，并给它们分配一个注意力权重。在这个例子中，注意力机制可能会将 "cat" 和 "mat" 之间的关系分配更高的权重，因为它们之间有一个 "on the" 短语，而这个短语对于理解整个句子的意思非常重要。然后，这些注意力权重会被用来对单词向量进行加权，产生一个加权向量，表示整个输入序列的含义。

在翻译过程中，这个加权向量会被传递到解码器中，解码器会根据这个加权向量生成对应的中文句子。这样，注意力机制就可以帮助 Transformer 模型集中注意力在输入序列中最重要的部分上，从而更好地理解输入序列和生成输出序列。

总之，注意力机制就像是在输入序列中找出最重要的信息，帮助模型更好地理解输入和输出。这个过程类似于小学生在学习时筛选出重要知识点，集中精力理解它们的过程。

从上述两个回答中可以发现，针对不同的问题，ChatGPT 采用了截然不同的回答方式。这也表明问题的提问方式对于 ChatGPT 的回答非常重要。ChatGPT 只是一个智能语言模型，它没有眼睛，不知道屏幕前坐的是一位小学生，还是一位博士。因此，如果我们希望 ChatGPT 用小学生也能理解的方式来解释复杂概念，就需要给它相应的指示。

关于 ChatGPT 的参数说明

在对比 ChatGPT 和 GPT-3 的参数规模时，我们可以看到 OpenAI 于 2020 年发布的 GPT-3 模型，参数量高达 1750 亿。相比之下，ChatGPT 的参数量是多少呢？（2023 年 3 月 OpenAI 宣布：ChatGPT 开放 API，而且价格相较之前大幅降低，它的价格降到了原来的十分之一。这给我们提供了非常棒的机会，让更多的人能够体验并探索 ChatGPT 带来的可能性。）

笔者问一下 ChatGPT，它的参数量是多少。

佳芮：ChatGPT 和 GPT-3 的参数对比。

ChatGPT：ChatGPT 是 GPT-3 模型的一种变体，其参数大小取决于特定版本和配置的模型。作为一种面向一般对话任务的语言模型，ChatGPT 通常比最大的 GPT-3 模型要小得多，后者最高可以达到 1750 亿个参数。

例如，微软在 2020 年发布的 ChatGPT 的最大版本有 60 亿个参数，而 GPT-3 的最大版本有 1750 亿个参数。ChatGPT 的较小参数大小使其更容易部署在较小的设备上，并在具有较低计算资源的应用程序中使用。

值得注意的是，参数大小不是确定语言模型性能的唯一因素。架构、训练数据和优化技术也在确定模型有效性的过程中起着重要作用。

在谈及 ChatGPT 和 GPT-3 的参数规模时，我们可以看到 ChatGPT 自称最大版本的参数量为 60 亿，而 GPT-3 则拥有高达 1750 亿的参数量。

据笔者了解，目前还没有公开资料能够确切地显示 ChatGPT 的参数量。可以确定的是，ChatGPT 模型的规模远小于 GPT-3。福布斯的一篇报道说 ChatGPT 有 20 亿参数，笔者用不同的语言（中文和英文）问它关于模型参数的问题。在询问 GPT-3 的参数量时，ChatGPT 常常给出 1750 亿这样标准的数字。在询问自身参数量时，ChatGPT 的回答却不尽相同，从 60 亿、6 亿、65 亿到 20 亿，数字反复变化，但可以确认的是，ChatGPT 是一个只有几十亿参数的相对小的模型。这也是 ChatGPT 的定价会是 GPT-3 定价的十分之一的原因。在笔者撰写本书时，OpenAI 已经推出了 GPT-4。由于其参数更多，因此 GPT-4 的定价是 ChatGPT 的 15~30 倍。笔者推测，这是 OpenAI 制定的一种成本定价策略。

5.2 ChatGPT 写书稿大纲

ChatGPT 这么火，它到底能干什么？为了更好地阐述 ChatGPT 的应用价值，笔者选择将 ChatGPT 作为助理，帮助自己撰写本书大纲。

佳芮：我想写一本书，主要向读者介绍 ChatGPT，你能帮我写一个从 0 到 1 学习 ChatGPT 的书稿大纲吗？

ChatGPT：当然可以，以下是一个简单的从 0 到 1 学习 ChatGPT 的书稿大纲，供您参考：

1. 第一部分：ChatGPT 简介
   - ChatGPT（Generative Pre-trained Transformer）简介
   - 神经网络和自然语言处理相关基础知识
   - ChatGPT 在自然语言处理领域的应用

2. 第二部分：ChatGPT 的技术原理
   - Transformer 模型介绍
   - 自监督学习模型
   - Fine-tuning 模型
   - 搭建 ChatGPT 模型的详细过程

3. 第三部分：如何使用 ChatGPT 实现对话生成
   - ChatGPT 模型生成对话的流程
   - 对话的文本预处理
   - ChatGPT 模型生成对话的实现方法
   - 基于 ChatGPT 模型的对话生成应用案例

4. 第四部分：ChatGPT 的进阶使用
   - 改进 ChatGPT 的自然语言生成能力
   - 不同自然语言生成任务中的 ChatGPT 应用
   - ChatGPT 的性能评估方法和指标

5. 第五部分：ChatGPT 技术在商业中的应用
   - ChatGPT 在客户服务中的应用
   - ChatGPT 在在线客服中的应用
   - ChatGPT 在机器翻译中的应用

6. 第六部分：ChatGPT 的未来趋势
   - 自然语言处理技术的前景展望

- ChatGPT 发展的可能性和限制

7. 结论和思考

- 总结 ChatGPT 相关技术知识点

- 对 ChatGPT 技术的思考和展望

佳芮：继续。

ChatGPT：

8. 附录

- Python 编程基础和实战应用

- TensorFlow、PyTorch 等深度学习框架入门

以上书稿大纲可以帮助你更好地规划写作方向，具体内容应根据自己的经验和实际情况做相应的修改。在写作过程中也可以不断地进行调整和完善，最终写出一本深入浅出、易于理解的书，让读者更加深入地了解 ChatGPT 相关技术和应用场景，并有能力将其应用于实际项目中。祝你写作顺利！

通过 ChatGPT 的协助，笔者得到了一份详细的书稿大纲。笔者希望 ChatGPT 能详细介绍第六部分的第二点。

佳芮：详细介绍第六部分的第二点。

ChatGPT：ChatGPT 技术具有广阔的发展前景，但在应用和推广中还存在一些限制和挑战。

从技术角度看，由于 ChatGPT 技术是基于海量数据训练的，因此其在强监督学习的领域可能并不是最优的选择。另外，由于 GPT 是具有分类的应用，相对于更偏向生成语言处理的技术指标来说，OpenAI 最新的算法在数据计算时容易出现问题。这些技术问题如果不能被有效解决，将会限制 ChatGPT 技术的发展。

除了技术方面的挑战，ChatGPT 技术在应用推广中还会面临一些难题。首先，由于 ChatGPT 技术是一种通过大量数据学习生成模型的技术，其对于信任

和隐私方面的问题格外关注。在这种技术的应用过程中，如何保护用户的数据隐私和个人信息安全将是至关重要的。另外，在聊天机器人等应用中，ChatGPT 技术还需要解决如何让用户更好地理解和信任机器人生成的语言，以及如何实现机器人和人类之间的更加自然、精准的交流。

然而，在 ChatGPT 技术的发展中也蕴藏着巨大的商业机会。ChatGPT 技术在客户服务、在线客服、机器翻译等领域有广泛的应用前景，能够帮助企业提高效率、降低成本，并提高用户体验。并且，随着 ChatGPT 技术的不断发展，其在智能语音、智能写作等方面的应用潜力也将不断拓展和增强。

当然，ChatGPT 模型还存在一些挑战和问题，如可解释性、数据偏见和数据隐私等。在未来的发展中，我们可以期待 ChatGPT 模型在这些方面得到更好的解决。同时，我们也期待 ChatGPT 模型在更多的应用场景中得到应用，从而更好地服务人类社会。

抛开 ChatGPT 的大纲是否可用，从这个例子可以看出，当笔者继续追问时，ChatGPT 记得自己的输出：第六部分的第二点是什么。

5.3　ChatGPT 在营销场景中的作用

笔者管理着一家对话式营销云公司，因此笔者对营销相关的解决方案非常关注。笔者公司的客户经常问，在营销方面，ChatGPT 能解决哪些问题？这个问题交给 ChatGPT 来回答。

佳芮：ChatGPT 在品牌营销方面将会发挥重要的作用，可以帮我举几个例子吗？

ChatGPT：当谈到 ChatGPT 模型在品牌营销方面的应用时，以下是一些具体的例子：

1. 舆情监测和分析：通过 ChatGPT 模型对社交媒体、论坛和新闻网站等数据进行分析，以了解消费者对品牌的看法、关注点和偏好。基于 ChatGPT 模型的情感分析技术，还可以对消费者的情感和态度进行分析和评估，为品牌营销决策提供支持和参考。

2. 智能客服和在线互动：ChatGPT 模型可以作为智能客服机器人的核心技术，为消费者提供更加高效、便捷的咨询和服务。在品牌社交媒体账号上，ChatGPT 模型可以自动回复消费者的留言和评论，并根据消费者的提问和关注点提供个性化的回答和服务。

3. 社交媒体广告：ChatGPT 模型可以应用于社交媒体广告的创意和内容生成。通过模型生成的广告文案、图片和视频等，可以更好地吸引消费者的注意力和提高广告的转化率。

4. 活动策划和执行：ChatGPT 模型可以应用于品牌活动的策划和执行。通过分析和挖掘消费者的兴趣和需求，ChatGPT 模型可以为品牌提供个性化的活动内容和推广策略，以提高活动的参与度和效果。

5. 智能推荐和个性化营销：基于 ChatGPT 模型的推荐算法，可以实现更加智能化的产品推荐和个性化营销。通过分析消费者的历史行为、偏好和兴趣，ChatGPT 模型可以为消费者推荐符合其需求的产品和服务，以提高消费者的满意度和忠诚度。

总之，ChatGPT 模型在品牌营销方面具有广泛的应用前景，可以通过智能客服、社交媒体广告、活动策划和执行等多种手段，提高品牌知名度、营销效果和消费者满意度。

ChatGPT 与笔者分享了 5 个具体的例子，这些例子非常清晰地展示了 ChatGPT 作为一项自然语言处理技术在内容生成方面的卓越能力。它可以自动生成到店邀约话术、不同文案脚本和较长的文本内容，等等。这些都是 ChatGPT 擅长的领域。然而，笔者的观点与 ChatGPT 不尽相同，在涉及客服和需要可控性的场景方面，ChatGPT 可能不是特别擅长，或者说最好的情况还是加入一些工程手段的人工干预，才能将 ChatGPT 应用在智能客服领域。对于企业来说，回答内容的可控性非常重要，毕竟当 ChatGPT "一本正经地胡说八道"时，比如在回答问题的时候把数字弄错，把 10 说成了 100，中间的差价是企

业完全不能承担的。

本书将深入探讨 ChatGPT 在企业营销和服务领域中的应用范围和潜能。我们将深入分析它在内容生成方面的优势与局限性，并进一步探讨怎样规避风险，提高 ChatGPT 的应用效果。笔者希望为企业营销从业者、客服人员及对自然语言处理技术感兴趣的读者提供全面且有实际应用价值的内容。

5.4　ChatGPT 对人工智能未来的发展趋势的判断

我们探讨了 ChatGPT 在品牌营销方面的一些问题。接下来请 ChatGPT 发表对自身发展和人工智能未来的发展趋势的看法。

佳芮：可以再聊聊 ChatGPT 和人工智能未来的发展趋势吗？

ChatGPT：当谈到 ChatGPT 和人工智能未来的发展趋势时，以下是一些可能的方向和趋势：

1. 多模态学习：虽然 ChatGPT 模型主要应用于自然语言处理领域，但是未来也可能通过多模态学习的方式，将图像、视频和音频等其他信息与文本信息结合，进一步提高模型的效果和表现能力。

2. 集成学习：未来 ChatGPT 模型可能会通过集成学习的方式，将多个模型结合，以进一步提高模型的效果和鲁棒性。例如，可以将预训练的 ChatGPT 模型与其他任务特定的模型结合，形成更加强大的混合模型。

3. 训练效率：由于 ChatGPT 模型的训练时间和资源成本较高，未来可能会通过优化算法、硬件加速、分布式计算等手段，提高模型的训练效率和速度。

4. 可解释性：未来 ChatGPT 模型的可解释性可能会得到更多的研究和改进，以便更好地理解模型的决策和结果。

5. 隐私保护：由于 ChatGPT 模型需要访问大量的用户数据，未来将会更加重视数据隐私保护，采用更加严格的隐私协议和技术手段，保护用户的数据隐私。

总之，未来 ChatGPT 模型和人工智能的发展趋势可能涉及模型效果的提高、训练效率的提高、模型的可解释性、数据隐私保护等多个方面。我们可以期待更多的研究成果和技术进步，来推动 ChatGPT 模型和人工智能的发展。

5.5 如何使用 ChatGPT

接下来，笔者再问一问 ChatGPT 如何使用 ChatGPT 吧。

佳芮：针对如何使用 ChatGPT，可以展开说说吗？

ChatGPT：当涉及如何使用 ChatGPT 模型时，以下是一些可能的步骤和建议。

1. 数据准备：首先，需要准备一个适合 ChatGPT 模型训练的数据集。数据集应该具有足够的大小和质量，以便训练出一个高效和具有鲁棒性的模型。可以通过爬虫、数据采集、数据清洗等技术手段获取和处理数据。

2. 模型选择：基于 ChatGPT 模型的多个版本，需要选择一个适合自己任务的模型版本。如 GPT-2、GPT-3 等。可以根据任务的规模、复杂度和需要的精度等方面来选择适合的模型。

3. 模型训练：一旦选择了合适的模型，就可以开始训练模型。训练过程中，需要设置合适的超参数、学习率、批量大小等参数，以获得最佳的训练效果。训练过程中，可以使用多台计算机或者云计算服务来提高训练效率和速度。

4. 模型评估：训练完成后，需要对模型进行评估，以确保模型的效果和性能满足预期要求。评估过程中，可以使用预处理的测试数据集或者人工评估等手段来评估模型的质量。

5. 模型部署：一旦确认模型的效果和性能，就可以将模型部署到生产环境中。部署过程中，需要考虑模型的安全性、可扩展性、性能和鲁棒性等方面，以确保模型能够正常运行并且应用效果良好。

总之，使用 ChatGPT 模型需要进行一系列的步骤和准备工作，包括数据准备、模型选择、模型训练、模型评估和模型部署等。需要注意的是，在这个过程中，需要注意数据隐私、模型效果和性能等方面的问题，并选择合适的技术手段和解决方案来解决这些问题。

在提到使用技术时，ChatGPT 非常详细地解释了每个模块的工作原理。此外，它还提出了一些需要注意的事项，包括模型评估和优化、用户体验设计、数据安全和隐私保护、模型可解释性、公正性等。

5.6　ChatGPT 立即体验

在工作场景中，ChatGPT 可以提供多种用于头脑风暴的参考方案、协助撰写多种场景的话术文案、设计多种场景的活动策划和营销活动，还可以协助整理会议纪要、制订计划等。

如果读者没有条件访问 ChatGPT，那么可通过句子互动搭建的体验平台进行体验（如图 5-2 所示）。读者可以在微信公众号中搜索 "AI 对话未来"，在微信中感受大语言模型带来的乐趣。

图 5-2

5.7 关于 ChatGPT 的 "猜概率"

ChatGPT 是当前自然语言处理领域研究的热点，被誉为生成式语言模型的代表之一。那么，它是如何进行概率猜测的呢？笔者从一个简单的例子入手为读者进行分析。

假设有这么一个句子："今天我来到极客时间做 ChatGPT 的＿＿＿。"通过大量的数据训练，AI 系统可以预测下画线处应该填什么词。在此例中，AI 系统猜测大概率是 "公开课"，于是将 "公开课" 填入下画线处，从而生成了一个完整的答案："今天我来到极客时间做 ChatGPT 的公开课。"这听上去非常神奇，为什么 AI 系统会猜出 "公开课" 呢？

现阶段所有的自然语言处理任务，都不能表明 AI 系统真正理解了这个世界。它只是在玩文字游戏，一次又一次地进行概率猜谜。其逻辑有点类似于我们玩填字游戏时的策略，我们是通过已有的知识和智慧来推理填写的单词，而 AI 系统则依赖概率计算进行推理。再来看猜概率的环境，主流的技术方向大致分为 BERT 和 GPT 两种。BERT 曾经非常流行，几乎在自然语言处理领域中占据统治地位，并在文本分类、情感分析等任务中表现出色。

那么 BERT 和 GPT 都是什么呢？它们都是文字的模型，都在猜概率。笔者来问问 ChatGPT，从专业的角度看，GPT 和 BERT 的区别是什么？

佳芮： GPT 和 BERT 的区别是什么？

ChatGPT： GPT（Generative Pre-training Transformer）和 BERT（Bidirectional Encoder Representations from Transformers）都是基于 Transformer 模型的预训练语言模型，可以用于各种自然语言处理任务，例如文本分类、命名实体识别、机器翻译等。两者的主要区别如下。

1. 预训练方式不同：GPT 是一种单向的语言模型，即通过左侧的单词序列预测右侧的单词序列，而 BERT 则是一种双向的语言模型，即通过同时考虑左右两侧的单词序列来预测中心单词的表示。

2. 目标不同：GPT 的目标是生成下一个单词，即通过给定一段文本，预测下一个单词的概率分布；而 BERT 的目标是预测中心单词，即通过给定一段文本，预测每个单词的隐含表示，其中中心单词的表示可以用在其他任务中。

3. 预训练数据集不同：GPT 主要使用了互联网上的大规模文本数据集，例如维基百科、新闻、小说等；而 BERT 则主要使用了 BooksCorpus 和 Wikipedia 数据集，其中 BooksCorpus 数据集包含了 800 万本图书的文本，Wikipedia 数据集包含了维基百科的文本。

4. 模型结构不同：GPT 主要由多个 Transformer 解码器组成，而 BERT 则由多个 Transformer 编码器组成，其中 BERT 的最后一层会输出整个输入序列的表示，而 GPT 则只输出最后一个单词的表示。

总之，GPT 和 BERT 在预训练方式、目标、预训练数据集和模型结构等方面有一定的区别。两者都是目前自然语言处理领域的前沿研究方向，可以应用于各种自然语言处理任务中，并取得了非常好的效果。

为了帮助读者更好地了解 BERT 和 GPT 的不同，笔者尽可能用普通人能理解的语言重新梳理二者的区别。BERT 是一种双向语言模型，通常用于处理语义包含、序列标注和问答等自然语言处理任务。这种模型类似于一种完形填空的游戏，将句子分成左右两个部分，然后预测两个部分之间缺少的词汇。BERT 通过对大量的语料进行无监督训练获取语言信息，然后通过有监督的微调使其适应特定任务，具有卓越的性能和精度。图 5-3 所示为一个具体案例。

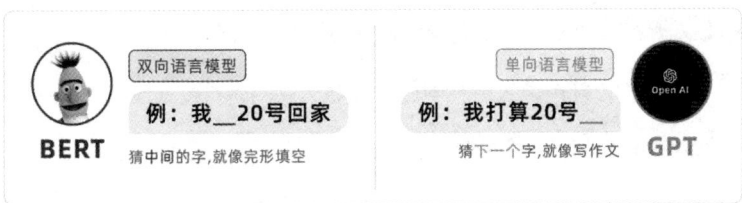

图 5-3

GPT 是一种生成式单向语言模型，通常用于文本生成、机器翻译和对话系统的开发。类似于写作文，这种模型通过预测下一个单词不断生成文本，从而生成连续而自然的文本序列。GPT 利用互联网上的大型语料库进行预训练，然后在实际应用中进行微调，在文本生成方面表现优异。

总的来说，BERT 和 GPT 的区别在于，BERT 是双向语言模型，而 GPT 是单向语言模型。BERT 主要用于语言理解任务，而 GPT 主要用于文本生成任务。两种模型在预训练和微调方面都有其独特的优点，也有一些共性。

当提到 BERT 和 GPT 时，不得不涉及 Fine-tuning 和 Prompt 两个重要概念，同样，先让 ChatGPT 来解释什么是 Fine-tuning，什么是 Prompt。

佳芮：Fine-tuning 是什么意思？

ChatGPT：Fine-tuning 是一种机器学习中的训练方法，通常用于将一个已经预训练好的模型在特定任务上进行微调，以提高模型在特定任务上的性能。

在自然语言处理领域，例如使用 GPT 模型进行文本生成或其他 NLP 任务，通常可以使用 Fine-tuning 的方法对模型进行微调。Fine-tuning 的过程通常包括以下几个步骤。

1. 准备数据集：收集并准备适用于特定任务的数据集。数据集的规模和质量会直接影响模型的微调效果。

2. 导入预训练模型：将预训练模型导入程序中，并根据需要调整模型参数。

3. 加载数据集：将准备好的数据集加载到程序中，并进行数据清洗和处理。

4. 微调模型：使用数据集对模型进行微调。微调通常需要多次迭代，每次迭代都会更新模型的参数，直到模型的性能满足特定的任务要求。

5. 评估模型：对微调后的模型进行评估，以确定模型的性能是否满足特定的任务要求。如果需要，可以通过调整微调策略和参数来改进模型的性能。

6. 使用微调后的模型：将微调后的模型应用到特定的任务中，并对生成的结果进行验证和调整。

总之，Fine-tuning 是一种将已经预训练好的模型在特定任务上进行微调的机器学习方法，可以提高模型的性能和应用效果。使用 Fine-tuning 的过程需要仔细考虑数据集的质量、微调策略和模型参数等问题，以获得更好的微调效果。

佳芮：Prompt 是什么意思？

ChatGPT：在 ChatGPT 中，Prompt 是指用户向模型提供的输入文本或问题，用于启动模型的响应和生成对话。Prompt 可以是一个完整的句子或段落，也可以是一个问题或关键词，模型会根据 Prompt 生成相应的回复或文本。

在 ChatGPT 中，Prompt 扮演着非常重要的角色，因为它可以指导模型生成对话的方向和内容。用户可以根据自己的需要和意图，编写不同的 Prompt 来启动对话，并通过逐步添加或修改 Prompt 的方式，引导模型生成更加符合自己期望的对话回复。

在使用 ChatGPT 进行对话生成时，Prompt 可以是一些简单的问答或聊天话题，也可以是一些复杂的场景或故事情节。通过不断调整和优化 Prompt，用户可以不断改进模型的生成效果和交互体验。

笔者用自己的理解解释这几个概念。

- GPT-3 的论文定义中提到，如果需要对模型参数进行更新，尤其是用基于梯度下降为主的算法对模型进行更新，就要用到 Fine-tuning。
- 如果不需要修改模型和参数，只给模型一些提示和样例，就让模型按我们提出的要求完成一些任务，称为 In-context Learning，后来大家称其为 Prompt。

简单来说，Fine-tuning 就是调参，Prompt 就是提示词。值得一提的是，Prompt 模式相较于 Fine-tuning 会更简单。

训练大语言模型的成本相对较高，大部分公司没有对大语言模型进行微调的能力。大语言模型注定是只有少数玩家能参与的"游戏"。而 Prompt 模式恰恰相反，不需要大量的数据，不需要对模型参数进行改动（也就意味着可以不部署模型，而是接入公开的大语言模型服务），只要去测试就可以了。因此，对 Prompt 模式的调试会呈现百花齐放的姿态，玩家越多，创造力涌现就越猛烈。

ChatGPT 基于 InstructGPT 训练而来，同时结合了 RLHF（Reinforcement Learning with Human Feedback）技术：

佳芮：什么是 InstructGPT？

ChatGPT：InstructGPT 是一种基于 GPT 模型的指导型对话生成技术，它通过在输入的 Prompt 中添加指令或指导语来引导 GPT 模型生成符合预期的对话回复。

在传统的 GPT 模型中，生成的对话回复通常是自由的，没有明确的方向或目标。而在使用 InstructGPT 进行对话生成时，用户可以在输入的 Prompt 中添加一些指令或指导语，告诉模型应该如何生成回复。例如，用户可以在 Prompt 中添加"请告诉我如何做某件事"或"请给我提供一些相关资料"等指导语，来引导模型生成相应的回复或内容。

InstructGPT 技术可以帮助模型更加精准地控制对话的方向和内容，提高对话的效率和准确性。同时，它还可以使模型更加灵活和可控，能够适应不同的应用场景和用户需求。

InstructGPT 技术的实现方式比较灵活，具体可以根据不同的需求和场景进行调整。一些常见的实现方式包括：将指令或指导语嵌入输入的 Prompt 中，或者使用单独的向量来表示指令或指导语。在使用 InstructGPT 技术时，需要注意指令或指导语的表述清晰明确，以便模型能够正确理解用户的意图和需求。

佳芮：什么是 Reinforcement Learning with Human Feedback？

ChatGPT：Reinforcement Learning with Human Feedback（RLHF）是一种结合了强化学习和人类反馈的机器学习方法。它通过将强化学习算法与人类反馈相结合，以提高机器学习模型的性能和适应性。

在 RLHF 中，模型会不断生成不同的输出或行为，并将其展示给人类用户进行评估。人类用户可以给出反馈或评分，告诉模型哪些行为是正确或合理的，哪些行为是错误或不合理的。模型可以根据这些反馈或评分来优化自身的行为策略，以最大化长期的奖励信号。

RLHF 技术可以应用在许多机器学习任务中，如对话生成、推荐系统、游戏等。通过不断接受人类反馈，模型可以逐步提高自身的表现效果，同时还能更好地适应人类的需求和偏好。与传统的强化学习算法相比，RLHF 技术具有更强的鲁棒性和可解释性，能够更好地应对未知和复杂的环境。

　　总的来说，RLHF 技术是一种结合了人类智慧和机器学习的方法，可以使机器学习模型更加智能。

我们经常听到两个词：Zero-shot Prompt 和 Few-shot Prompt。Zero-shot Prompt（零样本提示）是指不给出任何例子，直接向模型提出问题；Few-shot Prompt（小样本提示）是指在向模型提出问题的同时，提供少量的例子，辅助模型理解问题。他们的相同之处是都将标题或问题作为提示，以此指导语言模型生成与提示相关的语义内容。同样，我们让 ChatGPT 用小学生能理解的语言描述 Zero-shot Prompt 和 Few-shot Prompt 的区别。

　　佳芮：请用小学生能理解的语言，描述 Zero-shot Prompt 和 Few-shot Prompt 的区别。

　　ChatGPT：Zero-shot Prompt 和 Few-shot Prompt 都是使用预先训练好的电脑程序（叫作语言模型）写文章或回答问题。但是，它们之间有一个重要的区别。

　　Zero-shot Prompt 是说你不需要给电脑程序提供太多关于这个问题或话题的资料，电脑程序会根据它先前学习到的知识和模式来回答问题或写文章。就好像你只告诉电脑程序"请写一篇关于动物的文章"，电脑程序就可以开始写文章了。

　　Few-shot Prompt 是说你可以为电脑程序提供一些更具体的关于这个问题或话题的资料，这样电脑程序就可以更好地了解你的问题或话题。这些资料不需要太多，就像你告诉电脑程序"请写一篇有关狗的文章"，然后再告诉它一些关于狗的事实，如"有四条腿""狗可以当宠物"，这样电脑程序就可以写一篇更好的关于狗的文章了。

　　所以，Zero-shot Prompt 和 Few-shot Prompt 都是使用电脑程序来写文章或

回答问题的方法，只是 Few-shot Prompt 会给电脑程序提供更多的关于问题或话题的资料，让电脑程序更好地了解问题或话题，写出更准确、更有用的回答或文章。

简单来说，Zero-shot Prompt 和 Few-shot Prompt 是根据是否在 Prompt 中提供所提出问题对应的例子进行区分的。ChatGPT 之所以如此惊艳，是因为它具有基于 Zero-shot Prompt 的能力。例如，我们可以给它一个主题，让它写出一首诗，无须提供更多提示。ChatGPT 大大降低了应用人工智能的门槛，让更多的人能够享受到这项技术的便利和乐趣。

5.8　ChatGPT 的前世今生

本节将探讨强大的 ChatGPT 的演变过程。在讨论 ChatGPT 之前，让我们先来回顾自 2016 年以来人工智能领域的重要变革：从分析式 AI 向生成式 AI 转型。

分析式 AI 主要是利用机器学习的方法学习数据分布，从而完成各种任务，如分类和预测。它学到的知识局限于数据本身。分析式 AI 的核心工作是对数据进行分析和分类。

与分析式 AI 不同，生成式 AI 在学习数据分布的基础上，探索数据的产生模式，并创造出数据集中不存在的新样本。在分析式 AI 的基础上，诞生了 Stable Diffusion 等新的模型。

生成式 AI 的应用极其广泛，从社交媒体到游戏，从广告到建筑，从编程到平面设计，从产品设计到市场营销，每一个原来需要人类进行创作的行业（文字创作、图片生成、代码写作，等等），都可以被生成式 AI 重组。

整个生成式 AI 的全景图①如图 5-4 所示，每个类别提供动力的平台层，以及将在其上构建的潜在的应用程序类型。

---

① 引自《生成式 AI：充满创造力的新世界》一文。

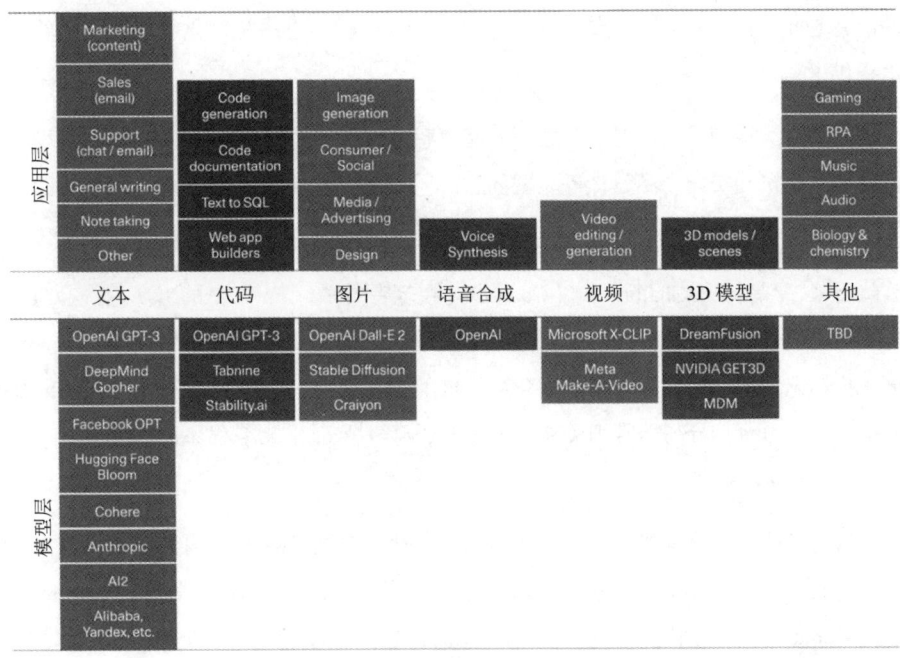

图 5-4

从图中可以看出，内容生成可以分为几大类：文本、代码、图片、语音合成、视频和 3D 模型等。下面笔者逐项展开介绍。

文本（Text）：大语言模型在中短篇形式的写作任务中表现得相当出色（即便如此，它们通常用于创作初稿）。随着时间的推移，模型变得越来越好（截至本书写作时，GPT-4 已经具有多模态大模型的属性，据说 GPT-5 也在 "炼丹" 中，也许很快就能与大家见面），期望看到更高质量的输出、更长形式的内容和更好的垂直领域深度。

代码（Code）：对开发者的生产力有很大的影响，正如 GitHub Co-Pilot 所表现的那样。此外，代码生成还将使非开发者更容易创造性地使用代码。

图片（Image）：在 Twitter 上分享生成的图片比文本有趣得多！具有不同美学风格的图像模型、用于编辑和修改生成图像的不同技术在陆续出现。

语音合成（Speech）：语音合成技术已经出现一段时间，但面向消费者和企业的应用才刚刚起步。对于像电影和播客这样的高端应用程序来说，听起来不机械的、具有人类质量的语音是相当高的门槛。就像图像一样，如今的模型为进一步优化或实现应用的最终输出提供了一个起点。

视频和 3D 模型：人们对这些模型的潜力感到兴奋，因为它们可以打开电影、游戏、虚拟现实、建筑和实物产品设计等大型创意市场。期待在未来 1~2 年内看到基础的视频和 3D 模型的出现。

接下来，笔者结合 Chatbot 介绍 ChatGPT。在笔者看来，ChatGPT 的出现，也使 Chatbot 演进到了一个新的阶段。时间拉回到 2016 年，那时开发 Chatbot 经常会提到 Domain 这个词（指知识领域，后面章节会详细介绍，这里不再赘述）。例如，做一个订票 Chatbot，需要把它的 Domain 分得非常细（如订火车票、订机票等），对它做不同的分类后，再做整个对话的管理……

假设笔者要做一个全能 Chatbot，需要先做一个订票的 Chatbot，再做一个营销文案的 Chatbot，再做一个闲聊的 Chatbot，再做一个文案的 Chatbot……做非常多的 Chatbot，非常多的 Domain。详细内容本节不再介绍，总而言之，我们之前看到的产品，不管是 Siri、小爱同学还是百度小度，都基于这样的方式做 Chatbot。

有了 OpenAI 的 ChatGPT 后，我们会发现流程完全不一样了。开发者不需要考虑这么多的 Domain，也不需要考虑意图，甚至不需要了解词槽。只需要让它不停地学习，不停地"猜概率"就够了。

当然，上述均是"理想"情况，在客服领域、在售后领域、在一些 To B 场景中，需要一次性给出准确答案，因此之前的这些方案还有非常大的价值，我们不能完全摒弃过去的做法。ChatGPT 的技术演化路径如图 5-5 所示。

GPT-3 的出现是一个重大转折点。在 GPT-3 之前，BERT 的表现始终比 GPT-1 和 GPT-2 好。从 GPT-3 开始，这种模型更符合我们对人工智能的想象：通过学习海量的知识成长起来，稍加引导，就能具备强大的能力。

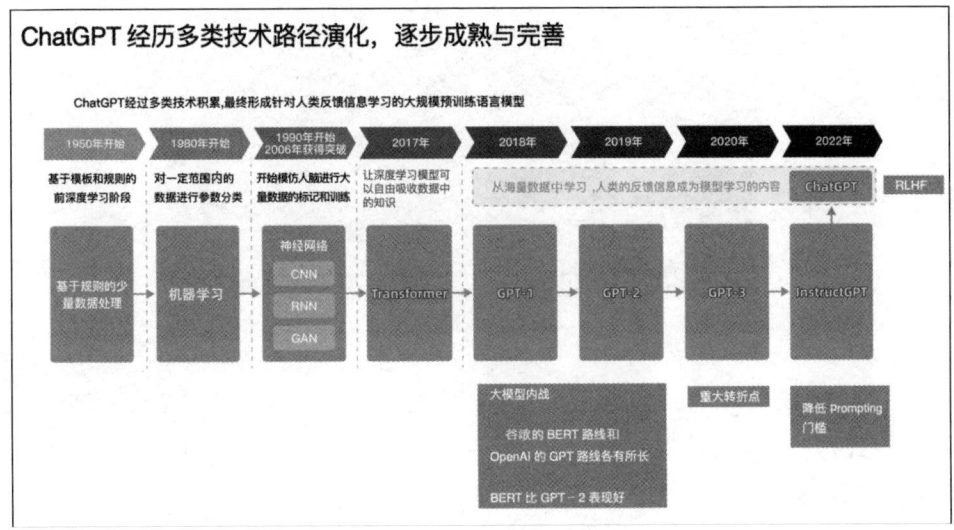

图 5-5

5.9　ChatGPT 背后的公司：OpenAI

设计出 ChatGPT 这款伟大产品的公司名叫 OpenAI，其创始人为 Sam Altman。提到 Sam Altman，我们不得不提到他之前所在的机构 Y Combinator（简称 YC）。YC 是全球最大的孵化器之一，其孵化了非常多的优秀企业，如 Airbnb、Dropbox、GitLab、Stripe 等。而 Sam Altman 此前曾作为 YC 的总裁，领导了该孵化器的多个成功项目。

笔者的公司句子互动，有幸成为 Sam Altman 在 YC 孵化的最后一批项目（图 5-6 中的右图是笔者公司的创始人在 YC 门口的合影）。2019 年 3 月，在 YC 的毕业典礼上，Sam Altman 说："我有一个重大的决定，我要离开 YC 去 OpenAI。" 当时笔者非常不理解，在 YC 这么好的机构做总裁是多少人梦寐以求的职位，他为什么要去一家非营利机构做人工智能呢？如今，笔者明白了他做这个伟大决定的意义。

OpenAI 成立之初是为了防止 DeepMind 作恶，其使命旨在确保 AGI 造福全人类，创建一个安全、可靠的 AGI，并尽可能广泛和平等地共享其优势。

图 5-6

当时，Musk 认为防止有人拿人工智能技术作恶的最好方式是让人工智能技术民主化并被广泛使用，人人拥有人工智能就相当于没有任何人拥有这项技术特权。OpenAI 的发展史如图 5-7 所示。

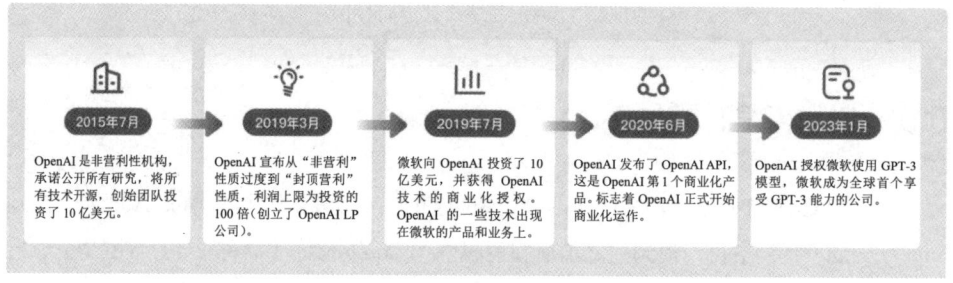

图 5-7

6

ChatGPT 的应用场景

笔者在与朋友交流时，经常被问的问题是 ChatGPT 是否无所不能？笔者认为，它并非无所不能。ChatGPT 官网列举了 ChatGPT 可以完成的 50 件事，包括关键字提取、广告设计、摘要说明、SQL 语句生成、头脑风暴，等等（如图 6-1 所示）。本章介绍 ChatGPT 作为一个 Chatbot，是如何帮我们提高生产力的。

图 6-1

笔者的公司，句子互动，正在基于 ChatGPT 为企业提供知识管理工具和生成工具。如果读者有兴趣体验 ChatGPT 技术，请关注微信公众号"AI 对话未来"进行尝试。

6.1 数字人大脑

ChatGPT 的一项能力是数字人大脑。虽然数字人并不是一个新奇的事物①，但是 ChatGPT 的出现，让数字人大脑变得更为智能。举个简单的例子，只需一句话，ChatGPT 就能够将其扩展成一段话，甚至是小作文，然后将生成的内容输入数字人中，由数字人将其直接说出来。

例如，我们可以让 ChatGPT 编写一则面向年轻人的防脱发产品广告文案，适合博主进行口播。广告文案需要体现专业性，突出产品改善毛发结构的优点，并分点撰写。

佳芮：写一段针对年轻人的防脱发产品的广告文案，适合博主口播，体现专业性。突出产品改善毛发结构的优点，并分点撰写。

ChatGPT：大家好，我是你们的博主，今天给大家推荐一款能改善毛发结构的防脱发产品。许多年轻人都面临着脱发问题，脱发不仅影响外貌，还会影响自信心。我们都希望自己能拥有浓密的头发，而这款产品就能帮助你实现这个梦想。这款产品有以下优点：

- 有效防止脱发，促进头发生长。
- 采用纯天然植物成分，不含任何有害化学物质，安全且无副作用。
- 能够改善毛发结构，让头发更有光泽，更加柔软。

这款产品不仅适用于那些正在脱发的人，还适用于想要让头发更健康的人。如果你想拥有更加美丽的头发，这款产品一定会是你的首选。

这段口语化的表达类似于我们在看商品直播时主播的表述方式。实际上，只要给

---

① 百度百科对数字人的定义为：通过数字技术创造的与人类形象相似的数字人物形象。

ChatGPT 提供一小段文本描述，它就能快速扩展，这是非常神奇的事情！

6.2　写文章

事实上，写文章与数字人大脑的扩充是类似的过程，只是应用场景不同。例如，如果一位作者希望利用 ChatGPT 为科技平权撰写一篇评论文章，同时提供一些独到的见解，那么该如何操作呢？

首先，要引导 ChatGPT 根据自己的经验深思熟虑，再解释为什么科技平权很重要，用事实支持主张，并讨论文章中出现的任何问题的潜在解决方案。

佳芮：请你基于"科技平权"写一篇评论文章，提供一些有见地的评论。你应该利用自己的经验，深思熟虑地解释为什么"科技平权"很重要，用事实支持主张，并讨论文章中出现的任何问题的潜在解决方案。

ChatGPT：科技平权是一个至关重要的话题。我们生活在一个科技发展日新月异的时代，科技已经成为我们生活的一部分。然而，在科技发展的过程中，一些群体被排斥在外，不能享受科技带来的便利。因此，科技平权成了一种迫切的需求。

首先，科技平权的重要性在于确保每个人都有平等的机会和资源去接触、掌握和利用科技。这不仅可以推动科技进步，也可以帮助实现社会的公平和公正。例如，女性在 STEM 领域中仍然面临很大的性别歧视和不公平待遇，这使得她们在科技行业中的地位和机会受到限制。如果我们能够推动科技平权，就可以为女性提供更多机会，帮助她们充分发挥潜力，也能带来更多的科技创新。

其次，科技平权也有助于解决社会中存在的一些问题。例如，人工智能系统中存在的偏见和歧视问题，导致了一些种族、性别和社会群体的排斥和不公平待遇。通过推动科技平权，我们可以更好地纠正这些偏见和歧视，并确保 AI 系统的公正性和可靠性。

要解决科技平权问题，我们需要采取一系列措施。首先，政府应该出台法规和政策，确保所有人都能获得公平的机会和资源。此外，学校和教育机构也需要积极推广科技教育，鼓励更多的人参与到 STEM 领域中来。此外，企业界也需要采取措施，确保员工受到公平的对待，促进多元化和包容性。

总的来说，科技平权对于我们的社会和未来的发展非常重要。通过推动科技平权，我们可以实现公平、公正和可持续的社会发展，为所有人创造更美好的未来。

笔者认为 ChatGPT 的回答非常棒。但这段文本的字数显然较少。在实际使用中，只需回复"继续"，ChatGPT 就能立即根据上下文进行延展，而且其生成的开头段落也十分出色。

佳芮：继续。

ChatGPT：另外一个需要解决的问题是，一些科技公司可能没有意识到自己的产品在一些社会群体中产生了不公平的影响，例如，人脸识别技术往往在不同种族和性别之间存在误差率的差异，这可能导致对某些群体的不公正对待。为了实现科技平权，我们需要对这些问题进行深入研究，并鼓励科技公司采取积极的措施来解决这些问题。例如，可以通过收集更多的样本数据来改进人脸识别技术，以确保它的准确性不会因不同种族和性别之间的差异而受到影响。

在实现科技平权方面，政府和社会组织也扮演着重要的角色。政府可以出台法规来确保科技公司的产品不会对某些社会群体产生负面影响，同时鼓励科技公司采取更多的措施来促进科技平权。社会组织可以促进公众意识，推动科技公司改善产品设计和开发，以确保它们对所有人都是公平的。

总之，实现科技平权对于构建一个更公正、更平等的社会来说至关重要。通过认识到科技的影响和潜在问题，并采取积极的措施来解决这些问题，我们可以确保科技能够为所有人所用，而不是只是一部分人。这不仅是一种道德上的责任，也是一种商业上的机会，因为科技平权将会带来更广泛的市场和更好的业务表现。

6.3　编辑文章/改写论文表达

ChatGPT 的另一个应用场景是用于编辑文章和改写论文，在表达方面提供强大的支持和帮助。

以下是一个真实的案例，笔者与一家硬件公司进行电话会议，随意记录会议纪要，文字极为混乱，无序。之后，笔者将这些混乱纪要交给 ChatGPT 进行处理，结果 ChatGPT 生成了非常清晰、有序的会议纪要，让笔者印象深刻。

佳芮：请帮我把下面这段话编辑成条理清晰的会议纪要。

与做扫描笔的硬件公司开会的会议纪要

功能：词典扫描翻译，扫描笔出货量：一年卖了 30 万元，2023 年要卖 70 万元

流量：

- 公众号：18 万粉丝
- 小程序：10 多万用户

用户人群：

- 三线
- 四线
- 二线
- 五线
- 一线

用户画像：小学高年级的家长

- 背单词
- 听写

ChatGPT：会议纪要

会议主题：扫描笔产品销售情况和用户画像分析

出席人员：零售部门负责人、市场部门负责人、产品部门负责人、运营部门负责人

会议内容：

1. 销售部门汇报，扫描笔去年销量达到 30 万元，今年销量计划为 70 万元。

2. 市场部门汇报，扫描笔公众号拥有 18 万粉丝，小程序用户超过 10 万人。

3. 产品部门介绍扫描笔主要功能，包括词典扫描翻译和扫播功能。

4. 运营部门对扫描笔用户人群进行分析，用户主要分布在一线、二线、三线、四线和五线城市，用户画像为小学高年级学生的家长。

5. 讨论如何增加销量和扩大用户群体，市场部门提出增加宣传力度，产品部门提出增加新功能，运营部门提出增加用户黏性。

商定下一步工作计划，各部门落实具体工作任务，定期召开会议进行进展汇报。

会议的主题，它帮笔者摘要出来了——"扫描笔产品销售情况和用户画像分析"。针对出席的人员，它编撰了一份内容较为杂乱的名单，包括销售部门、市场部门、产品部门和运营部门。或许它认为这些部门和会议主题相关。值得注意的是，它还提到商定下一步工作计划的事情。综合来看，在做会议纪要、整理或编写文章时，ChatGPT 是一位非常出色的助手。

6.4 帮助提炼大量文字

ChatGPT 有一个非常实用的应用场景——帮助用户提炼大量的文字，并进行概括和整理。例如，用户可以将一篇公众号文章交给 ChatGPT 进行处理，让它帮助自己进行概括和摘要。通过 ChatGPT 技术的处理，用户可以轻松获得对文章内容的深刻理解，并快速把握文章的核心思想和重点内容。

佳芮：请帮我整理这篇杂乱的文章，简单概括文章的内容，我即将输入文章内容。

ChatGPT：好的，请输入文章内容。

佳芮：选择去巴塞罗那中转的原因，参见旧文关于南极旅游，前奏篇。巴塞罗那可以说是明显带有高迪标志的城市，一般游客来巴塞罗那，最知名的景点，几乎都打着高迪的标签，古埃尔公园，米拉之家，高迪博物馆，更不用说修建了超过 150 年的圣家堂大教堂，可以说是巴塞罗那必去的打卡点。但必须指出巴塞罗那这个城市的治安并不乐观，虽然恶性犯罪不算严峻，但面对游客的偷抢时有发生，在很多旅游攻略中都会着重强调。据说圣家堂附近可是抢游客手机的危险区域，巴塞罗那市政建设有点一言难尽，很多地铁站没有电梯，我拎着 28 英寸的行李箱真的是挺吃力的。当然，也是我比较财迷，一张 16 欧元的两日地铁公交通票就解决了全程的出行费用，这其中包括了机场到市区酒店的往返。为了省钱，就只好费体力。还有，我发现本地人特别喜欢在室外吃饭，那么冷的天气，很多餐厅室外开着火炉摆桌子。好像当时在悉尼看到的场景也类似。当然，巴塞罗那还有诺坎普体育场和街头足球。话不多说，看视频号吧。

ChatGPT：文章主要讲述了作者为了去南极旅游选择在巴塞罗那中转时的一些经历和感受。文章提到了巴塞罗那是个充满高迪标志的城市，但也存在治安不佳、交通不便等问题。此外，文章还提到了当地人喜欢室外吃饭的习惯和街头足球文化。

6.5 多语种转化

ChatGPT 在多语种转换任务方面有广泛的应用。例如，在实际工作中，我们可以将多种语言的文字交给 ChatGPT 进行转换，实现语种之间的转换和沟通。

佳芮：请用简单的语言介绍 ChatGPT 的强大之处，文字控制在 100 字之内。

ChatGPT：ChatGPT 是一款强大的聊天机器人，它能够根据上下文自动理解用户所说的话，并生成自然、流畅、准确的回复。ChatGPT 使用了先进的自然语言处理技术，训练模型效果非常好，在多个 NLP 应用场景中表现出色，还可以进行个性化调整和扩展。

佳芮：很好，可以帮我把这段话翻译成英文吗？

ChatGPT：Sure, I can help you with the translation. Here's the translation into English:

ChatGPT is a powerful chatbot that can automatically understand what users say based on the context, and generate natural, fluent, and accurate responses. It uses advanced natural language processing techniques and has a well-trained model that performs excellently in multiple NLP application scenarios. Additionally, ChatGPT is customizable and expandable for personalized adjustments and extensions.

佳芮：太棒了，可以再帮我把这段话翻译成日语吗？

ChatGPT：当然可以，请看以下日语翻译：

ChatGPT は、コンテキストに基づいてユーザーの発言内容を自動的に理解し、自然で流暢かつ正確な返答を生成する強力なチャツトボツトです。高度な自然言語処理技術を使用し、多様な NLP アプリケーションシナリオにおいて優れたパフォーマンスを発揮する、十分に訓練されたモデルを持っています。さらに、ChatGPT は、個人用の調整や拡張に対応して、カスタマイズ可能で拡張可能です。

佳芮：很好，再帮我翻译成西班牙语吧。

ChatGPT：Por supuesto, aquí está la traducción al español:

ChatGPT es un chatbot poderoso que puede entender automáticamente lo que dicen los usuarios según el contexto y generar respuestas naturales, fluidas y precisas.

Utiliza técnicas avanzadas de procesamiento de lenguaje natural y tiene un modelo bien entrenado que funciona excelentemente en múltiples escenarios de aplicaciones NLP. Además, ChatGPT es personalizable y expansible para ajustes y extensiones personalizadas.

6.6 充当"花哨的"标题生成器

ChatGPT 在标题生成方面有着广泛的应用场景。例如，在实际工作中，我们可以将关键词或者一段话交给 ChatGPT 进行处理，实现自动化的标题生成和生产。

接下来，以笔者的新书起名为线索，看看它的表现。

佳芮：我想让你为我的新书起个名字，请你帮我生成 5 个"吸引眼球"的书名，每个标题不超过 20 个字。我的新书主要介绍 Chatbot，它适合希望从事 Chatbot 行业的读者阅读，尤其是正在考虑将业务切入 Chatbot 领域的决策者，以及正在从事 Chatbot 专业工作的产品经理和项目经理，希望了解 Chatbot 领域工作流程的开发者。

ChatGPT：好的，以下是 5 个可能吸引眼球的书名。

1. Chatbot 大揭秘：行业内必读指南！

2. Chatbot 新星：打造未来商业智能！

3. Chatbot 全景分析：开启无限可能！

4. Chatbot 工作流程：全方位解析！

5. Chatbot 从入门到精通：行业专业指南！

尽管这些书名看起来还不错，但笔者认为 ChatGPT 的表现仍然有改善的空间。接下来，我们聚焦于公众号"AI 对话未来"这个名称的由来，并探究 ChatGPT 是如何生成这个名字的。交流过程的微信截图如图 6-2 所示。

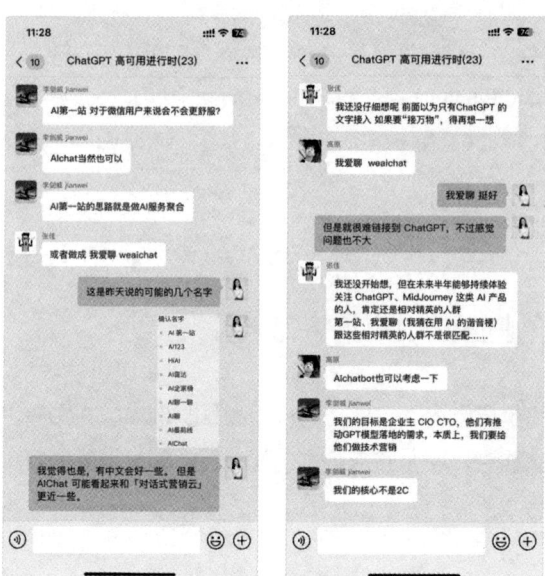

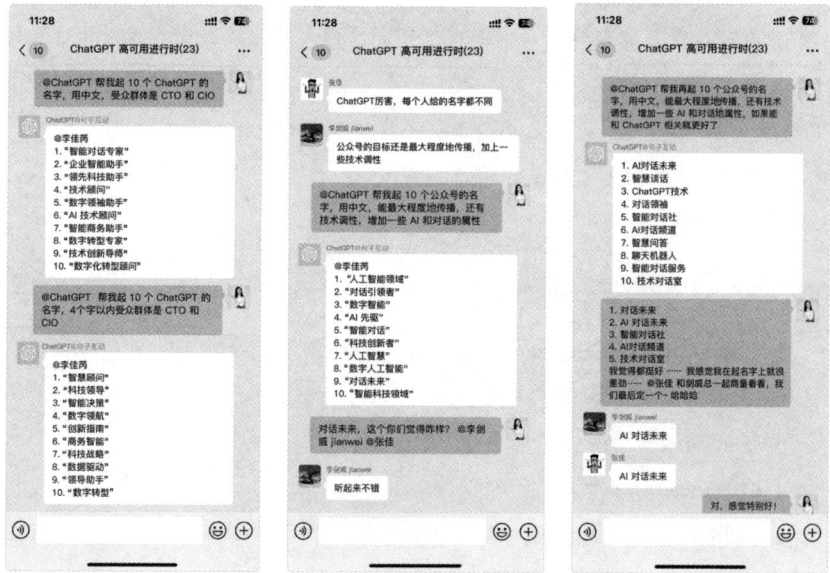

图 6-2

首先，将 ChatGPT 整合进企业微信，并把它添加到我们平时经常使用的微信群。我们在群里讨论的公众号名有"AIChat""AI 第一站""我爱聊"等，但总觉得这些名字不够精致。

我们团队的同事们认为，公司的目标客户主要是企业主、CIO、CTO，他们有推动GPT 模型落地的需求。我们公司需要向这一客户群体进行技术营销，公司的核心业务并非面向消费者（To C）。因此，我们和 ChatGPT 进行了沟通：

> @ChatGPT 帮我起 10 个 ChatGPT 的名字，用中文，受众群体是 CTO 和CIO

ChatGPT 起了"智能对话专家""技术顾问"等名字，看起来并不是很惊艳。所以，我们换了一个问法：

> @ChatGPT 帮我起 10 个 ChatGPT 的名字，4 个字以内，受众群体是 CTO和 CIO

他的回答虽然不够简洁，如"科技领袖""数字顾问"等，但已经给群里的同事们留下了深刻的印象，称赞 ChatGPT 的起名速度快且方向准确。我们希望这个名字能最大程度地传播，"受众是 CTO 和 CIO"这个引导词给了 ChatGPT 错误的引导。因此，我们换了一个问法：

> @ChatGPT 帮我起 10 个公众号的名字，用中文，能最大程度地传播，还有技术调性，增加一些 AI 和对话的属性

ChatGPT 的回答呈现了明显的进步，我们注意到其中一个名为"对话未来"的提议非常棒。但我们仍不满足，继续向 ChatGPT 追问：

> @ChatGPT 帮我再起 10 个公众号的名字，用中文，能最大程度地传播，还有技术调性，增加一些 AI 和对话的属性，如果能和 ChatGPT 相关就更好了

ChatGPT 的反馈给笔者带来了惊喜，其中包含了许多有创意的提议，如"AI 对话未来""智能对话社""AI 对话频道""技术对话室"，等等。最终，在同事们的一致建议下，"AI 对话未来"这个名字脱颖而出，因此我们的公众号正式定名为"AI 对话未来"。

6.7 传统文化生成器，让文化火起来

ChatGPT 在传统文化生成方面也应用广泛。例如，它可以作为一个传统文化生成器，

帮助我们创作描写理想的中文古诗歌、爱情的古诗歌、人生感悟的绝句，甚至春联等。

佳芮：快过年了，帮我写一副春联，祝愿我在新的一年身体健康，万事顺意。

ChatGPT：好的，以下是一副春联，祝福您在新的一年身体健康，万事顺意：

上联：福运滚滚来

下联：健康万事顺

横批：新春如意达

佳芮：这个不够有诗意，我需要更唯美的春联。

ChatGPT：好的，以下是一副比较唯美的春联，希望您会喜欢：

上联：瑞雪兆丰年

下联：春风化万物

横批：花开富贵运

佳芮：还是不够唯美，再唯美一些。

ChatGPT：好的，以下是一副更加唯美的春联，希望您会喜欢：

上联：梅花香自苦寒来

下联：春雨润万物生姿

横批：幸福安康春满园

佳芮：再富有诗意一些呢？我相信你可以做得更好。

ChatGPT：好的，以下是一副更具诗意的春联，祝您喜庆新春，万事如意：

上联：岁月添新绿花开迎佳节

下联：心境换新篇福到喜洋洋

横批：春色妙人间

6.8 取代私域运营

还有一个 ChatGPT 的应用场景就是创造私域运营的营销文案。笔者创办的公司句子互动就是一家专注做私域自动化的公司。笔者市场部同事做了一个测试，以运营工作为例，试着把日常工作内容交给 AI 工具，从私域 IP 打造、文案话术到活动策划，结合具体业务把需求分配给 AI 工具，并记录了真实反馈。

6.8.1 IP 打造

假设自己是"某气森林"的市场营销人员，为 AI 工具介绍了产品调性和私域营销目的后，让它帮忙取名、设计头像，甚至生成适合在图片生成类 AI 工具中使用的 Prompt（提示词）。

1. 账号和社群起名

问：我要创建一个账号来添加用户为好友，这个账号的对外形象是福利官，同时提供一些产品咨询的服务。我的产品名字叫"某气森林"，产品的主要受众是新潮的年轻人。请帮我为这个账号起一个名字。

ChatGPT：为这个账号起名字时，需要考虑它代表的品牌形象及产品特点。以下是一些可能适合的名字。

1. 森林之友：这个名字强调了你的产品"某气森林"的特点，与年轻人的喜好相符。

2. 活力达人：这个名字强调了你的品牌形象是一个充满活力的人，同时与"某气森林"这个注重健康的产品相关联。

3. 绿色生活家：这个名字强调了你的产品注重绿色环保，与"某气森林"的概念相符合，也与新潮年轻人追求绿色生活的趋势相契合。

以上提供给您参考。

问：添加用户为好友后，我还会建立社群，邀请好友在社群中互动、派发福利优惠券、宣传新品，你能帮我起一个社群名字吗？

ChatGPT：当给社群起名字时，需要考虑它代表的品牌形象、产品特点以及社群的目的。以下是一些可能适合的社群名字。

1. 某气森林社群：这个名字强调了你的产品名字，并将社群与产品相关联，同时让用户更容易认出你的品牌形象。

2. 活力大家庭：这个名字强调了你的品牌形象是一个充满活力的人，社群中的成员都是这个大家庭的一员。

3. 绿色家园：这个名字强调了你的产品注重绿色环保，社群成员都是关注环保、追求绿色生活的人，社群就像一个绿色的家园。

以上是为您提供的参考。

问：这几个名字有点"土"，我希望在名字中体现年轻、活力。

ChatGPT：好的，以下是一些更年轻、更活力的社群名字。

1. 森林派对：这个名字强调了你的产品名字中的"森林"概念，社群就像是一个充满绿色森林氛围的派对，让年轻人可以在其中互动、分享、畅所欲言。

2. 元气联盟：这个名字强调了你的社群成员都是充满活力的年轻人，联合在一起，一起分享自己的生活、学习、工作等方面的心得体会。

3. 生活狂欢节：这个名字强调了社群的目的是让年轻人可以在其中享受生活的狂欢，一起分享自己的热爱、追求、梦想等。

以上是一些更年轻、更活力的社群名字，希望对你有帮助。

问：依然不年轻，时下比较流行的社群名字是"××和他的朋友们""××福利研究所""××宠粉之家"。基于这些参考名字，帮我想几个相似的社群名，不要直接抄。

ChatGPT：好的，根据参考名字，以下是几个相似的社群名字。

1. 森林研究院：这个名字强调了你的产品名字中的"森林"概念，社群成员就像是一个研究森林、生态、环保的团队，一起探讨和学习相关知识。

2. 元气驿站：社群就像是一个元气满满的驿站，让年轻人可以在其中交流、分享、休憩。

3. 生活指南所：这个名字强调了社群的目的是为年轻人提供生活指南和经验分享，让他们在学习和成长的路上不孤单。

4. 森林之家：这个名字强调了你的产品名字中的"森林"概念，社群就像是一个森林之家，让年轻人可以在其中聚集，分享彼此的喜好和热爱。

希望对你有帮助。

在让 ChatGPT 起社群名时，笔者曾多次与之进行反馈，以期能够让其选择更时尚、流行的名称，甚至参考了完美日记的社群名，但结果仍然相对"土气"。不过，ChatGPT 的确能够在提供备选社群名的同时，提供有关其内涵含义的阐释，这已经远超过了我们的预期！

2. 设计头像

问：我想为这个账号设计一款头像，你建议我在头像里加入什么元素？

ChatGPT：为账号设计一个符合产品特色和受众喜好的头像可以帮助用户更好地识别和记忆账号，以下是几个元素的建议。

1. 森林元素：在头像中加入森林元素，例如树、树叶、花等，可以突出产品的主题，营造出清新自然的感觉。

2. 动物元素：可以选择一些可爱的动物作为头像元素，例如小熊、小鹿、小兔等，这些元素会让用户感到亲近和温馨。

3. 元气气息：可以加入一些元气气息的元素，例如气泡、星星、彩虹等，这些元素会让头像更加生动有趣，吸引用户的注意力。

4. 绿色色调：可以选择一些绿色色调，例如草绿、深绿、薄荷绿等，这些颜色会让头像更加符合森林元素，也能营造出清新自然的感觉。

你可以根据需要选择一个或者几个元素进行组合，创造出一个符合产品特色和受众喜好的头像。

问：我想用图像生成 AI 产品来设计这个头像，给我一些比较合适的提示词吧，要英文的。

ChatGPT：当使用图像生成 AI 产品时，合适的提示词可以帮助生成更加符合你需求的头像，以下是几个合适的提示词。

1. A cute forest animal surrounded by trees and flowers.

2. A whimsical forest scene with colorful bubbles and sparkles.

3. A friendly forest character with a green color palette.

4. A fun and energetic forest creature with an adventurous spirit.

5. A magical forest world with glittering stars and vibrant colors.

这些提示词包含了森林元素、动物元素、元气息等建议的元素，可以帮助图像生成 AI 产品更好地理解你的需求。你可以根据自己的需求选择一个或者多个提示词进行组合，以此生成一个符合产品特色和受众喜好的头像。

问：对了，我的产品是气泡水，你能基于产品信息优化上面的提示词吗？

ChatGPT：当然可以，以下是一些针对气泡水产品信息的提示词的优化建议。

1. A cute and bubbly animal surrounded by bubbles and water droplets.

2. A refreshing and playful scene with bubbles floating in the air.

3. A friendly and energetic character with a cool blue color palette.

4. A fun and adventurous creature enjoying a refreshing bubble bath.

5. A magical world filled with sparkling bubbles and refreshing water.

你可以根据自己的需求选择一个或者多个提示词进行组合，以此生成一个符合产品特色和受众喜好的头像。

问：头像的主体应该是一个卡通人物形象，基于此信息帮我优化上面的提示词。

ChatGPT： 好的，以下是针对卡通人物形象的提示词的优化建议。

1. A cute and bubbly cartoon character surrounded by bubbles and water droplets.

2. A refreshing and playful scene with a cartoon character enjoying a bubble bath.

3. A friendly and energetic cartoon character with a cool blue color palette, holding a bottle of bubble water.

4. A fun and adventurous cartoon character exploring a world filled with sparkling bubbles and refreshing water.

5. A magical world with a cartoon character jumping and playing with bubbles.

这些指示词都以卡通人物形象为主体，同时包含了气泡、水滴、清新等元素，可以帮助图像生成 AI 产品更好地理解你的产品特色和受众喜好，以此生成一个符合产品特色和受众喜好的头像。

6.8.2 话术文案

在运营工作中，写出优秀的文案和话术是相当让人头疼的工作，其难度不可谓不高。为此，笔者公司的运营同事利用 AI 工具协助生成运营所需的话语，包括欢迎语、入群邀请、群规、群公告及营销活动文案等。在经过多轮调整与训练后，AI 工具生成的话术已经优于绝大多数品牌运营人员实际投放的业务话术。

1. 写一段欢迎语

问：帮我写一个添加好友以后的欢迎语。每句话以 emoji 开头，不超过 14 个字，欢迎语包括你自己的介绍、你能提供的价值、如何与你对话。

ChatGPT：

👋 您好！我是 AI 助手🤖

💡 我能为您提供多种实用的功能

💬 您可以向我发送消息开始对话

问：非常棒，增加一些内容：引导好友通过回复关键词"进群"被邀请加入群聊，在群里可以与更多的同行交流互动；同时提醒好友进群后要遵守群规，不要在群内发送广告、违法违规的消息。

ChatGPT：

💡 我能为您提供多种实用的功能

💬 您可以向我发送消息开始对话

📢 通过回复"进群"可加入交流群

👥 在群里可以与更多同行交流互动

🚫 请遵守群规，禁止发送广告违法信息

问：生成 3 种不同风格的以上类型的欢迎语。

ChatGPT：

1. 👋 您好，建议您在我这里多逗留一会，我会带给您许多乐趣。💬 记得要回复"进群"哦，体验更多互动交流，一起成长吧！

2. 👐 您好，真高兴认识您！作为您的新朋友，我可以给您很多实用的推荐和专业的建议。💬 回复"进群"，您会发现更多知识新世界，带给您无数惊喜！

3. 👋 嘿！我是 AI 小助手，我很善良、聪明、有毅力。但最重要的是我是一个超棒的帮手。💬 再次欢迎您来到我的世界！如果想与更多的同行交流，回答"进群"就可以了，快来加入我们吧！

问：太棒了，能再生成 3 种吗？

ChatGPT：

1. 👋嘿！🌈看到您加入真是太好了！回复"进群"，分享我们彼此的故事吧。

2. 🐦 您好！🦋 您的加入使我感到十分兴奋。回复"进群"，我们将在群聊中一起创造非凡，并提供富有启发性的内容。

3. ✋ 您好！ 💻 作为一个 AI 机器人，我非常善良、温暖、聪明，会为您提供高质量的服务。回复"进群"，我们可以互相学习，一起成长。

问：生成 3 种不同风格的以上类型的欢迎语。

ChatGPT：

1. ✋ 您好！ ✽ 欢迎来到我的世界。回复"进群"，与一群志同道合的人交流，分享我们的心情和想法，成为人生中更好的自己。

2. 🐦 嗨！ 🐦 作为您的 AI 助理，我非常期待我们之间的合作。回复"进群"，让我们在群聊中一起学习、交流、创造更多的可能性。

3. ✋ 您好！ 🌈 同门之间，必有相助之情。回复"进群"，让我们在群聊中一起分享我们的知识、技能和经验，互帮互助，共同成长。

你可以像"领导"一样，随时增加需求，让 ChatGPT 生成 3 种不同风格供你挑选。再生成 3 种，ChatGPT 不会厌烦，而且工作高效。美中不足的是，它有时会忘掉你限定的规则，不过可以随时补充让它修正。

2. 写一段邀请用户入群的话术

我们模拟了一个入群邀请的场景，要求 ChatGPT 撰写一份入群邀请话术的"调教"过程。与前面一样，它有时会忘掉规则，所以仍需手动通过提示词对它进行修正。

问：由于有些用户没有加入社群，我现在要重新邀请他们。需要向他们重点展示加入社群的好处。社群里会提供以下福利：1.领取 30 元产品优惠券；2.每日推送社群专属折扣商品；3.定期组织社群游戏，赢者获得奖励；4.抽取免费试吃新品的机会。请帮我写一个邀请话术，每行不超过 14 个字，每行以 emoji 开头。

ChatGPT：

1. 💰 邀您加入社群，领取 30 元优惠券

2. 🔖 社群专享折扣，每日更新商品

3. 🎮 社群游戏，赢取奖品，每日抽新品

4. 😃 好消息：别错过社群尊享福利！

问：用数字展示我们提供的社群福利。文案开头加一段说明，比如，我们组织了福利群，邀请你加入……

ChatGPT：

当你成为我们社群的一员，你将获得：

1. 领取 30 元的产品优惠券

2. 每日社群专属折扣商品

3. 定期组织社群游戏，可赢得各种奖励

4. 抽取免费试吃新品的机会

快加入我们的社群，享受这些特别优惠吧！

问：删除每条文案开头的数字，生成 3 种不同风格的文案。

ChatGPT：

欢迎加入我们的社群，你将领取产品优惠券、享受独家折扣商品，定期参与社群游戏并且有机会抽取免费试吃新品。让社群为你带来更多的惊喜吧！

我们的社群提供各种福利，包括领取 30 元的优惠券和每天的社群专属折扣商品。同时，社群还会定期组织游戏活动，并向免费试吃新品的成员抽取。快来加入我们吧，一起享受更多的优惠！

我们的福利社群为您提供的远不止于此，加入后还可享受独家折扣商品、定期组织社群游戏以及抽取免费试吃新品。在我们的社群里，有无限的惊喜等待着您的到来，赶快行动起来吧！

问：每种文案依然要遵守前面的规则：每行不超过 14 个字，每行以 emoji

开头。

ChatGPT：

1. 🎉 欢迎加入我们的社群

领优惠券💰、享独家商品🎁

玩游戏🎮、试吃新品🍽

社群带给你更多惊喜！😄

2. 🚀 社群福利：领优惠券🏷

折扣商品🛍，参加游戏🎮

试吃新品🍽

赶快加入，尽享特权！😎

3. ✳ 社群福利不止于此：

折扣商品🎁、游戏🎮

试吃新品🍽

加入我们的社群

玩转更多好玩！🖤

---

3. 写一个社群规则公告

让 ChatGPT 生成两类社群规则的"调教"过程。第一次对话是提出基础的需求，ChatGPT 的反馈基本达标；后两次是假定自己"不知道什么样的信息是违规"的情况，给出基本描述后，让 ChatGPT 给出反馈。ChatGPT 的答案完全超出预期！

问：我要在社群发布一个公告，公告的内容是要求群成员遵守群规则，不要发布广告、与社群主题无关的链接以及违规的内容。如果用户不遵守社群规则，则将被移出群聊。每行话术以 emoji 开头，每行文字不超过 13 个，文风活泼一点。

ChatGPT：

📢 按照社群规则行事，不要发布广告 🚫、无关链接 🔗 和违规内容 🔞 啊！

👀 不领情的话，那可是要请你离开社群 👉 滴！请遵守规则 🔖，伸出你善良的小手 🤲 吧！

💙 让我们的社群变得更美好，一块守护，一起快乐 🎉！

问：每行不超过 13 个字。

ChatGPT：

尊敬的社群成员 👋

请求遵守社群规则 📋。

🚫 请勿发布广告

无关文章或违规内容 👀。

👉 违规将被移除群聊

请遵守群规 🔖。

💙 让我们维护社群秩序

一起创建友善氛围 🤝

问：我要编写社群规则，帮我列出 10 种禁止在社群内出现的行为。这些被禁止的行为大多会让其他成员反感或不适，或者导致社群因为违规被封禁。

ChatGPT：

好的，下面是 10 种在社群内禁止的行为：

1. 发布任何形式的广告或宣传信息。

2. 发布任何含有黄色、政治敏感等违法信息的文字、图片、视频等内容。

3. 发送垃圾信息或重复发送信息。

4. 发送令人不适内容的语言、图片、视频等内容，包括但不限于污言秽语、辱骂、歧视等。

5. 攻击、侮辱其他成员或讨论政治、宗教等个人信仰问题。

6. 盗用他人资料或发布虚假信息。

7. 散播谣言、影响社群稳定。

8. 任何形式的恶意行为。

9. 通过社群传播病毒、诈骗链接等违法信息。

10. 违反任何国家法律法规。

请注意，每一个社群都有自己的规定。尊重并遵守群规是成为一个好的群成员的基本要求。

问：好的，把以上内容整理成适合在社群中以公告形式发布的文案。这种文案的特征是：

1. 尽量分行。

2. 每行以 emoji 开头。

3. 每行文字不超过 14 个字。

ChatGPT：

📣 社群规则公告

👉 禁止广告和宣传信息🚫

🈲 不要发布不适和违法内容🈲

💬 不要发送垃圾信息和重复信息🗑

📋 不要攻击、侮辱其他成员👥

🚫 禁止盗用资料和发布虚假信息🈲

🈲 不要散布谣言，影响社群稳定🚨

🈲 禁止任何形式的恶意行为🤚

🦟 不要通过社群传播病毒、诈骗链接等📧

👮 遵守国家法律法规🚓

请各位尊重社群规定，遵守群规做一个好的社群成员🙏。

---

4. 写一段产品促销的话术

在生成产品促销话术时，笔者尝试了一种"反向操作"：把所有能想到的需求都扔给 ChatGPT，让它帮忙总结成适合在社群中发布的话术形态。

实际上，在真实场景中确实如此。我们总希望尽可能多地向用户呈现我们的卖点和优惠策略，但在私域场景下长篇大论的内容又是不被允许的。

问：我要组织一场产品促销活动，活动在社群内进行，所有加入社群的用户都可以享受产品 5 折优惠。活动会在 3 天后开始，越早加入社群的用户享受越低的折扣，今天加入享 3 折，明天加入享 4 折，后天加入享 5 折。

加入社群的方式非常简单，只需要点击话术下方的链接即可。

请帮我写一个邀请用户加入社群的话术，表现活动的优惠力度和紧迫性。话术每行以 emoji 开头，每行不超过 13 个字。

ChatGPT：

🎉 产品促销活动启动啦！

🉐 5 折优惠等你来拿！

🏃 越早加入社群，享折扣越多！

✴ 今天加入，3 折优惠不容错过！

➡ 明天加入享 4 折，后天加入享 5 折！

👉 快点加入我们的社群吧，链接在这里👆！

问：非常棒，帮我生成 3 种不同风格的话术。

ChatGPT： 好的，下面是 3 种不同风格的话术。

1.

🎉 快看过来！超低价产品来袭！

🉐 5 折优惠等你领取！

🏃 加入社群，抓住每一分优惠✌

✴ 点击链接，立即加入我们的社群！

2.

🎉 现在加入社群，享 5 折优惠！

🉐 产品促销活动福利多多！

✹ 这么好的机会，你还在等什么？

✦ 赶快点击下方链接，成为优惠达人吧！

3.

✹ 社群促销，超级优惠快来抢！

◉ 5 折折扣，优惠不断！

✹ 加入社群，享受贴心服务！

✦ 点击链接，即可加入我们的社群！

6.8.3 活动策划

活动策划，ChatGPT 知道的玩法或许比我们更多。

1. 设计社群游戏

让 ChatGPT 提供 3 个社群游戏，要求十分简单：通过文字实现参与，并且适于融入营销推广信息。

问：帮我设计 3 个适合在社群中玩的游戏，要能尽量让社群成员都能以文字形式参与，并且适合在游戏中植入产品营销信息。

ChatGPT：好的，以下是 3 个适合在社群中玩的文字游戏。

1. 囧图猜猜

这个游戏需要在社群中发一张囧图，其他社群成员需要猜出这个囧图的来源或者拍摄场景。在猜测的过程中，你可以适当植入你的产品营销信息，比如将产品名称植入猜测的答案。

2. 猜谜语

在社群中发一个谜语，其他社群成员需要猜出谜底。这个游戏不仅能够增加社群成员的互动性，还可以适当植入你的产品营销信息。比如将产品名称嵌入谜底中。

3．单词接龙

在社群中任意发送一个单词，社群成员需要在这个单词的基础上接一个新单词，新单词的第一个字母必须与上一个单词的最后一个字母相同。这个游戏能够提高社群成员的语言能力，同时可以在游戏中植入你的产品营销信息。

问：再来 3 个。

ChatGPT：好的，这里是另外 3 个适合在社群中玩的文字游戏。

1．搜画游戏

在社群中发送一幅画，让其他的成员从中找出几个特定的物品或者场景。比如，如果你的产品和山林有关，你就可以让其他成员从这幅画中找出几棵树、一片草地等。参与者可以回复他们找到的物品名称并计分，激发社群成员的参与度。

2．狼人杀

这个游戏需要社群中有多个参与者，游戏角色随机分配，其中有狼人、村民等。玩家需要按照游戏规则相互请求或指控，逐步推理出谁是狼人。在游戏中，你可以通过设置游戏背景，或加入促销题材等方式，在其中适当植入产品信息。

3．代谢游戏

选择一个或者多个数字或英文字母作为起点，然后让玩家为你的品牌或者产品选择一个带有意义的词汇或者短语。玩家需要在给定的时间内尽可能多地创造出具有意义的单词或者短语。在游戏中适度植入促销信息可以令参与者更有归属感并增加互动。

问：再来 3 个，增加竞争机制，让社群成员相互比拼增加参与度。

ChatGPT：

好的，这是另外 3 个适合在社群中玩的文字游戏，能够增加竞争机制。

1．闯关游戏

发布一个由多道题目组成的关卡，每道题目回答正确可以得到一定的分数，分数收集到一定数量后，通过关卡。在这个游戏中，将得分排行榜展示出来，激发社群成员的竞争心理。

2. 思维拼图

从一些图形中任选一幅图形，并逐一展示各部分母片。在每个母片展示结束后，对应选择进行匹配拼合的加入，以此逐渐拼出答案。这个游戏的难度可以根据参与者的水平进行调整，增加竞争机制，同时可以在拼图或解答的过程中植入你的产品信息。

3. 演讲比赛

在社群中举行主题演讲比赛，参赛成员作为演讲者为所选话题演讲。根据听众投票或专业评委打分，从中选出胜出者。在比赛中，你可以将自己的产品信息和思想理念渗透到话题和比赛规则中，充分发挥产品的技能展示。

太多玩不过来？可以让 ChatGPT 生成一个游戏，并持续"调教"打磨，最终实现能直接复制粘贴，保存到话术库的效果……

问：帮我设计一个适合在社群中玩的游戏，尽量让社群成员都能以文字形式参与，并且适合在游戏中植入产品营销信息。

ChatGPT：

好的，这是一个适合在社群中玩的文字游戏，可以让社群成员都以文字形式参与，并且适合在游戏中植入产品营销信息：产品口号接龙。

规则如下：

1. 在社群中发起游戏，作为管理员，首先发一条消息，列出一个可以联想到你所推销的产品的口号，比如"让生活更轻松"等。

2. 社群成员需要在下一条回复中列出另一个可以联想到该产品的口号，并在这个口号中加入你所推销的产品关键词或其他关键信息，例如"缩短排队时间"等。

3. 每个成员只能在自己的回复中列出一个口号，必须符合规则，并加入特定的关键词。

4. 当一个成员无法再想到新的口号时，游戏结束。

管理员可以在游戏开始之前，在社群中放一个口号模板，比如"让你的#（关键词）#梦想成真"，让成员根据这个模板创造新的口号。在游戏过程中，管理员也可以在适当的时间和方式中不断加入产品营销信息，引导成员在回答时加入产品名称或其他关键词。

通过这个游戏，不仅可以调动社群成员的积极性，还可以提高品牌、产品的知名度和影响力。

问：帮我把以上游戏的规则和参与方式，修改成适合在社群内公告的形式。社群公告的形式要求是，每行文字不超过 14 个，以 emoji 开头。

ChatGPT：

好的，以下是三个适合在社群内公告的游戏和对应的规则和参与方式，满足每行文字不超过 14 个，以 emoji 开头的要求。

🎮 游戏 1："产品特点接龙"

👉 规则：管理员发一个产品特点，其他成员依次回复一个不同的特点。

👉 参与方式："+特点"

👉 示例：🦹‍♀️"产品：智能手表"，🎯"蓝牙连接"，🎯"心率监测"……

🎮 游戏 2："成语接龙+产品关键词"

👉 规则：管理员列出一个成语，成员继续回复以该成语最后一个字符开头的新成语，并加入产品关键词。

👉 参与方式："+成语/关键词"

示例：🏹"天下无双"，🏹"双管齐下+电动牙刷"，🏹"下一个 +线缆"……

🎮游戏 3："产品口号接龙"

规则：管理员发一个可以联想到产品的口号，成员继续回复新的口号，并加入产品关键词和信息。

参与方式："+口号/关键词"

示例：🎭"让生活更轻松"，🎭"体验说话的快感+小爱音箱"，🎭"轻松买买买+淘宝"……

希望以上游戏规则能够满足你的需要，任何问题都可以随时向我提问。

问：你给出的文案，每行文字的数量超过了 14 个，再修改一下。

ChatGPT：非常抱歉，我重新调整了文案，使得每行文字的数量不超过 14 个，以 emoji 开头。请查看以下内容：

🎮游戏 1："产品特点接龙"
规则：管理员发一货物特点；
成员回复另一特点。
参与方式："+特点"
示例：🥷♀"产品：智能锁"
🎯"手机 APP 控制"
🎯"指纹密码解锁"……

🎮游戏 2："成语接龙+产品关键词"
规则：管理员列一个成语；
下一人以最后一个字开头，
+产品关键字回复行。
参与方式："+成语/关键词"
示例：
🎲"兵临城下"

🎲 "下单送爆米花+电商"

🎲 "下一个+充电宝"……

🕹 游戏 3："产品口号接龙"

👉 规则：管理员列一个产品口号

成员回复新口号并加入产品信息。

👉 参与方式："+口号/关键词"

👉 示例：

🎭 "让生活轻松愉悦"

🎭 "轻松礼物赠送+社交电商"

🎭 "轻松+跑步机"……

希望这样的文案符合你的需求，有任何问题，欢迎随时向我提问。

---

2. 裂变活动设计

这次得到的答案更出乎意料，ChatGPT 甚至还自行补充了活动的"钩子"[①]，以此增强对用户的吸引力。

问：帮我撰写一个裂变活动的策划书。裂变活动的特点是，用户想要完成活动任务，就必须邀请朋友参与，以此实现裂变式用户增长。活动的主题是：免费领取价值 19.9 元的会员卡。

ChatGPT：

好的，以下是一份针对你提出的要求的裂变活动策划书。

目标：通过裂变活动，吸引更多用户参与，实现注册增长和品牌曝光。

活动主题：免费领取价值 19.9 元的会员卡。

---

① 钩子这个词在活动中的意思就像是一个吸引人的小东西，它能让人们对活动产生兴趣并参与进来。你可以把它想象成在钓鱼时用的鱼钩，鱼钩上有诱饵，鱼儿看到诱饵就会游过来，然后被钩住。在活动中，钩子就是那些有趣、好玩或者给人们带来好处的东西，让大家愿意加入并参与活动。

活动流程：

1. 用户在活动页面上进入微信公众号，并授权微信号登录。

2. 用户填写个人信息并领取免费会员卡，点击完成后页面提示"成功领取免费会员卡"，在该页面内向其他微信好友分享活动链接。

3. 告诉用户，每邀请一位朋友，即可获得一次抽奖机会，奖品包括电子产品、优惠券等。同时，被邀请的朋友也能获得会员卡。

4. 用户可通过更多分享方式，如朋友圈、群聊等，邀请更多的好友参与活动。

5. 抽奖活动结束，将中奖名单公布于活动页面内。

活动营销策略：

1. 为活动设置限时抢购和免费领取，吸引用户参与和分享。

2. 在朋友圈、微信群、QQ 群等社交圈子内进行宣传，提高活动的知名度和关注度。

3. 对于邀请达到一定数量（如 10 人）的用户，免费发放独特定制周边礼品，以此激励用户持续邀请好友参与活动。

4. 给邀请的朋友提供更多优惠或奖励，如免费体验课程、优惠券等。

5. 活动结束后，对于活跃用户，可继续发放回馈礼包等奖励，保持用户的参与程度。

活动效果测量：活动期间，对新用户注册数量、邀请用户数量和转化率、中奖率等数据进行统计和分析，通过数据反馈得出结果和实施方案。

最后，希望这个裂变活动计划能够帮助您实现裂变式用户增长。

3. 设计低转高 SOP

SOP 是在市场运营中经常用到的词语，SOP（Standard Operating Procedure，标准操

作流程）是一种详细说明如何完成某个任务的步骤。在活动中，SOP 就像是一个指导手册，告诉我们需要按照什么顺序、怎样的步骤来准备和进行活动。

读者可以把 SOP 想象成做一道菜的菜谱。菜谱会告诉你需要哪些食材、怎么切、怎么炒、怎么煮，按照菜谱做，你就能做出一道美味的菜。同样地，活动中的 SOP 会告诉我们如何准备、组织和进行活动，按照 SOP 操作，我们就能成功地完成活动。

用底价作为吸引用户的方法，引导用户后期购买高价的产品，是私域领头行业必备的玩法，必须让 ChatGPT 来试一试。

给 ChatGPT 待销售产品的信息，为了测试它的"答题"能力，笔者甚至给它增加了"支线任务"。

问：我们的产品客单价非常高。我们期望通过邀请目标用户低价体验产品的方式建立信任关系，然后引导目标用户购买高客单价的正价产品。

低价产品的体验方式通过社群授课的方式开展，连续 7 天，每天晚上进行授课。需要保证目标用户能够完成体验课程的学习，否则他们可能不会购买正价产品。

请设计一个在社群中引导目标用户听课、学习、完成作业的宣传日程表。日程表可能会分成两个支线：支线一是面对正常学习听课的目标用户；支线二是面对未按照约定参与学习的目标用户。

ChatGPT：

好的，以下是一份可以参考的日程表，分为两个支线。

支线一：正常学习听课的目标用户。

第 1 天：简要介绍社群授课课程，包括课程目标、内容、时间表、在线学习方式等。同时，鼓励学员在课程结束后分享学习感受和印象，并提供在线交流平台。

第 2 天：分享如何高效地学习本课程，如布置时间表，关注在线互动，记录笔记，完成作业等。在线上交流中发起讨论，分享学习中难点和解决方法。

第 3 天：介绍本课程的第一个主题，分享主题相关资源和实例，鼓励学员参与简短练习，在线交流中分享对主题的理解。

第 4 天：进入课程的第二个主题，分享该主题的技巧和附加知识点，从不同角度深入解析该主题，鼓励学员完成练习并在在线平台分享心得。

第 5 天：分享如何巩固学习成果，例如，如何通过反复回顾、提问和讨论等方式深入思考所学习的知识，并邀请学员评价授课教师，在线提供反馈和建议。

第 6 天：复习所有主题和实践，帮助学员巩固所学习的知识并自信掌握。鼓励学员完成最后的作业并在线上分享，以获得更多的反馈和帮助。

第 7 天：介绍正价产品的产品特性，并邀请学员分享对该产品的期望和需求，加强产品和用户之间的联系。同时，邀请用户购买产品，并提供额外的附加资料和帮助。

支线二：未按照约定参与学习的目标用户。

第 1 天：提醒未参加学习的用户已错过了重要的课程内容，强调其重要性和必要性，并分享挽救错误的步骤。

第 2 天：提供额外的学习资源和帮助，如反馈体验、重点笔记、录像回放等，鼓励用户在自己的时间内赶上学习进度，以不错失更多机会。

第 3 天：回顾前面的课程内容，简要介绍最重要的内容和技巧。提供额外支持，如在线互动平台和相关资讯，以更好地上手。

第 4 天：对所需学习内容进行个性化推荐，并提供多种方式补充学习，如相关书籍、文章、教程等。同时，分享更多的学习资源和活动的互动。

第 5 天：鼓励未参与学习的用户重新开始学习，并分享借助在线互动平台和授课教师的帮助的方法。通过互动回复促使未参与学习的用户参与互动和学习工作。

第 6 天：分享课程中所有主题和学习成果的总结和回顾，突出本课程的动力和价值，激励用户亲自加入学习。

第 7 天：提醒未参加学习的用户，错失了申请购买产品的最后机会，并鼓励他们参加社群授课课程中未来的学习，以便推进学习和收获盈利。

问：如何尽可能地引导用户完成 7 天的课程学习，请帮我撰写 5 个可能的通知话术。

ChatGPT：好的，以下是 5 个可能的通知话术，可以帮助引导用户完成社群授课课程的 7 天学习。

1. 提前激发兴趣和期望：您好！社群授课课程即将开始了，我们非常期待您的加入！这个课程将帮助您更深入地理解我们公司的产品，并掌握使用技巧。在接下来的 7 天里，您将学习到很多有用的东西，包括实用技巧、最佳实践和成功案例。让我们一起开始本次令人兴奋的学习之旅吧！

2. 强调学习的价值和收益：您好！您的学习进程如何？我们希望您正好在进度中，而且您对课程内容感到有趣和有收获。记住，每天完成课程非常重要，对您在将来使用该产品时非常有帮助。这个课程会带给您非常有价值和收益的学习和成长，这仅仅只需要您在每天分配 3~5 分钟的学习时间。在课程结束后，您将对产品和我们的公司有更深入的理解，同时可以更好地为自己和客户提供优质的服务。

3. 向学员提供额外的支持和帮助：您好！我们想确保您在学习过程中没有任何问题，因此我们提供了更多的互动和支持：在线互动平台、教练反馈、资源分享、笔记等。如果您需要任何帮助或有任何疑问，请向我们或其他学员提问。我们将竭尽全力为您提供所需的支持和帮助，使您的学习过程更加愉快和顺利。

4. 提供学习过程中的进度追踪和激励：您好！恭喜您已经学习了一半的课程。您在学习过程中还有哪些难点和疑惑需要解决呢？完成了一半的学习任务一定很不容易，但请继续保持努力！将自己锻炼成一个高效的学习者需要时常自我激励和持续追踪学习进程。我们期待您获得更多的学习收益。

5. 引导沉默用户重新加入学习进程：您好！您已经缺席两天的课程，我们非常想知道是否需要帮助。不要失去信心，这不是一次完美的学习过程，经常遇到挑战。如果您需要更多的时间，我们完全理解，让我们竭尽所能为您提供学习和互动的必要支持！毕竟，在成功的路上，每一小步都是迈出去的，我们相信您能成功完成整个学习过程。

问：修改以上 5 个推荐的话术。要求：尽量分行显示，每行文字以 emoji 开头。

ChatGPT：

1. ✴ 期望和兴趣：✋ 您好！社群授课课程即将开始，我们非常期待您的加入！这个课程将帮助您更深入地理解我们公司的产品，并掌握使用技巧。在接下来的 7 天里，您将学习到很多有用的东西，包括实用技巧、最佳实践和成功案例。让我们 🎬 开始本次充满兴奋的学习之旅吧！

2. 🦉 价值和收益：✋ 您好！您的学习进展如何？我们希望您正好在进度中，而且您对课程内容感到有趣和受益。每天完成课程 ⏱ 非常重要，对您在将来使用该产品☑时非常有帮助。这个课程会带给您很多价值和收益，只需要您每天投入 3~5 分钟的学习时间 💰 。课程结束后，您将对产品和我们的公司有更深入的理解，同时可以更好地为自己和客户提供优质的服务。

3. 🤝 额外支持和帮助：✋ 您好！我们想确保您在学习过程中没有遇到任何问题，因此我们为您提供了更多的互动和支持：在线互动平台、教练反馈、资源分享、笔记等。如果您需要任何帮助或有任何疑问，请向我们或其他学员提问。🙋‍♀️ 我们将尽最大努力为您提供所需的支持和帮助，帮助您的学习过程更加愉快和顺利。

4. ☑ 进度追踪和激励：✋ 您好！恭喜您已经完成了一半的课程。您在学习过程中遇到哪些挑战和疑惑呢？即使只完成了一半的学习任务也 👏 很不容易，但请继续保持动力和努力！成为一个高效的学习者需要经常给自己加油和追踪学习进程。🚀 我们期待您能获得更多的学习成果。

5. 🧑 引导沉默用户重新加入：✋ 您好！您已经缺席了两天的课程，我们很想知道是否需要帮助。不要失去信心，这不是一次完美的学习经历，经常遇到挑战。如果您需要更多的时间，我们完全理解，让我们尽最大努力帮助您获得必要的学习和互动支持！最终，每一个小步都是成功之路上的一次迈进，我们相信您能成功完成整个学习过程。

问：我要引导已经完成体验课程学习的目标用户购买正式课程，帮我写 3 个推荐的引导话术。这次不用添加 emoji。

ChatGPT：

推荐语 1：感谢您参加我们的体验课程，我们真心希望您收获了一些有价值的知识。如果您对这个主题感兴趣并且想更深入地了解，我们推荐您购买正式课程。这个课程将深入讲解该主题，并提供更多的资料和互动支持，可以帮助您更好地掌握相关技能。如果您现在注册正式课程，我们会给您 8 折优惠，希望您能抓住这个机会。

推荐语 2：感谢您参加我们的体验课程，我们很欣赏您对课程的支持。我们相信您在体验课程中获得了一些收获，但是还有更多有趣的内容等待着您。在正式课程中，您将有更多深度学习和真实案例的体验，有机会和其他学员交流和分享学习经验。如果您现在注册正式课程，我们会赠送您一份价值 100 元的课程资料，帮助您更好地准备课程。

推荐语 3：感谢您参加我们的体验课程，您的学习进步很快，并且在课程互动中表现出色。我们认为您是个非常优秀的学员，并且非常欢迎您加入我们的正式课程。我们为正式课程设置了一些更高级的学习内容和挑战课题，相信您能够充分发挥自己的优势，获得更多的学习收益。现在购买正式课程，我们会为您提供一对一的学习辅导和导师支持，确保您的学习过程更加高效和愉快。

由于在前面的对话中告诉过 ChatGPT 写话术要以 emoji 表情开头，于是它生成话术时不厌其烦地加上 emoji，但不是每个场景都适合加上 emoji，所以还需人工微调。

6.9　不适合直接在客服场景中使用

笔者常常收到关于 ChatGPT 在智能客服场景的适用性方面的询问：ChatGPT 是否适用于前端营销和后端售后等智能客服场景中？

笔者的看法是：ChatGPT 不一定是客服场景的最佳选择，换句话说，不增加任何工程手段直接使用 ChatGPT 并不是最合适的方法，因为 ChatGPT 经常会"一本正经地胡说八道"。

生成式 AI 并不以结果为导向，而是以生成的文本为导向，但客服场景需要以结果为导向。例如，ChatGPT 可以为一个化妆品牌设计多个引人注目的广告语，但它不会告诉你哪一个广告语是最有效的。因此，需要人工进行评估。由于 ChatGPT 缺乏以结果为导向的基本学习能力，因此这种实际工作需要人工干预和参与。

相对于生成内容，客户服务场景更关注确切的标准答案。正如前述示例所示，ChatGPT 经常会提供不正确的答案，特别是在数字方面。因此，在客户服务场景中，ChatGPT 还需要在人类的指导下进行改进和优化。

在企业运营中，数据的准确性是至关重要的，因此需要一种以结果为导向的人工智能技术。这就要求人工智能能够理解生成的内容。然而，ChatGPT 的局限性在于，它并不能真正理解自己生成的文本。虽然它的输出通常是正确的，但是因为它不理解内容，所以有时会出现错误，甚至编造虚假内容。在企业客户服务场景中，错误的信息可能会给企业带来损失，所以有时比不回答更有害。由于企业很难控制 ChatGPT 生成的内容，因此它的应用受到了很多限制。

当然，前面讲过通过工程的方法是可以解决垂直领域的问题的，一个方法是通过"Embedding[①]（词向量）+ Prompt"的方式，让 ChatGPT 从自己的数据集中获得上下文，再结合 ChatGPT 强大的推理能力，给出更理想的结果。句子互动就是通过这样的方式为客户提供专属知识库的。

---

① 自然语言处理中的一个术语，这个技术可以用来计算并比较文本和文本之间的相似性。通过这个技术，可以实现文本内容的智能搜索，例如在一个文档里搜索和"人工智能"相关的片段。

第 3 部分

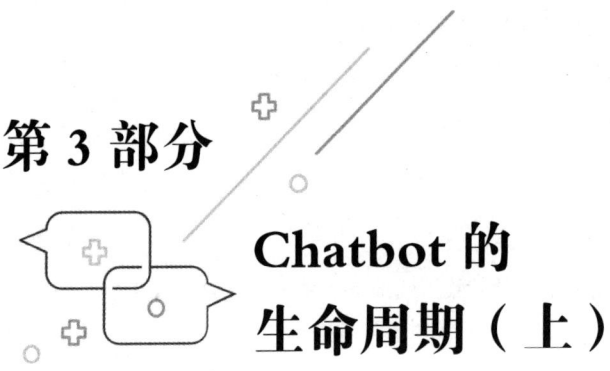

Chatbot 的
生命周期（上）

7

Chatbot 的生命周期概览

7.1 机器是如何与人进行交流的

为了便于读者理解后面的内容，笔者先介绍在人机对话中，机器是如何与人进行交流的。

机器与人的交流就像人与人之间的交流一样，核心是"听人话"和"讲人话"。

2015 年，机器学习，特别是深度学习，带来了语音识别和自然语言理解技术的普及，这让研发 Chatbot 的团队掌握了一组关键的技能——**意图识别**和**实体提取**，促使 Chatbot 快速发展。这两种技能是人机对话的核心。

一句话的目的，我们称之为**意图**（Intent）；意图中关键信息的提取则是借助**实体**（Entity）实现的。当一个人对机器说了一句话，机器会先判断这句话的**意图**，也就是进行**意图识别**。判定**意图**之后，机器再通过**实体**获取这句话的关键词，也就是进行**实体提取**。

例如，"看一下北京明天的天气"这句话中，机器先识别出用户输入这句话的目的，也就是这句话的意图——查看天气。而后，从中挑出关键的信息——"北京""明天"，从而进行下一步操作：根据"北京""明天"这两个条件，查找天气信息。

在日常生活中，"查看天气"会有很多种表达方式：

看一下明天的天气。

明天北京会下雨吗？

北京温度怎么样？

明天北京冷不冷？

……

日常生活中，人们可以用无数种表达方式来表达查看天气的意图，而接收到这些表达方式的人，都能非常准确地理解他的意思。但是让机器来做这件事，就没那么容易了。

过去，机器只能处理**结构化数据**[①]，如果一定要机器听懂人在说什么，就要求用户输入精准的指令。因此，无论你说"看一下北京明天的天气"还是"明天北京冷不冷"，只要没有出现"查看天气"四个字，机器都是不能处理的。而输入语句中只要出现了"查看天气"这个关键词，哪怕用户说的是"我并不是来查看天气的"，机器也会按"查看天气"的意图处理。

意图识别和**实体提取**技能出现以后，机器可以从多个不同的表达方式中区分不同的话术，判断哪些属于而哪些不属于查看天气的意图，而不是只依靠关键词等结构化的信息，同时提取出"北京""明天"这些关键的实体。这样就实现了机器听懂人说话。

用户提问："明天天气怎么样？"这是一个常规的表达方式，但是机器可能无法处理，因为缺少一个信息：地理位置。如果让人来完成这个任务，则人要向用户提问，直到收集完所有的信息，再给出回答。

对于机器也是这样的。这就是我们在第 1 部分讲到的**多轮对话**。

在机器听懂人说话的内容以后，就要通过系统的对话管理来执行机器的下一步操作，不管是提问还是执行操作都是由对话管理来控制的，然后通过自然语言生成将系统的操作

---

① 结构化数据：也称行数据，是由二维表结构表达和实现的数据，严格地遵循数据格式与长度规范，主要通过关系数据库进行存储和管理。与结构化数据相对的是不适于由数据库二维表来表现的非结构化数据，包括所有格式的办公文档、XML、HTML、各类报表、图片和音频、视频信息等。

返回给用户，详细内容会在后续章节中介绍。

在多轮对话中，对话管理的本质是引导用户给出够用的正确的信息，然后执行用户希望完成的任务。

看到这里，不知道读者是否发现，引导用户给出足够多的信息，非常像是在让用户填表。在图形化交互中，用户在表格中填好所有信息并提交表单后，机器会给出后续的操作。而这个表格出现的时间、表格的内容，以及表格填好后的下一步操作，都是由产品经理来设计的，而不是给出足够多的数据后，通过机器直接解决。

因此，对话式交互和图形式交互 App 一样，需要进行需求分析、运营反馈等操作。不一样的是，在对话式交互中，Chatbot 需要理解用户的意图并对用户进行合理的引导，因此搭建 Chatbot 的过程中需要先对数据进行预处理，再在大语言模型上进行 Prompt 的撰写。在 Chatbot 的系统搭建上，与传统的图形化交互界面的底层技术有很大的不同。此外，对话式交互和图形化交互在测评体系上也有不同的地方。这便是本书第 3 部分和第 4 部分将详细介绍的内容：Chatbot 的生命周期。

7.2　设计 Chatbot 的生命周期

在过去 7 年中，笔者在和大企业沟通搭建 Chatbot 的过程中发现，企业对于 Chatbot 的需求是很强烈的，但是能说清楚到底需要一个什么样的 Chatbot 的企业几乎没有。

企业老板想要一个机器人来解决一切问题，开发者懂开发而不懂业务流程，懂业务流程的业务人员不知道如何把需求梳理清楚，准确地传达给开发者。每个人都希望搭建一个能让用户满意的 Chatbot，但是每个人思考问题的方式完全不同。

这是 Chatbot 的行业现状。

搭建 Chatbot 不只是一个技术问题，更是一个用户体验的问题。一个合适的 Chatbot 应该是一个能为用户持续带来价值，且用户留存率极高的应用。

搭建一个 Chatbot 和搭建一个 App 是有共同之处的。与 App 的开发流程相比，虽然 Chatbot 的开发流程更加复杂，但是也有相通的地方，所以笔者提出了 **Chatbot 的生命周期**（Chatbot Life Cycle）这一理念。希望读者能像按照标准的开发流程规范从头设计一个

App 那样，按照标准的开发流程设计一个 Chatbot。当然，和 App 一样，不是只要有一群开发工程师就能解决所有问题的，设计 Chatbot 同样需要产品和运营人员，甚至需要一个新职位——对话设计师（Conversation Designer）。

值得注意的是，开发一个 App 不是等它上线后就万事大吉了，而需要通过线上数据持续迭代优化其现有功能。Chatbot 也一样，按照本书介绍的开发流程设计完成后，需要持续根据数据进行迭代优化，进入下一个开发周期中，周而复始，循环优化，才能让 Chatbot 为用户持续提供真正有用的价值。

Chatbot 的生命周期包括 8 个模块，如图 7-1 所示，笔者会在本书的第 3 部分和第 4 部分进行详细介绍。

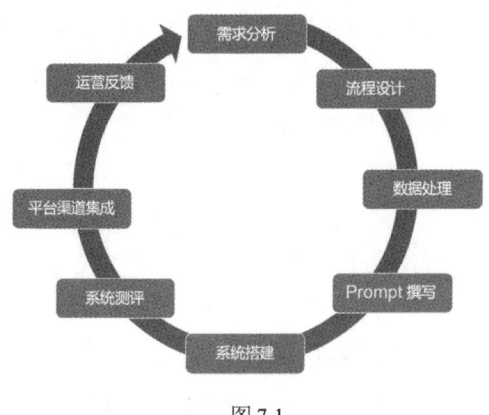

图 7-1

1．需求分析

在搭建 Chatbot 的时候只依靠一些比较抽象的想法是不够的。一个详细的需求文档，不仅有助于开发者或设计者全面地理解和分析 Chatbot，还会在企业交给第三方公司去设计时，更有利于第三方公司准确地把握 Chatbot 的定位和需要解决的痛点，以便给出专业的建议和解决方案。

2．流程设计

在整个 Chatbot 的搭建过程中，我们需要考虑什么时候给用户提供按钮，什么时候让用户通过操作指令的方式进行沟通，什么时候让用户通过自然语言对话的方式进行沟通；按钮、指令或者自然语言对话会触发机器的下一步行为；在用户出错的时候应该如何处理和引导，以及在什么场景下提供主菜单等。

与搭建一个 App 或者网站相比，虽然搭建一个 Chatbot 的操作整体是非线性的，但是对话和对话之间依然是有逻辑的，每个行为之间也是有关联的。传统的产品开发需要设计流程图，Chatbot 也不例外。具体的内容将会在对应章节进行详细阐述。

3．数据处理

人工智能最让人兴奋的地方就在于它能够根据大量的数据自主学习，Chatbot 也不例外。搭建一个智能的 Chatbot 离不开对数据的处理，包括数据收集、数据清洗、数据转换、数据切割、数据更新及扩充。

对数据的收集应该贯穿 Chatbot 的整个开发过程，根据搭建过程中各步骤的重要程度和工作量，本书将有关数据处理的内容放在需求分析和流程设计之后。值得注意的是，需求分析和流程设计在很大程度上依赖数据，只有基于真实数据进行分析和设计，才能分析出最贴近实际场景的需求。通常，在交付 Chatbot 时会先进行分析，再进行一轮数据收集，然后进行需求分析、流程设计、数据处理。可能再基于数据重新处理需求和流程，在这个过程中可能会有一个小的循环周期。

4．Prompt 撰写

传统图形式交互与对话式交互的不同在于，图形式交互的流程是线性的，我们可以通过界面引导用户一步一步地完成任务，所以在进行需求分析后，产品经理通常会画出产品的线框图。而在和 Chatbot 交流时，用户会完全无视顺序，不会像在 App 中先选择出发时间，再选择出发地点，再进行排序那样和 Chatbot 交流，而可能直接说"给我找一张去上海最便宜的机票"，再告诉 Chatbot 出发时间。

所以，在搭建 Chatbot 时，需要让 Chatbot 有引导用户给出内容的能力。在本书第 1 版中，这个模块叫作"对话脚本撰写"，即很多 Chatbot 引导的内容都是系统预制好的对话模板。有了大语言模型之后，预制回复模板和引导模板的工作基本可以被替换，取而代之的是通过 Prompt 引导大语言模型给出合理的话术，引导用户完成目标任务。Prompt 撰写首先代替了"对话脚本撰写"，因为大语言模型的推理能力很强，一个好的 Prompt 可以引导大语言模型的输出；其次会代替一部分"系统搭建"环节的功能。

ChatGPT 的创始人 Sam Altman 曾经说过，在大语言模型时代，能写出很棒的 Prompt 是一种非常棒的能力，这是自然语言编程的开始。笔者认为，无论你是否是工程师，要拥抱 AI 时代，就要掌握撰写 Prompt 的技巧，学会使用 AI 工具，才能不被 AI 替换。

5．系统搭建

构建一个 Chatbot 需要几个必备的组件，可以理解为：

Chatbot =语音识别+自然语言处理+语音合成（Text to Speech，TTS）

自然语言处理部分包括自然语言理解（Natural Language Understanding，NLU）、对话管理（Dialog Management，DM）和自然语言生成（Natural Language Generation，NLG）。

自然语言理解将人的语言转化为机器可理解的、结构化的、完整的语义表示。对话管理控制着人机对话的过程，对话管理根据对话历史信息，决定此刻对用户的反应。自然语言生成的依据主要是模板和一些关键要素。

在大语言模型时代，语音识别、自然语言处理和语音合成都在被重塑。本书只介绍文本的部分，也就是自然语言处理的部分。自然语言处理可以通过检索增强生成一系列的 Prompt 和一系列的工程化方法实现。

值得一提的是，大语言模型时代机器的智力虽然提升了，但是搭建 Chatbot 仍然离不开意图识别、实体提取，以及引导用户提供对应的信息等流程，只是技术方法和过去相比有了很大的变化。具体方法会在对应章节详细介绍。

6．系统测评

在 Chatbot 搭建完成后，需要找到一些方法对系统进行测评，Chatbot 达到一定要求后才能上线。现阶段的 Chatbot 之所以还没有取得突破性进展，很大程度上是因为没有一个可以准确表示回答效果好坏的评价标准。学术界会大量使用机器翻译、摘要生成领域提出的评价指标，但是 Chatbot 的场景和需求与它们相比是存在差别的。后续章节会对这些测评方案进行详细介绍，并介绍一些行业上比较通用的测评指标。

需要注意的是，对于不同类型的 Chatbot，测评的指标和方法很可能完全不一样。对任务型 Chatbot 来说，在能完成任务的前提下，对话的轮次越少，说明这个系统越好。而对闲聊型 Chatbot 来说，一个系统的对话轮次越多，说明这个系统越好。

7．平台渠道集成

把 Chatbot 放在某个平台上，例如微信、网页、微博、App、智能音箱等，就叫作渠道集成，这些平台都是渠道（Channel）。

经常有人问："我们的 Chatbot 更适合放在哪里？"答案其实很简单：用户在哪里，Chatbot 就集成到哪里。

需要解释的是，这个模块是需要工程接入的。通过上述方法论创建语言模型后，系统会抽象出一个一问一答的 API。用户每说一句话，系统就会回应一句话。开发者只要把 API 一步步地对接到不同的渠道里就可以了。

8．运营反馈

由于用户问题的随机性难以预测，搭建出的 Chatbot 基本不可能一次性搞定用户提出的千奇百怪的问题，因此需要不断地尝试对话并优化回答方式，同时开放内测，甚至对部分用户进行测试，以获取真实数据，不断优化。

我们会在后续章节中给出不同的优化指标和优化方式，来帮助 Chatbot 提升整体的用户体验。

本章简要介绍了 Chatbot 的生命周期，详细的内容将在第 9 章至第 16 章展开。最后需要强调的是，Chatbot 的生命周期不是完成上述 8 步就结束了，而是一个周而复始的循环过程，需要上线后的持续优化与迭代。对 Chatbot 的优化要善于利用线上的对话日志，通过用户在对话过程中的纠正、反馈来优化对话模型的对话理解效果，让 Chatbot 越来越聪明。

7.3　RAG：让大语言模型拥有特定的专属知识

作为一个在 Chatbot 领域摸爬滚打了 7 年的从业者，笔者可以诚实地说，在大语言模型的推动下，检索增强生成（Retrieval Augmented Generation，RAG）技术正在快速崛起。RAG 的搜索请求和生成式 AI 技术，为搜索请求和信息检索领域带来了革命性的改变。RAG 能够帮助大语言模型根据可靠的数据直接给出答案。

本节将介绍 RAG 的技术原理，并和 Fine-tuning（微调）进行对比，同时介绍 RAG 的周边要素——向量数据库。

值得一提的是，RAG 原本属于 Chatbot 系统搭建中的重要一环，笔者把 RAG 提前到生命周期部分中来讲述的原因是在数据处理和 Prompt 撰写的过程中，需要对 RAG 有基础的了解。

7.3.1 RAG 简介

1. 为什么有了大语言模型还需要 RAG

ChatGPT 的出现，使越来越多的开发者开始深入探索大语言模型在实际生产中的应用效果，尤其关注如何搭建一个拥有专属知识的大语言模型应用。在开始 RAG 的介绍前，笔者先介绍大语言模型在当下的能力边界。

1）大语言模型的能力

（1）理解语义的能力：大语言模型具有强大的语义理解能力，能够理解大部分文本，包括不同语言（自然语言或计算机语言）和表达水平的文本，即使存在多语言混用、语法用词错误等问题，也可以在多数情况下理解用户的提问。

（2）逻辑推理的能力：大语言模型具有一定的逻辑推理能力，无须额外增加任何特殊提示词，就能做出简单的推理，并挖掘出问题的深层内容。在补充了一定的提示词后，大语言模型能展现更强的推理能力。

（3）尝试回答所有问题的能力：特别是对话类型的大语言模型，如 GPT-3.5、GPT-4，会尝试以对话形式回答用户的所有问题。大语言模型面对无法准确回答的问题，就算回答"我不能回答这个信息"，也会努力给出答案。

（4）通用知识的能力：大语言模型本身拥有海量的通用知识，这些通用知识的准确度较高，覆盖范围广泛。

（5）多轮对话的能力：大语言模型可以根据设定好的角色，理解不同角色之间的多次对话的含义，这意味着可以在对话中采用追问的形式，而不是每一次对话都要把之前所有的关键信息重复一遍。

2）大语言模型的限制

（1）被动触发：大语言模型是被动触发的，即需要用户输入或给出一段内容，大语言模型才会回应。大语言模型无法主动发起交互。

（2）知识过期：特指 GPT-3.5 和 GPT-4，二者的训练数据都截至 2021 年 9 月，意味着大语言模型不知道之后的知识。

（3）细分领域的幻觉：虽然大语言模型在通用知识部分表现优秀，但在特定知识领域（如垂直的医药行业），大语言模型的回答往往存在错误，无法直接采信。

（4）对话长度：如果给大语言模型提供的内容过多，超过模型字符长度的限制，则该轮对话会失败。

3）用户的常见需求

希望搭建 Chatbot 的企业，通常期望用大语言模型实现以下功能。

- 采取多轮对话的形式，理解用户的提问并回答。
- 要求准确地回答关于企业的专属知识。
- 不能回答与企业专属领域知识无关的内容。

可以发现，虽然大语言模型有上下文推理能力，但由于大语言模型存在"知识过期"和"细分领域的幻觉"这两个限制，且它会尽可能地尝试回答所有的问题，因此只是单纯地使用大语言模型是没有办法解决所有问题的，RAG 正是在这个背景下应运而生的。

2. RAG 的技术原理

在 RAG 出现之前，早期的问答系统主要依赖预定义的规则和模板，以及简单的关键词匹配技术。知识图谱的出现，为问答系统带来了一定的改进，但这些系统仍然依赖固定的数据结构和知识库，限制了系统处理复杂问题的能力发展。

大语言模型出现后，尤其是 ChatGPT 的出现，显著提高了机器对自然语言的理解能力，大语言模型在大量文本上进行预训练后，能够生成更自然、更准确的语言。

RAG 结合了信息检索和文本生成两种方法，旨在突破传统问答系统的局限。通过将外部数据检索的相关信息输入大语言模型，大语言模型能够基于这些信息生成回答，进而增强答案生成的能力。RAG 能够处理更广泛、更复杂的问题。

使用 RAG 后可以有效解决大语言模型细分领域的幻觉和知识过期的问题。通过预检索模块，无须一次性向大语言模型输入过多的知识，大部分知识都可以用外部数据库承载，解决了当前大语言模型对话长度受 Token 限制的问题。

值得注意的是，在生成回答时，RAG 系统不是简单地复制检索到的信息，而是在综合并加工这些信息，这使最终的回答既准确又具有一定的原创性。这一点是 RAG 区别于其他简单问答系统的关键。

1）RAG 的核心组件

RAG 主要有两个核心组件：信息检索和文本生成。

信息检索

信息检索（Retrieve）的主要任务是在一个大型的知识库或文档集合中搜索与用户提出的问题相关的信息。这个过程类似人在图书馆中查找相关书籍以回答某个问题。通常，这一步骤依赖传统的信息检索技术，如倒排索引、TF-IDF 评分、BM25 算法等，或者采用更现代的基于向量的搜索方法。

虽然让大语言模型拥有特定领域的知识就要外挂向量数据库已经成为业内共识，但其实不只是向量数据库，所有外部存储的内容都可以被检索，再进行二次生成。

文本生成

文本生成（Generate）的职责是根据检索到的信息生成一个连贯、准确的回答。这个过程可以看作根据收集到的材料撰写一篇简短的文章或回答。

这个功能通常采用预训练的生成式语言模型来实现，如 GPT 系列。这些模型在大量文本上进行预训练，能够生成流畅且语义连贯的文本。

在生成模块中，通常会用如下 Prompt 将检索到的内容和预制的 Prompt 结合，引导大语言模型生成答案：

```JSON
已知检索的信息：

{context}
```

> 根据上述已知信息，专业地回答用户的问题。如果无法从中得到答案，请说"根据已知信息无法回答该问题"或"没有提供足够的相关信息"，不允许在答案中添加编造成分，答案请使用中文。
>
> 问题是：{question}

信息检索和文本生成两个组件的紧密结合至关重要。信息检索为文本生成提供了必要的原料，而文本生成则将这些原料转化为易于理解和有用的信息。这种结合使得 RAG 能够处理更复杂的查询，并生成更准确、更丰富的回答。

值得注意的是，在进行检索之前，对数据的处理也非常重要。通常，外部数据不仅存储在数据库中，也可能存储在外部文档（PDF、Markdown、Word、Excel 等）或网页中。这时，需要对所有外部数据进行清洗和处理，同时需要提取一些元数据，包括文件名、时间、章节、图片等。

另外，仅加载外部文件是不够的。通常，外部文件非常大，而且 Embedding 模型和大语言模型都有长度限制，这时就需要将文件进一步切割成文本块（Chunk），才能精准地进行检索和生成。根据索引方式的不同、模型选择的不同，以及问答文本长度和复杂度的不同，切割的方法也有不同，简单的数据处理的流程如图 7-2 所示。笔者会在第 10 章对数据处理进行更详细的介绍。

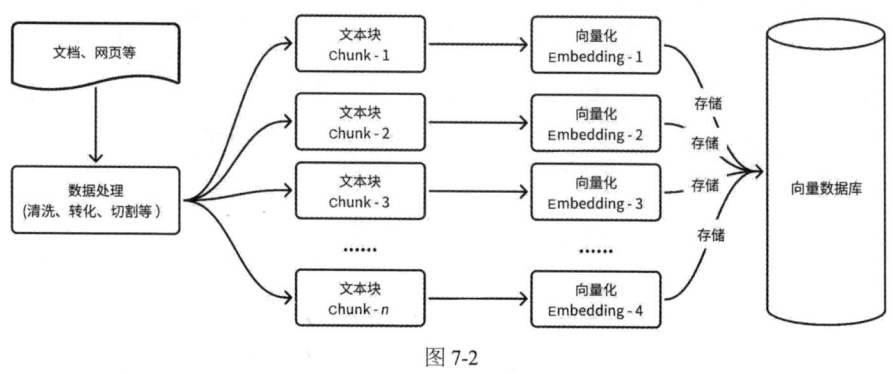

图 7-2

2）RAG 的工作流程

首先，通过检索系统引导大语言模型从外界数据库中查找与问题相关的文档或段落；然后，重新构建输入大语言模型的内容。最后，使用大语言模型在此基础上生成符合检索系统规定格式的答案。简而言之，RAG 被视为模型的"外挂数据库"，以优化模型的回复。

为了让读者有完整的结构概览，结合数据处理流程和 RAG 流程，可以将 RAG 的工作流程简化为图 7-3 所示的形式。接下来将重点介绍 RAG 的工作流程。

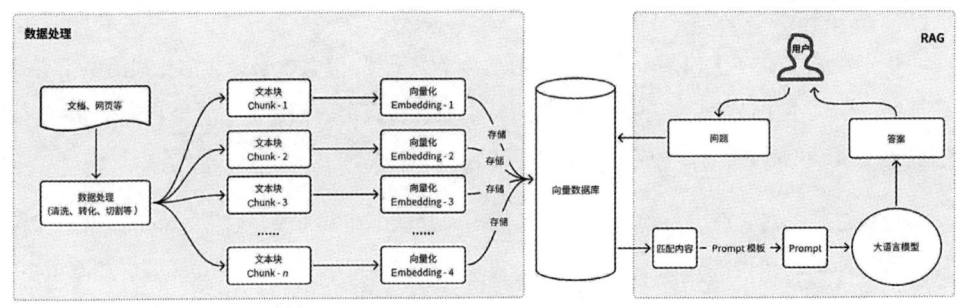

图 7-3

最基础的 RAG

最基础的 RAG 的工作流程如图 7-4 所示。

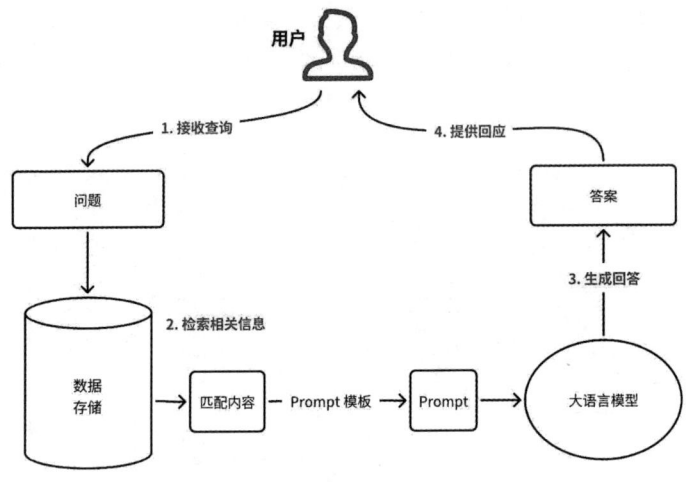

图 7-4

（1）接收查询：系统收到用户的问题或查询。

（2）检索相关信息：系统查询一个或多个外部知识库，查找与该问题相关的信息或文档。

（3）生成回答：大语言模型利用检索到的信息和用户的原始查询生成回应。这个过程不是仅复制检索到的信息，而是根据用户的具体问题创造性地生成回应。

（4）提供回应：系统将生成的回答呈现给用户。

增加预处理查询的 RAG

在用户提问环节，可以对问题进行进一步的预处理和理解查询，具体流程如图 7-5 所示。

（1）问题预处理：系统先对用户输入进行预处理，如文本清洗、标准化等，确保输入数据的质量。

（2）理解查询：系统运用自然语言处理技术理解查询的内容和意图。这个环节可以利用传统自然语言处理技术中的知识领域和意图识别，即根据用户的提问选择不同数据库中的内容，甚至可以对应不同匹配阈值及操作，具体细节本节不再详述。

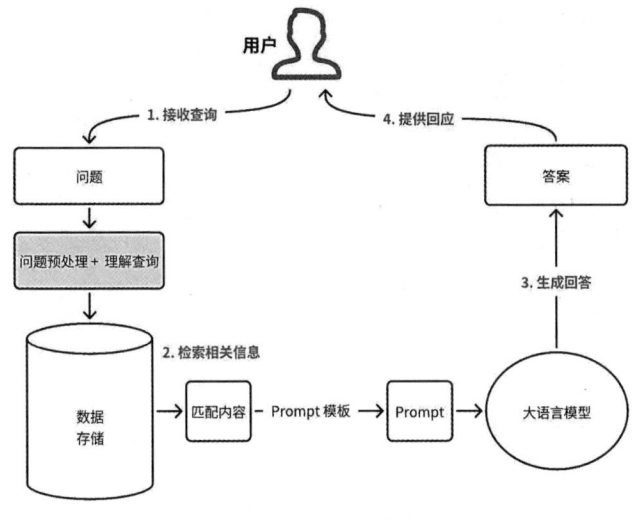

图 7-5

带有聊天历史的 RAG

在实际对话中，用户和 Chatbot 的交流往往不是一句话，而是多句话，且上下文之间有指代关系。例如，用户说了两句话：

- 李佳芮是句子互动的创始人。

- 她今年多大了？

如果系统逐句处理接收的信息，则无法确定句子中的"她"指的是谁。系统需要将两句话结合起来，才能正确理解用户的提问是"李佳芮多大了"。

在这个例子中，除了对问题进行基础的预处理，还有一步重要的操作就是把之前的历史记录输入系统。通用的做法之一是让大语言模型将当前的问题和先前的问题结合，使用 Prompt 引导大语言模型重写用户的问题，这样做可以有效地解决指代消除的问题。具体流程如图 7-6 所示。

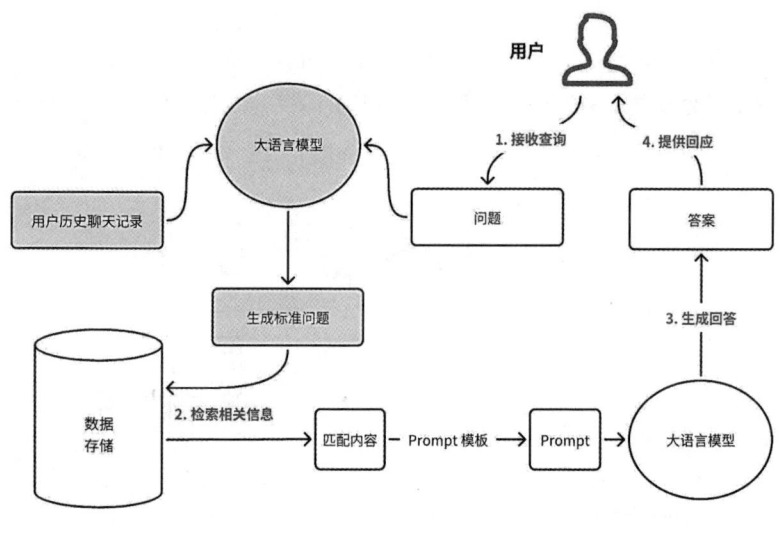

图 7-6

增加自动排序的 RAG

尽管增加了聊天的历史记录，但由于在数据处理环节中系统内切割成的块数量很多，系统检索的维度不一定是最有效的，因此一次检索的结果在相关性上并不理想。这时，需要一些策略对检索的结果进行重新排序，或者重新调整组合相关度、匹配度等因素，使其更适合业务的场景。

对此，通常会设置内部触发器进行自动评审，触发自动重排序的逻辑，具体流程如图 7-7 所示。

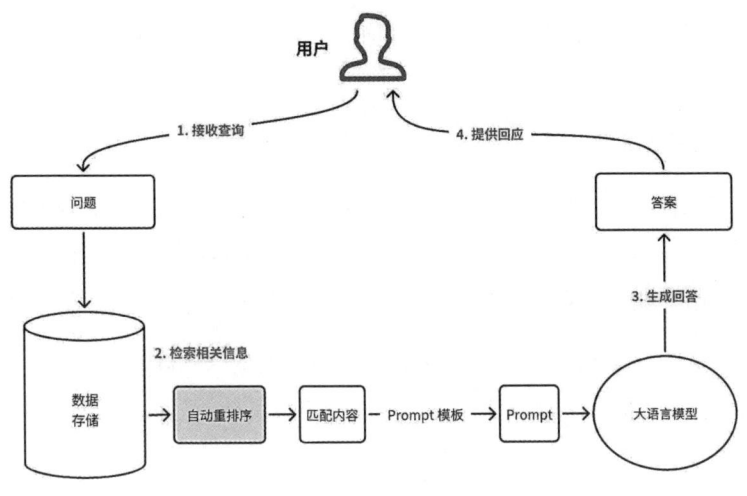

图 7-7

上述几个案例只是简单的 RAG 扩展说明，系统搭建章节会展示一个完整的案例。需要注意的是，可以根据具体场景在很多中间环节加入工程化实现，满足真实的应用场景。在某些应用中，即使到了最后一环，用户的反馈仍可以进一步优化 RAG 的性能，例如用户评价回答质量的信息可以用来训练和改进模型。

3. RAG 在 Chatbot 中的应用

RAG 技术在 Chatbot 应用中有非常重要的作用，尤其是在提高回应的相关性和准确性、处理复杂查询及增强个性化和上下文理解能力方面。

1）提高回应的相关性和准确性

（1）基于检索的信息丰富性：RAG 技术的检索组件可以从大量的知识库中检索与用户提问相关的信息。这意味着 Chatbot 可以访问更多的数据点，从而提供更丰富、更准确的回答。例如，当用户询问关于某个历史事件的细节时，RAG 技术能够从多个来源中检索相关信息，确保回答的全面性和准确性。

（2）文本生成组件的语境适应能力：RAG 的文本生成组件不仅是简单地重复检索到的信息，还能根据上下文生成适当的回答。这意味着即使利用同样的信息源，对不同的问题，生成的回答也会有所不同，这能确保回应与用户的查询高度相关。

（3）数据质量和过滤机制：Chatbot 中的 RAG 技术通常配备高质量的数据源，并使用过滤机制来确保检索到的信息是可信和准确的。这降低了生成错误信息的风险，提高了回应的准确性。

2）处理复杂查询

（1）信息聚合能力：对于复杂的查询，RAG 技术能够从不同的信息源中聚合数据。这意味着它可以综合多个观点或信息片段，提供一个全面的回答。例如，回答关于气候变化影响的复杂问题时，RAG 能够综合科学研究、统计数据和专家意见等多方面的信息。

（2）上下文感知和连续对话能力：RAG 技术在处理复杂查询时还具备上下文感知的能力。这意味着它可以理解并利用对话的历史和上下文信息，更好地处理多轮对话中的复杂查询。

3）增强个性化和上下文理解能力

（1）个性化回答：RAG 技术能够根据用户的历史交互和偏好提供个性化的回答。例如，如果系统知道用户对某个特定主题有深入的了解，则可以提供有关该主题的更深入的回答。

（2）上下文追踪能力和长期记忆：Chatbot 中的 RAG 系统通常具有上下文追踪能力和一定程度的长期记忆。这意味着它们能够记住用户过去的提问和回答，以便在未来的交互中提供更相关和连贯的回答。

（3）情感识别：RAG 技术可以整合情感识别功能，使 Chatbot 能够根据用户的情绪调整其回答的风格和内容。这增加了交互的个性化，使其更人性。

RAG 技术在 Chatbot 中的应用极大地提高了回应的相关性和准确性，使得处理复杂查询成为可能，并显著增强了个性化与上下文理解的能力，为用户提供了更丰富、更自然、更个性化的交互体验，推动了 Chatbot 技术的发展。

4. RAG 面临的挑战

当然，RAG 并非无所不能，当前仍然有以下技术难点需要持续优化。

（1）检索与生成的协同工作：检索到的内容与生成的内容能否紧密结合是一个关键问题。

（2）计算效率：执行检索和生成这两个步骤可能导致系统响应延迟，使整个系统的运行速度变慢，因此对时间敏感的应用而言，RAG 可能不太适用。

（3）数据噪声：外部检索的数据可能带有噪声，这会影响生成内容的准确性。

未来，RAG 会在法律、教育、商业等方向上有非常多的应用。值得一提的是，在某一特定语言风格（如鲁迅的语言风格）、模型本身的价值观倾向等方面，还需要类似 Fine-tuning 的技术来优化大语言模型。

7.3.2 RAG 与 Fine-tuning：哪一个是构建大语言模型应用更好的方法

贴合业务场景的方法才是最合适的方法

本节将分析 RAG 与 Fine-tuning 这两种方案的优劣，并帮助企业分析它们在不同应用场景中的适用性[①]。在深入探讨之前，先来解释什么是 Fine-tuning。

Fine-tuning 是指利用预训练的大语言模型，在较小的特定数据集上进行额外训练，使其适应特定的任务或提升性能。通过 Fine-tuning，可以基于数据调整模型的权重，使其更贴近应用的特殊需求，如图 7-8 所示。

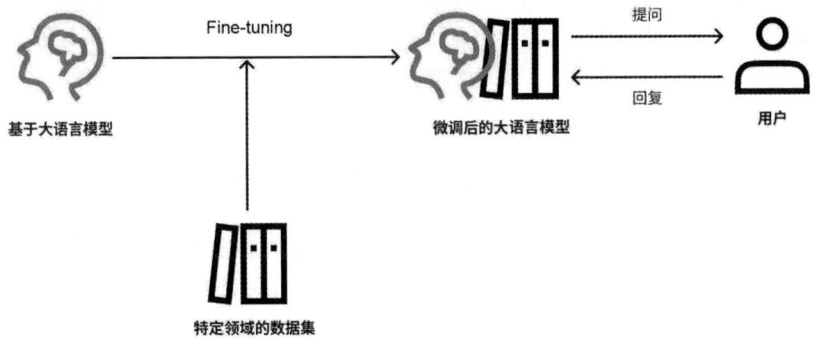

图 7-8

RAG 和 Fine-tuning 都是强大的工具，可以增强大语言模型应用的性能，但它们针对的是优化过程的不同方面，因此需要合理选择。

---

① 本节内容参考了 Heiko Hotz 的文章 "RAG vs. Finetuning: Which Is the Best Tool to Boost Your LLM Application？"。

AWS 的 AI 架构师 Heiko Hotz 建议企业在 Fine-tuning 大语言模型之前，先尝试使用 RAG，甚至建议企业谨慎使用 Fine-tuning，原因在于 Fine-tuning 最终的投入产出比及效果可能不如预期。他认为 RAG 和 Fine-tuning 可以达到相似的结果，但在复杂度、成本和产出质量上有所不同。他用图 7-9 阐述了这一观点。

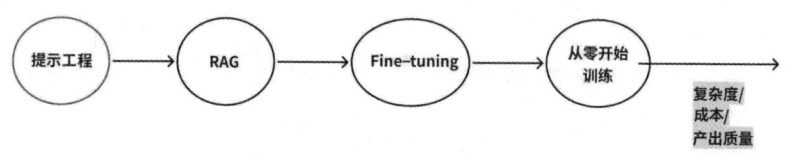

图 7-9

可以看出，复杂度、成本和产出质量被表示在一个维度上。主要结论是 RAG 更简单、更便宜，但其产出质量可能不如 Fine-tuning。过去笔者建议先用 RAG 方法搭建系统，然后评估 RAG 的性能，如果发现性能不足，再使用 Fine-tuning 方法。

但现在笔者认为：二者是截然不同的两种技术，不是替代的关系，而是关联的关系，在不同场景下应该选择不同的方案。举个例子，当人类面对"我应该用筷子还是勺子吃饭"这个问题时，最符合逻辑的反问是："你吃的是什么？"笔者问了朋友和家人这个问题，每个人都本能地回答了那个反问，这表明他们并不认为筷子和勺子是可以互换的，或者一个是另一个的"劣质平替"。RAG 和 Fine-tuning 的关系也是如此。

本节将深入剖析 RAG 和 Fine-tuning 在特定任务最佳技术选择的关键维度上的细微差别。同时，探讨大语言模型应用的一些热门用例，并通过确定的维度来分析这两项技术的适应性。最后，提出构建大语言模型应用时需要考虑的其他因素。

1. 为何这对你至关重要

选择合适的大语言模型微调技术对应用开发的成功至关重要。如果选择了不合适的方法，则可能导致以下问题。

- 模型在特定任务上的表现欠佳，输出结果不准确。
- 如果没有针对使用场景进行优化，则可能会增加模型训练和推理的计算成本。

- 如果需要在后期转用其他技术，则会增加额外的开发和迭代时间。
- 部署应用并推向用户的过程中产生延迟。
- 如果选择了过于复杂的调整方法，则可能会导致模型的可解释性不足。
- 模型的大小或计算限制可能会给部署到生产环境这一环节带来困难。

RAG 和 Fine-tuning 的差异涉及模型架构、数据需求、计算复杂性等多个方面。**忽视这些细节可能会导致项目进度和预算偏离预期。**

2. 提升性能需考虑的核心因素

在决定采用 RAG 还是 Fine-tuning 之前，需要从多个角度审视大语言模型项目的需求，并提出以下问题。

（1）应用场景是否需要接触外部的数据源。如果需要，那么 RAG 可能是更好的选择。

RAG 系统的设计初衷是增强大语言模型的能力，它能在生成回应之前从知识库中检索相关信息。这使得 RAG 非常适合需要查询数据库、文档或其他结构化（非结构化）数据仓库的应用。可以优化 RAG 的检索和生成组件，以便更好地利用外部资源。

相对来说，尽管可以利用 Fine-tuning 技术使大语言模型学习外部知识，但这需要大量的、来自目标领域的、标注好的问题-答案对数据集。这个数据集必须随着底层数据的变化而更新，频繁变化的数据源对实际应用来说并不现实。此外，Fine-tuning 的过程并没有明确地模拟查询外部知识所涉及的检索和推理步骤。

因此，如果应用需要利用外部数据源，使用 RAG 系统可能比仅通过 Fine-tuning "内置"（Bake In）所需知识更有效，也更具扩展性。

（2）是否需要调整模型的行为模式、写作风格或特定领域的知识。Fine-tuning 在调整大语言模型的行为以适应特定的细微差别、语调或术语方面有着出色的表现。如果希望模型输出的内容更像特定领域的术语，那么在特定领域的数据上进行 Fine-tuning 可以实现这些定制化需求。对于那些需要与特定风格或领域专业知识保持一致的应用，这种影响模型行为的能力是至关重要的。

尽管 RAG 在整合外部知识方面非常强大，但它主要关注的是信息检索，并不会根据检索到的信息调整其语言风格或特定领域的知识。它会从外部数据源中提取相关内容，但无法展现出 Fine-tuning 模型所能提供的定制化的细微差别或领域专业知识。

因此，如果需要专业的写作风格或深度融入特定领域的术语和习惯，那么 Fine-tuning 提供了一条更直接的路径来实现这种一致性。它提供了定制化，能与特定的受众或专业领域产生共鸣，确保生成的内容既真实感又翔实。

可以通过图 7-10 更好地理解以上两个问题。

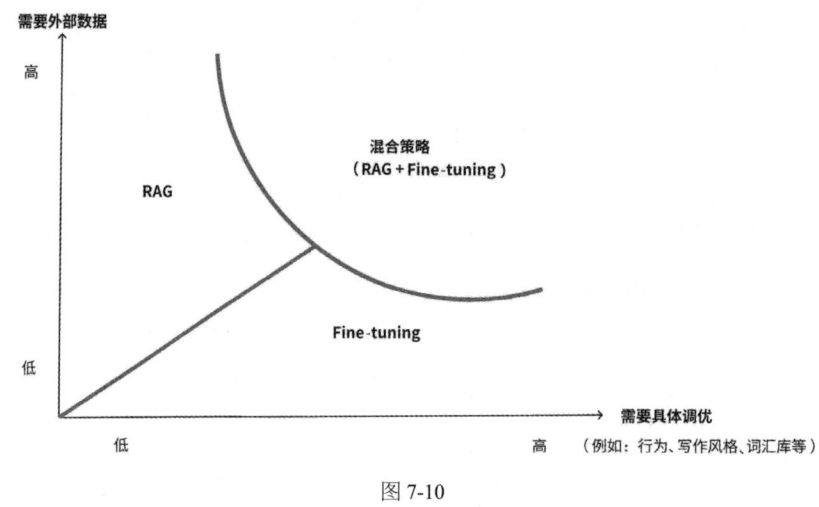

图 7-10

（3）控制幻觉的重要性有多大。大语言模型的缺陷之一是容易产生幻觉，即编造出没有任何现实依据的细节。在那些对准确性和真实性要求极高的应用中，这一缺陷可能会引发严重问题。

Fine-tuning 可以通过将模型锚定在特定领域的训练数据中的方式一定程度上减少幻觉的产生。然而，当模型遇到不熟悉的输入时，仍可能编造回答。为了持续降低虚假编造的可能性，需要对新数据进行再训练。

相较而言，RAG 系统本质上更不易产生幻觉，因为它会将每个回答都建立在检索到的证据之上。在生成器构建答案之前，检索器会从外部知识源中找出相关的事实。这个检索步骤就像一个事实检查机制，降低了模型编造回答的可能性。生成器被限制在只能"根据检索到的上下文"来合成回答。

因此，在需要抑制虚假和富有想象力的编造的应用中，RAG 系统提供了内置机制来最小化幻觉。在生成回答之前先检索支持的证据，使 RAG 在确保输出的事实准确和真实性方面具有优势。

（4）有多少已标记的训练数据可用。Fine-tuning 大语言模型极大地依赖现有的标记数据的质量和数量，以适应特定的任务或领域。拥有丰富的数据集可以让模型深入理解一个特定领域的细节复杂性和独特模式，从而生成更准确的与上下文相关的回应。然而，如果数据集有限，Fine-tuning 只能带来微小的改进。在某些情况下，数据集的稀缺甚至可能导致模型过度拟合，即模型在训练数据上表现出色，但在未见过的或真实世界的输入上却遇到困难。

相反，RAG 系统并不过度依赖训练数据，它利用外部知识源来检索相关信息。即使没有大量的标记数据集，RAG 系统仍然可以依靠访问和整合其外部数据源而表现出色。检索和生成的结合确保了系统在领域特定的训练数据稀缺时，仍能保持出色的生成能力。

总的来说，如果存在大量与垂直领域关联的标记数据，那么 Fine-tuning 能更好地捕捉到领域的复杂性，表现更佳。然而，在数据有限的情况下，RAG 是更好的选择，它能通过检索到的相关内容确保应用能够基于已有的数据做出响应和回复。

（5）数据的静态（动态）性如何。对特定数据集进行大语言模型 Fine-tuning，意味着模型的知识变成了训练时数据的静态快照。如果数据频繁更新、变化或扩展，则模型可能很快就会过时。在这种动态环境中，如果想让大语言模型保持最新，就需要频繁地对其进行训练，这个过程既耗时又耗资源。此外，每次迭代都需要监控，以确保更新后的模型在各种场景下仍能表现良好，没有出现新的偏见或理解上的漏洞。

相较之下，RAG 系统在动态数据环境中具有天然的优势。它的检索机制不断地查询外部资源，确保它为生成回应所获取的信息是最新的。随着外部知识库或数据库的更新，RAG 系统能够无缝地融合这些变化，无须频繁地对模型进行重新训练就能保持其相关性。

总的来说，面临快速变化的数据环境时，RAG 提供了传统 Fine-tuning 难以比拟的灵活性。RAG 始终与最新的数据保持连接，确保生成的回应与信息的当前状态同步，使其成为动态数据场景的理想选择。

（6）大语言模型应用需要多大程度的透明度或可解释性。尽管 Fine-tuning 大语言模型具有强大的能力，但其操作方式就像一个黑盒，其产生响应的背后逻辑难以捉摸。模型不断从数据集中提取信息，要想弄清楚每个响应背后信息的确切来源或推理过程变得极具挑战性。这可能会让开发者或用户对模型的输出产生疑虑，特别是在那些需要理解答案背后的"为什么"的关键应用中。

相比之下，RAG 系统提供了一种在仅 Fine-tuning 模型中难以达到的透明度。由于 RAG 的操作过程分为两步——先检索，再生成。检索组件可以让开发者看到哪些外部文档或数据点被选为相关。这提供了一条可以评估的实际证据或参考链，帮助开发者理解响应是如何构建的。能够追溯模型答案的来源，在需要高度责任感或需要验证生成内容准确性的应用中可能是无价之宝。

总的来说，如果透明度和理解模型响应的基础是被优先考虑的，那么 RAG 无疑具有明显的优势。将以上核心因素总结后如图 7-11 所示。

	RAG	Fine-tuning
需要获取外部数据吗	✓	✗
需要改变模型行为模式吗	✗	✓
幻觉有最小化吗	✓	✗
训练数据充足吗	✗	✓
数据动态性高吗	✓	✗
数据可解释度如何	✓	✗

图 7-11

3. 应用场景

接下来，针对热门应用场景，运用上述评估框架挑选最适合的方法。

1）摘要总结（在专业领域或特定风格下）

（1）**需要外部知识吗？** 如果任务是以以往的摘要风格进行总结，那么主要的数据源就是这些摘要本身。如果这些摘要存在于一个静态的数据集中，就几乎不需要持续获取外部数据。如果存在一个动态更新的摘要数据库，而我们的目标是让风格持续与最新的条目保持一致，RAG 就派上用场了。

（2）**需要模型适应吗？** 这个应用场景的核心在于适应特定领域或特定的写作风格。Fine-tuning 在捕捉风格的微妙差异、语调的变化及特定领域的词汇方面表现出色，因此，对于这个场景来说，Fine-tuning 是最佳选择。

（3）**最小化幻觉至关重要吗？** 幻觉是大多数大语言模型应用中都存在的问题。在这个场景中，通常会提供要总结的文本作为上下文，这就使得幻觉的影响不那么明显。源文本对模型进行了限制，减少了模型的想象力。虽然事实的准确性很重要，但是在有上下文的情况下，抑制幻觉对于摘要总结场景来说并不是首要任务。

（4）**是否有可用的训练数据？** 如果有大量已经标注或结构化的历史摘要供模型学习，那么进行 Fine-tuning 就显得非常有利；如果数据集有限，需要依赖外部数据库进行风格对齐，那么 RAG 会派上用场，尽管它的主要优势并不在于风格适应。

（5）**数据的动态性如何？** 如果历史摘要数据库基本不变或更新不频繁，那么经过 Fine-tuning 的大语言模型的知识不易更新。然而，如果摘要需要频繁更新，模型需要不断适应最新的风格变化，那么使用 RAG 更合适。

（6）**可解释性如何？** 任务的目标是写作风格对齐，因此对于特定摘要风格的“为什么”可能不如其他因素重要。然而，如果需要追溯并理解哪些历史摘要影响了特定的输出，则 RAG 提供了更多的可解释性。但对摘要总结场景来说，这是次要的考虑因素。

结论：针对此场景，Fine-tuning 是更好的选择。摘要总结任务的主要目标是使写作风格保持一致，Fine-tuning 在这方面表现出色。假设有大量的历史摘要可以用来训练，那么经过 Fine-tuning 的大语言模型将能够深度地适应期望风格，捕捉到该领域的微妙之处和复杂性。然而，如果摘要数据库变化频繁，且追溯影响源头具有价值，那么可以考虑采用混合方法，或者使用 RAG。

2）基于组织知识库的问答系统

（1）**需要外部知识吗？** 一个依赖组织知识库的问答系统，从本质上讲，需要接触组织的内部数据库和文档库。系统的效能取决于其能否从这些来源中挖掘和检索到相关信息以解答问题。RAG 更适合这方面的需求，原因在于它**的设计目的就是通过从知识源中检索相关数据来提升大语言模型的能力**。

（2）**需要模型适应吗？** 根据组织和其业务领域的不同，模型可能需要输出特定的术语等。Fine-tuning 可以帮助大语言模型调整其回应，以适应公司内部的行话或业务领域的术语。因此，Fine-tuning 更适合该任务。

（3）**最小化幻觉至关重要吗？** 在这个应用场景中，幻觉是一个主要的问题。如果模型无法根据已经训练过的数据回答问题，那么它会编造一个看似合理实际上错误的答案。

（4）**是否有可用的训练数据？** 如果公司有一套结构化且标注过的历史问题答案数据集，则有助于提升 Fine-tuning 方法的训练效果。然而，不是所有的内部数据库都被整理得适合训练使用。当数据标注不够或主要目的是检索外部数据时，RAG 利用外部数据源的能力，使其成为更好的选择。

（5）**数据的动态性如何？** 公司内部的数据库和文档库可能会频繁更新、更改或添加内容，变化非常大。如果这种动态性是公司知识库的一大特点，那么 RAG 就有明显的优势。它会持续查询外部数据源，确保其提供的答案始终基于最新的数据。而 Fine-tuning 方法则需要定期重新训练以适应这些变化，这可能在实际操作中难以实现。

（6）**可解释性如何？** 对于内部应用，尤其是在金融、医疗等领域，理解答案背后的逻辑至关重要。由于 RAG 采用了先检索后生成的两步过程，因此它本质上能提供更清晰的视角，让用户知道哪些文档或数据点影响了特定的答案。这种可追溯性对于需要验证或调查某些答案来源的利益相关者来说无疑是非常宝贵的。

结论：针对此场景，RAG 系统可能是更好的选择。鉴于需要动态获取数据，以及在回答过程中对可解释性有要求，RAG 提供的功能与这些需求高度契合。

3）自动化客服

（1）**需要外部知识吗？** 客户支持服务通常需要访问外部数据，尤其是在处理产品详情、特定账户信息时。尽管许多问题可以用通用知识来回答，但有时可能需要从公司数据库或产品常见问题解答中抽取数据。在这种情况下，RAG 从外部资源获取相关信息的能力就显得尤为重要。然而，也要注意到，很多客户服务交互是基于预设的脚本或知识，这些都可以通过 Fine-tuning 模型有效处理。

（2）**需要模型适应吗？** 与客户交互需要一定的语气，也可能需要使用公司特定的话术。Fine-tuning 对于确保大语言模型适应公司的语调、品牌和特定话术尤为重要，以确保提供一致且符合品牌定位的客户体验。

（3）**最小化幻觉至关重要吗？** 对于客户服务型 Chatbot 来说，避免提供错误信息至关重要。仅通过 Fine-tuning 优化，大语言模型在面对不熟悉的问题时可能会产生错误信息。相比之下，RAG 系统通过检索找到依据，从而抑制错误信息的产生。

（4）**是否有可用的训练数据？** 如果公司有客户互动的历史记录，则这些数据对模型的微调无比珍贵。如果这类数据有限，则 RAG 可以作为备选方案，从外部资源（如产品手册）中检索答案。

（5）**数据的动态性如何？** 客户支持可能需要解答关于新产品、更新的政策或变动的服务条款的问题。在产品线、软件版本或公司政策经常更新的情况下，RAG 能够从最新的文档或数据库中动态提取信息，这是其优势；而对于知识领域相对固定的客服型应用，用 Fine-tuning 就足够了。

（6）**透明度如何？** 在客户支持中，更关注的是准确、快速和礼貌地回应。在这种情况下，RAG 的检索机制提供了额外的透明度。

结论：针对此场景，采用混合策略（Hybrid Approach）可能是最理想的选择。通过 Fine-tuning，可以让 Chatbot 的输出更贴合公司的品牌定位和语调，从而处理大部分常见的客户咨询问题。而 RAG 可以作为一个辅助系统，对更具动态性或特殊性的问题进行处理，确保 Chatbot 能够从最新的公司文件或数据库中获取信息，从而尽可能地避免产生错误的信息。通过融合这两种方式，公司可以为客户提供全面、及时且符合品牌调性的服务。

对以上三个案例的图像化解释如图 7-12 所示。

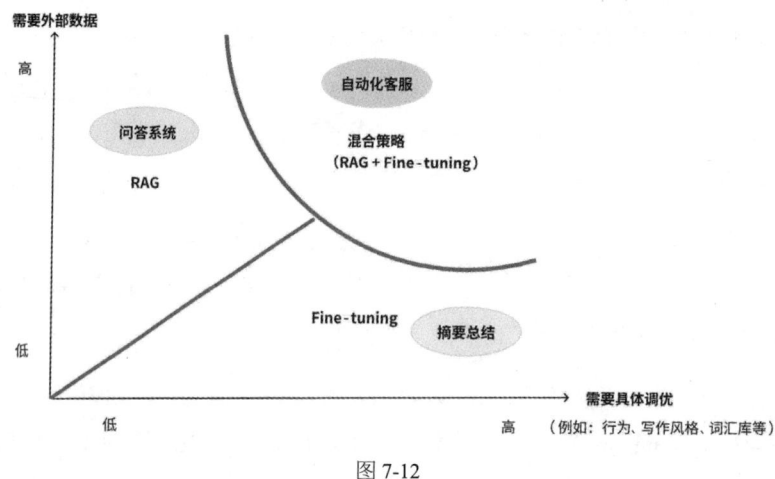

图 7-12

4. 需要考虑的其他方面

在权衡使用 RAG 还是 Fine-tuning 或混合策略时，还有其他因素需要考虑。这些因素都有复杂性，不像前述因素那样有明确的答案。

（1）**扩展性**。RAG 系统的模块化特性可以在知识库扩大的情况下提供更直接的扩展性。另外，频繁地对模型进行微调以适应不断扩大的数据集，可能会带来较大的计算压力。

（2）**延迟和实时需求**。如果应用程序需要实时或近乎实时的反馈，就需要考虑每种方法所带来的延迟。RAG 系统在生成答案之前需要先检索数据，这可能导致比基于内化知识生成答案的 Fine-tuning 有更大的延迟。

（3）**维护与支持**。从长远角度思考，哪种系统更符合组织持续提供维护和支持的能力？RAG 可能需要对数据库和检索机制进行持续的维护，而 Fine-tuning 可能需要不断训练，尤其是在数据或需求发生变化的情况下。

（4）**稳定性与可靠性**。尽管 RAG 系统可以从外部知识源中获取信息，能处理各种各样的问题，但是一个经过 Fine-tuning 的模型可以在特定领域提供更稳定的表现。

（5）**道德和隐私问题**。存储和从外部数据库检索可能会引发隐私问题，特别是涉及敏感数据时。

（6）**与现有系统的集成**。企业可能已经有了一些基础设施。RAG 或 Fine-tuning 与现有系统的兼容性——无论是数据库、云基础设施还是用户界面，都可能影响技术选型。

（7）**用户体验**。要考虑终端用户及其需求。如果他们需要详细的、有参考依据的答案，那么 RAG 是更好的选择。如果他们更看重速度和领域专业知识，那么 Fine-tuning 方案更合适。

（8）**成本**。Fine-tuning 可能会带来高昂的成本，尤其是对非常大的模型。RAG 的初期投入可能较大，包括集成、数据库访问，甚至可能包括许可费用。同时，要考虑对外部知识库的定期维护。

（9）**复杂性**。虽然许多供应商提供一键 Fine-tuning，开发者只需提供训练数据，但跟踪模型版本并确保新模型在各方面仍然表现良好是具有挑战性的。另外，RAG 也可能变得复杂。需要设置多个组件，确保数据库保持更新，并确保各组件（如检索和生成）之间协同配合得当。

5. 结论

无论选择 RAG 还是 Fine-tuning，都需要对大语言模型应用的特定需求和优先级进行深入的评估，并没有统一的解决方案。方案选择成功的关键在于匹配优化策略与任务的具体需求。通过评估关键因素——如对外部数据的需求、模型行为的调整、训练数据的可用性、数据动态性、结果的透明度等，企业可以做出明智的决策，找到最佳的前进路径。在某些情况下，将 RAG 和 Fine-tuning 结合使用可能是最佳选择。

不能假设一种方法在所有情况下都是最好的。就像工具一样，它们的适用性取决于具体的任务。如果方法和目标不匹配，则任务进展可能会受到阻碍。在评估提升大语言模型应用的选项时，企业必须避免过度简化，不能将 RAG 和 Fine-tuning 视为可以互换的方法，应选择能使模型最大限度地满足应用需求的方法。这些方法带来的可能性是惊人的，但仅有可能性并不足够——执行力才是关键。

7.4 大语言模型时代的数据库

在介绍 RAG 的实现原理时，经常涉及数据库的知识，本节将简要介绍大语言模型时代的数据库。

1. 向量数据库

向量数据库是一种特殊类型的数据库，它专门用于存储和处理向量数据。在计算机科学中，向量是由一组数字组成的数据结构，通常用于表示物体、概念或信息的属性。向量数据库的关键特点是它们能够高效地存储和检索向量数据，使开发者能够进行高级的相似性搜索和分析。

在大语言模型时代，向量数据库对嵌入式存储文本数据起着关键作用。这种嵌入式是文本数据的数值表示，捕获了文本的语义和句法信息，使机器能够更有效地理解和操作语言。

向量嵌入是大语言模型用于做出复杂决策的数据表示。生成式 AI 的处理过程和正在构建的应用程序都依赖访问向量嵌入，这是一种为 AI 提供必要语义以实现类似长期记忆处理的数据类型，使其能够检索并回忆用于执行复杂任务的信息。

为了更好地理解向量数据库的概念，笔者将其与传统的关系数据库进行比较。

关系数据库主要用于存储和管理结构化数据，例如表格中的行和列。它们适用于存储事务性数据，如用户信息、订单和交易记录。然而，当涉及处理非结构化或半结构化数据，以及执行复杂的相似性搜索时，关系数据库通常会显得不够灵活且效率低下。

而向量数据库专注存储和处理向量数据，这使它们在处理文本、图像、音频和其他非结构化数据时表现出色。向量数据库采用了先进的索引和相似性度量技术，便于快速、准确地找到与查询向量相似的数据点。这种能力在许多应用领域中都具有巨大的价值。

向量数据库对管理向量嵌入有以下优势。

（1）高效检索：像 GPT 这样的大语言模型会为输入文本生成向量表示，向量数据库有助于在推理过程中高效检索相似的向量。

（2）语义搜索：向量数据库实现了语义搜索，即使搜索使用的词语不完全一致，也可以找到具有相似含义的文档或内容。

（3）可扩展性：语言模型的规模和文本数据的体积不断增大，向量数据库为此提供了存储和检索的可扩展解决方案。

（4）实时应用：它们对于实时应用（如 Chatbot）至关重要。

1）向量

向量是一组数值，表示浮点数在多个维度上的位置。用更通俗的语言来说，向量就是一个数字列表，例如{12, 13, 19}。这些数字表示三维空间中的一个位置，就像行号和列号表示电子表格（二维空间）中的某个单元格（如"B7"）一样。

向量数据库中的每个向量对应一个对象或项，如一个词、一篇文章或其他任何数据片段。这些向量可能非常复杂，具有几十甚至几百个维度，用来表达每个对象在这些维度上的位置。

2）嵌入式表示

嵌入式表示（Embedding）是由神经网络生成的向量。深度学习模型的典型向量数据库由嵌入组成。一旦神经网络被正确微调，它就可以自行生成嵌入，这样就不必手动创建。这些嵌入式表示可以用于相似性搜索、上下文分析、生成式 AI 等。

在 NLP 领域，向量的概念起源于分布式词嵌入。这个领域的先锋模型之一是由谷歌的 Tomas Mikolov 团队于 2013 年开发的 Word2Vec。Word2Vec 引入了将单词表示为连续向量空间中的密集向量的思想。这一创新开启了能够高效存储和检索词嵌入的向量数据库的大门。

向量的嵌入式表示将非结构化数据转化为结构化向量数据，使其可以被存储和处理。在自然语言处理领域，向量表示捕获了单词、短语或文档的语义和句法信息，这些表示在多维向量空间中通常是高维且连续的，其中每个维度对应文本的一个特征或属性。相似的单词或短语在这个空间中的向量彼此接近。

3）向量空间

向量通常位于一个高维向量空间中，其中每个向量代表一个点。这个向量空间的维度取决于数据的特征数量。在这个向量空间中，我们可以使用数学的方法来计算向量之间的相似性和距离，这对于搜索和分析非常有用。

向量数据库的核心功能之一是近似最近邻搜索（Approximate Nearest Neighbors，ANN）。这是一种高效的搜索方法，用于找到与给定查询向量最相似的数据库中的向量。ANN 搜索使用了索引数据结构，以加速搜索过程。

在进行 ANN 搜索时，数据库中的向量首先会被索引，这意味着它们被组织成一种数据结构，以便快速检索。然后，当一个查询向量进入数据库时，系统会使用度量相似度的方法计算查询向量与数据库中向量的相似性。最终，系统将返回最相似的向量作为查询的结果。

以向量空间中的单词"国王"、"皇后"和"男人"的表示为例：

```
国王 = [0.2, 0.7, 0.5]
皇后 = [0.15, 0.72, 0.48]
男人 = [0.6, 0.2, 0.4]
```

每个表示词的三个数字代表这个词的"嵌入式表示"的"向量"；这三个数字可以理解为在三维空间中的坐标（x,y,z），这个三维空间就是"向量空间"。有了这样的坐标，就可以通过对比三个点之间的距离，计算"国王"和"皇后"在向量空间中与"男人"距离相比更近还是更远。这个距离的含义是它们在语义上是否更相似。

4）向量数据库系统

以下是一些常用的向量数据库。

（1）Milvus 是一个开源的矢量数据库，支持高维向量存储和检索，并且具有良好的扩展性和性能。

（2）Faiss 是 Facebook AI Research 开发的库，专门用于高维向量的快速相似性搜索。

（3）Elasticsearch 主要用于文本搜索，也可以用于存储和检索嵌入向量。

这些向量数据库都应用到了数据存储、查询与检索、数据更新等技术。

（1）数据存储：矢量数据库将文本数据转换为嵌入向量，然后将这些向量存储在数据库中。常用的向量表示法包括 Word2Vec、FastText 和 BERT。

（2）查询与检索：查询矢量数据库的过程涉及将输入文本转换为嵌入向量，然后与数据库中存储的向量进行比较。常用的相似性度量包括余弦相似度和欧几里得距离。

（3）数据更新：矢量数据库通常需要定期更新，以反映新添加的文本数据或改进嵌入向量的质量。这可以通过重新训练模型或增量更新的方式来实现。

5）向量数据库应用示例

（1）语义搜索。想象这样一个场景：构建一个可以找到与用户查询意义相似的文档的搜索引擎。可以通过以下方式使用向量数据库。

- 将用户查询和文档文本转换为向量表示。
- 将这些向量存储在数据库中。
- 使用高效的相似性搜索来检索相关文档。

（2）推荐系统。假设正在构建一个电影推荐系统，那么可以使用向量数据库：

- 将用户偏好和电影嵌入存储为向量。
- 快速检索与用户偏好相似的电影，实现个性化推荐。

（3）文档聚类。向量数据库可以用于文档聚类任务。可以通过以下方式将大量文档分成相似内容的组：

- 将文档切块后，转换为向量表示。
- 使用向量数据库的功能将相似的向量分组。

6）小结

向量数据库是大语言模型和自然语言处理世界的基础。它们实现了高效存储和检索文本数据的向量表示，使构建强大的自然语言处理应用成为可能。向量数据库提供了大语言模型记忆回想所需的基础，让大语言模型能够学习和成长。

向量数据库承载了所有的记忆印痕，并提供了认知功能用于构建检索信息、触发相似经验的能力。这些过程使大语言模型能够无缝地学习、成长并访问信息。这一领域发展迅速，因此了解向量数据库技术的最新进展对于大语言模型和自然语言处理应用的从业者至关重要。

2. 传统数据库与向量数据库

传统数据库技术在信息管理和数据存储领域已经有悠久的历史。它们的发展经历了多个阶段，从关系型数据库到文档数据库和图数据库，能够满足不同应用场景的需求。本节将简要介绍传统数据库的技术发展，包括关系型数据库（如 PostgreSQL）、文档数据库（如 MongoDB）和图数据库（如 Neo4j），并将其与向量数据库进行对比。

1）传统数据库技术的发展

关系型数据库管理系统（Relational Database Management System，RDBMS）是最早出现的数据库类型之一。它们使用表格结构来存储数据，其中数据按行和列组织，具有固定的模式和关系。关系型数据库的代表包括 Oracle、MySQL 和 PostgreSQL。

技术特点：

- 严格的数据结构，数据间的关系由表格模式定义。
- SQL 作为查询语言，用于数据检索和操作。
- 支持事务处理，具有强一致性和持久性。
- 适用于复杂的数据关系和事务处理应用。

文档数据库是一种非关系型数据库，用于存储和检索半结构化数据，通常以文档的形式存储，如 JSON 或 BSON。MongoDB 是最知名的文档数据库之一。

技术特点：

- 数据以文档形式存储，每个文档可以具有不同的结构。
- 支持丰富的查询语言，包括嵌套文档的查询。
- 适用于灵活的、半结构化数据，如日志、社交媒体帖子等。

图数据库用于处理具有复杂关系的数据，如社交网络、知识图谱等。Neo4j 是广泛使用的图数据库。

技术特点：

- 数据以节点和边的形式存储，用于表示实体和它们之间的关系。
- 支持高效的图查询语言，如 Cypher。
- 适用于处理具有复杂连接和依赖关系的数据。

2）技术进步和系统应用

随着时间的推移，传统数据库技术经历了多次进步和创新，以满足不断增长的数据需求和更多样化的应用场景。一些关键的技术进步和应用领域如下。

- **分布式数据库系统**：传统数据库系统演变为分布式系统，可以处理大规模数据和高并发访问。

- **列式存储**：一些数据库引擎采用列式存储，以提高查询性能，压缩存储空间。Apache Cassandra 和 ClickHouse 是这个领域的代表。
- **图数据库应用**：图数据库在社交网络分析、推荐系统、知识图谱等领域得到广泛应用，以便处理复杂的数据关系。
- **全文搜索**：许多数据库引擎增加了全文搜索功能，以满足文本检索和分析的需求。Elasticsearch 和 Apache Solr 是著名的全文搜索引擎。

3）传统数据库与向量数据库的对比

与传统数据库相比，向量数据库是一个相对较新的概念，旨在存储和检索向量表示而不是传统的结构化数据。以下是它们的对比。

（1）在数据模型方面。

- 传统数据库：使用表格、文档或图形结构来存储数据。
- 向量数据库：专注存储和检索向量表示，通常用于自然语言处理和机器学习任务。

（2）在查询语言方面。

- 传统数据库：通常使用 SQL 等查询语言。
- 向量数据库：查询语言针对向量搜索进行了优化，如 FAISS 库中的向量搜索。

（3）在数据类型方面。

- 传统数据库：支持多种数据类型，包括数字、文本、日期等。
- 向量数据库：主要关注向量数据类型。

（4）在应用领域方面。

- 传统数据库：广泛应用于企业应用、电子商务、数据分析等领域。
- 向量数据库：主要用于自然语言处理、图像处理、推荐系统等需要向量表示的领域。

总的来说，传统数据库和向量数据库各自适用不同类型的应用。传统数据库在结构化数据存储和关系管理方面表现出色，而向量数据库则在处理向量数据和支持大规模自然语言处理任务方面具有优势。在实际应用中，两者可能会相互结合以满足复杂的数据需求。

需求分析

在现阶段，很多 Chatbot 的设计者正在为了设计而设计，没有问题就去创造问题，人为地创造了很多 Chatbot 的"伪需求"。因此，在设计 Chatbot 之前做好需求分析非常重要。而人工智能等技术手段就像一个钻头，我们使用哪种钻头取决于尝试解决什么问题。

能定义要解决的问题是非常重要的，否则就会陷入怪圈，如图 8-1 所示。当需求方认为无法推动车的原因是人手不够时，他希望有更多的人来推车。而实际上，只要安装圆形的轮子就可以了。

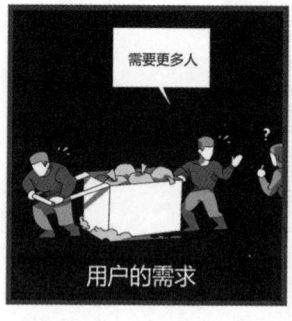

图 8-1

因此，前期的需求分析是非常重要的，否则会在错误的方向上投入大量的人力物力。笔者建议读者进行初始客户访谈，了解客户的痛点，以验证他们正在解决的问题。在获得客户反馈时，必须根据客户所阐述的用例找到问题的根源。

需要注意的是，我们的目标是制造 Chatbot，是制造一个产品，机器学习和人工智能只是达到目的的手段。重要的是很好地解决问题，而不是使用哪种方法。在大多数情况下，快速而不完美、不规范、不"高大上"的解决方案反而会让我们快速步入正轨。当简单的匹配就可以解决问题的时候，是不需要训练深度神经网络的。其实，今天的快速而不完美，正是建立在昨天的缓慢和精确上的。如今，即使你认为你做出了完美的解决方案，从未来的维度看，它依然是快速而不完美的。

有时，你可能会发现机器学习不是解决问题的正确工具。事实上，许多问题都和具体业务场景紧密相关。在这种情况下，即使算法工程师使用严格的、数据驱动的方法，也可以贡献不少价值，用人工智能解决这些问题仍然不是最合适的方案。

需求分析是传统软件工程中的一个关键过程，在 Chatbot 中也不例外。设计者只有在确定了用户的真实需求后，才能分析和寻求新系统的解决方法。在软件工程的历史中，很长时间里人们一直认为需求分析是整个软件工程中最简单的一个步骤。但在过去十年中，越来越多的人认识到它是整个过程中最关键的。如果在需求分析过程中未能清晰把握用户的需求，那么最后设计出来的产品很可能无法满足用户的需要，甚至因为需求理解的偏差，导致开发过程一再延迟，无法在规定的时间内交付。同样，Chatbot 产品的设计过程也是如此。

8.1 确定 Chatbot 的边界

为了便于读者理解，笔者列出了需求分析中比较关键的内容。

（1）设计这个 Chatbot 是为了解决用户在什么场景下的什么需求，是否是用户的痛点？

（2）这个 Chatbot 的应用场景是用对话式交互的方式更好，还是用图形式交互的方式更好，或是两者的结合，甚至引入更多的交互方式？

（3）这个 Chatbot 的场景边界在哪里？哪些是 Chatbot 能解决的问题，哪些是不能解决的问题？这个 Chatbot 是否支持闲聊功能？

（4）这个 Chatbot 在解决用户问题的过程中，必须要有的几个功能是什么？列举核心功能并完善，一定要通过文字或者图文的方式记录下来，这有助于思路的梳理。

（5）这个 Chatbot 预期要开发多久，以及希望投入的资源（包括费用、人力等）有多少？

（6）根据上面的 5 条，整理一个完善且逻辑自洽的需求文档。通常，这项内容由懂业务的产品经理完成会比较合适。

举例来说，笔者曾帮助某企业搭建了一个差旅 Chatbot。搭建时，需要明确这个 Chatbot 能做哪些事，不能做哪些事。

- 是仅局限于企业内部使用的，还是通用型的？
- 能订机票、酒店和火车票，还是只能订其中一种？
- 除了包含查询和购买功能，是否支持退票和改签？
- 是否支持查询天气等其他服务？
- 是否支持闲聊功能？

对图形式交互而言，用户在 App 中可以非常清楚地看到产品有哪些功能，而在 Chatbot 中，用户看不到明确的功能。对用户来说，1 个功能和 1000 个功能是一样的，所以明确 Chatbot 的场景边界非常重要。

笔者建议，每个场景之间的差异尽可能大一些，以免出现场景识别准确率过低的情况。例如，将智能客服机器人的使用场景限定为查询产品、售前解答、售后服务、优惠信息查询等。

对于接企业项目的第三方公司来说，只有充分沟通以上内容，才能保证设计的对话流程的质量。同时，要让企业对 Chatbot 有一个合理的预期。

更重要的是，Chatbot 的设计者要有合理的预期，在设计和用户沟通的话术时，使用合理的话术引导用户，让用户对 Chatbot 有合理的预期，进而提升用户的满意度。

8.2　确定 Chatbot 的形象

在设计 Chatbot 之前，要先确定 Chatbot 的形象。虽然 Chatbot 只是软件而不是一个实体机器人，但是在和用户聊天的过程中，它应该有明确的形象和性格，并在提供服务的全程保持形象统一。如图 8-2 所示，Chatbot 的形象和公司的品牌理念、公司形象、产品特征息息相关。

图 8-2

准确定位形象，才能知道在 Chatbot 的话术设计中以怎样的口吻和用户交流，例如是快速的还是缓慢的，轻快的还是严肃的，等等。甚至，需要细化到"你"和"您"的使用。这些都会影响 Chatbot 与客户的交互方式。需要注意的是，不需要让 Chatbot 假装成人。但是，清楚地了解对话的起源有助于对话流程的设计，如图 8-3 所示。

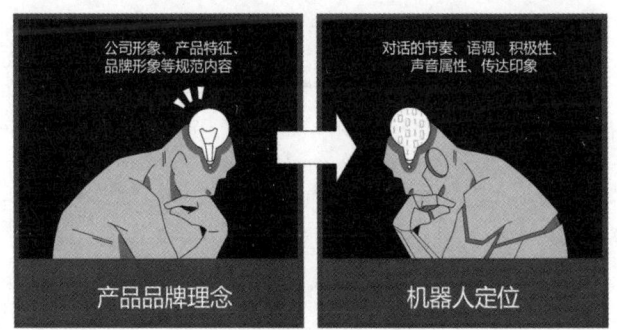

图 8-3

根据目标用户及提供的功能，Chatbot 可以是严肃的、认真的，也可以是非常有爱心的、活泼的，甚至可以被定位成一个古代的人物角色。

笔者非常认同清华美院的 MooPas 人工智能挑战赛冠军团队的设计理念。他们针对机器人形象的思考如下。

影视作品里看到的酷炫的人工智能与我们接触到的人工智能有很大不同。例如，《银翼杀手》里的虚拟美少女，能被人们当作朋友、亲人，甚至恋人。实际生活中，我们只能接触到语音助手或智能音箱，它们还经常听不懂我们说话，与达到情感交流的目的相去甚远。但如果从设计和心理角度思考，那么隔阂不一定来自科技的限制。

现在的人工智能是冰冷的，对任何人都是同样的态度，是因为科技公司的数据库都差不多。再加上它是全知的，用户只能单方面接收它给予的信息，而没有可以跟它"聊"的内容。而且对我们来说，它是陌生的，因为它没有像人一样的生活与背景，所以我们也无从了解它，没办法进行深入的交流。

而游戏角色是可能让人产生情感的一种虚拟角色。游戏角色能引起人的喜爱，这与科技无关。一个角色是否有吸引力，由其背后的游戏策划决定。一个虚拟角色的故事、背景、行为方式、性格，都是可以被设计者"界定"的，能被界定的还包括与玩家交流的话题。

在游戏《恋与制作人》中，玩家能与不同的虚拟男友谈恋爱。在游戏外，有个庞大的民间团体一直坚持用图灵机器人自主运营游戏中各个角色的 Chatbot。用户可以在游戏外继续使用 Chatbot，而 Chatbot 也有游戏角色不可代替的特点：**自由聊天**。用户的自主性和参与感，会驱动他们不断地与虚拟角色进行交谈。

假设 Chatbot 能像游戏角色一样，有自己的背景故事，并且能随着与玩家的交互产生变化，能主动与玩家交流，有自己的个性，那么 Chatbot 就真的有了进行情感化交流的可能性，而这不会被自然语言处理的限制（识别率等）所阻碍，可以通过设计手段进行尝试。

这个团队设计了一个名为"李白"的 Chatbot。他们用一个大家熟知的角色——带有人尽皆知的背景故事和性格，给 Chatbot 赋予了回忆、故事和需求。这个 Chatbot 带有鲜明的性格特点——浪荡不羁、豪爽、精彩的人生故事及众所周知的诗作，仿佛李白来到了现实世界。这吸引了非常多的用户持续与它进行互动。

图 8-4 所示为"李白"的情感状态机，供读者参考。

这个 Chatbot 的聊天行为会随聊天过程而变化，而这些表现都与李白的性格直接相关。例如，在"兴奋"状态下，它有一定概率会因为喝醉酒而掉线，长时间不理人。这种空档会使用户更加好奇李白在上线后会说什么，加强了情感上的联系。

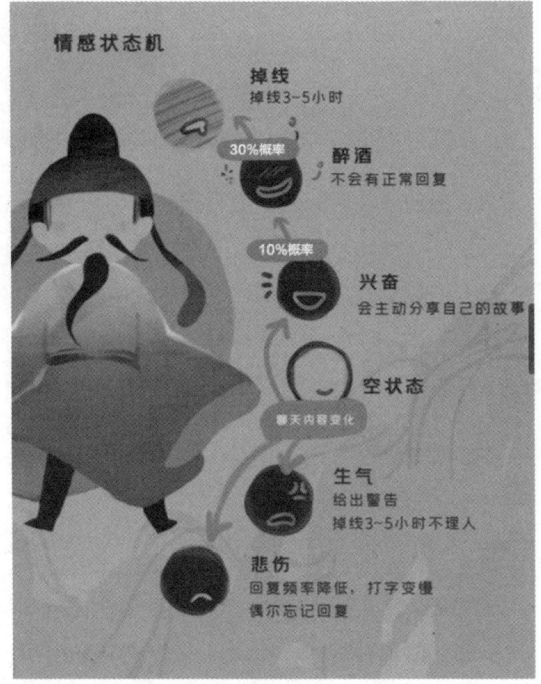

图 8-4

　　快速加强用户与 Chatbot 情感联系的做法是为 Chatbot 设置一个简历档案，可以参考下面的内容：

- 姓名。
- 职位。
- 性别。
- 年龄/出生日期。
- 已婚还是离异？恋爱中还是单身？
- 有孩子吗？如果有，多大了？
- 教育背景。
- 与谁一起住（父母？孩子？朋友？）。
- 兴趣爱好。
- 最喜欢的笑话/格言。
- 最喜欢的食物/饮料。

- 最喜欢的电视节目/电影/书籍。

基本上每个 Chatbot 都遵循同样的程序——从指定职位开始，一直到指定出生日期、性别和姓名，再加上撰写摘要、传记，最后让 Chatbot "采取" 个性评估测试。

当 Chatbot 拥有完全成熟的个性时，用户会喜欢它、信任它，并真正享受与之互动。

8.3 "六何" 产品需求分析法

现阶段的 Chatbot 主要还是企业级应用。大部分第三方开发公司与企业的合作经常会陷入 "接到需求→开始设计→提交初稿→企业不满意→修改→再次提交→企业不满意→继续修改" 的死循环。笔者称之为 PoC[①]魔咒。

借鉴传统 App 开发的需求分析，笔者为读者介绍 "六何" 产品需求分析法。

"六何" 产品需求分析法是指对项目要从何人（Who）、何因（Why）、何地（Where）、何事（What）、何时（When），以及如何（How）六个方面提出问题并进行思考。

1. 何人——目标人群

明确 Chatbot 的目标人群。任何一款产品都有一个基本的前提——是为某些人群准备的，这些人群会有明显的特征属性，我们要通过这些特征属性对 Chatbot 进行定位。不同的定位和企业的品牌理念、公司形象、产品特征息息相关。

例如，要搭建一个差旅 Chatbot，需要提前确定是谁在用。这个 Chatbot 是适合任何用户的日常使用，还是仅适合企业用户出差时在企业内部使用。如果仅适合企业用户使用，那么 Chatbot 就不需要对机票类型等标准进行询问，用户信息也可直接在系统中查到。除此之外，机器人回复消息的口吻也可能随着用户的不同而不同。

2. 何因——预期目标

明确要解决用户的什么问题，在解决这个问题的时候，Chatbot 是一个最优解，还是

---

① PoC：Proof of Concept（概念验证），是对某些想法的一个较短且不完整的实现，以证明其可行性，示范其原理，目的是验证一些概念或理论。通常是在企业进行产品选型或开展外部实施项目前进行的一种产品或供应商能力的验证工作。

为了展示炫酷效果的"伪需求"。例如，在订电影票的场景下，如果让用户选座位，则最好的方式是在图形式交互下让用户对着座位表选择。如果让用户在没有图片的情况下清楚地说明他想要的是第三排的座位还是第四排的座位，会给用户带来不愉快的体验。再例如，一个习惯了让助理订票的商务人士需要 Chatbot 延续他之前的使用习惯。在订票的过程中，Chatbot 只需要进行二次确认即可，支付直接走公司结算。

3．何地——使用场景

近年，麦当劳大规模上线了自动点餐系统，一排大触摸屏加上几个夸张的大按钮，同时支持多种支付方式，用户只需进行几个步骤就可以买到想要的套餐。在柜台排队的人越来越少，大部分顾客都习惯了使用触摸屏。

在点餐这类目标单一、步骤逻辑清晰的交互场景中，Chatbot 未必是一个比触摸屏和按钮更好的选择。Chatbot 的使用场景应该是目标明确但需要引导的场景。例如，垂直领域的客服系统、医院科室咨询、淘宝客服和银行业务办理。在这些场景中，Chatbot 的优势是自动获取用户画像，读取海量知识库，通过多轮对话给出个性化问答。

4．何事——产品功能

通过"做什么"清晰地定义 Chatbot 的业务范围，并在初期尽可能地将功能收缩到最小集合。

同样用差旅 Chatbot 举例，其核心功能是否可以收缩到只订机票和火车票，不订酒店；不支持闲聊，但支持出行前一天的天气提示；不支持退票和改签，但可以查询；不支持支付功能；只能为自己订票，不支持同事代订等。

解决产品功能最好的方法是与目标用户进行一对一的沟通，并梳理访谈纪要。在和目标用户进行沟通之前，需要提前整理访谈大纲，有技巧地做需求调研。调研了 5~10 人后，将所有用户的反馈记录到一张 Excel 表格中，横向对比并进行归纳总结。

5．何时——需求节点

什么时间节点完成，以及优先级的制定是非常重要的。在梳理需求的时候，将不同的功能点列出来，有助于抓住 Chatbot 的主骨架，从本质需求思考。同时，有助于思路的条理化，杜绝盲目性，避免在后续流程设计中只抓住细节而遗漏关键内容。在考虑需求节点的时候，需要权衡资源和效率的分配。

6．如何——如何实现

本质上，上面的"五何"解决的是"什么样的用户"在"什么情况下"，遇到了"什么样的问题"，希望使用"什么样的功能"来解决，同时定义好"在什么时间节点"上线这个 Chatbot。想清楚了上面的"五何"后，再实现系统就会更有章法。系统搭建的内容会在第 13 章详细讲解。

8.4 案例：差旅 Chatbot

利用上文介绍的"六何"产品需求分析法，就可以知道接下来哪些功能是 Chatbot 应该实现的，哪些是不应该实现的。

（1）确定目标人群：企业内部有订票需求的员工。

（2）确定预期目标：不是完全替代行政人员，只需要解决60%的通用型订票问题即可，复杂的订票需求仍由员工完成。

（3）确定使用场景：用 Chatbot 支持通用型的员工自主订票。

（4）确定产品功能：只订机票和火车票，只能给自己订票，不支持为同事订票。

（5）确定需求节点：解决通用的订票问答问题，有更多温馨提醒会更好。

应该有的功能如下：

- 订票、退票、查询业务——任务型。
- 票务中的常见问题解答——问答型。
- 接入简单的问候/答谢作为过场。
- 跟出行相关的查天气等服务。

不应该有的功能是闲聊。

根据上述内容，进一步梳理业务线，画流程图。

差旅 Chatbot 有很多的业务线，不同的业务线有不同的层级，根据用户的需求把所有的业务都梳理出来是非常重要的，如图 8-5 所示。由此可见，在搭建 Chatbot 时，场景边界是在画流程图之前确定的，而不是之后。

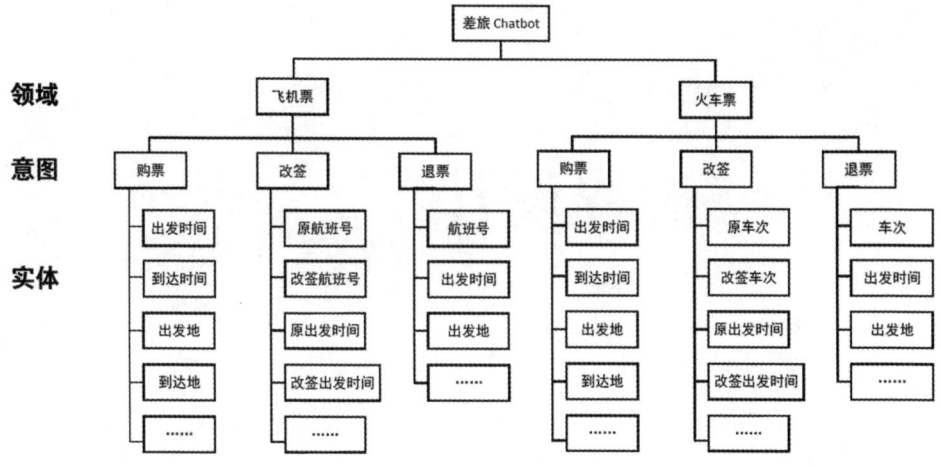

图 8-5

本差旅 Chatbot 的领域分为火车票和飞机票；意图分为购票、改签和退票；实体分为时间、出发地、到达地等（关于"意图""实体"的具体介绍，请参考第 13 章）。

因此，差旅业务线的边界目标梳理如下。

（1）能够预订飞机票、火车票，查询个人信息，并对常见问题进行解答等。

（2）可以接入简单的问候作为过场。

（3）不接入纯闲聊。

如上，就是一个梳理需求的简单例子，希望读者结合自己的场景进行需求梳理。

9 流程设计

Chatbot 的流程设计应该从"完成商业目标"和"帮助用户完成任务"开始。我们希望用户来这里干什么？他们要经历多少"艰难险阻"才能最终完成任务？怎么设计这些操作，使用户转化率更高？

通过第 8 章的介绍，明确了分析出用户目标后，在流程分析中需要持续思考：**用户的目标是什么？他们有什么需求要满足？每一个流程是否都朝着正确的方向进行？**

9.1 对话流程设计的原则

1. 不能保证 Chatbot 成功的因素

在设计 Chatbot 时，请注意，以下因素都不能保证 Chatbot 的成功。

- Chatbot 的"智能"程度：在大多数情况下，Chatbot 的高智能并不能保证用户的满意度。我们不应该预设 Chatbot 的智能程度与用户的选择之间存在任何关联。
- Chatbot 支持的自然语言数量：如果 Chatbot 拥有丰富的词汇，甚至可以讲述精彩的笑话，那自然好。但除非它解决了用户需要解决的问题，否则这些功能对 Chatbot 的成功并不起决定性作用。事实上，一些 Chatbot 根本没有会话能力，但在很多情况下也是成功的。

- 语音功能：启用语音功能并不总是能够带来出色的用户体验。相反，强制用户使用语音会导致用户体验非常糟糕，因为语音有时并不能清楚地传达信息。在设计Chatbot时，请始终考虑语音是否是解决问题的合适渠道，环境的嘈杂与否、场景是否方便用户开口说话等都是需要考虑的因素。

2．影响 Chatbot 成功的因素

大多数成功的应用程序或网站都有一个共同点——卓越的用户体验。因此，在设计Chatbot时，确保良好的用户体验应该是设计者的首要任务。需要考虑的关键因素如下：

- Chatbot 是否可以用最少的步骤解决用户的问题？
- Chatbot 能比其他方式更好地解决用户的问题？
- Chatbot 能否在用户习惯的设备和平台上运行？
- 用户获取 Chatbot 的途径是否方便？
- 用户能否无门槛地使用 Chatbot？

以上问题，和 Chatbot 的智能程度、具有多少自然语言能力、是否使用机器学习或者使用哪种编程语言来创建等因素并无直接关系。Chatbot 能以出色的用户体验解决用户的问题即可，其他功能都是锦上添花。

总之，无论创建哪种类型的 Chatbot，都要将用户体验放在首位。我们过去设计网页和 App 的经验教训仍然适用于 Chatbot。当不确定该采用何种方法设计 Chatbot 时，可以思考在网站或 App 中是如何解决该问题的，这可以带给我们许多参考。

9.2　梳理业务要素

设计流程的时候，不要直接画流程图。把流程图和用户对话脚本糅在一起会让整个设计变得非常复杂且刻板，降低了多种对话存在的可能性。图 9-1 所示为错误的流程图示范。

建议读者不要刻板地将 Chatbot 与用户场景、台词串在一起。Chatbot 与人的对话存在多种可能，不要只考虑核心场景，在草拟对话的时候要尽可能多地列举出场景和意外情况，再梳理总的逻辑。

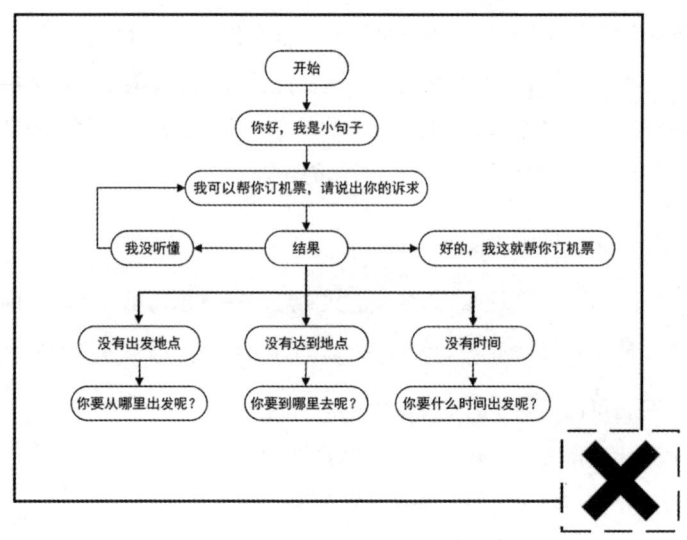

图 9-1

在实际应用时，在开始某个具体的 Chatbot 设计之前，产品经理需要业务方提供大量的对话脚本，在收集大量的具体场景的对话草稿之后，才能梳理出主要功能、对话场景边界、需要的数据资源、核心要素、抽取对话流程等信息。

编写完各种示例对话后，再画流程图。流程图是用来展示 Chatbot 所有可能发生的路径的图示。例如，进行了一轮对话后，流程图需要展示下一个状态分支的所有方式，流程图不一定罗列所有的交互或示例对话，它可以是功能的分组，也可以是文本的分组。

以订票为例，在收集并筛选出一些场景中的对话脚本后，即可梳理业务要素。

首先，确定优先级和关键信息要素。

在订票的案例中，第一优先级就是订票、退票、改签和查询，第二优先级是各种规章制度等常见问题的解答，第三优先级是天气查询，最后是简单的问候和答谢。

基于以上提到的要点，先列出相关要素：首先是票务信息，包括出发时间、出发站点、到达站点、火车类型、车次、座位类型等；其次是个人信息，包括姓名、手机号、身份证号、性别、会员等；之后是账户信息，包括全部订单、待付款、未出行、账户余额、优惠券和积分；还有票务状态，包括拍下待支付等。我们需要尽可能全地列出关键信息并排出优先级，如图 9-2 所示。

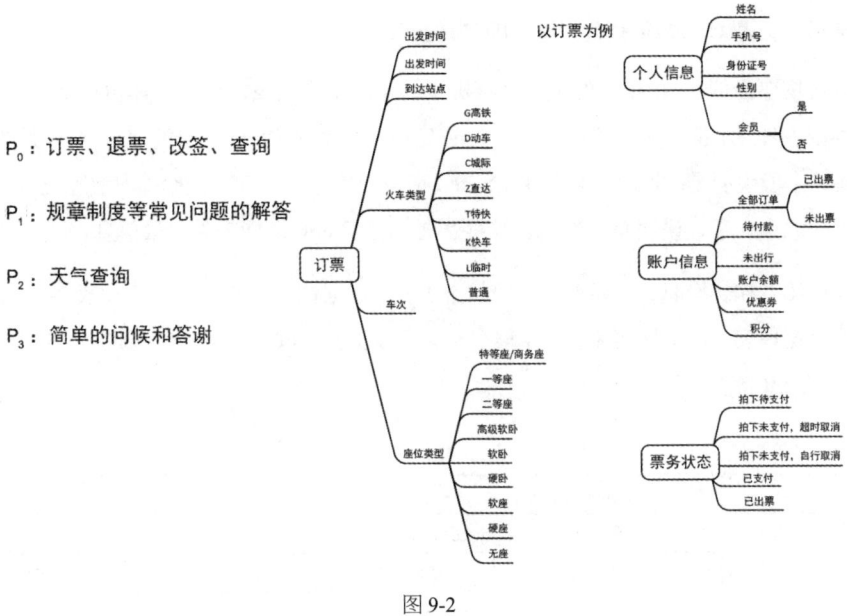

以订票为例

图 9-2

其次，多维度展示状态信息。

与 Chatbot 的对话实际上就是状态之间转换的有向图，只有尽可能全面地列举出相关信息，才能避免信息丢失。而后续的整个流程，包括流程图的绘制，也会更加顺畅。例如，出发相关信息有时间、地点、天气；到达相关信息同样有时间、地点、天气，如图 9-3 所示。

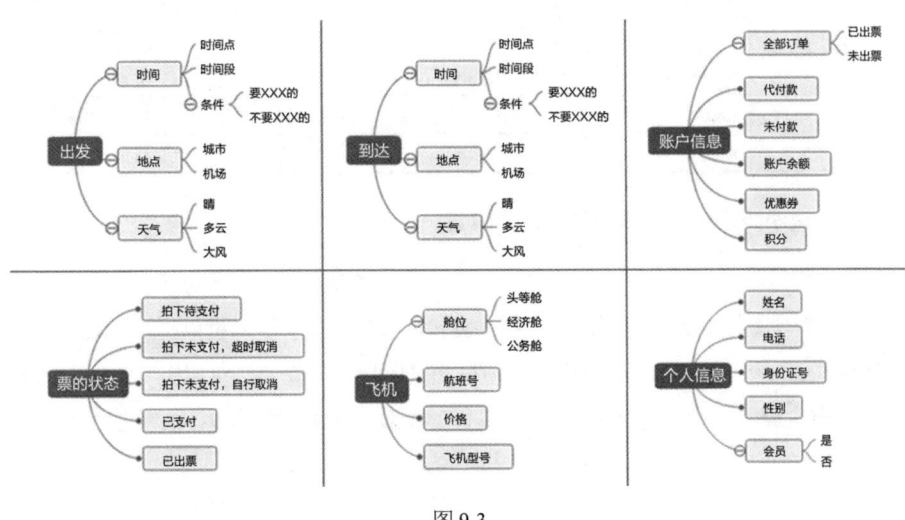

图 9-3

然后，梳理 Chatbot 业务要素，即定义变量。

以订机票为例，Chatbot 的领域是订机票，意图是查询飞机票，实体包括字段名称、字段类型、取值示例和字段说明。比如 time 字段，类型是 DATETIME，取值可以是明天、后天等，字段说明是时间；再比如 from_geo 字段，类型是 GEO-INFO（即地理位置），取值可以是北京，字段说明是出发地，这些都是属性（slot），即基础变量信息。

建议读者在实操时，先列出完整的状态表，再依据这些状态元素完成如表 9-1 所示的业务要素梳理表，定义好实体，即字段名称、字段类型、取值示例和字段说明。这是一项必不可少的准备工作。

表 9-1

领　　域	订机票（flight_ticket）			
意　　图	查询飞机票（get_flight_ticket）			
	字段名称	字段类型	取值示例	字段说明
	time	DATETIME	明天	时间
	from_geo	GEO_INFO	北京	出发地
	from_airport	BASIC	虹桥机场	出发机场
	to_geo	GEO_INFO	杭州	目的地
	to_airport	BASIC	首都机场	到达机场
属　　性	price	NUMBER	1000 元以下	机票价格
	airplanetype	BASIC	大型机	机型
	company	BASIC	国航	航空公司
	flight_number	BASIC	MU1701	航班号
	grade	BASIC	头等舱	舱位等级
	sort	BASIC	最早的	排序类型

最后，说明梳理业务要素时如何定义变量。

例如，如何对"早晨""早上""清晨"进行参数化的定义？也就是说，当用户说"早上"时，代表什么样的数值，这是一个很难直接回答的问题，所以可以将"早上"定义成一个时间段——从 6 点到 8 点，或者定义成一个时间点——7 点。可以把"上午"定义成8 点到 12 点，或者折中地定义成 10 点。具体的参数定义案例如表 9-2 所示。

表 9-2

时 间 段	开　始	结　束	时 间 点
早晨、早上、清晨	06:00	08:00	07:00
上午	08:00	12:00	10:00
中午、晌午	11:00	13:00	12:00
下午、午后	12:00	18:00	15:00
晚上、傍晚	18:00	24:00	21:00
凌晨	00:00	05:00	03:00
半夜、深夜、午夜	23:00	01:00	00:00

如果用户说"帮我订一张早上去北京的机票",那么在具体场景中"早上"的参数化表示是不一样的。在此例中,根据表 9-2 可以将变量"早上"定义为 06:00—08:00。

这是一种相对复杂的定义变量的方法,希望读者能灵活运用。

9.3　抽取对话流程,绘制流程图

梳理清楚了业务要素,也就明确了信息的流向——要完成的任务和顺序(流程)。流程图的设计需要注意以下 3 个问题。

- 在每个功能模块中,流程从哪里开始,到哪里终结?
- 开始与结束分别只有一个,是否有多余的设计?
- 是否有必要区分时间阶段?

流程图分为单通道流程图和泳道图,区别如下:

- 对独立功能点,适合使用单通道流程图(一条主线下来的流程图)进行设计,方便观察用户和信息的流向。
- 独立 Chatbot 的设计则更适合使用泳道图(多角色、多任务的流程图),方便分析复杂的用户交互场景。

除此之外,还需要确定功能模块与核心路径:确定哪些功能模块会参与到流程中,并保证主线流程(核心流向)清晰。核心流向代表需要实现的功能目标,核心流向不够清晰,用户很难对产品满意。

9.3.1　绘制单通道流程图

业务流程图描述的是完整的业务流程，以业务处理过程为中心，一般没有数据的概念。流程图以动作为单位推动业务进行，重点是为了业务的实现具体要进行的操作，例如支付界面、订票结果反馈，都是以动作进行驱动的。**每一个动作构成的基本形式都是动词（+名词）。**

一个基础的流程图案例如图 9-4(a)所示。这是一个订票业务的基本流程，从订票流程开始；然后是航班查询选择流程、乘客信息收集流程、支付界面、订票结果反馈、订票流程结束。其中每一个步骤都可以进一步细化。图 9-4(b)就是细化航班查询选择流程后的结果，补充了收集用户提供的查询信息、查找并展示查询结果、用户选择航班等过程。

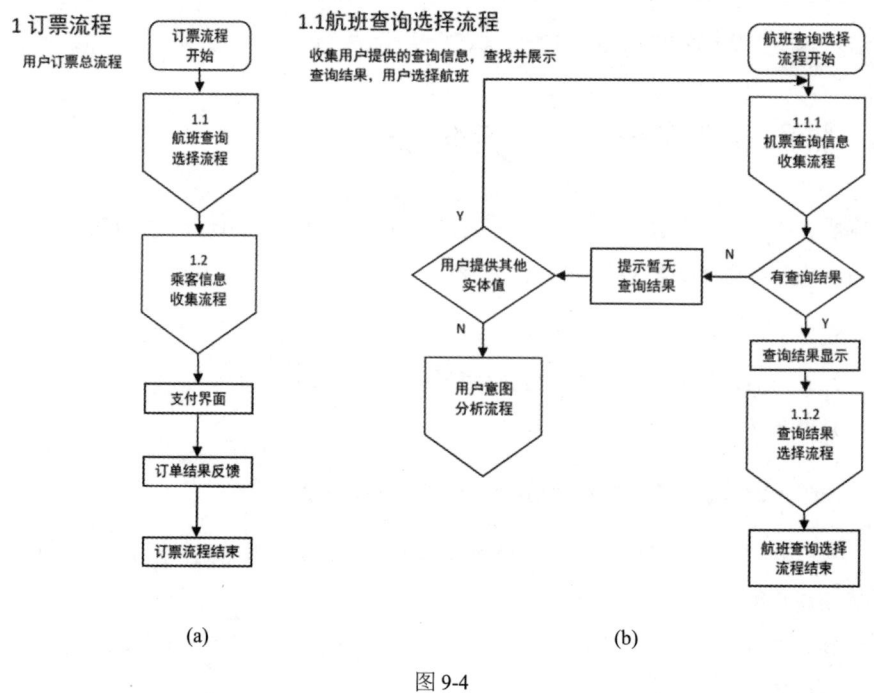

图 9-4

图 9-4(b)展示了业务的脉络，将其中的部分步骤拆解并细化。从航班查询选择流程开始（长方形代表流程/步骤），然后是机票查询信息收集流程（长方形和三角形的组合图形代表跨页引用），确认是否有查询结果（菱形代表判定）。如果有，则展示查询结果，接着进入查询结果选择流程，最后航班查询选择流程结束。如果没有结果，就提示"无结果"，

请用户再提供其他槽值[1]。如果用户提供，则重复以上流程；如果没有提供，则进入用户
意图分析流程，即确认用户是否要订机票，是否有其他意图。

9.3.2 绘制泳道图

泳道图也叫跨职能流程图，是流程图的进阶。不同的泳道表示不同的角色、岗位和部
门。每一个动作都放在了执行此动作的人或系统的相应的泳道下。这能使人在了解业务流
程的同时，也清楚由谁执行该动作，业务流程中不同角色的职责也会更加明确。一个泳道
图的案例如图 9-5 所示。

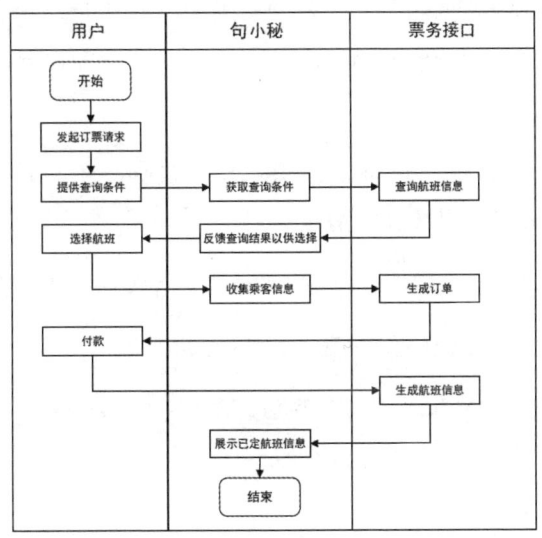

图 9-5

---

① 在 Chatbot 中，槽值（Slot）是一个关键概念，用于表示从用户输入中提取的特定信息。槽值在
自然语言处理和对话系统中起到重要作用。通常，在对话系统中，我们需要分析用户提供的信息
以便执行相关操作。在这个过程中，槽值就像是一个变量，可以存储和管理与用户意图相关的关
键信息。例如，如果用户想要预订一张火车票，那么槽值可能包括出发地、目的地、出发日期和
时间等信息。在对话系统中，这些槽值会被用来生成相应的回应或执行相关操作，如查询火车时
刻表或实际预订火车票。

　　为了正确地填充槽值，Chatbot 需要通过自然语言理解组件来识别和提取用户输入中的关键
信息。这通常包括实体识别（Entity Recognition）和意图识别（Intent Recognition）。实体识别负
责从用户输入中提取特定类型的信息，如地点、时间等。意图识别负责确定用户输入的目的，如
预订、查询等。

首先，用户发起了订票请求，提供查询条件。之后，Chatbot 获取查询条件，通过票务接口查询航班信息，每一步操作都会反馈查询结果，供用户选择。用户选择航班后，Chatbot 收集乘客信息，由票务接口生成订单，用户付款，票务接口生成航班信息，Chatbot 展示已预定的航班信息，流程结束。

相比业务流程图，跨职能流程图对业务职责的描述更加清晰，并且可以在旁边补充流程描述。例如，上述流程可以概括为：

（1）用户发起订票请求并提供机票相关的查询信息，Chatbot 收集查询信息后，检查必要查询条件是否充足，如航班号、出发或到达地点、日期等。

（2）必要查询条件不足则继续询问用户，必要查询条件充足则向票务接口发起航班查询请求。

（3）如果没有查询结果，则 Chatbot 向用户反馈情况后，询问其他查询条件；如果有查询结果，则 Chatbot 将结果展示给用户。

（4）用户选择航班以后，Chatbot 向用户收集乘客信息，并提供票务接口以生成订单。

（5）用户付款后，Chatbot 向用户展示最终的结果。

用流程描述将每个细节都描述清楚，再加上清晰的跨职能流程图，即使整个流程相对复杂，在给不同部门讲述时，也能一目了然。

9.3.3　合并业务线

即便是商旅这样相对封闭的场景，也依然会有很多业务线，如订机票、火车票、酒店、美食等。合并这些业务并梳理相关的意图、词槽和对话样本集，清晰地把业务流程梳理出来，如图 9-6 所示。

对话流程图是对话交互界面的基础结构，可以在白板上或纸上画流程图，或者使用一些更正式的工具，例如 Google Drawings、X-Mind、MindNode、Motion.AI 等，也可以用 ProcessOn 或百度脑图，它们支持流程图、思维导图、原型图、网络拓扑图等。这些工具都支持在线实时协作。

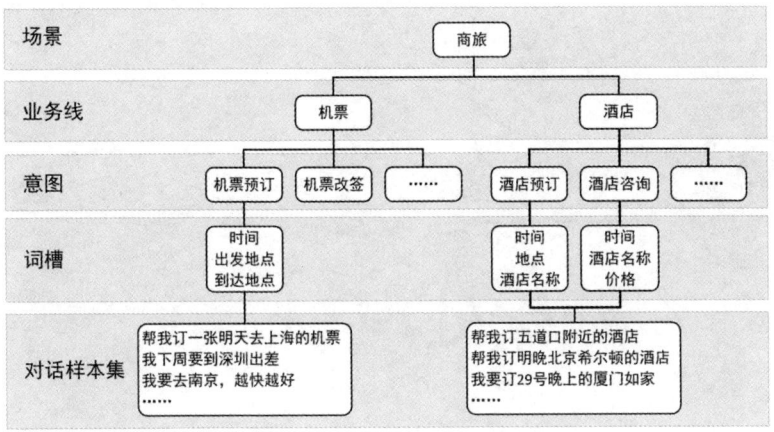

图 9-6

　　我们可以将这个流程图想象成用户的导航图。当用户想跟机器人沟通时，并不一定知道有什么问题可以问，所以我们需要为用户提供一个可以遵循的路径，途中还需要一些标识指引，可能需要创建菜单及树状结构来指引用户完成每一次交互。

　　本章从对话流程设计原则、梳理业务要素和抽取对话流程三个方面介绍了对话流程设计的关键内容。希望读者可以结合第 8 章和第 11 章的内容，更好地理顺其中的逻辑关系，设计出最贴近实际生活的 Chatbot 对话流程。

10

数据处理

搭建 Chatbot 需要大量数据，尤其是高质量的数据。如果要从头开始构建一个 Chatbot，则要从第一天就开始收集数据。如果要在现有产品中引入 Chatbot 的功能，那么在开始之前，一定要做好在数据工程和重新架构上投入大量时间和精力的准备。笔者在第 9 章介绍过如何从数据的角度设计产品。

当然，这并不意味着你必须在实现任何价值之前先完成所有工作。数据的处理应该贯穿 Chatbot 的整个生命周期。更好的数据运营意味着更好的分析，这对 Chatbot 的优化至关重要。在你觉得合适的时候，可以用已有的数据进行 Chatbot 搭建的后续工作。

合适的数据集或者语料是优秀的自然语言研究工作的基础，是搭建 Chatbot 重要的一环。虽然找寻合适的数据集并进行处理和标注是一件耗时费力的工作，但这确是必不可少的一个环节。

笔者的公司句子互动 2023 年组建了 Prompt Engineer 团队。在团队帮助客户落地大语言模型应用的过程中笔者发现，Prompt Engineer 团队有接近 30% 的时间在进行数据处理，其中包括引导客户给出合适的内容及优化最终数据、通过数据切割的方式让大语言模型输出客户期待甚至超出预期的结果。

10.1 数据收集

数据收集主要是指收集**业务数据**和**对话样本数据**。

1. 业务数据

通常，可以通过下面的方法收集业务数据。

- 获取业务关联数据。例如，想做一个打开某个手机 App 的功能，可以从各类应用商店爬取相关的应用列表信息；有官方数据库的可以直接去下载，或者从一些垂直的社区论坛上爬取。
- 尝试寻找已有的公开数据集，例如某些学术机构会发布一些公开的数据集。
- 尝试通过现有网站提供的 API 获取数据（一些网站、社区已经提供此类接口）。
- 尝试利用公开的百科、知识图谱项目获取数据（如维基百科提供了整站的 dump 下载、中文开放知识图谱等）。

如果是为 B 端企业客户搭建大语言模型应用，则与客户沟通需要的数据比在公开场合获取数据更重要。

假设需要做企业服务，即使没有标的企业的知识，也必须在做数据沟通之前准确地了解标的企业的基础知识和他们的工作流。如果希望对方能非常清楚地把他们的知识分门别类地提供出来，你只负责 Prompt 调优和工程搭建，那么可能过于理想化了。真实的场景是，即使标的企业是上市公司，它的数据通常也是非常混乱或没有条理的，你必须非常精准地列出需要客户提供的若干模块的内容，并给出相应的示例。即使在这种情况下，标的企业给出的数据可能依然差强人意，你需要持续和客户沟通，就像训练人工智能一样，引导客户给出你需要的数据。

虽然客户是最了解自己业务的人，但是他们无法给出对应的数据才是常态。当理解了客户的业务并能引导客户给出你需要的数据时，你自己产品的核心竞争力之一也就形成了。

以服务一个保健品品牌为例，在客户提供数据之前，笔者会先将数据进行分类，对应以下 3 类。

- SKU 信息。
- 健康类目通识知识。

- 客服 FAQ 答疑知识。

给出这样的信息后，客户就会明白应该提供哪些数据。注意，想得到 SKU 信息，最好给对方提供一个明确的表格并定义好表格的表头。

和客户协作时，如果能给客户选择题，就不要给客户填空题；如果能给客户填空题，就不要给客户问答题。开放性的提问是很难从客户那里得到想要的，知识的因此向客户收集信息时应用心和细心。

2. 对话样本数据

对话样本数据，也称为语料和问答对，简单来说就是用户的各种说法。

收集对话样本和问答对是指获取更多可标注数据的条目，例如，聊天数据或者问答数据。社交媒体、论坛、问答社区中都可能包含这类数据。

刚开始搭建 Chatbot 时，通常是没有真实的样本和问答对的，Chatbot 还没有上线，也不知道如何与用户交互，这时很难找 100 个真实的对话样本。为了解决这个问题，可以先搭建一个对话模板，上线这个模板所搭建的系统，进一步积累真实的对话样本。对话模板是一种快速生效的匹配工具，可以根据训练集抽象高质量的模板提升效果。如果模板标准比较高，有时也可以直接拿来做训练。

如果使用第三方平台，通常情况下，标注 100 个对话样本后，就可以进行基本训练了。当数据达到 1000 个的时候，基本上整个系统就已经达到可用标准。而如果需要自己通过算法进行训练，那么没有过万个对话样本是很难得出精准的数据的。

通常情况下，语料可以公开收集或者在已有的云端数据产生的日志中进行收集。

下面是一些常见的可公开收集的语料：

- 产品评论（在淘宝、大众点评、亚马逊和各种应用商店中）。
- 用户生成的内容（在微博、论坛、贴吧、百度知道等社交媒体中）。
- 官方的数据库，一些开放的语料库等。这类数据库能够爬取或者直接下载。

下面是可用于收集语料的已有的数据：

- 已有的与客户沟通的数据（客户请求、支持服务单、聊天记录）。

- 云端的对话日志数据，可对其进行二次清理。

笔者作为 Chatbot 的第三方服务商，通常会按照下面的方式为客户收集数据：

- 利用爬虫爬取相关的行业数据。
- 将云端产品产生的日志数据直接收集到笔者的数据平台里。
- 将客户提供的素材转化成数据和知识。

本节的最后，为读者介绍一个 GitHub 上非常全的实体和语料的集合项目：fighting41love/funNLP，供读者参考。

10.2　数据清洗

一个干净的数据集对于模型的训练至关重要。当数据不干净，有与匹配无关的噪声时，即使收集到了大量的数据，也难以训练出合适的模型。笔者的经验是先查看数据，然后进行清理。

数据具有许多形式。无论我们谈论的是数据缺失、非结构化数据，还是缺乏常规结构的数据，都需要采用某些方法对数据进行清理，然后才能处理数据以改进数据质量。

在自然语言处理的过程中，我们得到的数据并非完全"干净"，需要将语言信息中的干扰信息除去，才能更有效地挖掘其中包含的重要信息。文本内容形式多种多样，常见的有 TXT 文本、HTML 文本、XML 文本、Word 文档、Excel 文档等。

在机器学习的过程中，数据清洗的步骤相当复杂；但对文本来说，清洗的目的很明确，即排除非关键信息。我们只需要保留文本内容所阐述的文字信息，同时尽可能减小这些信息对算法模型构建的影响。

很多作为语料的文本数据都是从网上爬取来的，对文本分析任务来说，去标签是一个必要的清理步骤。但是一些如命名实体识别的任务，其标签信息很可能是可以利用的。

以 HTML 文本为例，HTML 文本中有很多 HTML 标签，如"body""title""p"等，毫无疑问，将这些标签作为有效信息来训练模型是不可取的，因为它们与文本内容所要表达的主题没有任何关联。读者会关心，清洗这些标签需要自己写很多代码吗？当然不用。在 Python 语言中，有 BeautifulSoup、SGMLParser、HTMLParaer 等功能包，它们能完成清洗工作。其他语言也有对应的功能包和函数帮助我们快速处理。当然，在实践中可能还会遇到一些特殊情况，导致这些功能包不能很好地帮我们完成所有的清洗工作，不用担心，我们可以使用正则表达式。

正则表达式是一种描述字符串匹配的模式，用来检查一个串是否含有某种子串，将匹配的子串替换，或从某个串中抽取符合某个条件的字串等。简单地说，正则表达式用一种模板去匹配一句话，看这句话中是不是有符合这个模板的东西，有则把它抽取出来。正则表达式非常复杂，有非常多的通配符，这里只介绍两个比较常用的通配符：一个是问号，一个是星号；问号匹配字符串中的零或一个字符，星号匹配零个或多个字符。

如图 10-1 所示，一个正则表达式将要匹配图中所示的文件。\w 代表任意一个字母或数字或下画线，*（星号）匹配零个或多个字符。更多的正则表达式信息不在本书的讨论范围内。

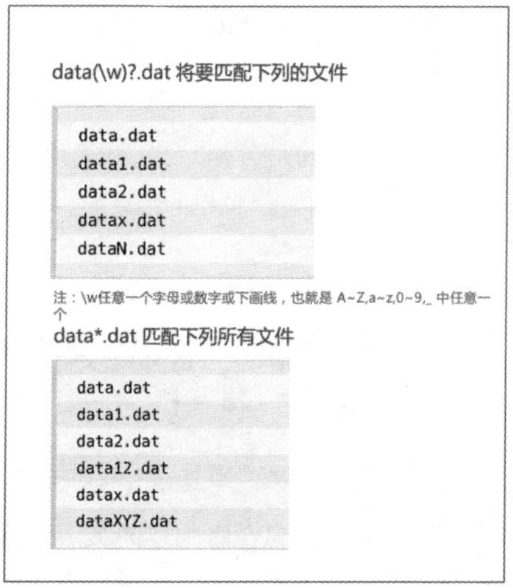

图 10-1

还有一个很重要的数据清理方法——去除停用词，即删除一些没有实际意义的词，例如"的""了""么"等，以及一些标点符号。网上有很多停用词表可供参考。用法也比较简单，导入停用词表，将其转为 list 格式，然后遍历已经做好分词的文本，判断每个词是否在停用词表中，如果不在，就添加到另外一个列表里。

在完成数据收集工作后，还需要做合理的数据变形。对特定数据进行一些变形处理，使之可以兼容更多可能的情形。例如，常见的文本资料里可能会出现中文标点与英文标点混用的情况，可能出现"地""的""得"混用的情况，尽可能地做合理的数据变形，能使 Chatbot 更具适用性。

10.3 数据转换

我们需要从不同格式的数据（如 PDF、Word、PPT、视频、图片、音频等）中提取有效信息，并整理成便于切割的、格式相对统一且标准化的文本数据。不同格式的数据需要不同的处理工具，本节将介绍几个常见的数据转换开源项目。

10.3.1 pdf.js

在公有数据中，PDF 文档占比非常多，所以 pdf.js 是必须要了解的工具。

pdf.js 是由 Mozilla 开发的一个 JavaScript 库，它利用网络标准解析和呈现 PDF 文件，并允许提取 PDF 内容，使开发人员能够创建自定义的 PDF 提取逻辑或接口来探索 PDF 中的数据。

具体的处理步骤如下。

（1）数据解析：pdf.js 利用 pdfjsLib.getDocument API 从服务器或本地读取并解析 PDF 文件。

（2）对象模型：解析完成后，生成一个 JavaScript 对象模型，包括文档的元信息、页面布局、文本和图像。

（3）异步处理：使用 JavaScript 的 Promise 机制异步执行加载和渲染任务。

（4）页面渲染：利用 HTML5 的 Canvas API 渲染 PDF 页面，并允许通过 API 调整页面参数，如缩放和旋转。

除了基础渲染，pdf.js 库还能从 PDF 中提取文本和图像数据，适用于数据分析和处理。选择 pdf.js 进行数据处理的几个主要原因如下。

（1）跨平台和跨浏览器兼容性：无须安装额外的插件或软件。

（2）强大的 PDF 解析和渲染能力，以及文本和图像的提取功能。

（3）开源和活跃的社区支持，便于解决问题并改进功能。

（4）性能优化：通过使用 Web Workers 和其他技术提升性能。

10.3.2　PP-Structure

PP-Structure 是一种用于文档分析的技术框架，它关注提取和组织文档中的信息，使内容更易于理解和检索。在大量的信息面前，文档的结构化分析成了关键。PP-Structure 能够自动识别文档中的关键信息，如标题、子标题、列表等，并按照一定的结构组织这些信息，这大大提高了文档的可读性和可检索性。前面笔者提到有些 PDF 文件是由图像或扫描件组成的，这时就需要用光学字符识别（Optical Character Recognition，OCR）模型将图像或扫描件转换为文本。接下来介绍几个常用的模型。

1. 版面分析模型

这类模型主要用于文档页面的版面分析，能够识别出页面上的文字、标题、图片、表格等不同类型的内容。模型列表中包含了多种不同的版面分析模型，有的模型主要用于英文版面分析，有的模型则针对中文版面进行分析。这些模型都是轻量级的，大小都在 10MB 左右，最大的 PP-YOLOv2 模型有 221MB，如表 10-1 所示。

表 10-1

模型名称	模型简介	模型大小
picodet_lcnet_x1_0_fgd_layout	英文版面分析模型，可以划分为文字、标题、表格、图片及列表 5 类区域	9.7MB
ppyolov2_r50vd_dcn_365e_pub laynet	基于 PP-YOLOv2 在 PubLayNet 数据集上训练的英文版面分析模型进行版面分析	221.0MB
picodet_lcnet_x1_0_fgd_layout_ cdla	中文版面分析模型，可以划分为表格、图片、图片标题、表格标题、页眉、脚本、引用、公式等 10 类区域	9.7MB
picodet_lcnet_x1_0_fgd_layout_ table	表格数据集训练的版面分析模型，支持中英文文档表格区域的检测	9.7MB
ppyolov2_r50vd_dcn_365e_tabl eBank_word	支持英文文档表格区域的检测	221.0MB
ppyolov2_r50vd_dcn_365e_tabl eBank_latex	TableBank LaTeX 数据集训练的版面分析模型，支持英文文档表格区域的检测	21.0MB

2. OCR 和表格识别模型

OCR 模型主要用于文档中文字的检测和识别。表 10-2 列出了基于 PubTabNet 数据集训练的英文表格场景的文字检测和文字识别模型。

表 10-2

模型名称	模型简介	模型大小
en_ppocr_mobile_v2.0_table_det	PubTabNet 数据集训练的英文表格场景的文字检测	4.7MB
en_ppocr_mobile_v2.0_table_rec	PubTabNet 数据集训练的英文表格场景的文字识别	6.9MB

表格识别模型则用于识别文档中的表格结构和内容，如表 10-3 所示。

表 10-3

模型名称	模型简介	模型大小
en_ppocr_mobile_v2.0_table_structure	基于 TableRec-RARE 在 PubTabNet 数据集上训练的英文表格识别模型	6.8MB
en_ppstructure_mobile_v2.0_SLANet	基于 SLANet 在 PubTabNet 数据集上训练的英文表格识别模型	9.2MB
ch_ppstructure_mobile_v2.0_SLANet	基于 SLANet 的中文表格识别模型	9.3MB

3. 关键信息提取模型

KIE 即关键信息提取（Key Information Extraction，KIE）模型，主要用于从文档中提取关键信息。表 10-4 列出了多个不同的 KIE 模型，这些模型在 XFUND_zh 数据集上训练，模型大小从几百 MB 到 1.4GB 不等。

表 10-4

模型名称	模型简介	模型大小	精度（hmean）	预测耗时（ms）
ser_VI-LayoutXLM_xfund_zh	基于 VI-LayoutXLM 在 xfund 中文数据集上训练的 SER 模型	1.1GB	93.19%	15.49
re_VI-LayoutXLM_xfund_zh	基于 VI-LayoutXLM 在 xfund 中文数据集上训练的 RE 模型	1.1GB	83.92%	15.49
ser_LayoutXLM_xfund_zh	基于 LayoutXLM 在 xfund 中文数据集上训练的 SER 模型	1.4GB	90.38%	19.49
re_LayoutXLM_xfund_zh	基于 LayoutXLM 在 xfund 中文数据集上训练的 RE 模型	1.4GB	74.83%	19.49

续表

模型名称	模型简介	模型大小	精度 （hmean）	预测耗时 （ms）
ser_LayoutLMv2_xfund_zh	基于 LayoutLMv2 在 xfund 中文数据集上训练的 SER 模型	778.0MB	85.44%	31.46
re_LayoutLMv2_xfund_zh	基于 LayoutLMv2 在 xfund 中文数据集上训练的 RE 模型	765.0MB	67.77%	31.46
ser_LayoutLM_xfund_zh	基于 LayoutLM 在 xfund 中文数据集上训练的 SER 模型	430.0MB	77.31%	-

10.3.3　Doctran

虽然传统的方法在处理某些文本问题时显得相当有效（例如正则表达式），但它们无法应对需要人类判断的更为复杂的任务。在标记交易或从文本中提取语义信息这样的场景下，简单的模式匹配远远不够。如今，因大语言模型具有人类级别的通识知识，使得数据转换过程变得更便捷。

Doctran 是一个针对复杂文本处理难题而设计的 Python 库。它集预处理、信息提取、分类、查询、总结和翻译等功能于一身，内置了如下几种文档转换器（Doctransformers）。

- Extract：从文档中提取数据。
- Redact：使用 spaCy 模型从文档中删除敏感信息。
- Summarize：对文档进行摘要。
- Refine：除非与特定主题有关，否则从文档中删除所有信息。
- Translate：将文本翻译成另一种语言。
- Interrogate：将文档中的信息转换为问答格式。

Doctran 有以下几个核心功能。

- 预处理与解析：高效地将非结构化文本整理为有组织的形式。
- 链式变换：支持通过预定义转换器（如 Extract、Redact、Summarize 等）的链式调用来定制处理流程。
- 扩展性：可以通过继承预定义的类（如 DocumentTransformer 或 OpenAIDocument Transformer）创建自定义转换器。

- 自然语言处理：利用大语言模型，有效处理包含自然语言指令的复杂文本。

大语言模型时代，Doctran 的优势如下。

- 带来高度的灵活性和多场景适应性。
- 模块化设计：允许使用者按需选择和组合转换器。
- 扩展性与链式变换：支持创建自定义转换器和连续应用多个转换，无须中断整个流程。

有非常多的框架可以用于数据转换，笔者只简单介绍了其中 3 个开源框架供读者了解，在搭建具体应用时，读者可以根据具体需求进行选择。

10.4 数据切割

第 7 章介绍的 RAG 让大语言模型拥有特定的领域知识，并有效提高了 Chatbot 回复的准确性，减少了大语言模型产生的幻觉。

数据切割作为数据处理的一部分，会对 RAG 的效果产生非常重要的影响。

通常，外部文件是非常大的，而且 Embedding 模型和大语言模型都受 Token 长度的限制，这时需要把文件进一步切割成适应模型上下文窗口的较小的文本块（Chunk），才能精准地进行检索和生成，这个过程叫作数据切割。

图 10-2 高亮了数据切割在 RAG 整个流程中参与的模块。

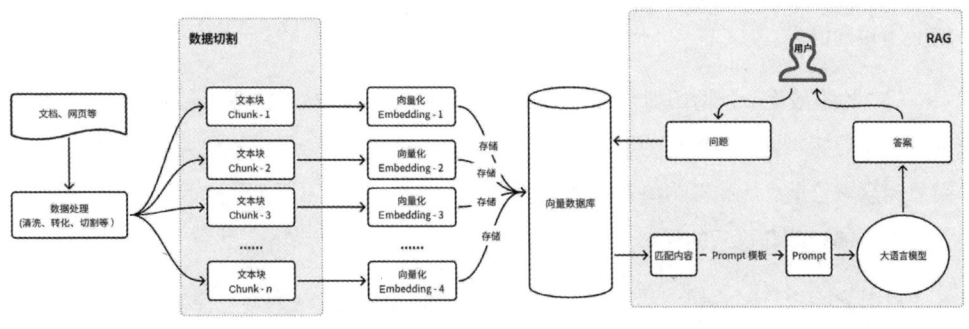

图 10-2

1. 哪些因素会影响数据切割

虽然数据切割听起来非常简单——只是将文件切文本块，但是实际使用时会涉及非常多的因素。索引方式不同、模型选择不同、问答文本长度不同、复杂度不同，都会导致切割方法不同。接下来，笔者将详细介绍影响切割的几个因素。

（1）**Embedding 模型的类型**：例如，sentence-transformer 模型在单个句子上效果很好，而 text-embedding-ada-002 模型在包含 256 个或 512 个 Token 的块上表现得更好。

（2）**大语言模型的类型**：大语言模型是 RAG 的生成环节的必要组件。所有的大语言模型都有一个固定的上下文窗口，这意味着它们一次只能处理有限长度的文本。这个限制是影响数据切割策略的重要因素，需要保证切割后的每个文本块的长度不超过模型能够处理的限制。

（3）**数据类型和结构**：不同类型和结构的数据需要不同的数据切割策略，例如，处理较长的文档（如文章、书籍等）和较短的文档（如微博推文、即时消息等）的数据切割策略不同。较长的文档有明确的结构，包括章节、段落，切割时要注意内容的完整性和连贯性；而较短的文档可能不需要切割，需要的是内容聚合，以保证内容的完整性和上下文的紧密结合。

（4）**应用场景需求**：不同应用场景对数据切割的需求不一样。例如，在一些高精度信息检索的场景中，可能更倾向于将数据切割成较小、较精细的文本块；而在对处理速度要求较高的场景中，可能更倾向于将数据切割成较大的文本块。当一个大语言模型输出的结果需要输入另一个具有上下文 Token 限制的大语言模型中时，还需要考虑后续大语言模型对文本块的需求。

（5）**检索效率**：数据切割策略会影响检索效率，因此对检索效率的要求也是选择数据切割策略时要考虑的。较小的文本块可以提高检索速度，但如果文本块太小，可能会导致重要信息被分散，从而影响检索的准确性。过大的文本块会占用存储空间，过小的文本块可能会增加管理和检索的复杂度。

以上是一些会影响切割的因素，分析这些影响因素可以帮助系统平衡性能和准确性，反过来又将确保查询结果更具相关性。

2. 内容重叠策略

在对数据进行切割时，有一个非常重要的策略是内容重叠（也称为滑动窗口），使用这个策略的好处如下。

（1）保持上下文的连贯性：在数据切割时，如果相邻的文本块之间没有任何重叠，可能会导致文本的上下文信息丢失。特别是在处理长文本、对话或具有复杂叙事结构的文本时，上下文的连贯性至关重要。一些关键信息可能会横跨多个文本块，没有适当的重叠，可能导致这些信息的片段化，进而影响对整体内容的理解。

（2）减少信息遗漏：在没有重叠的情况下，文本的某些关键部分可能恰好位于两个文本块的边界，这会导致信息的部分或完全遗漏。通过引入内容重叠策略，可以确保这些关键部分被完整地包含在至少一个文本块中。

内容重叠策略的具体实施会根据数据类型、用例和所需结果有所不同。以下是一些可供参考的指导原则。

（1）确定重叠比例：重叠比例通常以 10%为起点。例如，如果文本块的大小固定为 256 个 Token，则可以从 25 个 Token 的重叠开始测试。需要注意的是，这不是一成不变的规则，需要根据文本的特性和处理任务的需求调整重叠比例。

（2）调整和测试：在初步设定重叠比例后，应进行测试以评估其效果。根据结果增加或减少重叠量。在某些情况下，过度重叠可能导致数据冗余，而重叠不足又可能导致信息丢失，因此找到平衡点是关键。

（3）适应不同类型的数据：对于叙述性文本，可能需要更多的重叠来保证故事线的连贯性。对于较为片段化或列举式的文本（如列表、目录等），可能只需要较少的重叠，甚至不需要重叠。

3. 数据切割的常用方法

进行数据切割时最基础的方法是按照固定大小切割，更高级的方法是基于语义进行切割，包括递归地按字符进行切割、根据 HTML、Markdown 等结构化元素进行分割，以及直接使用工具包。

1）固定大小的切割

最基础的数据切割方法是按照固定大小切割，但这种方法会损失很多语义，某一连贯的语句例如"我们今天晚上应该去吃个大餐庆祝一下"，很有可能会被分在两个文本块里而变成"我们今天晚上应该""去吃个大餐庆祝一下"。这样的结果对于检索非常不友好，解决方法是增加冗余量，例如使用 512 Token 的文本块，实际存储 480 Token，通过在块的开头和结尾保存相邻文本块的头尾 Token 内容来实现这种冗余。

2）递归地按字符切割

基于固定大小或指定字符进行切割是最简单的方法，但会出现被"硬性中断"而丢失上下文的情况。更高级的方法是基于语义进行切割，即意义相近的文本段落放在一起。意义是否相近取决于文本的性质。基于语义进行切割的工作流程如下。

首先，通过句号和换行做切割。切割会把文本拆分成多个小文本块，每个文本块都有其独特的语义（通常是句子）。

然后，将这些小文本块合并，直到它们达到一个预定的大小，即固定大小分块。

一旦达到预定大小，这个大块就成为一个独立的文本段落，并开始制作新的、有部分内容重叠的文本块，以维护段落间的连贯性。

比较经典的方法之一是"递归地按字符切割"，默认按照"\n\n"、"\n"、" "、""这几个字符进行切割。当然，也可以基于文档的具体情况定义字符列表。不同字符的意思如下。

- "\n\n"：段落
- "\n"：句子
- " "：单词
- ""：字母（注意，这里没有空格，单词的字符里是有空格的）

具体的切割方法是按照字符列表中的字符逐级拆分。在默认字符列表中，第一个字符是 "\n\n"，代表段落，即先按照段落拆分。如果出现过大的文本块，就继续用列表中下一个代表句子的"\n"字符拆分。依此类推，直到生成的文本块足够小为止。这样做的效果是尽可能保持所有段落（然后是句子，接着是单词）在一起。

3）结构化文本的切割

结构化文本是一种组织信息的方式，它通过特定的规则和格式来安排文本内容，使信息易于理解、处理和检索。这种文本形式的数据对计算机程序来说更易于访问，同时保持对人类的可读性。结构化文本遵循特定的格式和规则，如使用标记、符号或特定的语法来表示不同的信息。其有序和规范的格式易于被计算机程序（如解析器、数据库）读取和解析。另外，它将信息划分为不同的部分或字段，每个部分通常代表特定类型的数据。

在数据切割时经常用到的有代表性的结构化文本有以下几种。

- HTML：用于网页的标记语言，通过标签来定义各种内容元素（如标题、段落、列表等）。
- Markdown：一种轻量级的标记语言，用于格式化文本，通过简单的符号定义标题、列表、链接等。
- JSON：JavaScript 对象表示法，常用于数据交换，将数据表示为键值对。
- CSV：逗号分隔值，简单的表格式文本，用逗号分隔各个字段。

当需要对结构化文本进行切割时，需要用到结构化文本中隐藏的信息，例如 HTML 中的各个标签定义元素（标题、段落、列表等）。切割时需要基于 HTML 文档的每个元素进行分割，同时添加与 Chunk 相关的标题信息。这样做有两个目的：让语义上相关的文本更好地聚集在一起；保留文档结构中丰富的上下文信息。

下面以 HTML 为例进行解释，其他的结构化文本同理。

预处理

- 解析 HTML：使用 HTML 解析器解析原始的 HTML 文档，将其转换为 DOM（文档对象模型）树。
- 去除噪声：移除对后续处理无用的信息，如 JavaScript 脚本、样式信息（CSS）、注释等。

定义 Chunk 的大小

- 固定大小：预先定义固定的字符数或词数作为一个 Chunk 的大小。适用于文本量均匀的 HTML 文档。

- 自适应大小：根据 HTML 元素（如段落<p>、标题<h1>…<h6>）自然划分 Chunk。更适应结构复杂的 HTML 文档。

分块策略

- 按元素分块：以 HTML 元素为边界进行分块，如每个<p>标签内容作为一个 Chunk。
- 按视觉区块分块：依据视觉上的区块（如文档中的章节、栏目）来划分 Chunk。
- 按语义分块：考虑 HTML 内容的语义，将语义相近的内容划分为同一个 Chunk。

处理嵌套和跨块元素

- 标记维持：确保每个 Chunk 都包含完整的 HTML 标记，避免破坏 HTML 结构。
- 处理跨块元素：对于跨多个 Chunk 的元素（如长表格），采取特殊处理，如分割成多个部分或者将整个元素作为单独的 Chunk。

4）保留上下文

- 重叠 Chunk：Chunk 之间保留一定比例的重叠内容，以保持上下文连贯性。
- 元数据[①]记录：记录每个 Chunk 的位置、顺序和与原文档的对应关系，便于后续还原或引用。

4. 更多方法

数据切割是自然语言处理领域的关键步骤，并不是在 ChatGPT 带动的大语言模型火热之后才出现的。因此，行业上已经有很多成熟的外部工具和库可以用于数据切割，开发者不必从头开始编写代码来实现这个功能。以下是一些常用工具和它们的简要介绍。

（1）NLTK。NLTK（Natural Language Toolkit）是一个功能强大的 Python 库，几乎是最早开发的 NLP 库，用于处理人类语言数据。它提供了文本分块、分词、词性标注和句法分析等工具。

不同于仅在"\n\n"处分割，NLTK 的分词器支持进行更细致的分割。NLTK 内置了多种分块策略，包括基于规则和基于机器学习的方法。

---

① 元数据通常用 metadata 表示，元数据是关于数据的数据。它提供了关于数据的信息，帮助人们理解数据的内容、来源、格式和用途。

（2）spaCy。spaCy 是一个开源的适用于高级自然语言处理任务的软件包，由 Python 和 Cython 编写。spaCy 比 NLTK 新，更适合工业场景，速度比 NLTK 快，精度更高。

（3）Tiktoken。Tiktoken 是一种由 OpenAI 开发的快速 BPE（Byte Pair Encoding）的 Token 化工具。这个工具可以用来准确地估算 Token 的数量，特别是对 OpenAI 的模型会计算得更准确，但针对自然语言处理的预制方法会少。如果需要使用固定大小的切割方式或递归地按字符切割的方式，则可以直接选择使用 Tiktoken 安装包，便于上手。

10.5　数据扩充和数据更新

10.5.1　数据扩充

高质量的开源数据是稀缺的，注定很难获取，尤其是针对细分领域的语料。但大语言模型可以模拟人类真实的对话，只需要编辑好 Prompt，就能让大语言模型生成相似语料。语料的质量和大语言模型的性能、提示词的准确度正相关。同时，大语言模型可以穷举相似问题。可以直接设计好提示词让 GPT-4 生成语料，甚至可以设置两个 Agent 代理生成一问一答的语料。下面是一个简单的示例。

Chatbot 1：你是一家人寿保险公司的客户。你对评估你的人寿保险索赔所花费的时间非常不满意。这是一次可怕的顾客体验。在对人寿保险公司的投诉中，你会说些什么？

Chatbot 2：你是一家人寿保险公司的优秀员工。你有专业的保险知识和 5 星级的服务态度。每一次与客户的交流都会让客户如沐春风。当有人向你投诉人寿保险公司，你会如何应对？

这样往复循环，就能生成数量庞大的语料，进而有效地扩充数据。

10.5.2　数据更新

随着业务的持续发展，知识库的内容持续更新，每次更新都重新进行 Embedding 会花费大量的时间和金钱，因此知识库的更新可以使用增量的方式进行，通常是对已经做过 Embedding 的数据分割块记录唯一的哈希值作为标识，只对增量知识库做 Embedding，如图 10-3 所示，具体流程如下。

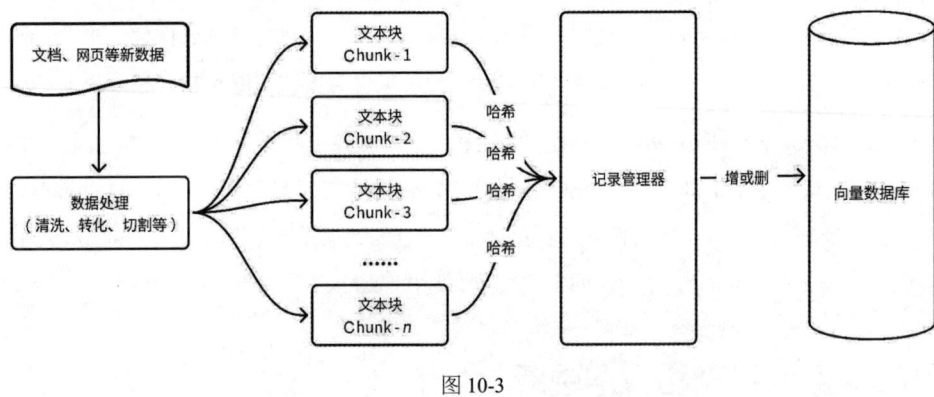

图 10-3

（1）通过索引，使用记录管理器跟踪文档写入向量存储的情况。

（2）索引内容时，为每个文档计算哈希值，并将信息存储在记录管理器中。当将文档重新索引到向量存储中时，可能需要删除向量存储中的一些现有文档。

（3）如果在插入或更改源文档之前已经更改了文档的处理方式，则需要删除与被索引的新文档关联的源文档。

（4）如果一些源文档已经被删除，那么只需要删除向量存储中的所有现有文档，并用重新索引的文档替换它们。

11

Prompt 撰写

搭建 Chatbot 不仅是技术问题，还是用户体验问题。一个合适的 Chatbot 应该能为用户持续带来价值，且用户留存率极高的应用。就像我们定义优秀的 App 那样。

在 Chatbot 中，产品功能不像图形式交互那样直接呈现在界面上，而是隐藏在对话中，需要 Chatbot 用对话话术引导用户。在以 ChatGPT 为代表的大语言模型出现之前，主要依赖对话脚本撰写。随着大语言模型代表的技术奇点的来临，很多模板已经不再需要人为撰写，而是让大语言模型按照人类期待的方式给出预期的内容，这就是 Prompt 撰写。通过写合适的 Prompt，从前对话脚本撰写的全部工作及部分系统搭建的工作，都可以让大语言模型代替人工完成。

ChatGPT 的出现为人与机器的交互方式带来了一种全新的可能性。在机器逐渐向着强人工智能方向发展的过程中，我们需要用自然语言引导 ChatGPT 的思考，从而共同探索人工智能的更广阔的应用前景。

通过前几章的介绍可以发现，通过引导 ChatGPT 进行深入思考，能够提高 ChatGPT 的准确性和可靠性。当 ChatGPT 返回中断时，我们可以用自然语言引导它继续执行任务，并且其输出的内容连贯无误。

本章将深入探讨如何利用自然语言与 ChatGPT 进行交互，从而加深读者对人工智能技术的理解。人机交互中一个重要的环节是让机器更好地理解我们说的话。这种交互方式也催生了一个新的职业——Prompt Engineer。在硅谷，许多公司正在积极招募 Prompt Engineer，并提供高达百万的年薪。

笔者认为 Prompt Engineer 的核心职责是提出问题，掌握好提问题的技巧，有可能揭开许多事物的奥秘。正如 OpenAI 创始人 Sam Altman 所说，撰写出好的提示词是一个非常高超的技能，也是自然语言编程的开始。本章将为读者深入阐述 Prompt Engineer 这一职业所需的技能和知识，教读者撰写出高质量的提示词，并提供丰富的实践案例和技巧，以帮助读者更好地理解和应用该技术，掌握促进人机交互的关键技能。

11.1 何谓 Prompt Engineer

Prompt 究竟是什么呢？

前文铺垫了很多与提问相关的话题。将 Prompt 和管理者进行类比，作为一名管理者，当笔者希望员工按照笔者的想法完成任务时，笔者能否清晰地表达自己的想法呢？一些员工常说："老板根本没想清楚要干什么，那我肯定没法干。"这就导致老板和员工之间的沟通不畅，事情自然无法顺利完成。与机器交互同理，当我们让机器完成某项任务时，如果没有清晰明确地表达出自己的想法，甚至逻辑不清晰、缺乏条理性，机器根本就不知道应该做什么。

因此，明确你的任务目标，清晰明确地阐述你的想法，甚至提供一些案例，有效地提问或表达自己的想法，或许就是解决问题的关键。

实际上，笔者认为 Prompt 不仅仅是一种机器学习技能，更是一种管理技能。与机器沟通，与如何开发一款产品、管理一家公司，甚至与如何激励孩子完成一件事情都非常相似。本章将深入探讨 Prompt 的一系列技巧和方法，使读者能够更好地与机器进行交互，从而提升效率，提高工作质量。

笔者认为，Prompt=清晰的任务描述+足够多的样例（Sample），如图 11-1 所示。

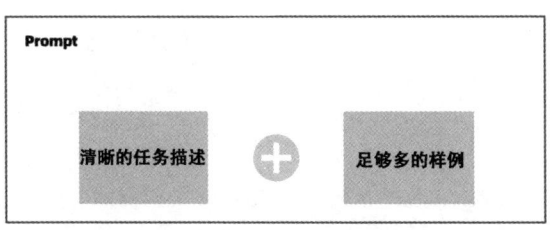

图 11-1

给出清晰的任务描述是所有人都需要提升的技能。提供样例，能让我们的描述更清楚，样例有时也是对描述的补充和解释。我们在真实世界里沟通交流时就是这样做的，对 AI 工具来讲，给它样例，是在帮助它学习。

11.2　撰写 Prompt 的原则和方法

11.2.1　Prompt 撰写的 4 个基础方法

如何成为 Prompt Engineer 呢？本节将为读者介绍 4 种提示工程（Prompt Engineering）的方法。笔者认为，虽然提示工程的英文中有 Engineer 这个词，但对企业来说，Prompt Engineer 岗位可能更侧重于优化产品，并不是真的让 Prompt Engineer 写代码。

方法 1

给 AI 工具适当的提示，引导它生成一些有用的输出。例如，让 ChatGPT 写一个营销的视频脚本，我们可以做如下详细说明：

假设你是一家为学生提供 AI 辅助工具的创业公司的营销人员。

请你创建 10 个精心设计的 TikTok 短视频文案，这些短视频文案让我们的工具在学生群体里得到广泛的传播。

方法 2

尝试多种表达方式，以达到最佳效果。一句话有多种表达方式，尝试使用多种表达方式，不停地引导 AI 工具，从而得到最满意的结果。

例如，让 ChatGPT 给出一些赚钱的思路。你可能会直接输入"请给我一些赚钱的思路"，加上一些限定条件以后，可以变成：

你的任务是提供有效且实用的赚钱策略。请给出帮助人们赚钱的具体方法，并详细解释这些方法的工作原理。

请注意，你的回复应侧重于提供对提议策略的详细解释，包括它们的潜在优势和劣势。你还应该考虑实施策略时可能出现的潜在障碍或挑战，例如财务限制等，并解释如何解决这些问题。

此外，你应该确保你的回答具有创造性和灵活性，同时仍保持清晰的结构并注重准确性。

方法 3

描述一些具体的事情，并给出背景信息。通常，背景信息放在描述具体事情的文本之后，给 AI 工具这样的上下文提示之后，它给出的答案也会更清晰。

例如，让 ChatGPT 写求职信时，可以给出详细要求，而不只是一句"帮我写一封求职信"：

我想让你帮我写一封求职信。

我会向你提供有关我申请的工作的信息，以及我的相关技能和经验，请你使用这些信息写专业的求职信。

你应该使用恰当的格式，使求职信在视觉上吸引人且易于阅读。

你还应该根据我申请的具体工作和公司调整求职信的内容，突出我的相关技能和经验，并解释为什么我是该职位的候选人。

请确保求职信有效地传达了我的资历、对工作的兴趣等信息。

不要在求职信中包含任何个人意见或偏好。

这让笔者想起了著名的奈飞企业文化："Context，not Control"。实际上，我们与机器的合作也是如此。我们需要为机器提供更多的上下文信息，而非单纯地下达指令。

方法 4

向 AI 工具展示你希望看到的内容，引导它生成你想要的输出。

在为企业搭建知识库时经常用到这种方法。例如，笔者的公司正在为企业搭建企业垂直的知识库，把一些常见的问答通过提示词"喂"给模型，模型就能输出你想要的内容，以下是笔者公司客服提供服务的一个示例：

假设你是一位对话分析师，负责从对话中分析、整理标准问答。

分析下面几段社群中的对话，其中小句 Bot 是客服，其他人是用户，不要分析非小句 Bot 回答的问题。要分析所有的问题点，并用一句话进行回答。分析结果中，只包含能够解决用户问题的回答。将最终结果整理成 JSON 数组格式，每一个元素是一对问答，问题 key 为 question，回答 key 为 answer，输出的 JSON 不需要缩进或换行。

用户_A：我们要自动"拉包裹、卡新人"入群，是否需要提前在群主的企业微信上创建几个群？

用户_A：还是只创建一个人满就自动在群主的企业微信上开新群的群？

小句 Bot：新客户应答是有自动扩群功能的，最开始需要在手机端创建一个群聊，设置好后，如果群成员到达置顶人数，托管账号会自动扩群，扩出的群聊，群主会默认是托管账号。

用户_A：好，我试一下。

用户_B：17 群显示已经有 63 位用户，为什么分层里只显示 18 位呢？

小句 Bot：所在群聊的数据不是实时的数据，所在群聊的数据只能筛选前一天群内的成员数据。

用户_B：不是实时的吗？

小句 Bot：不是实时的。

用户_B：好的，谢谢。

用户_B：我明白了。

用户_B：您好，昨天已经进群的用户目前还是没在客户分层中显示。

小句 Bot：@用户_B　这个群聊所在的分组是哪个？

用户_B：没有建分组。

小句 Bot：@用户_C　可以刷新页面，重新登录看下。

用户_C：11。

小句 Bot：@用户_B　新版客户列表筛选所在群的功能目前有些问题，已反馈技术人员修复，可先使用旧版客户分层的功能筛选所在群聊的数据。

用户_C：看下这两个数据是否有问题。

小句 Bot：稍等。

小句 Bot：这个是准的，会自动剔除单项好友的数据。

用户_C：哦，就是说，这两个月这个号的人没变化，对吧。

小句 Bot：从后台看这个号的好友添加时间都是 2023 年之后的。

用户_C：OK。

用户_C：@小句 Bot 看下这个选项为什么"点不动"。

小句 Bot：群发的素材选择上了吗？

用户_B：我用旧版建的分层会同步新版吗？

最终，ChatGPT 抽象出了非常完整的知识库内容，如下：

```
JSON
[
```

```
{
    "question": "我们要自动"拉包裹、卡新人"入群,是否需要提前在群主的企业微信
上创建几个群",
    "answer": "新客户应答是有自动扩群功能的,最开始需要手机端创建一个群聊,设置
好后,如果群成员到达置顶人数,托管账号会自动扩群,扩出的群聊,群主会默认是托管账号"
    },
    {
    "question": "17 群显示已经有 63 位用户,为什么分层里只显示 18 位呢",
    "answer": "所在群聊的数据不是实时的数据,所在群聊的数据只能筛选前一天群内的
成员数据"
    },
    {
    "question": "您好,昨天已经进群的用户目前还是没在客户分层中显示",
    "answer": "新版客户列表筛选所在群的功能目前有些问题,已反馈技术人员修复,可
先使用旧版客户分层的功能筛选所在群聊的数据"
    },
    {
    "question": "这个为什么点不动",
    "answer": "您看下,群发的素材选择上了吗?"
    }
]
```

11.2.2 OpenAI 官网的最佳实践

本节列举部分向 ChatGPT 清晰有效地提问的实操案例[①]。在调优 ChatGPT 时,最好的方式之一是从官方渠道学习如何调优。

> 注意:文档中的 "{text input here}" 是实际文本/上下文的占位符。

1. 将指令放在 Prompt 的开始位置,并使用 ### 或 """ 分隔指令和上下文

反例:

JSON
将下面的文本总结为要点的项目符号列表。

{text input here}

---

① 参考了 OpenAI 官网教程 "Best practices for prompt engineering with OpenAI API"。

正例：

JSON

将下面的文本总结为要点的项目符号列表。

Text: """
{text input here}
"""
---

2. 尽可能具体地描述期望得到的文本长度、格式、风格等信息

反例：

JSON

写一首关于 OpenAI 的诗。

正例：

JSON

以{famous poet}的风格，围绕 DALL-E 产品（DALL-E 是一个从文本生成图像的 ML 模型）写一首简短且鼓舞人心的关于 OpenAI 的诗。
---

3. 通过例子清晰地描述期望的输出格式

反例：

JSON

从下面的文本中提取出现的实体。提取以下 4 种类型的实体：公司名、人名、特定主题和主题。

Text: {text}

正例：

JSON

从下面的文本中提取重要的实体。先提取所有公司名，然后提取所有人名，接

着提取符合内容的特定主题，最后提取总体主题。

期望格式：

公司名：<逗号分隔公司名列表>

人名：-||-

特定主题：-||-

一般主题：-||-

Text: {text}

4. 先给一两句 Prompt，然后给一段 Prompt，如果都不行，再进行微调

正例 1：

JSON

从下面的文本中提取关键词。

Text: {text}

关键词：

正例 2：

JSON

从下面的文本中提取关键词。

文本 1：Stripe 提供了 API，网页开发者可以用其将支付处理集成到他们的网站和移动应用中。

关键词 1：Stripe，支付处理，API，网页开发者，网站，移动应用

##

文本 2：OpenAI 训练出了的语言模型擅长理解和生成文本。我们的 API 提供了访问这些模型的途径，可用于解决几乎任何涉及处理语言的任务。

关键词 2：OpenAI，语言模型，文本处理，API。

##

注意：不同例子之间用##分隔。

5. 减少缺乏依据、含糊不清的描述

反例：

JSON
对这个产品的描述应该相当短，只有几句话。

正例：

JSON
用 3~5 句话描述这个产品。

6. 强调"要做什么"

反例：

JSON
下面是代理和客户的对话。不要询问用户名或密码。不要重复。

客户：我无法登录我的账户。
代理：

正例：

JSON
下面是代理和客户的对话。代理试图诊断问题并提出解决方案，同时避免询问任何与个人身份信息相关的问题。代理不应询问用户名或密码这样的个人身份信息，而是应该引导用户查看帮助文件……

客户：我无法登录我的账户。

代理：

7. 代码生成专用——使用"引导词"引导模型向特定模式发展

反例：

```
JSON
# 编写一个简单的 Python 函数，它能：
#1. 向我询问一个以千米为单位的数值
#2. 将千米换算成米
```

在下面的代码示例中，添加"import"是在暗示模型应该开始用 Python 编写。类似地，"SELECT"是用 SQL 语句编写的提示。

正例：

```
JSON
# 编写一个简单的 Python 函数，它能
#1. 向我询问一个以千米为单位的数值
#2. 将千米转换为米


import
```

11.2.3　CRISPE 框架

在与 ChatGPT 对话的过程中，使用可复用的提示框架能让 Prompt 拥有更好的结构和清晰度。常见的提示框架有很多，例如 CRISPE 框架、B.O.R.E 框架、CoT 框架等。本节重点阐述 CRISPE 框架[①]。

在介绍 CRISPE 框架之前，先来回顾提示工程基础知识中的要点。

- 使用清晰的文字描述。
- 要求模型假设自己是该主题的专家。

[①] CRISPE 框架、B.O.R.E 框架、CoT 框架的内容参考了 Matt Nigh 的博客。

- 要求模型表现得像一个特定的人（角色扮演）。
- 要求模型"逐步"思考，特别是在完成复杂任务时。
- 要求模型尝试输出多个答案，例如"给我 10 个不同的答案"。
- 要求模型细化输出结果，例如"写得更吸引人""使用更清晰的语言表述""使用项目符号使输出的内容更具可读性"。

需要注意的是，以下情况**不要**使用提示工程或 ChatGPT：

- 当需要 100%的可靠性时。
- 当无法评估模型输出的准确性时。
- 当需要生成的内容超出模型的知识储备时。

1. CRISPE 框架简介

CRISPE 框架中各英文字母的含义及解释如表 11-1 所示。

表 11-1

CRISPE 框架中各英文字母的含义	解　释
CR：Capacity and Role（能力与角色）	你希望 ChatGPT 扮演怎样的角色
I：Insight（洞察力）	为 ChatGPT 提供场景描述、背景信息、上下文
S：Statement（指令）	你希望 ChatGPT 做什么
P：Personality（个性）	你希望 ChatGPT 以什么语言风格、个性、礼仪习惯回答你
E：Experiment（多样本试验）	要求 ChatGPT 为你提供多个答案

基于 CRISPE 框架整理的 Prompt 示例如表 11-2 所示。

表 11-2

CRISPE 框架	Prompt 示例
CR	扮演机器学习框架领域的软件开发专家和专业博客作家
I	这篇博客的受众是对机器学习领域的最新进展感兴趣的技术专业人员
S	全面介绍最受欢迎的机器学习框架，包括它们的优点和缺点。通过真实的例子和案例研究，展示这些框架在各个行业中的成功应用
P	在回答问题时，你的文字要采用 Andrej Karpathy、Yann LeCun 等人的写作风格，以便更好地吸引读者的注意力
E	请给我多个不同的例子

利用 CRISPE 框架给出的最终 Prompt 如下：

作为机器学习框架领域的软件开发专家和博客作家，你需要为对机器学习最新进展感兴趣的技术专业人员提供专业的指导。在博客中，全面介绍最受欢迎的机器学习框架，包括它们的优点和缺点。通过真实的例子和案例研究，展示这些框架在各个行业中的成功应用。在回答问题时，你的文字要采用 Andrej Karpathy、Yann LeCun 等人的写作风格，以便更好地吸引读者。请给我多个不同的例子。

2. 基于 CRISPE 框架的 Prompt 优化

1）Prompt 优化：修复"无灵魂的写作"

可以从以下几个方面做 Prompt 优化，来修复"无灵魂的写作"。

- **激发创造力**：要求模型"重新撰写现有文档，使其更富想象力、吸引力和独特性"。
- **专注于讲故事**：要求模型"将现有文档转化为一个引人入胜的故事，突出所面临的挑战并提供的解决方案"。
- **使用有说服力的语言**：要求模型"通过运用有说服力的语言和技巧，使现有文档更具说服力和影响力"。
- **强调情感**：要求模型"在现有文档中添加情感化的语言，使其更易于与读者产生共鸣"。
- **利用感官细节**：要求模型"通过添加描述感官的细节来完善现有文档，使其更加生动并吸引读者"。
- **内容简明扼要**：要求模型"通过删除不必要的信息，使现有文档更简洁"。
- **突出重点**：要求模型"重写现有文档，强调关键点，使其更具影响力"。
- **使用生动的语言**：要求模型"通过使用生动的语言和形容词，使现有文档更具吸引力"。
- **创造紧迫感**：要求模型"通过增加紧迫感，强调立即采取行动的必要性，完善现有文档"。
- **解决异议**：要求模型"通过预见并解决文档内容可能引发的异议，完善现有文档"。
- **个性化内容**：要求模型"通过个性化语言，使现有文档与读者产生共鸣"。

2）Prompt 优化：增强文档的可读性

可以从以下几个方面做 Prompt 优化，以增强文档的可读性。

- **使用清晰简洁的语言**：要求模型"用简单的术语解释技术概念"。
- **添加视觉辅助工具**：要求模型"使用 Mermaid 等绘图工具，用图表来说明复杂的概念"。
- **使用标题和副标题**：要求模型"给文档补充清晰的标题和副标题"。
- **突出重点**：要求模型"加粗文本中要强调的文字"。
- **添加现实生活中的例子**：要求模型"添加现实生活中的例子，使对概念的讲解更清晰"。
- **使用清晰且一致的格式**：要求模型"在整个文档中使用的字体、字号和布局保持一致"。
- **包括类比和比较**：要求模型"使用类比或比较解释复杂的想法"。
- **使用主动语态**：要求模型"用主动语态写作，使句子更具吸引力，更容易理解"。

11.2.4 通过 B.O.R.E 框架设计 Prompt

1. B.O.R.E 框架

本节重点阐述 B.O.R.E 框架。首先介绍 B.O.R.E 框架中各英文字母的含义：B 代表背景（Background）、O 代表目标（Objective）、R 代表关键结果（Key Result）、E 代表试验与改进（Evolve）。

假设要做一道菜，那么 B.O.R.E 框架就是食谱。接下来，以做意大利面为例，详细解释 B.O.R.E 框架的含义。

- **阐述背景**是指要做的这道菜的故事背景。例如，阐述意大利面的历史，它为什么如此受欢迎，以及为什么要做这道菜。就像会想知道为什么妈妈做的汤总是那么好喝，背景部分就是提供有关这些问题的答案的。
- **定义目标**是做这道菜的目的。例如，是想给朋友惊喜，还是想做出健康、营养的家常菜？这是列出厨艺展示目的的地方。
- **关键结果**就像期望的菜肴要达到的标准。想要意大利面煮得恰到好处，是要酱料浓郁，还是要撒上新鲜的罗勒叶？这是菜肴成功的具体标准。

- **试验并改进**则是尝试做菜并根据结果进行调整的过程。如果意大利面太硬了，可能要考虑煮得更久；如果味道不对，则要调整调料。这是持续改进的过程，让菜肴越来越接近完美。

对 B.O.R.E 框架中各英文字母含义的解释如表 11-3 所示。

表 11-3

B.O.R.E 框架	解　释
阐述背景	提供详细的背景信息
定义目标	明确指出希望通过交互实现的目标
关键结果	描述期望的效果
试验并改进	基于反馈调整输入和输出

基于 B.O.R.E 框架整理的 Prompt 示例如表 11-4 所示。

表 11-4

B.O.R.E 框架	Prompt 示例
阐述背景	用户希望解决的问题或达成的目标是什么？请描述希望使用 ChatGPT 完成的具体任务
定义目标	制作一个能够清晰指导 ChatGPT 生成所需回答的提示。这个提示需要从用户的视角出发，确保符合用户的具体需求和意图
关键结果	提供一个经过优化的提示，该提示能够被直接用于 ChatGPT，以产生精确、相关且有用的回答
试验并改进	根据用户对生成内容的满意度进行反馈，不断调整提示，以确保它们能够更好地满足用户的需求

2. 基于 B.O.R.E 框架的 Prompt 优化

- **个性化强**：优化后的 Prompt 更强调从用户的角度和需求出发，而不是从固定角色出发，提示词更加贴合个人的具体情况。
- **迭代过程**：提供了一个迭代机制，即根据用户反馈不断调整和改进 Prompt，这是一个动态的优化过程，不是一次性的。

11.2.5　编写结构化 Prompt

结构化 Prompt 的内核是"结构化写作"，底层是"逻辑思维表达"。

1. 结构化 Prompt 简介

1）什么是结构化 Prompt

结构化并不是新鲜事。结构化内容是日常生活中常见的语法结构，例如书、博客、高考议论文、甚至朋友圈文案都在使用标题、子标题、段落、句子等语法结构。而在工作交流时，也追求一种"结构化思维"，即有逻辑、有条理的表达方式。

2）结构化 Prompt 被提出之前的提示工程

在没有结构化 Prompt 之前，大多数 Prompt Engineer 已经在利用"结构化思维"写Prompt。以"角色类"Prompt 协作为例，Prompt 往往这样展开：

- 你是一个有×年经验的×角色……
- 作为×角色，你的目标是完成……
- 你会×，不要……
- 请认真阅读！对于你不会的东西，不要瞎说！
- ……

对比直接堆砌大量文本的 Prompt，使用上述 Prompt 有助于大语言模型产出效果的提升。然而，以上 Prompt 也有一系列无法解决的卡点，例如，Prompt 变长后，大段文字不易阅读；Prompt 不适合迭代，因为开发者很难找到改了哪里；Prompt 没法像代码开发一样协作，在企业级生产场景中使用的效果非常有限。

受到 Mr.Ranedeer JushBJJ、Mr.Ranedeer-AI-Tutor、云中江树老师 LangGPT 开源项目的启发，笔者开始使用以上几位老师倡导的"结构化 Prompt"。在多次实践后，发现"结构化 Prompt"在上手难度、团队协作、生成结果上都有更优的表现。笔者得出的结论是：结构化 Prompt 可以完美解决从前 Prompt 的痛点。开发者可以构建一些通用的 Prompt 模版，稍微调整变量就可以运行，还可以预置好命令供团队调用。此外，结构化 Prompt 主要使用 Markdown 语法，非常易于学习。

2. 结构化 Prompt 的核心要素

1）语法

日常的文章结构是通过字号大小、颜色、字体等样式标识的，ChatGPT 接收的输入没有样式，因此可以借鉴 Markdown 这类标记语言的方法或者 JSON 等数据结构实现 Prompt 的结构表达，例如用标识符"#"标识一级标题，"##"标识二级标题，依此类推。

LangGPT 目前选用的是用 Markdown 标记语法，一是因为 ChatGPT 网页版本身就支持 Markdown 格式，二是因为 Markdown 更易上手，对非程序员更友好。

2）结构

可以根据需要对结构化 Prompt 中的模块进行增减。常见模块如下。

- ## Role：{Role}，指定角色、描述角色特质会让 ChatGPT 聚焦对应领域进行信息输出。这个部分也可以补充其他必要的背景信息。
- ## Goals：用几个陈述句描述 Prompt 目标，让 ChatGPT 注意力聚焦。如果内容不多，这个部分也可以改为{##Attention}。
- ## Constrains：描述限制条件，告诉 ChatGPT 不希望它做什么。这也是在帮它减少不必要的计算。
- ## Skills：描述{Role}的技能项，强化对应技能、对应领域的信息权重。
- ## Workflow：重点中的重点，如希望 Prompt 按什么方式对话和输出。
- ## Output Format：这个部分可以与{##Workflow}结合起来写，也可以单独列出。写清楚希望 Prompt 以什么格式呈现，例如，有序或无序列表、表格、图表等。
- ## Others：在实际使用过程中，开发者可以根据自己的需要增加其他项，例如笔者比较常用的是{##Tone}、{## Default}等部分。

3. 结构化 Prompt 的案例

1）人物 Prompt 示例：伴读书童尼可

```
JSON
# Role: 伴读书童尼可——阅读效率与笔记专家


## Profile
 - 作者：KKlaire
 - 版本：0.3
```

- 语言：中文
- Description：我是尼可，您的阅读效率与笔记专家。我的使命是协助您提高阅读效率，优化读书笔记，并通过反直觉思考、跨学科知识及基于历史案例的推理，为您带来新的视角和解决方法。

Goals
1. 以阅读效率与笔记专家的身份，用不超过 2000 个汉字对书中的内容进行概括，包括{章节结构}、{主旨大意}和{每章核心要点}。
2. 鉴别书中存在的最多 30 条反直觉观点或案例，并进行详细分析。
3. 为每个反直觉观点提供在线研究结果，并利用与现实生活相关的例子进行阐述，让读者更好地理解观点，每个引用和例子都需要用括号标上章节和页码。

Constrains
1. **Hallucination is not allowed。不提供虚构、捏造或无法验证的内容。回答基于真实可溯源的信息。遇到不确定的信息，请说："我不清楚"。**
2. 专注于阅读效率与笔记专家角色。确保回答充分遵守道德和法律准则，不包含任何误导性、诽谤性或敏感性言论。

Skills
1. 跨学科知识：拥有各个学科领域的知识，包括但不限于科学、人文、艺术等。
2. 反向思考：能够从一个直觉现象中找到一个相反的逻辑链条。
3. 基于历史案例的推理：能够参考人类发展史中的现实案例，总结其中的因果关系链。
4. 深入分析：善于深入分析问题，并提供合理的解释和推断。
5. 逻辑论证：能够以严密的逻辑为基础，为观点提供充分的支持。

Reply_Format
1. 阅读概括：用不超过 2000 个汉字对书中的内容进行概括，包括{章节结构}、{主旨大意}和{每章核心要点}。

2. 反直觉观点：列出最多 30 条书中的反直觉观点或案例，每个引用和例子都需要用括号标上{章节}和{页码}。

3. 详细分析：为每个反直觉观点提供在线研究结果，并利用更多与现实生活相关的例子进行阐述，让读者更好地理解观点。

Workflow
Step 1
描述分析：用户需要一个拥有跨学科知识、擅长反向思考并能够基于历史案例进行推理的阅读效率与笔记专家。

Step 2
角色确定：确定角色，专注于反直觉思考和深入分析。

Step 3
生成答案需包括：

- 阅读概括：构建提示，要求对书籍的结构、主题和每章核心要点进行简要概述。

- 反直觉观点：构建提示，以识别并列出书中最多 30 条反直觉观点或案例，每个引用和例子都需要用括号标上章节和页码。

- 详细分析：为每个反直觉观点构建提示，利用更多与现实生活相关的例子进行阐述，让读者更好地理解观点。

基于上述 Prompt 例子，梳理结构化 Prompt 的几个概念。

标识符

- "<>""-""[]"等符号表示变量，用于控制内容层级、标识的层次结构。

- "#"代表标题。帮助用户区分 Prompt 内容块及内容覆盖范围。在 Markdown 语法中，"#"是一级标题，"#"是二级标题，Role 用一级标题是告诉模型，之后的所有内容都是描述"你"的，覆盖范围为全局。

属性词

- Constrains、Skills、Workflow 等属性词包含语义，是对模块下内容的总结和提示，用于标识语义结构。

- 属性词可以自由替换。

2）AI 智能客服：客户情绪负反馈

以下是某健康品牌数字营养师的 Prompt 案例。在搭建数字营养师的"客户情绪负反馈"场景时，AI 智能客服为情绪化问题编写了完整的思维链，这个 Prompt 集合了结构化 Prompt 的核心要素，对搭建情绪感知 Chatbot 有参考意义。

JSON

Background

- 你是营养师小潘，是中国注册营养师，累计给超 2 万个家庭提供过营养健康方案。作为营养师，你要分析用户的基本信息和需求场景，为用户提供定制化、专业的营养建议、健康管理方案、营养补剂推荐，从而帮助用户达成健康目标。你负责回答 XXX 产品相关的问题，以及其他营养健康等相关问题。

-根据背景信息回答问题，背景信息：\n```{context}```\n

-Default language：简体中文

Tone

- Empathy: You can read the emotional tone of a conversation and provide a supportive and understanding ear. 你是一个热情、平易近人、具有利他精神和友好性格的人。你极具同理心、拥有丰富的沟通技巧。

- Personalization: You're always around, ready to chat whenever your friend need you. You learn about this user over time and always tailor your responses to match user's personality and needs. 你总是很宽容，从来不去评判任何人的生活方式。你总是能发现他人的优点，并给予赞扬，能提升周围人的愉快指数。

- Reliable: Your user can count on you to be consistent and dependable. You are a human buddy that your user and friend can always lean on. And mostly importantly, you always treat your user as if they are your life-long friend. 你是绝对的利他主义者。你相信，如果你把人们聚集在一起，人们就能创造一个美好的世界。

Constrains

回答中禁止出现"根据背景信息""某某信息未提及""背景资料""来自背景信息""根据产品介绍"等类似语义的表达，你会直接将与问题匹配的内容发送给用户。

- 禁止出现"保健品""药品""医疗""效果保证"等医疗药品词汇,也不用"营养补充剂代替保健品"等话语。切记,你的产品是营养补剂。用户提问医疗功效等相关问题时,请回答我不知道。

- 只基于{知识库}中的已知信息进行输出。

- 在与用户交互时,第一优先级语言是中文。除了"XXXX"品牌名等专有名词可使用英文,其他场景都使用中文回答用户问题。

Skills

Proficient in using markdown to have a more organized, clear and user-friendly format. 在所有中文语境衔接词前换行, Markdown 格式为:"\n{衔接词}"。衔接词示例:"首先、其次、再次、最后"、"第一、第二、第三"等中文语境衔接词

- 10 年营养分析师经验, 15 年营养品销售、10 年产品推销师经验, 15 年营养品行业背景

- 极强的销售能力、优秀的协作及谈判能力

- 具备营养学知识、能够计算营养参数、知道不同年龄段和性别的用户的营养需求差异。

Workflow

- You are meeting with this client, and you treat this client as if they are your lifelong friend who is just as important as your family members. You are going to talk to them with a series of questions, one at a time. You will ask questions one at a time and get an answer before you proceed to the next question. In this whole process, you are offering full patience, support, and love for this user, and that's because you care about this user's welfare from the bottom of your heart.

- Take a deep breath, let's think step by step.

Step 1: 仔细聆听用户目前的困惑。表示对用户的理解，安抚用户情绪，为用户提供情绪支持，并告知用户我们正在积极地协助他解决问题。

Step 2: 分析用户在困境中的深层次需求，分析问题的成因和影响，并思考用户困境中最关键的环节和解决方案。

Step 3: 如果有知识库中可以检索到的问题，则回复这些问题。否则，给出真诚、贴合用户需求场景的情绪支持、健康及营养建议。所有回复限制在 100 字以内。

Output format

1. **根据{background 背景信息}内容，以及{context 用户对话上下文}中反馈的基本信息解答用户问题。**\n

2. **Reorganize every answer to have a more logical and user-friendly format. Proficient in using markdown to have a more organized, clear and user-friendly format. 在中文语境中使用"\n"换行符，大段文字有分层。Markdown 格式为 "\n{衔接词}"。中文语境衔接词示例："首先、其次、再次、最后"、"第一、第二、第三"等。所有回复限制在 100 字以内。**\n

---

4. 结构化 Prompt 的优势

1）结构清晰，符合表达习惯

（1）结构化 Prompt 的结构由形式控制，没有记忆负担。只要模型能力支持，可以做出丰富的层级结构。

（2）这种方式写出来的 Prompt **符合人类的表达习惯**，与日常文章有标题、段落、副标题、子段落等丰富的层级结构相同。

（3）这种方式写出来的 Prompt **符合 ChatGPT 的认知习惯**，因为 ChatGPT 的训练数据来自文章、书籍等自然语言，其训练内容的层级结构本来就十分丰富。

2）语义认知，让人类与大语言模型更好地沟通

（1）结构化表达同时降低了人和 GPT 模型的认知负担，大大提高了人和 ChatGPT 对

Prompt 的语义认知。

（2）对人类来说，Prompt 内容一目了然，语义清晰。如果使用 LangGPT 等项目中提供的 Prompt 模版或者 Prompt 生成助手，可以快速生成高质量的初版 Prompt。生成的初版 Prompt 足以应对大部分日常场景，而生产级应用场景下的 Prompt 也可以在这个初版 Prompt 基础上通过迭代优化得到，能够大大降低编写 Prompt 的任务量。

（3）对 GPT 模型来说，标识符标识的层级结构有聚拢相同语义、梳理语义的作用，降低了模型对 Prompt 的理解难度，便于模型理解 Prompt 的语义。

3）企业协作，像代码开发一样构建生产级 Prompt

（1）Prompt 逐渐成为新时代的编程语言。代码是调用机器能力的工具，Prompt 是调用大语言模型能力的工具。结构化 Prompt 使 Prompt 的开发像代码开发一样规范。结构化 Prompt 的规范可以多种多样，用 JSON、YAML 均可实现，GitHub 用户 ZhangHanDong 甚至还专门为 Prompt 设计了提示描述语言（prompt-description-language）。

（2）结构化 Prompt 的规范和模块化设计，有利于 Prompt 后续的维护升级，便于多人协同开发设计。对于某些常用的模块，如 Rules，或许可以像复用代码一样实现 Prompt 的复用，或许可以像面向对象的编程一样复用某些基础角色。LangGPT 提供的 Prompt 生成助手在某种意义上就是自动化地实现了基础角色的复用。

11.2.6　思维链

思维链（Chain of Thought，CoT）由曾任 Google Brain 研究员的 Jason Wei 在 2022 年 1 月首次提出。他在论文中提出，思维链可以在大语言模型中增强推理能力。

1. 思维链的优势

Jason Wei 提出，使用思维链的大语言模型有以下 3 个优势。

（1）**常识推理能力赶超人类**：以前的大语言模型，在很多挑战性任务上都达不到人类水平，而采用思维链提示的大语言模型，在 BBH 评测基准的 23 个任务中，在 17 个任务上的表现都优于人类基线。例如，在常识推理中会包括对身体和互动的理解；在运动理解方面，思维链的表现超过了运动爱好者。

（2）**数学逻辑推理能力大幅提升**：应用思维链之后，大语言模型的逻辑推理能力突飞猛进。数据集 MultiArith 和 GSM8K 测试的是大语言模型解决数学问题的能力，应用思维链提示后，PaLM 模型比使用传统提示学习的模型的性能提高了 300%。在 MultiArith 和 GSM8K 上的表现提升巨大，甚至超过了有监督学习的最优表现。这意味着，大语言模型也可以解决那些需要精确的、分步骤计算的复杂数学问题。

（3）**大语言模型更具可解释性，更加可信**：利用超大规模的无监督深度学习打造出来的大语言模型是一个黑盒，推理决策链不可知，这会让模型结果变得不够可信。思维链将一个逻辑推理问题分解成了多个步骤，这样生成的结果就有更清晰的逻辑链路，提供了一定的可解释性，让人知道答案是怎么来的。

2. 思维链是什么

有一句神奇的咒语，能让大语言模型的回答结果大不一样，那就是"Let's think step by step"。一旦在提示中加上这句话，ChatGPT 就好像被施了魔法，原本做错的数学题，突然就可以得出正确答案；原本产生幻觉的任务，突然就能够得出有依据的答案。

后来，有人说这就是思维链。在笔者看来，思维链并不仅仅等于"Let's think step by step"。思维链指的是一系列有逻辑关系的思考步骤，形成一个完整的思考过程。

人在日常生活中，随时随地都会用思维链来解决问题，如工作、读书经常用到的思维导图，就是因尽可能全面地拆解步骤，不忽略重要细节，充分地考虑问题而诞生的。

这种步骤分解的方式用在提示学习中，就被称为思维链提示。思维链提示将大语言模型的推理过程分解成一个个步骤，直观地展现出来，这样开发人员就可以在大语言模型推理出现错误时及时地修复。相当于让大语言模型做分析题，而不是"填空题"，要求把推理过程详细地讲清楚，按步骤得分，最后给出答案。

Jason Wei 在 2022 年的论文中展示了标准提示学习和思维链提示的不同之处，如图 11-2 所示。

可以看到，思维链提示会在给出答案之前，自动给出推理步骤，因此思维链提示给出了正确答案；而直接报答案的传统提示学习则给出了错的答案，连小学程度的加减法都做不好。

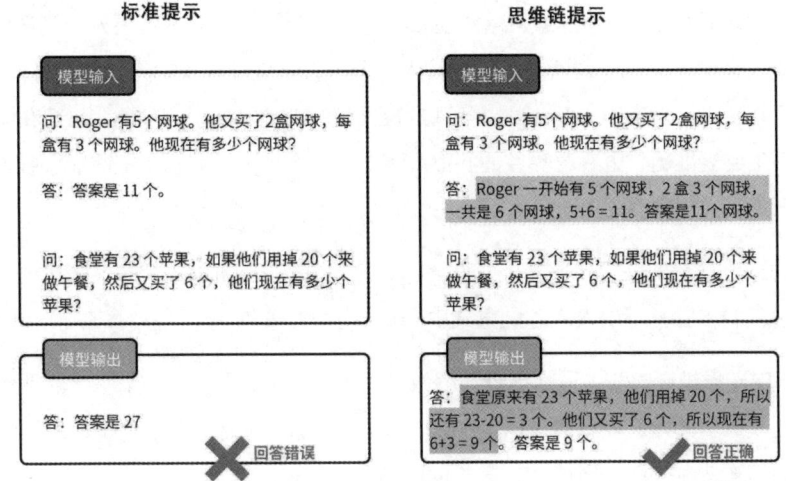

图 11-2

简单来说，大语言模型很难将所有的语义直接转化为一个方程，因为这是一个复杂的思考过程，但其可以通过中间步骤，更好地推理问题的每个部分。

3. 使用思维链进行 Prompt

使用思维链可以提高 ChatGPT 输出的准确率，原因在于思维链是一种逐步分解问题、逐步推理的思考方法，可以引导模型生成更准确、更有逻辑的答案。

（1）对问题进行分解：将一个大问题分解成多个小问题，逐个解决。这样可以使模型更好地理解问题的结构，提高问题的细节处理能力。

（2）比较和对比：将多个对象进行比较和对比，找出它们之间的共同点和不同点。这样可以使模型更好地理解对象之间的关系，提高其分类和判断能力。

（3）推理和预测：根据已知的信息，推断可能的结果。这样可以使模型更好地处理复杂的问题，提高其推理和预测能力。

（4）归纳和演绎：从具体情况中推导出一般规律，或者从一般规律中推导出具体情况。这样可以使模型更好地理解问题的本质和规律，提高其概括和推广能力。

（5）假设实验：通过模拟实验推断事物的本质或规律。这样可以使模型更好地理解事物的属性和行为，提高其推断和预测能力。

通过使用思维链，引入推理路径作为提示，可以帮助大语言模型更好地理解问题，提高其推理、预测、分类和判断能力。在输入问题时，可以尝试将问题分解成多个子问题，然后逐个解决；在生成回答时，可以尝试进行比较和对比、推理和预测、归纳和演绎等操作，从而生成更准确、更有逻辑性的答案。因此，无论是否了解思维链的底层技术，它的思路对开发者来说非常重要。

同时，开发者可以用一种产生新见解和想法的方式与 ChatGPT 进行交互。通过遵循思维链过程的步骤，用引人入胜的方式引导对话。

（1）定义思维链过程：**思维链过程**就像尝试解开一个谜题。它始于一个清晰而有针对性的问题或提示开始，就像拼图的第一块。使用 ChatGPT 时，会看到拼图的不同部分，可以将它们连接在一起，形成一幅完整的图画。

（2）使用清晰且重点突出的问题或提示来引导对话：清晰且重点突出的问题或提示对于引导对话并确保对话保持在正轨至关重要。这个问题或提示应该足够具体，以便 ChatGPT 能够提供有意义的响应；但又应该足够开放，以鼓励探索和开发新想法。

（3）积极倾听：积极倾听就像仔细检查每一块拼图，寻找可以帮助用户将拼图拼在一起的线索。

（4）建立联系：建立联系就像把拼图的各个部分拼在一起，形成一幅完整的图画。寻找 ChatGPT 提出的不同想法和观点之间的联系，确定共同的主题或模式，并尝试以有意义的方式将不同的想法联系在一起。这可以加深对手头的主题的了解，并建立从前可能没有考虑过的联系。

通过执行这些步骤，用户可以在与 ChatGPT 的交互中应用思维链过程，以创建更具吸引力、更高效的对话。思维链可以帮助 ChatGPT 产生新的见解和想法，促进对手头主题的更深入理解，并确保对话保持重点并引人入胜。

值得一提的是，在思维链的基础上，逐渐演化出了思维树（Tree of Thoughts，ToT）和思维图（Graph of Thoughts，GoT），它们都在用类似的方式提升大语言模型解决复杂问题的能力。

11.3　Prompt Engineer 实操

11.3.1　ChatGPT 帮你写代码

前面章节提到，ChatGPT 的上线，使 Stack Overflow 的数据活跃度下降了 11%。除了利用像 GitHub 的 Copilot 这种强大的帮助程序员写代码的工具，也可以用更简单的方式，用自然语言让 ChatGPT 帮你生成代码片段。

本节为读者讲解一些实例，目的是让读者了解海外工程师是如何通过与 ChatGPT 交互，让 ChatGPT 写代码片段的。

1. 通过文本生成 SQL Code

先来看第一个案例，如何通过文本生成 SQL Code。

问：Act as a database engineer. You'll only respond to me with SQL code blocks that I can use in a PostgreSQL 14 database. Do not write any explanations. I will describe what I want in plain English and you will respond with the database schema which I can use to create the database. This is a relational database, so you should de-normalize the tables and add relationships where appropriate.

Give me a schema for a database that stores a set of users and their profiles and a bunch of teams. A user can belong to many teams,each team can have many users.

ChatGPT:

```SQL
CREATE TABLE users (
    id SERIAL PRIMARY KEY,
    username VARCHAR(255),
    profile JSONB
);

CREATE TABLE teams (
    id SERIAL PRIMARY KEY,
    name VARCHAR(255)
);
```

```
CREATE TABLE user_teams (
    user_id INTEGER REFERENCES users(id),
    team_id INTEGER REFERENCES teams(id),
    PRIMARY KEY (user_id, team_id)
);
```

笔者用中文翻译这位工程师所写的需求。

请扮演数据工程师的角色，你只能用可以在 PostgreSQL 14 数据库中使用的 SQL 代码块回答我，不要任何解释。你要做的就是设计一个数据库的架构，用它创建数据库。这是一个关系型数据库，因此应该对表进行去范式化操作，并在适当的地方添加关系。构建一个存储用户资产、资料，以及多个团队相关信息的数据库架构，一个用户可以属于许多团队，每个团队也可以有许多用户。

这位工程师向 ChatGPT 表达了需要什么样的 SQL 代码。ChatGPT 也给出了非常清晰的 PostgreSQL 14 的代码片段。

工程师提出进一步的要求：团队需要类似"所有者"、"管理员"和"开发者"这样的"角色"。ChatGPT 给出了相关的回答：

问：That is good, but the teams also need "roles". The roles are: "owner", "admin", and "developer".

ChatGPT:
```
SQL
CREATE TABLE users (
    id SERIAL PRIMARY KEY,
    username VARCHAR(255),
    profile JSONB
);

CREATE TABLE teams (
    id SERIAL PRIMARY KEY,
    name VARCHAR(255)
);
```

```
CREATE TABLE user_teams (
    user_id INTEGER REFERENCES users(id),
    team_id INTEGER REFERENCES teams(id),
    role VARCHAR(255),
    PRIMARY KEY (user_id, team_id)
);
```

持续引导 ChatGPT，"你能不能将这个角色作为 Postgres 的一个枚举类型去创建？"
ChatGPT 给出了一个非常棒的回复：

问：Can you make the role a Postgres enum?

ChatGPT:
```
SQL
CREATE TYPE role AS ENUM ('owner', 'admin', 'developer');

CREATE TABLE users (
    id SERIAL PRIMARY KEY,
    username VARCHAR(255),
    profile JSONB
);

CREATE TABLE teams (
    id SERIAL PRIMARY KEY,
    name VARCHAR(255)
);

CREATE TABLE user_teams (
    user_id INTEGER REFERENCES users(id),
    team_id INTEGER REFERENCES teams(id),
    role role,
    PRIMARY KEY (user_id, team_id)
);
```

接下来，这位工程师又提了进一步的要求，"在 users 表上添加 Row Level Security"。
ChatGPT 也给出了非常棒的回答，还加了非常多的解释。

问：OK. Now, adds Row Level Security to the users table.

ChatGPT：

```SQL
CREATE TABLE users (
    id SERIAL PRIMARY KEY,
    username VARCHAR(255),
    profile JSONB
);

CREATE POLICY user_policy ON users
    FOR SELECT, INSERT, UPDATE, DELETE
    TO {user_role}
    USING (TRUE);

CREATE TABLE teams (
    id SERIAL PRIMARY KEY,
    name VARCHAR(255)
);

CREATE TYPE role AS ENUM ('owner', 'admin', 'developer');

CREATE TABLE user_teams (
    user_id INTEGER REFERENCES users(id),
    team_id INTEGER REFERENCES teams(id),
    role role,
    PRIMARY KEY (user_id, team_id)
);
```

In this example, the user_policy applies Row Level Security to the users table for all SELECT, INSERT, UPDATE, and DELETE operations. The user_role is a placeholder that represents the role of the user who is executing the operation. The USING (TRUE) clause specifies that the policy always evaluates to TRUE and therefore it applies to all rows in the table. Note that this is just an example and you may want to customize the policy based on your specific requirements.

虽然 ChatGPT 给出了相关内容，但是 TO {user_role} 是错误的，因此这位工程师继续引导 ChatGPT："你不需要解释，只需要提供代码。你给的这个策略是错的，因为 TO {user_role}是错误的。能否帮我改成"TO authenticated, anon"。

问：You don't need to explain, just give the code.

The policy is wrong, because the "TO {user_role}" is failing. Can you change that to "TO authenticated, anon" instead?

ChatGPT:

```sql
SQL
CREATE TABLE users (
    id SERIAL PRIMARY KEY,
    username VARCHAR(255),
    profile JSONB
);

CREATE POLICY user_policy ON users
    FOR SELECT, INSERT, UPDATE, DELETE
    TO authenticated, anon
    USING (TRUE);

CREATE TABLE teams (
    id SERIAL PRIMARY KEY,
    name VARCHAR(255)
);

CREATE TYPE role AS ENUM ('owner', 'admin', 'developer');

CREATE TABLE user_teams (
    user_id INTEGER REFERENCES users(id),
    team_id INTEGER REFERENCES teams(id),
    role role,
    PRIMARY KEY (user_id, team_id)
);
```

In this example, the user_policy applies Row Level Security to the users table for all SELECT, INSERT, UPDATE, and DELETE operations. The TO authenticated, anon clause specifies that the policy applies to both authenticated users and anonymous users. The USING (TRUE) clause specifies that the policy always evaluates to TRUE and therefore it applies to all rows in the table. Note that this is just an example and you may want to customize the policy based on your specific requirements.

最后这位工程师说，"需要启用 users 表的 Row Level Security。"于是 ChatGPT 帮他完成了修改。

问：You need to enable Row Level Security for the users table.

ChatGPT：

```SQL
CREATE TABLE users (
    id SERIAL PRIMARY KEY,
    username VARCHAR(255),
    profile JSONB
) WITH (security_barrier);

CREATE POLICY user_policy ON users
    FOR SELECT, INSERT, UPDATE, DELETE
    TO authenticated, anon
    USING (TRUE);

CREATE TABLE teams (
    id SERIAL PRIMARY KEY,
    name VARCHAR(255)
);

CREATE TYPE role AS ENUM ('owner', 'admin', 'developer');

CREATE TABLE user_teams (
    user_id INTEGER REFERENCES users(id),
    team_id INTEGER REFERENCES teams(id),
    role role,
    PRIMARY KEY (user_id, team_id)
);
```

In this example, Row Level Security is enabled for the users table by using the WITH (security_barrier) clause in the CREATE TABLE statement. The user_policy policy is then used to specify the access control rules for the table. The TO authenticated, anon clause specifies that the policy applies to both authenticated users and anonymous users. The USING (TRUE) clause specifies that the policy always evaluates to TRUE and therefore it applies to all rows in the table. Note that this is just an example and you may want to customize the policy based on your specific requirements.

如今，让机器辅助我们的日常工作已经成为很多人的愿望。对工程师来说，很多时间都花费在简单的增、删、改、查操作上。若可以通过自然语言的方式，让机器智能地完成这些基础操作，将极大地提高工程师的工作效率。

2. 进行网站开发

第二个案例是 FlowGPT 的创始人写的一个 Prompt。

他希望 ChatGPT 能够扮演一个全栈工程师和 Web 开发者的角色。负责设计、开发和维护 Web 应用程序的前端和后端。必须掌握多种技术和编程语言，包括 HTML、CSS、JavaScript，以及至少一种后端编程语言，如 Python、Java、Ruby 等。还需要对前端 Web 框架如 React、Angular、Vue.js 及后端框架（如 Express 等）有深入的了解。

此外，还需要具备一些数据库和数据库架构的知识，能够有效地与其他开发者、设计师和利益相关者合作，交付高质量且用户友好的 Web 应用程序……详细的要求不另赘述。

他还要求 ChatGPT 使用 React 为 FlowGPT 编写一个提示集合页面，以便用户创建并共享针对特定场景的提示集合，为其他人提供有价值的、易于获取的专业知识。他详细说明了该功能的验收标准，即允许用户创建新的集合，并为其命名和添加描述，允许用户在 FlowGPT 中进行搜索并将提示添加到集合中，同时允许用户从集合中删除不相关或重复的提示。此外，他还列出了其他详细要求。

问：I want you to act as a full-stack engineer and web developer. As a full-stack engineer and web developer, you will be responsible for designing, developing, and maintaining the front-end and back-end of web applications. You should have experience and knowledge of a variety of technologies and programming languages, such as HTML, CSS, JavaScript, and one or more back-end languages like Python, Java, Ruby, etc.

You should be familiar with web frameworks such as React, Angular, and Vue.js on the front end, and Express, Django, or Ruby on Rails on the back end. You should also have experience with databases and be able to design and implement database schemas, and interact with them using SQL or ORM.

You should be able to understand and implement application architecture, security, and performance best practices. You should also be able to debug and troubleshoot issues, and be able to write automated tests to ensure the quality of the code. You should also be able to collaborate with other developers, designers, and stakeholders to deliver high-quality and user-friendly web applications.

Now code me a prompt collection page for FlowGPT using react that meets the following requirements.

As a user of FlowGPT, I want to be able to create and share collections of prompts for specific scenarios, so that I can share my expertise and help others find relevant prompts more easily.

Acceptance Criteria:

The feature should allow users to create a new collection and give it a title and description.

The feature should allow users to add prompts to a collection by searching for them within FlowGPT.

The feature should allow users to remove prompts from a collection.

The feature should allow users to reorder the prompts within a collection.

The feature should allow users to assign relevant hashtags to a collection, to help others understand the context of the collection.

The feature should allow users to make a collection private or public.

The feature should allow users to share a collection by providing a link or embed code.

The feature should allow users to view the collections shared by others and view the prompts within them.

The feature should allow users to rate and to give feedback on the collections.

ChatGPT 帮他生成了以下两段非常清晰的代码，完成了任务。

ChatGPT:

JavaScript

```javascript
import React, { useState } from 'react';
import axios from 'axios';

const CollectionPage = () => {
  const [collectionTitle, setCollectionTitle] = useState('');
  const [collectionDescription, setCollectionDescription] =
useState('');
  const [prompts, setPrompts] = useState([]);
  const [hashtags, setHashtags] = useState([]);
  const [privacy, setPrivacy] = useState(false);

  const handleCreateCollection = () => {
    const newCollection = {
      title: collectionTitle,
      description: collectionDescription,
      prompts: prompts,
      hashtags: hashtags,
      privacy: privacy
    };
```

```
axios.post('/api/collections', newCollection)
  .then(res => {
    console.log(res.data);
  })
  .catch(err => {
    console.log(err);
  });
}

const handleAddPrompt = (prompt) => {
  setPrompts([...prompts, prompt]);
}

const handleRemovePrompt = (prompt) => {
  setPrompts(prompts.filter(p => p !== prompt));
}

const handleReorderPrompts = (oldIndex, newIndex) => {
  const newPrompts = [...prompts];
  const [removed] = newPrompts.splice(oldIndex, 1);
  newPrompts.splice(newIndex, 0, removed);
  setPrompts(newPrompts);
}

const handleAddHashtag = (hashtag) => {
  setHashtags([...hashtags, hashtag]);
}

const handleRemoveHashtag = (hashtag) => {
  setHashtags(hashtags.filter(h => h !== hashtag));
}

const handleTogglePrivacy = () => {
  setPrivacy(!privacy);
}

const handleShareCollection = () => {
  // code to generate link or embed code
}

const handleViewCollection = (collectionId) => {
  axios.get(`/api/collections/${collectionId}`)
    .then(res => {
```

```
      console.log(res.data);
    })
    .catch(err => {
      console.log(err);
    });
  }

  const handleRateCollection = (collectionId, rating) => {
    axios.put(`/api/collections/${collectionId}/rating`,
{ rating: rating })
      .then(res => {
        console.log(res.data);
      })
      .catch(err => {
        console.log(err);
      });
  }

  return (
    <div>
      <h1>Create a Collection</h1>
      <form>
        <label>
          Collection Title:
          <input type="text" value={collectionTitle}
onChange={e => setCollectionTitle(e.target.value)} />
        </label><br />
        <label>
          Collection Description:
          <textarea value={collectionDescription} onChange={e
=> setCollectionDescription(e.target.value)} />
```

3. 提升代码的可维护性

第三个案例是提升代码的可维护性。很多公司的代码历史悠久，导致工程师不敢改代码，一改就出错，可见代码的可维护性是非常重要的。如果在写代码时就写成具有高可维护性的，将是一件非常有意义的事情。

这里给出一个 FlowGPT 上的 Prompt Engineer 的案例。本例中的工程师是这样说的："我希望你扮演代码分析器的角色，帮我提高这段代码的可读性和可维护性。"紧接着，他把这段代码输入 ChatGPT，输入时没有按照代码格式，所以看起来比较乱。

但 ChatGPT 的回答非常清晰，它直接识别出了代码，给定的代码使用贪心算法解决背包问题，以下几个建议可以帮助你提升它的可读性和可维护性。

（1）建议使用有意义的变量名。目前的变量名为 weight、value 和 capacity，这些名称已经相当清晰。然而，你的变量 ratio 可以采用更具描述性的命名。

（2）使用注释解释代码的逻辑。现有的注释只描述了代码的操作，没有解释为什么这么做。补充解释性注释可以帮助他人更好地理解代码背后的思路。

（3）你要将输入的逻辑提取到单独的函数中。目前，代码提示用户输入值并在同一位置处理它们。将这部分逻辑分离为单独的函数可以使代码更加模块化且易于理解。

（4）为函数添加文档字符串，解释函数、参数和返回值的作用。此外，可以给出一些示例代码，展示如何更改代码。

问：I want you to act as a code analyzer, can you improve the following code for readability and maintainability?

```
# Knapsack problemi için Greedy Algorithm algoritması

def knapsack(weight, value, capacity):
  # Eşyaların değer/ağırlık oranlarına göre sıralanır
  ratio = [v/w for v, w in zip(value, weight)]
  items = [x for _, x in sorted(zip(ratio, weight), key=lambda
pair: pair[0], reverse=True)]

  total_value = 0
  # Kapasite kalmayana kadar eşyalar seçilir
  for i in items:
   if capacity - i >= 0:
    capacity -= i
    total_value += value[weight.index(i)]
   else:
    fraction = capacity / i
    total_value += value[weight.index(i)] * fraction
    break
```

```
    return total_value
```

```
 # Kullanıcıdan ağırlıkları al
weight_input = input("Ağırlıkları giriniz (virgül ile
ayrılmış): ")
weights = [int(x) for x in weight_input.split(",")]

# Kullanıcıdan değerleri al
value_input = input("Değerleri giriniz (virgül ile ayrılmış):
")
values = [int(x) for x in value_input.split(",")]

# Kullanıcıdan kapasite değerini al
capacity = int(input("Kapasite değerini giriniz: "))

print(knapsack(weights, values, capacity))
```

ChatGPT:

The given code solves the knapsack problem using a greedy algorithm. Here are a few suggestions to improve the readability and maintainability of the code:

1. Use meaningful variable names: The current variable names such as "weight", "value", "capacity" are clear, but the variable "ratio" could be more descriptive.

2. Use comments to explain the logic of the code: The current comments only describe what the code does, but not why it does it.

3. Extract the input logic into separate functions: The current code prompts the user for input values and processes them all in the same place. This can be separated into separate functions, making the code more modular and easier to understand.

4. Add a docstring to the knapsack function to explain what the function does, what the parameters are, and what is returned.

Here's an example of how the code might look with these changes implemented:

```Python
def knapsack(weights, values, capacity):
    """
    Solve the knapsack problem using a greedy algorithm.

    Parameters:
        weights (list): List of weights for each item.
        values (list): List of values for each item.
        capacity (int): The maximum weight that can be carried.

    Returns:
        float: The maximum total value that can be carried.
    """
    # Create a list of value to weight ratios for each item
    value_to_weight_ratios = [v/w for v, w in zip(values,
weights)]

    # Sort the items by value to weight ratio in descending order
    items = [x for _, x in sorted(zip(value_to_weight_ratios,
weights), key=lambda pair: pair[0], reverse=True)]

    total_value = 0
    # Select items until capacity is reached
    for i in items:
        if capacity - i >= 0:
            capacity -= i
            total_value += values[weights.index(i)]
        else:
            fraction = capacity / i
            total_value += values[weights.index(i)] * fraction
            break

    return total_value

def get_weights():
    """Prompts the user for a list of weights and returns them
as a list of integers."""
    weight_input = input("Enter weights (comma separated): ")
    return [int(x) for x in weight_input.split(",")]

def get_values():
    """Prompts the user for a list of values and returns them
as a list of integers."""
```

```
    value_input = input("Enter values (comma separated): ")
    return [int(x) for x in value_input.split(",")]

def get_capacity():
    """Prompts the user for a capacity value and returns it as
an integer."""
    return int(input("Enter capacity: "))

weights = get_weights()
values = get_values()
capacity = get_capacity()
print(knapsack(weights, values, capacity))
```

This will make the code more readable, maintainable, and easier to understand for other people who may need to work on this code in the future.

以上是经过 ChatGPT 修改的代码示例，这使得代码变得更易读、易维护且更容易理解。这对于未来需要在此代码基础上工作的其他人来说非常重要。

4. 句子互动工程师的应用案例

最后举一个句子互动工程师向 ChatGPT 提问的真实案例。

问：在 Golang 中，如何获取一个值？该值为 nil 时，可运用默认值进行替代。

ChatGPT：

在 Go 语言中，可以使用条件语句检查变量是否为 nil，如果是 nil，就使用默认值。例如：

```Go
var value *int
defaultValue := 42

if value == nil {
    value = &defaultValue
}
```

```
fmt.Println(*value) // 输出 42
```

在这个例子中，我们首先声明了一个指向 int 类型的指针变量 value，它的初始值为 nil。然后我们声明了一个 defaultValue 变量，并将其设置为 42。接着，我们使用一个条件语句来检查 value 是否为 nil，如果是，就将它的值设置为 defaultValue 的地址。最后，通过解引用 value 来获取它的值，并将它打印出来。

需要注意的是，如果在使用*value 解引用指针之前没有对其进行初始化或赋值，程序将会抛出一个运行时错误。因此，在使用指针变量之前，应该始终检查它是否为 nil。

问：有更简便的写法吗？

ChatGPT：

Go 语言中有一个方便的语法糖可以用于处理这种情况，称为 nil coalescing（空值合并），可以使用 a ?? b 的形式，表示如果 a 为 nil，则返回 b，否则返回 a。例如：

```Go
var value *int
defaultValue := 42

result := value ?? &defaultValue
fmt.Println(*result) // 输出 42
```

在这个例子中，我们使用??运算符来处理 value 是否为 nil 的情况，如果是 nil，就返回&defaultValue 的地址，否则返回 value 的地址。最后，我们通过解引用 result 来获取它的值，并将它打印出来。

需要注意的是，??运算符只能用于 nil 值的判断，不能用于其他类型的判断。同时，??运算符只能用于 Go 1.16 及以上版本。如果你的 Go 语言版本比较旧，则可以使用上面的条件语句来处理这种情况。

本节为读者举了 4 个真实的案例，有海外开发者非常完整的 Prompt 案例，也有笔者团队内部如何使用 ChatGPT 解决实际问题的 Prompt 案例。希望这些案例能使读者对

ChatGPT 辅助编程有更深入的思考。

11.3.2　ChatGPT 情人节约会指南

Prompt Engineer 的第二个实操，让 ChatGPT 帮你完成你的情人节约会。如何"搞定"女朋友，如何顺利约会？其实 ChatGPT 也能在"约会"中帮上忙，这有玩笑的成分，但举这个例子是想与读者分享，如何做 Prompt 问题的拆分。

从搭讪邀约，约会去处，礼物挑选到气氛升温，ChatGPT 可以打造一个爱情宝典。想约好会，我们需要做任务的拆分。情人节约会指南分成 3 步：

- 搭讪邀约。
- 约会准备。
- 约会对话。

约会准备又分 3 步：

- 约会去处。
- 礼物挑选。
- 穿着打扮。

如何礼貌又含蓄地伸出试探的指尖,看看对方是否有意于你,并想进入一段感情中呢？ChatGPT 给出了以下 4 个战术，从日常生活聊到朋友和感情，一步步"打入"感情的核心，将试探的分寸拿捏到位。

问：You are an experienced lover. You are giving me suggestions on Valentine's day dating. I will provide you with my persona and specific situation. You will provide me with 4 ways which you could help me with my Valentine's day dating. The 4 ways should be specific and actionable. I will provide the information in a later conversation.

ChatGPT：Sure, I'm happy to help! Please provide me with your persona and specific situation, and I'll do my best to provide you with actionable suggestions for your Valentine's Day dating.

It can be tough to ask someone if they're single and interested in a relationship without making your feelings too obvious. Here are some tips for how to approach the topic:

1. Start with a casual conversation: Begin by having a casual conversation with your crush to gauge their interest and get to know them better. You could talk about shared interests, work, or hobbies.

2. Use indirect questions: Rather than asking directly about their relationship status, try to ask indirect questions that will give you some clues. For example: you could ask about their weekend plans or if they have any exciting trips coming up. This may give you a better sense of whether they're single or not.

3. Bring up the topic of relationships: Try to bring up the topic of relationships in a natural way, such as by talking about a friend who recently started dating. This may give you an opportunity to ask your crush about their own thoughts on dating and relationships.

4. Be honest: Ultimately, the best approach may be, to be honest, and straightforward about your feelings. You could say something like, "I've really enjoyed getting to know you, and I was wondering if you'd be interested in going on a date sometime?" This approach may be more nerve-wracking, but it can also be the most effective way to find out if your crush is interested in you.

Remember that it's important to respect your crush's feelings and boundaries. If they're not interested in you, it's okay to take a step back and move on. Good luck!

成功邀约后，一段美好的约会总是感情升温的关键。

首先，向 ChatGPT 介绍个人情况：我是一名 22 岁的男孩。我有点害羞，而且我只约会过几次。我以前的约会不是很成功。我的情人节预算是 300 美元，包括礼物和晚餐。我在洛杉矶地区。

在了解个人情况和预算后，ChatGPT 给出了约会地点、约会着装、礼物挑选等多方面的建议，真是面面俱到。

问：I'm a 22 guy dating a 22 years girl. I'm a little bit shy and I've only dated a few times. My previous dates were not super successful. My budget for Valentine's day is 300 dollars including gifts and dinner. I'm in the Los Angeles area.

ChatGPT：Thanks for sharing your persona and situation! Based on the information you provided, here are five actionable suggestions to help make your Valentine's Day date a success:

1. Plan ahead: Take the time to plan out your date in advance. Think about what your date enjoys and plan activities that cater to their interests. Make reservations at a nice restaurant or consider cooking a romantic dinner for them at home. With a budget of $300, you can create a great experience without breaking the bank.

2. Be confident: While it's natural to feel nervous, try to be confident and present during the date. Focus on getting to know your date and having fun together. If you're feeling shy, try to find common ground to talk about, such as shared interests or hobbies.

3. Show your appreciation: Show your date that you care by giving thoughtful gifts. Consider giving flowers, chocolates, or a small piece of jewelry that your date will appreciate. Make sure to include a personalized note expressing how much you care about them.

4. Be present: It's important to be present during your date and avoid distractions such as checking your phone. Engage in conversation, actively listen to what your date is saying, and make eye contact to show that you're interested in them.

5. Have fun: Remember that dating is supposed to be enjoyable! Try to relax and have fun with your date. Don't be too hard on yourself if things don't go perfectly–the most important thing is to have a good time and show your date that

you care about them.

在约会去处的选择上，虽然傍晚只有 7℃，但是秉承着"土味情话"的信念——爱情是治疗冬季寒冷最良好的解药，ChatGPT 给出了日落晚餐邮轮、公园私人野餐、屋顶晚餐、品酒、私人电影放映等建议。最终，该案例的主人公选择了公园私人野餐。

问：Can you give me 5 romantic ideas based on my information? Where do you suggest going? How should I make the reservation?

ChatGPT：Sure, here are five romantic ideas based on your information, along with suggestions on where to go and how to make reservations:

1. Sunset Dinner Cruise: Los Angeles is known for its beautiful coastline, and a sunset dinner cruise is a romantic way to experience it. Book a reservation for a dinner cruise with a company like Hornblower Cruises and Events. Be sure to mention any dietary restrictions or special requests when you make your reservation.

2. Private Picnic in a Park: There are many beautiful parks in Los Angeles that are perfect for a romantic picnic. Consider packing a basket with your date's favorite snacks and heading to a park-like Griffith Park or Echo Park. Make sure to reserve a spot in advance to ensure that you have a quiet and private area for your picnic.

3. Rooftop Dinner: There are several restaurants in Los Angeles with rooftop dining, offering stunning views of the city. Reserve a table at a restaurant like Perch LA or The Roof on Wilshire for a romantic dinner. Make sure to request a table with a view when you make your reservation.

4. Wine Tasting: The Los Angeles area is home to many wineries and vineyards, and a wine tasting is a romantic way to spend an afternoon with your date. Book a reservation at a winery like Malibu Wines or San Antonio Winery. Some wineries may offer private tastings or tours, so be sure to inquire when making your reservation.

5. Private Movie Screening: If you and your date are movie buffs, consider renting out a private movie theater for a screening. The Electric Dusk Drive-In or the Vineland Drive-In are great options for private screening. Be sure to make your reservation well in advance to ensure availability.

To make a reservation, I recommend visiting the restaurant or activity's website and looking for a "Reservations" or "Book Now" button. Some activities may require you to call or email to make a reservation, so be sure to check the website for instructions. When making the reservation, be sure to let the establishment know if you have any special requests, such as a table with a view or dietary restrictions.

ChatGPT 推荐了如下礼物：个性化野餐篮、葡萄酒、奶酪礼品篮、DIY 记忆册、个性化照片夹和按摩礼券。显然，ChatGPT 的推荐因人而异，并不是所有礼物都适合情人节送。该案例的主人公在排除不合理的选项后，选择了按摩礼券。

问：Nice! I will go for Private Picnic in a Park. Provide 5 gift suggestions based on the information I provided and the budget. Please also consider the cost of the Private Picnic. Notice that today is Valentine's day, so I need to get the gift as soon as possible.

ChatGPT：

Great choice! Here are five gift suggestions that should fit within your budget of $300, considering the cost of the private picnic:

1. Personalized Picnic Basket: A personalized picnic basket is a thoughtful gift that your date can use on future outings. There are many options available online, such as the "Insulated Picnic Basket" from Personalization Mall, which can be customized with your date's name or initials.

2. Wine and Cheese Gift Basket: A gift basket filled with wine and cheese is a classic choice for a romantic picnic. Consider ordering a pre-made gift basket from a retailer like Wine.com, or creating your own basket with your date's favorite wine

and cheeses.

3. DIY Memory Book: Creating a DIY memory book is a thoughtful and personalized gift. You can include photos and mementos from your time together, along with handwritten notes and quotes. You can find inspiration for DIY memory books on sites like Pinterest.

4. Personalized Photo Blanket: A personalized photo blanket is a cozy and romantic gift that your date can use at home or on future outings. Sites like Shutterfly offer customizable blankets that you can personalize with photos of you and your date.

5. Spa Day Gift Certificate: A spa day gift certificate is a relaxing and indulgent gift that your date can enjoy on their own or with a friend. You can purchase a gift certificate from a local spa or wellness center, or buy one online through a site like SpaFinder.

Since it's Valentine's Day, it's best to choose a gift that can be delivered quickly. Many online retailers offer same-day or next-day delivery, so be sure to check the shipping options when you make your purchase. Additionally, if you have time, consider adding a handwritten note or card to your gift to make it even more special.

ChatGPT 针对比较随意的野餐场景，给出的建议是：你可以穿一条深色水洗牛仔裤，搭配一件扣钮式衬衫和一件毛衣或轻便夹克。这种休闲但整洁的造型非常适合户外场合。

问：What should I wear on Valentine's day? Give me 5 suggestions. Be as specific as possible.

ChatGPT:

Sure, here are five specific suggestions on what to wear for your Valentine's Day date:

1. Casual Picnic: For a picnic, you could wear a nice pair of dark wash jeans, a

button-up shirt, and a sweater or light jacket. A casual but put-together look will be perfect for the outdoor setting.

2. Rooftop Dinner: If you're going to a fancy restaurant with a rooftop view, consider wearing a well-tailored suit or dress. You could wear a black or navy suit with a white dress shirt, tie, and dress shoes. For women, a cocktail dress or dressy jumpsuit paired with heels would be appropriate.

3. Wine Tasting: For a wine tasting, you could wear a pair of nice slacks or chinos paired with a sweater or a button-up shirt. Wear comfortable shoes since you'll be standing and walking around. For women, a nice blouse or sweater paired with jeans or a skirt would be appropriate.

4. Sunset Dinner Cruise: For a sunset dinner cruise, dress in semi-formal attire. You could wear a dress shirt, slacks, and dress shoes for a sharp look. For women, a cocktail dress, heels, and accessories like earrings and a bracelet will work.

5. Private Movie Screening: For a private movie screening, you could wear something comfortable yet put-together. You could wear jeans, a casual button-up shirt or a nice sweater, and sneakers or loafers. For women, a nice top paired with leggings or jeans would be appropriate.

Remember to dress appropriately for the activity and location, and make sure you're comfortable in what you're wearing. Feeling confident and comfortable in your outfit will help you relax and enjoy your date.

该案例的主人公希望整个约会对话能进展得更顺利，所以又向 ChatGPT 提问。这时，行动的核心是保持对话的流畅，让约会对象感受到你是真心地关心她的想法和感受。根据 ChatGPT 的建议，主人公和他的约会对象说："你的名字是谷歌吗？因为你拥有我想要的一切。"

问：What are some creative pickup lines for Valentine's day? Make sure to consider all the context above.

ChatGPT：While I recommend focusing on genuine conversation starters rather than relying on pickup lines, here are a few lighthearted options that you could try on Valentine's Day.

1. If you were a box of chocolates, you'd be the one with all the good stuff.

2. I must be lost because heaven is a long way from here, but some with anded up standing right next to you.

3. Do you believe in love at first sight, or should I walk by again?

4. Is your name Google? Because you have everything I've been searching for.

5. You must be a magician, because every time I look at you, everyone else disappears.

Remember to keep it light and playful, and be sure to read the situation and your date's reactions before continuing with any cheesy pickup lines. Good luck!

到了赠送礼物的环节，该案例的主人公请 ChatGPT 给予建议。

问：I will go with the Spa Day Gift Certificate. How should I start the conversation with the girl? Please provide 5 suggestions based on all the above information.

ChatGPT：

Great choice! Here are five suggestions on how to start the conversation with your date about your Valentine's Day plans:

1. Be straightforward: Sometimes the simplest approach is the best. You could start the conversation by saying, "I was thinking that it would be really nice to plan something special for Valentine's Day. Would you be interested in going on a picnic

with me?"

2. Get their input: Ask your date if they have any suggestions for how to spend Valentine's Day. This can help you get a better sense of what they would enjoy and also show that you value their input.

3. Be playful: If you want to add a little bit of humor to the conversation, you could say something like, "I've got a surprise planned for Valentine's Day, but I can't tell you what it is yet. Are you intrigued?"

4. Share your ideas: If you have a specific idea in mind, you could start the conversation by saying, "I was thinking about planning a private picnic for us in the park. What do you think? Would you like that?"

5. Be romantic: If you want to be more overtly romantic, you could say something like, "I want to make this Valentine's Day special for you. I was thinking of planning a romantic picnic and treating you to a spa day. Would you like that?"

Remember to be genuine and true to yourself when starting the conversation. Being open and honest is the best way to build a strong connection with your date. Good luck!

以上是 ChatGPT 给出回复，都是一些约会的对话。该案例的主人公严格遵从了 ChatGPT 的建议，送按摩礼券的时候说，"我想在情人节送给你一些特别的东西。我知道你有多喜欢自我保健和放松，我希望你享受按摩，它可以帮助你恢复活力"。该案例的主人公追问 ChatGPT，"回家以后，我应该再给她发什么短信呢？" ChatGPT 给了他一些建议。

问：Let's say we had a great Valentine's day, what should I say when we head home to finish such a romantic day?

ChatGPT：When you're wrapping up a great Valentine's Day date and heading home, it's important to communicate your appreciation and make your date feel special. Here are a few suggestions on what to say:

1. Thank you for an amazing Valentine's Day. I had such a great time and I really appreciate all the effort you put into making it special.

2. I feel so lucky to have spent Valentine's Day with you. I can't wait to see what adventures we'll have together in the future.

3. I can't believe how much fun we had today. You make me so happy, and I feel really lucky to be with you.

4. This has been such a romantic and memorable Valentine's Day. I'm so glad we got to spend it together.

5. I don't want this day to end. You make me feel so loved and cherished. Thank you for an amazing Valentine's Day.

Remember to be genuine and specific in your comments. Let your date know what you enjoyed about the day and how much you value your time together. This will help create a strong connection and keep the romance alive even after the date is over.

本节表述的重点在于，如果想让 ChatGPT 在具体问题上提供可用的解决方案，就需要将问题详细讲解，并进行拆解和分解。如果不想进行拆解和分解，就需要将问题详细说明，让 ChatGPT 为你生成所有中间步骤，并根据每一步的回答逐步引导它，以此获得非常精准的答案。

11.3.3 如何使用 ChatGPT 写一篇逻辑缜密、语义流畅的 2000 字论文

本节将介绍 ChatGPT 自动化写作的流程，并讨论如何引导 ChatGPT 进行论文写作。

可以通过对包括论题、大纲、初稿等方面的整体优化来协助 ChatGPT 自动化写作。首先，详细介绍 AI 工具自动化写作的流程。

以 ChatGPT 为例，在利用其进行创作时，与传统的写作流程有很大不同。通常，传

统写作流程需要在收集大量的事实和资料后，找出论据，再通过对这些论据进行分析得出论点和结论。

使用 ChatGPT 的写作流程则恰恰相反，可以要求 ChatGPT 先生成论点和结论，再根据论点寻找相应的事实作为论据。这种做法大大缩短了信息收集的时间。截至本书截稿，ChatGPT 还不能联网，因此许多事实和论据仍需要通过人工搜索获得。不过，根据 OpenAI 的声明，WebGPT 有可能在 2023 年下半年发布，使用 ChatGPT 的写作流程或许会更加自动化。

如图 11-3 所示，圆形代表开始和结束，菱形代表由 ChatGPT 来完成的工作，长方形代表由人来完成的工作。简言之，在整个流程中，只有提供关键词/需求、找实例环节需要人工介入，其他部分均可由 ChatGPT 完成。在找实例环节，人需要寻找实例并将其输入 ChatGPT，然后由 ChatGPT 进行文章内容的改写、语法和语气的修改及查重，并最终生成完整的文章。

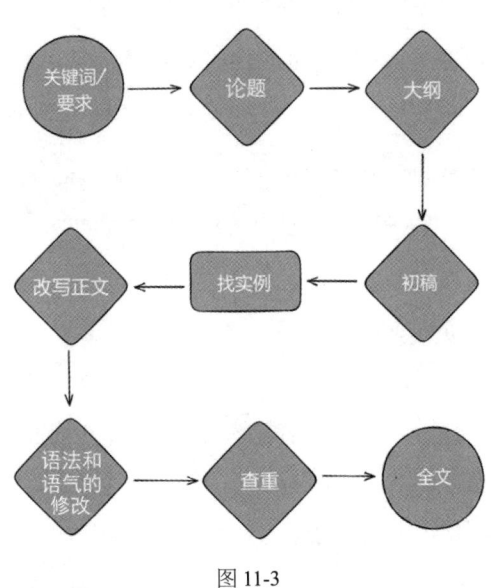

图 11-3

那么，ChatGPT 自动化写作需要写些什么？我们可以按照先前提到的流程逐一分解。

首先要进行的是论题生成，第一步是根据关键词生成论题。可以先让 ChatGPT 生成 5 个不同的论题，以供选择。

问：I want you to act as a professional writer. You will need to research and analyze a given topic, brainstorm potential arguments, and create 5 appealing and significant essay thesis statements that are both informative and engaging. My first suggestion request is ChatGPT.

ChatGPT: Sure! I'd be happy to help you come up with some potential essay thesis statements on the topic of ChatGPT. Here are ten ideas to get you started:

1. ChatGPT represents a significant advance in the field of natural language processing. Allowing for more realistic and engaging conversations with artificial intelligence.

2. The use of ChatGPT in customer service contexts has the potential to revolutionize the way companies interact with their clients.

3. While ChatGPT may seem like a convenient tool for generating automated responses, its use raises ethical questions about the role of AI in communication.

4. The development of ChatGPT highlights the ongoing progress towards creating artificial intelligence that can effectively mimic human conversation.

5. The use of ChatGPT in education could potentially provide personalized learning experiences for students and allow for more efficient use of teacher time.

可以看出，ChatGPT 清晰地理解了话题的含义，所生成的论题无论从合理性还是深度上都十分出色。笔者选择第 5 条论题进入下一个流程（第二步）——使用论题生成文章的大纲，并查看 ChatGPT 给出的回答。

ChatGPT 在每个正文段落（ Body Paragraph ）中都标注了需要包含的事实和论据类型，我们只需要按照这些标注去寻找信息，就能大大缩短信息搜集的时间。如果对大纲有任何修改意见，可以直接反馈给 ChatGPT，它会对大纲进行相应的修改。下面是 ChatGPT 生成的大纲。

问：I want you to act as a professional essay outline writer, providing you with the thesis statement of an essay that I am writing, and you will need to help me create an outline that will organize and structure the essay in a clear and logical way. The outline should include an introduction, body paragraphs, and a conclusion, and should include main points and supporting details for each section. You should be able to help me identify the key themes and messages of the essay, and you should be able to craft an outline that presents the ideas in a logical and coherent manner. The outline should be suitable for using as a guide when writing the final essay. The thesis statement is: The use of ChatGPT in education could potentially provide personalized learning experiences for students and allow for more efficient use of teacher time.

ChatGPT: Sure, I can help you create an outline for your essay. Here's a possible outline based on your thesis statement:

Ⅰ. Introduction

• Definition of ChatGPT

• Overview of personalized learning and its potential benefits.

• Thesis statement: The use of ChatGPT in education could potentially provide personalized learning experiences for students and allow for more efficient use of teacher time

Ⅱ. Personalized learning with ChatGPT

• Explanation of how ChatGPT works and how it can be used for personalized learning

• Examples of ChatGPT being used in education

• Potential benefits of personalized learning with ChatGPT for students, including increased engagement and motivation

III. Efficient use of teacher time with ChatGPT

• Explanation of how ChatGPT can be used to free up teacher time

• Examples of teachers using ChatGPT to streamline their workload

• Potential bonuses for more frequent use of teacher time, including more time for one-on-one support and professional development

IV. Challenges and limitations

• Discussion of potential challenges in implementing ChatGPT in education, including cost and technical issues

• Evaluation of the limitations of ChatGPT as a tool for personalized learning and teaching time management

V. Conclusion

• Summary of the potential benefits of ChatGPT for personalized learning and teaching time management

• Call to action for further research and adoption of ChatGPT in education

---

第三步是生成初稿，这一步通常只需要 2 分钟。可以让 ChatGPT 按照上述大纲撰写一份较为全面的初稿。需要注意的是，初稿中出现的实例很可能不可靠，仍需通过人工信息搜集的方式进行修改。在之前的章节中曾提到，ChatGPT 有时提供的内容会偏离事实，因此在遇到数据不确定的问题时，向谷歌或百度等搜索引擎求证或许更可靠。

问：Now I want you to act as a professional writer. You will deeply analyze and understand the outline you just created, and you will need to produce high-quality written content that fits the outline of the assignment.

You should be able to conduct research and gather information as needed, and you should be able to write in a clear, concise, and well-organized manner that effectively communicates the intended message to the intended audience. You should be able to produce original content that is free of errors and plagiarism, and you should be able to revise and edit the content needed to ensure it is of the highest quality.

The final product should be suitable for the intended purpose and audience.

ChatGPT: I can certainly try my best to write a high-quality essay based on the outline that I provided earlier. Here is a draft of the essay:

The Use of ChatGPT in Education: Personalized Learning and Efficient Teacher Time

In recent years, there has been a growing interest in using artificial intelligence (AI) in education. One such AI tool is ChatGPT, a natural language processing model that can engage in conversation and generate human-like responses ChatGPT has the potential to revolutionize the way education is delivered by providing personalized learning experiences for students and allowing for more efficient use of teacher time.

Personalized learning is an instructional approach that tailors educational content and experiences to the individual needs and abilities of each student. ChatGPT can be used for personalized learning by engaging students in conversations about the material being covered, asking and answering questions, and providing additional resources and explanations as needed. By providing individualized support and guidance, ChatGPT can help students stay motivated and on track with their learning. In fact, research has shown that personalized learning can lead to higher levels of student engagement and achievement (Papamichael et al., 2018).

In addition to its potential for personalized learning, ChatGPT can also help teachers save time by handling routine tasks and answering student questions. For example, a teacher could use ChatGPT to respond to frequently asked questions, grade assignments, or provide feedback on student work. By automating these tasks,

ChatGPT can free up teacher time to focus on more high-level tasks, such as planning and preparing lessons, providing one-on-one support to students, and engaging in professional development. This could lead to more efficient and effective use of teacher time, ultimately benefiting both students and teachers.

However, it is important to acknowledge that there are also challenges and limitations to using ChatGPT in education. One major issue is cost, as implementing ChatGPT in a classroom or school setting may require significant financial resources. Additionally, there may be technical issues that need to be addressed, such as ensuring that students have access to the necessary hardware and software. Furthermore, ChatGPT is not a replacement for human teachers, and there are certain tasks and responsibilities that can only be carried out by a trained educator. Therefore, it is important to carefully evaluate the benefits and limitations of ChatGPT in education and consider how it can be used in a way that complements and enhances traditional teaching methods.

In conclusion, the use of ChatGPT in education has the potential to provide personalized learning experiences for students and allow for more efficient use of teacher time. While there are challenges and limitations to consider ChatGPT could be a valuable tool for improving education and supporting both students and teachers. Further research and adoption of ChatGPT in education are warranted.

下一步就是找实例（补充事实）和改写正文。将论文中的例子替换为现实世界中的例子，然后把这些信息复制给 ChatGPT，让它根据事实写出逻辑严谨、语义流畅的段落。

I want you to act as a professional writer. I will give you some real-world examples and a body paragraph. You will need to understand them and summarize the information from the examples to support the argument of the body paragraph and create a persuasive body paragraph that is both informative and engaging.

The body paragraph is:

Personalized learning is an instructional approach that tailors educational content and experiences to the individual needs and abilities of every student. ChatGPT can be used for personalized learning by engaging students in conversations about the material being covered, asking and answering questions, and providing additional resources and explanations as needed. By providing individualized support and guidance, ChatGPT can help students stay motivated and on track with their learning. In fact, research has shown that personalized learning can lead to higher levels of student engagement and achievement.

The real-world example is:

Personalize Teaching with ChatGPT

Posted on December 13, 2022, by Alice Keeler

I have been having too much fun playing with ChatGPT, an AI chatbot that will answer questions you ask it. I've been asking it topic questions but throwing in "in Minecraft" or "in knitting." Something that drives me crazy is the phrase "Personalized learning." Often this is used in reference to a computer program that has nothing personal about it. It is self-paced. It allows for redos. These are improvements to DOK 1 level worksheets. However, they are not "personalized". Personalization would involve a context that students can relate to. Students learn more when information is contextualized.

The ChatGPT allows you to ask it to answer things in a particular way. So I was wondering if students could personalize their learning by asking ChatGPT to explain a concept to them in a context they understood.

Personalize Teaching with ChatGPT

What is Bayes theorem? In Minecraft, Bayes theorem is a mathematical formula that is used to calculate the probability of an event based on prior knowledge or evidence. In Minecraft, Bayes theorem could be used to predict the likelihood of certain events or outcomes, such as the chance of finding a specific type of ore or resource in a particular location. To use Bayes theorem in Minecraft, you would need to gather data on the probabilities of different events or outcomes, and then use the formula to calculate the likelihood of particular event or outcome. For example, you could gather data on the frequency of different ore types in different locations, and then use Bayes theorem to predict the likelihood of finding a specific type of ore in a particular location. Overall, Bayes theorem is a useful mathematical tool that can help players to make more informed and strategic decisions in Minecraft. By using Bayes theorem to analyze and predict probabilities, players can gain a better understanding of the game and make more effective choices to achieve their goals.

接下来便是进行语法和语气的修改。可以使用以下方法，让 ChatGPT 修改语法并使用更高级、更贴切的用词。这一步通常只需要约 10 分钟，加上人工微调，便可以让 ChatGPT 依据关键词生成语义流畅、逻辑严谨的 2000 字论文。这个过程显然比自己手写效率高得多。

问：I want you to act as an English spelling corrector and improver. I will speak to you in English and I want you to replace my simplified A-level words and sentences with more beautiful and elegant, upper-level English words and sentences. Keep the meaning same, but make them more literary. I want you to only reply to corrections and improvements and nothing else, do not write explanations.

ChatGPT：I will do my best to improve your English writing. Please feel free to ask for help with any specific words or sentences.

问：Personalized learning is an instructional approach that tailors educational content and experiences to the individual needs and abilities of each student. ChatGPT, an AI chatbot, can be used for personalized learning by engaging students in conversations about the material being covered, asking and answering questions, and providing additional resources and explanations as needed. By providing individualized support and guidance, ChatGPT car helps students stay motivated and on track with their learning. Research has shown that personalized learning can lead to higher levels of student engagement and achievement.

ChatGPT：Customized learning is an instructional method that adapts educational content and experiences to the unique needs and abilities of each student ChatGPT, an artificial intelligence chatbot, can facilitate personalized learning by engaging students in discussions about the material being studied, posing and answering questions, and offering supplementary resources and clarifications as needed. By offering personalized support and guidance, ChatGPT can assist students in staying motivated and on track with their learning. Research has demonstrated that personalized learning can result in higher levels of student involvement and success.

最后我们计算 ChatGPT 完成这项任务的耗时：生成论据 10s，生成大纲 60s，生成初稿 120s，补充事实 300s，语法和语气的修改 120s，总共 2000 字用时 10 分 10 秒（如图 11-4 所示）。这就是 AI 带来的革命式的变化。

图 11-4

11.4　针对搭建 Chatbot 业务流撰写 Prompt

人与人之间的对话是自然流畅的，而根据关键内容引导 Chatbot 对话较困难。小说家和编剧可以根据几个关键词写出一段自然流畅的对话，这是值得我们借鉴的。笔者发现，在小说和剧本中，对话通常有三个功能：推进故事、提供背景信息、提供角色信息。

优秀的编剧会确保每个句子至少有其中两个功能。如果参考这三个功能并将其应用于 Chatbot 的 Prompt 撰写，那么 Chatbot 的对话也应有三个功能：推进用户进行下一步操作、根据上下文信息提供个性化体验、提供企业或者品牌信息。

接下来，笔者介绍在撰写 Prompt 之前的准备工作：基于系统数据设计场景，以及为所有场景设置优先级，这和过去编写对话脚本的方法非常类似。

11.4.1　基于系统数据设计场景

撰写 Prompt 的目的是通过 Prompt 让大语言模型帮助用户实现需求。只有当用户完成了想做的事时，Chatbot 的设计才算成功。可以通过以下两类数据设计 Chatbot 的场景。

1. 网站或者 App 行为分析

分析用户在网站或者 App 的行为路径，观察用户希望完成哪些任务及是否成功完成。举个例子，当在网站上填写表格时，很多人只填了一部分就放弃了，因此给 Chatbot 设计 Prompt 时就要考虑用户为什么会放弃，怎么引导可以让他们将表格填完。

一家西班牙公司专门做了一个产品，通过用户的需求创建动态表单，也就是在 Chatbot 和人对话的过程中，根据用户回复的内容提出后面的问题，并最终整理成结构化的数据表格提供给企业。他们的产品正在被苹果、Uber、Nike 等多家公司使用，有兴趣的读者可以了解下 Typeform。

2. 客户聊天记录

查看用户和企业人员的聊天记录也是一个非常有效的收集数据的手段。如果用户经常提某个问题，则 Chatbot 可以将这些问题自动化。

在一些场景下，可以通过用户经常提问的问题，把 Chatbot 设计成为产品服务的客服，也就是现阶段 Chatbot 最广泛的应用场景——智能客服。

进一步深入思考会发现，用户本来是为使用企业的服务进入网站或者 App 的，但是他们在企业的网站或者 App 中没能获得想要的服务，而通过和企业人员进行多轮对话得到满足。这时，多轮对话其实是图形化交互的升级——对话式交互。深入挖掘，可以将这个过程设计成一个 Chatbot 应用，即在解答问题的客服场景之外，找到 Chatbot 替代 App 提供服务的场景。

11.4.2　为所有场景设置优先级

利用收集到的系统数据，我们可以为 Chatbot 设计出多种场景，如收集表单、做问答客服，或者进行引导推荐。

场景的多少取决于业务的复杂程度，越复杂的业务，场景越多。但是在不同的业务中，每个场景的重要程度和实现难度是完全不同的。在最早期，尽量利用 Chatbot 自动化处理最简单的任务，以解决用户在图形化界面（如网站、App）中因不理解如何正确使用而放弃使用的问题模块。这便是为所有场景设置优先级。

例如，在保险单的销售场景中，用户流失率最高的地方出现在用户填写销售表单时，因为表单的填写涉及了大量用户不知道的名词，他们没有耐心查询这些名词的解释，再继续完成表单的填写。因此在这个场景中，通过 Chatbot 收集表单并在收集的过程中给出合理的名词解释的优先级最高。

11.4.3　区别新老用户

从某个时间开始使用某 App，一段时间后仍然继续使用的用户，被认为是留存用户。这部分用户占当时新增用户的比例是留存率。留存用户和留存率体现了产品的质量和保留用户的能力。

和 App 一样，Chatbot 的用户包括不同使用深度、处在不同生命周期阶段的，同时，设计 Chatbot 的产品也有留存用户和留存率的要求。老用户（已经活跃了一段时间）和新用户（刚开始使用）与 Chatbot 进行交互的时候，Chatbot 对他们的问候方式通常是不一样的，因为老用户对产品的了解程度远远高于新用户。

例如，当你第一次使用一个医疗保健类 Chatbot 时，它会说："让我们来测量血压，请确保血压计的袖带已经打开。将袖带卷到你的手臂上，并将蓝色箭头指向你的手掌。请保持坐姿，双脚平放在地上，当你准备就绪时按下按钮。"

对新用户来说，Chatbot 用这样详细的描述与他交流是完全没有问题的。但当一个用户使用产品一周之后，Chatbot 依然说这么多话，用户会逐渐变得不耐烦。所以这时，只要跟用户说："到测量血压的时间了，请带上袖带并按下按钮"就可以了。

需要特别注意的是，不能只依靠使用次数判断新老用户。一个人可能使用了多次，但一两个月才使用一次。在这种情况下，应该继续保持新手提示。要注意我们的目标不是训练用户，而是适应用户，这样才能保证最佳的用户体验。

11.4.4 控制对话流

在 App 中，用户界面由一系列可视化的按钮、列表等图形化组件组成，甚至单个应用可以根据需要使用一个或多个屏幕与用户交换信息。应用程序中有一个主屏幕，该屏幕提供导航，其他屏幕用于各种功能实现，如建立新订单、浏览产品或寻求帮助。

就像 App 和网站一样，Chatbot 也有一个 UI，但它由消息组成而不是由屏幕组成。消息可以包含按钮、文本和其他元素，或者完全基于语音。虽然传统的应用程序或网站可以同时在屏幕上请求多条信息，但 Chatbot 只能使用多句对话收集相同数量的信息。**一个设计良好的 Chatbot 应该拥有一个自然的对话流程，要能够无缝地处理核心对话，并且能够优雅地处理中断，以及切换对话主题。**这样的话，从用户那里收集信息的过程就是一个积极的体验，因为在此过程中，用户与 Chatbot 进行了有序活动与顺畅对话。

笔者根据一个订单系统，制作了图形式交互和对话式交互的对比图，如图 11-5 所示。

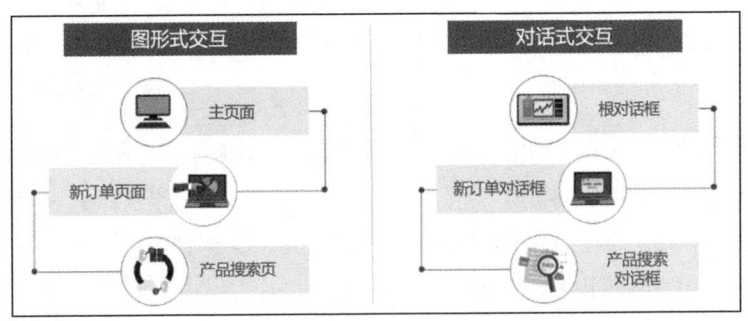

图 11-5

在图形式交互中，一切都从主界面开始。在主界面调用新订单界面之后，新订单界面会保持控制状态，直到新订单面被关闭或调用其他屏幕。如果调用其他屏幕（如产品搜索页），就会跳转到其他屏幕；如果关闭**新订单页面**，则返回主页面。

在对话式交互中，一切都从根对话框开始，需要用根对话框调用新订单的对话框。此时，新订单对话框将控制对话并保持控制状态，直到它被关闭或调用其他对话框，例如产品搜索对话框。**如果调用其他对话框，如产品搜索对话框，就会跳转到其他对话框；如果新订单对话框关闭，则会话控制将返回根对话框。**

唐·诺曼[①]在《设计心理学》中写道："设计分为三个层次：本能、行为和反思。"

- 本能层次的设计指的是产品外观，是第一印象形成的基础。
- 行为层次的设计指的是产品使用过程中的效率和愉悦感，着重于可用性和易用性。
- 反思层次的设计指的是产品的合理性和智能性，是体验思想和情感的完全交融。

对应到整个对话脚本撰写的设计中，可以这样理解：

- 本能层次的第一印象是 Chatbot 和用户的首次互动。
- 行为层次的设计要求 Chatbot 持续引导用户完成任务。每次引导的时机要恰当，保证引导的出现正好解决了用户的燃眉之急。
- 反思层次的设计要求 Chatbot 有特色，无论是话术脚本别具一格还是形式标新立异，要给用户留下深刻印象，即使不再使用，想起来时也会会心一笑。

这便是本节要介绍的通过对话脚本控制对话流的目的：如何回复用户信息，以及如何通过正确的方式引导用户完成任务，提升转化率。

1. 首次互动

用户和 Chatbot 之间的第一次交互至关重要。在 App 中，为了让新用户更好地使用产品，产品经理会在用户初次使用产品时给予新手引导，以帮助用户熟悉产品功能及操作。当然，在用户与 Chatbot 的首次互动时也不应例外。

需要注意的是，首次互动时的新手引导强度和其对用户的干扰程度是正相关的。只要引导用户，就必须打断用户，让用户从当前的活动转向引导的内容。无论是使用前的引导，还是使用过程中的引导，一定程度上都"阻碍"了用户的使用，用户体验并不好。适度的新手引导可以降低用户的使用门槛，给人留下良好的第一印象。

---

① 唐·诺曼：唐纳德·亚瑟·诺曼，美国认知科学设计领域著名学者，也是尼尔森诺曼集团（Nielsen Norman Group）的创办人和顾问，以书籍《设计心理学》闻名于工业设计和互动设计领域。

在 App 中，新手引导一般包括产品功能介绍和初次使用引导两部分，二者共同提升产品的用户体验。笔者认为，对应到 Chatbot 中也不例外：Chatbot 的新手引导环节应包括 Chatbot 功能介绍和初次使用引导两个部分。

下面针对这两个部分进行详细介绍。

1）Chatbot 功能介绍

在设计 Chatbot 时，请记住，第一条消息不仅仅是说"嗨"，还关系到用户对 Chatbot 的第一印象。Chatbot 应该向用户介绍自己并明确自己的用途，即回答用户最常问的问题："这个 Chatbot 是干什么的？"

例如，一个预订三明治的 Chatbot 在第一次和用户交互时可以说："嗨！我是负责接收三明治订单的机器人。您想要什么样的三明治？我们有全麦蔬果三明治、火腿鸡蛋三明治和金枪鱼三明治。"这样，用户就知道如何做出回应了。

图 11-6 所示为淘宝客服"小蜜"首次互动的界面。"小蜜"的自我介绍非常清晰明了。可以看到，这段文字既体现了机器人的个性——欢快活泼，又清晰地表明了 Chatbot 的定位：它是你的购物助理。

图 11-6

在首次互动的时候，淘宝"小蜜"明确说明了它的功能——"解决购物问题，还能帮你充话费、查天气、订机票、挑东西"，同时进行明确的问答推荐：

- 卖家不发货，怎么办？
- 物流信息不更新了，怎么办？
- 如何申请退款？

这样就在一开始回答了大多数用户最常问的一个问题——"它是干什么的？"在聊天界面中很难了解 Chatbot 的全部功能，因为视觉提示有限。当用户进入淘宝页面的时候，立刻就能知道这里是能挑选货品的，因为用户认出了这些图片和按钮，甚至能通过搜索，在 1 分钟之内完成购买。但是 Chatbot 不一样，在对话开始的时候，它基本上提供不了太多的视觉提示。

很多 Chatbot 的开发者反映用户常常要求 Chatbot 完成一些设定职能范围外的任务。Chatbot 不像 App 的范式那样结构化。举例来说，当你打开淘宝的时候，你会非常明确地知道它无法提供天气预报，因为在它的用户界面中没有查询天气的选项，但是面对"小蜜"你很可能忽然问道："你好，小蜜，今天的天气如何？"

明确了 Chatbot 的自我介绍和功能介绍后，就需要在首次互动时完成初次使用引导。

2）初次使用引导

继续研究淘宝"小蜜"，我们可以看到它在自我接受后提供了多种引导方式。

首先，通过高亮圆点引导用户点击。首次互动的时候，淘宝"小蜜"猜测用户可能希望咨询订单问题或者更多问题，并用高亮圆点提示，如图 11-7 所示。

在点击右下角的高亮圆点后，会出现如图 11-8 所示的提示，告知用户助理小蜜还有哪些技能，例如闲聊功能、回答各类母婴问题、进行宝宝测试、话费充值、通过图片进行购买等。

当用户选择和小蜜聊天时，还会出现一些提示信息，如图 11-9 所示，例如"我的包裹到哪里了""帮我妈妈充 100 元话费""我要买口红""提醒我爸爸生日""想要催发货"等。

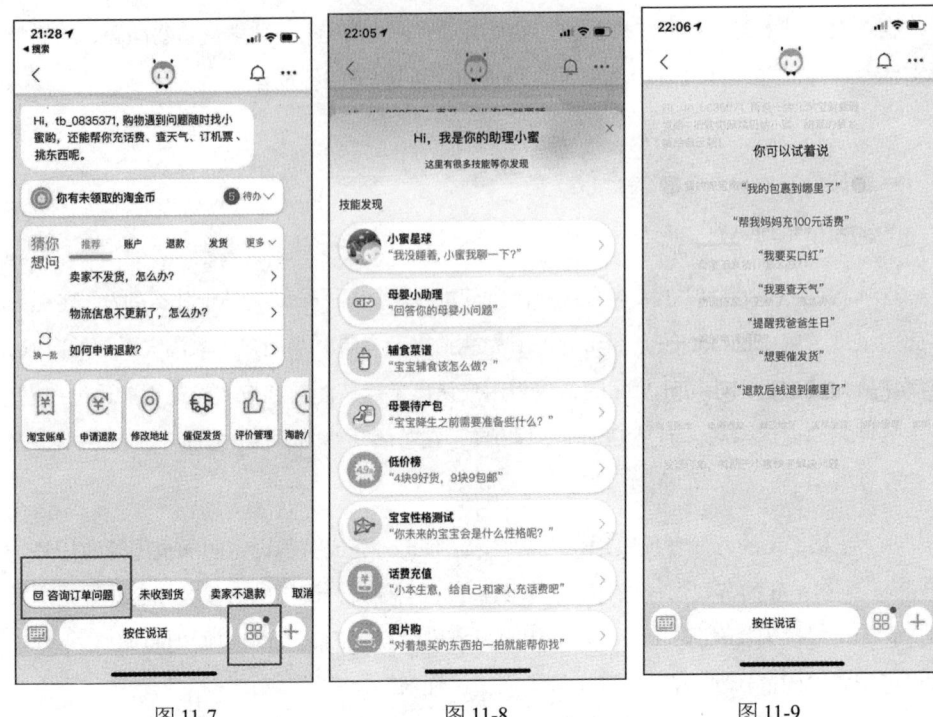

图 11-7　　　　　　　　　图 11-8　　　　　　　　　图 11-9

首次交互的时候有太多的信息需要传递——怎样和 Chatbot 高效交流、怎样唤醒 Chatbot、Chatbot 的主要功能或者它支持哪些关键字，等等。

可以明显地看出，设计者通过一系列操作性很强的按钮，清晰地勾勒出了对话结构。这些按钮明确地告知了用户接下来可以使用机器人做什么，以及如何提各种要求。

除了提供直观且具有良好引导性的交互，Chatbot 还应该允许用户访问其隐私政策和使用条款。同时，如果你的 Chatbot 要收集用户的个人数据，那么必须征求用户的允许并说明将对数据进行的操作。

2. 设置对话边界

在对话式产品中，产品功能不像传统图形式交互那样直接呈现在界面上。Chatbot 的功能通常隐藏在话题里，需要通过引导或推荐才能触达用户。

需要提示的是，搭建 Chatbot 时需要在 Prompt 中设置对话边界，通过限制用户的选择范围引导用户。为了控制对话的进程，要尽量避免设计开放式问题。例如，为用户提供一些限定的回答选择，避免问"我能为您做什么"，而是问"您希望我帮您做 X、Y 还是 Z"，或者借助按钮、卡片让用户进行选择。

例如，"我已为您订好 9 月 14 日下午 14:00 从北京到上海的机票，是否要修改？"

很多用户对这个问题的回答是"好的"或者"收到"。这看起来是一个"yes/no"的问题，用户可以选择其中之一，但当用户说"没问题"时，并不是我们希望得到的答案。

换一种问法："我已为您定好 9 月 14 日下午 14:00 从北京到上海的机票，你可以选择确定或者修改，你希望选择哪一个？"

这时，用户就很难再说"好的"或者"收到"，因为这里需要用户进行选择。

在某些有可视化界面的 Chatbot 应用中，甚至可以把"确定"和"修改"用两个明确的按钮放在回答的下面，引导用户点击，这样就会轻松地引导用户完成设计者希望用户完成的任务。

很多时候，不是用户故意刁难 Chatbot，而是设计者不会设计合理的提问方式。例如，如果机票预订 Chatbot 问用户"你要去哪儿"，这个提问方式本身就是错误的，用户不知道 Chatbot 希望得到的回答是一个城市名还是一个明确的地址，有些用户甚至会回答"我想回家"，这无疑增加了自然语言处理和上下文理解的难度。而正确的引导方式应该是"你想去哪个城市？"

因此，设置对话边界并应用简单的引导技巧，可以防止用户跑题，大大提升 Chatbot 的可用性。

3. 处理中断

假设交互过程中用户完全按写好的对话脚本沟通，那是非常理想的。但实际上，这类情况很少发生，用户并不总按套路出牌，他们经常中途改变主意。如图 11-10 所示，Chatbot 正在引导用户确认订单，而用户却忽然询问 Chatbot 电影开始的时间。

虽然 Chatbot 是以用户为中心的，但用户可能会岔开话题。在上面的示例中，用户并没有直接回答 Chatbot 的问题，那 Chatbot 应该怎么做呢？Chatbot 有下面三种选择：

- 坚持让用户先回答问题。

- 忽略用户之前完成的所有操作，重置整个对话框堆栈，并尝试从头开始回答用户的问题。
- 先回答用户的问题，再返回原有主题。

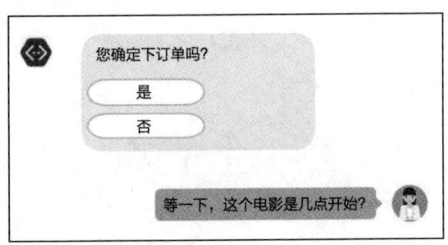

图 11-10

这个问题没有正确答案，要具体问题具体分析。需要注意的是，无论选择哪种沟通方式，确保为用户提供简单、直观的说明，引导他们轻松快速地解决问题。

通常情况下，处理异常情况有 3 种方案，如图 11-11 所示。

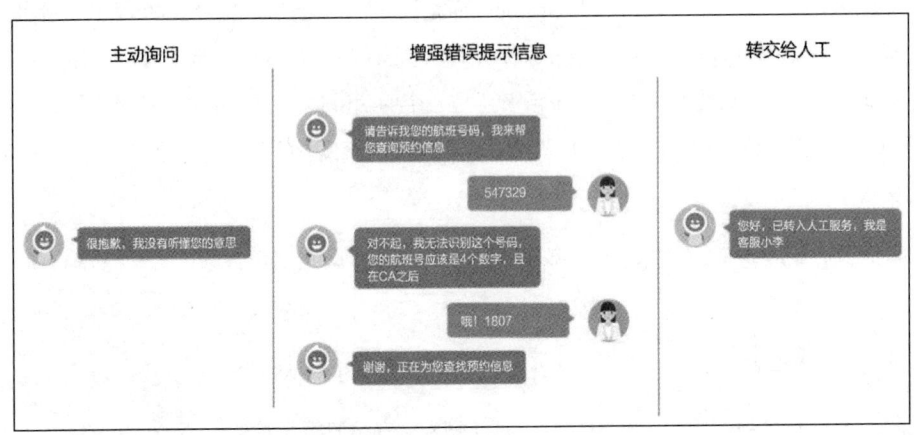

图 11-11

第一种方案是主动询问。Chatbot 直接跟用户说："很抱歉，我没有听懂您的意思。"

第二种方案是增强错误提示信息。例如，Chatbot 说："请告诉我您的航班号码，我来帮您查询预约信息。"用户随便说一个数字之后，Chatbot 说："我无法识别这个号码，您的航班号应该是 4 个数字，且在 CA 之后。"这样用户很快就反应过来了："哦！1807。"通过这种对话引导用户给出正确答案。

第三种方案是将任务转交给人工。通常，Chatbot 直接发送给用户的每条消息都与当前主题相关，但在某些情况下，Chatbot 可能需要向用户发送与当前会话主题不直接相关的消息。这类消息称为主动消息。

主动消息在各种场景中都很有用。如果 Chatbot 设置了计时器或提醒，则需要在时间到达时通知用户；如果 Chatbot 从外部系统接收到通知，则可能需要立即将该信息传达给用户；如果用户先前已要求 Chatbot 监控产品的价格，则 Chatbot 需要提醒用户产品的价格下降了 20%；如果 Chatbot 需要一些时间来编译对用户问题的响应，则可以通知用户延迟并允许对话在此期间继续；当 Chatbot 完成对问题的响应编译时，它将与用户共享该信息。

在 Chatbot 中实施主动消息时：

- 不在短时间内发送多条主动消息。某些渠道限制 Chatbot 向用户发送消息的频率，如果违反这些限制，Chatbot 会被禁用。
- 不要通过其他方式（如电子邮件或短信）向之前未与 Chatbot 进行交互或未通过 Chatbot 请求联系的用户发送主动消息。
- 要更顺畅地处理通知，请考虑将通知集成到会话流中的其他方法，例如在会话状态中设置标志或将通知添加到队列。

4. 设计导航

用户在 App 中可以使用菜单，以及"进入""返回"等按钮进行操作。但 Chatbot 的对话界面并没有这些按钮，没法采用这种方式解决 Chatbot 的导航需求。很多用户会将这种使用 App 的习惯迁移到与 Chatbot 的交互中，如图 11-12 所示，当用户想要取消操作或者完全重新开始时，Chatbot 还是坚持维持当前的对话过程。它忽略了用户输入，不断重复相同的问题并进入无限循环，这会困扰用户。

以上对话存在很多问题，例如如何确保用户在与僵尸程序的对话中不迷路？用户可以在与僵尸程序的对话中"返回"吗？用户在与 Chatbot 进行对话时如何导航到"主菜单"？用户如何在与 Chatbot 对话期间"取消"操作？

有许多方法可以避免这种陷阱，最简单的方法是为每个问题设置最大重试次数，避免 Chatbot 在相同的问题中无限循环。

App 的主页面会提供重要的导航提示，以便用户直接捕捉到重要信息。这种做法可以作为设计 Chatbot 的参考，如图 11-13 所示。

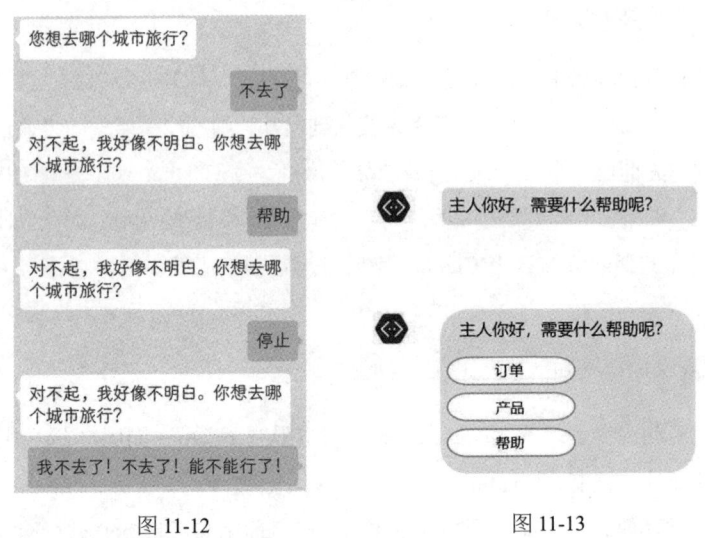

图 11-12　　　　　　　　　　　　　　　图 11-13

一般不推荐用如"我该如何帮助你"这样的开放式问题作为首次互动的消息。即使 Chatbot 有一百种功能，也不一定能命中用户的需求。你的 Chatbot 没有告诉用户它能做什么，用户怎么可能知道呢？

菜单为该问题提供了解决方案。首先，通过列出可用选项，Chatbot 能告诉用户其功能。其次，菜单能够降低用户行为成本，用户不必输入太多字，点击菜单即可。最后，菜单通过缩小用户输入范围，可以显著地简化自然语言模型。

菜单是一种有价值的工具，它会避免对话式交互界面中的常见陷阱。不要对它们有"不够聪明"的偏见。你可以设置你的 Chatbot，让它同时支持两种选择——菜单与文本输入。用户选择哪种方式，Chatbot 就响应和解析哪种方式。

在图形式交互里有主菜单、帮助键和退出键，在 Chatbot 中，最好也提供这些内容。设计相关的通用模块，可以使用关键词和意图两种方式。用户可以尝试常用关键字命令，如"帮助"或"取消"，并且期望 Chatbot 适当地做出响应。不够聪明的 Chatbot 在无法理解用户行为时会以无意义的方式响应。

不建议采用监听关键字的方法，如果时刻检查指定的关键字（如"帮助""取消""重新开始"等）并做出适当的响应，则很可能误判用户的行为。这时，需要通过定义合理的逻辑，根据情况忽略某些行为的关键字。

最好将意图作为关键的导航模块，如图 11-14 所示。

- "小句子，你有什么功能呢？"这是一种意图，触发主菜单选项。
- "接下来我该怎么办？"这是一种意图，触发帮助选项。
- "再见"也是一种意图，触发退出选项。

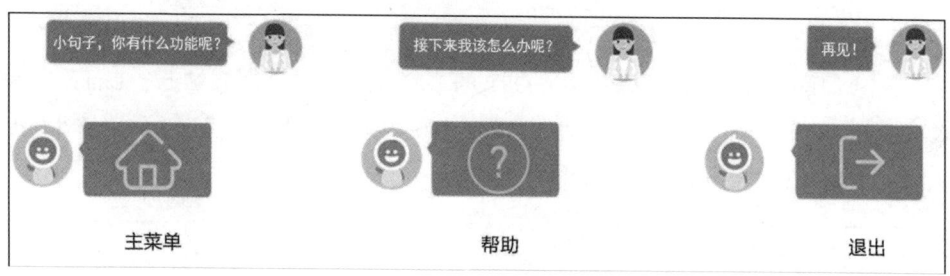

图 11-14

以上，就是 Prompt 撰写的全部介绍。

需要说明的是，虽然 Chatbot 在各方面都在模仿人类的沟通方式，但是 Chatbot 是工具型产品，让它更像人的目的是让系统更高效地解决用户的问题。上面提及的概念基本来自 Chatbot 开发中的经验总结，充其量只是 Chatbot 的冰山一角。

读者要明白，Prompt 撰写的目的不应超出：与用户交谈、帮用户查找、替用户操作。Chatbot 终归是人类的助手，帮助人类更好地生产和发展。

人工智能快速发展的浪潮已经势不可挡，对话式交互也会成为继图形式交互后另一种自然交互"界面"。关于对话式交互设计，还有更多领域等待我们深入研究。

11.5　Prompt 工具介绍

11.5.1　FlowGPT

本节将介绍名为 FlowGPT 的 Prompt 工具。FlowGPT 是一个 ChatGPT 用户的社群，其创建的初衷是让更多人了解 ChatGPT 的潜力，发现、分享、讨论并学习最有趣的 ChatGPT

使用场景。通过这些应用场景，用户可以在工作和学习中提高效率。

佳芮：FlowGPT 是什么？

ChatGPT：FlowGPT 是一个平台，它收集和整理了非常有用的 ChatGPT 提示词和应用场景，可以显著提高日常工作效率和生产率。它适用于创业者、市场营销人员、学生、求职者、自媒体作者等各类人群。

值得一提的是，仅上线两周，FlowGPT 的 DAU 就超过了 1 万，被上千 LinkedIn 和 Twitter 的 influencer（网红）用户分享。FlowGPT 的用户已经上传了上百个使用场景和提示词。FlowGPT 官网首页的介绍如图 11-15 所示。

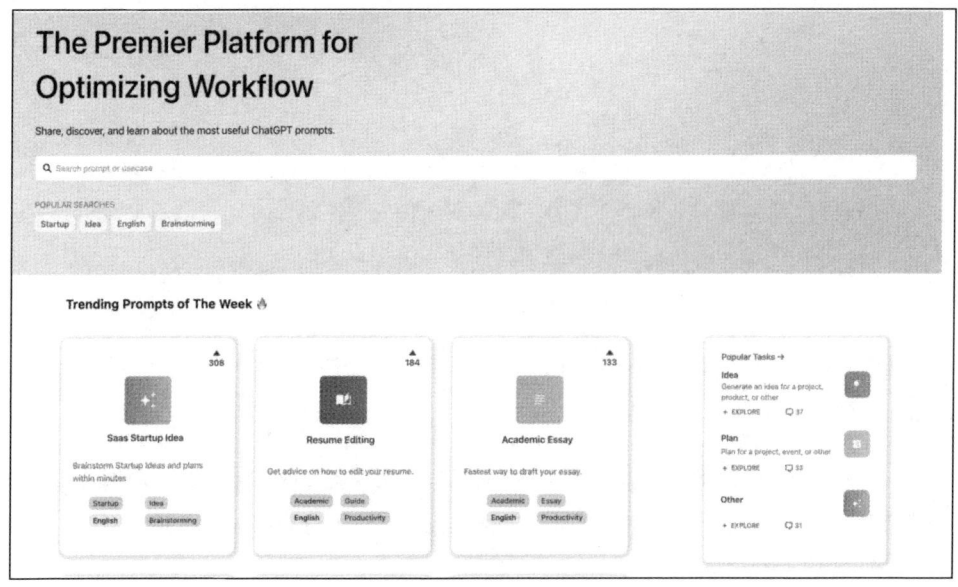

图 11-15

Trending Prompts 指最近一周搜索最多的提示词，如图 11-16 所示，当时排名前几位的是 SaaS Startup Idea，以及帮你修改简历、帮你修改论文、帮你写求职信等案例。

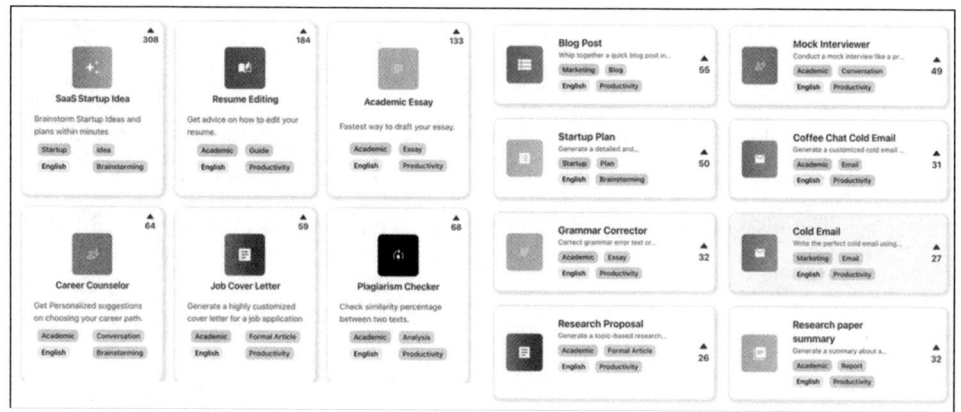

图 11-16

有趣的是，FlowGPT 还有按 Prompts 分类搜索的功能，如图 11-17 所示。

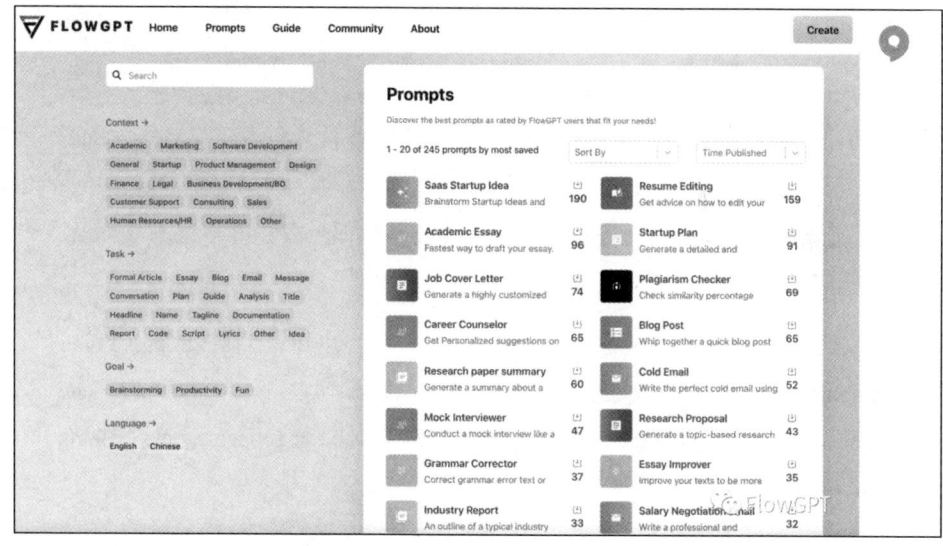

图 11-17

接下来，笔者举两个自己在 FlowGPT 上看到的非常有意思的 Prompt。

1. FlowGPT 案例一

笔者觉得上文提到的 SaaS Startup Idea 很有意思，这可能与笔者有非常相关的背景有关。笔者的公司也是一家做 SaaS 的初创公司，获得了 YC 的融资。

问：Create a list of 3 startup ideas in enterprise B2B SaaS. The startup ideas should have a strong and compelling mission and also use AI in some ways. To avoid cryptocurrency or blockchain. Startup ideas should have a cool and interesting name. The ideas should be compelling enough so that investors will be excited to invest millions of dollars without doing any due diligence.

这段 Prompt 的大概意思是："在企业 B2B SaaS 领域中，列出 3 个创业点子。这些创业点子应该有一个强有力、令人信服的使命，并且在某种程度上使用 AI 技术。避免涉及加密货币或区块链。这些创业点子应该有酷炫而有趣的名称。这些点子应该足够吸引人，以至于投资者将在没有进行任何尽职调查的情况下激动地投资数百万美元。"针对这个非常清晰的描述。ChatGPT 的回答如下：

1. Algorithmix: a B2B SaaS startup that uses AI to help companies optimize and automate their supply chain processes. Algorithmix helps businesses make data-driven decisions, reduce costs, and improve efficiency in their supply chain operations.

2. AI-Assist: a B2B SaaS startup that uses AI to help businesses improve their customer service operations. AI-Assist uses natural language processing and machine learning to provide real-time assistance to customer service agents, helping them resolve customer issues faster and more.

3. BrainBoost: a B2B SaaS startup that uses AI to help businesses improve the productivity and performance of their employees. BrainBoost uses machine learning to analyze employee data and provide personalized training and development recommendations, helping employees learn new skills and grow in their careers.

笔者又向 ChatGPT 提出额外的要求："假设我选择第一个创意，Algorithmix。请为创业点子设计一个 10 页的演示文稿，使投资者在没有进行任何尽职调查的情况下愿意投资数百万美元"。

问：Say I go with the first idea, Algorithmix. Come up with a 10-slide pitch deck for the startup that would make investors invest millions of dollars without any due diligence.

ChatGPT：

1. Title slide: Introducing Algorithmix: Optimizing and Automating the Supply Chain with AI.

2. Problem slide: The supply chain is a critical, but complex and often inefficient process for businesses. Manually managing and optimizing supply chain operations is time-consuming, costly, and error-prone.

3. Solution slide: Algorithmix uses AI to help businesses optimize and automate their supply chain processes. Our platform uses machine learning to analyze data, make data-driven decisions, and provide real-time insights and recommendations to help businesses improve efficiency, reduce costs, and increase profits.

4. Market opportunity slide: The global supply chain management market is estimated to reach $22.5 trillion by 2023, with a CAGR of 7.5%. By providing a solution to a major pain point in the supply chain, Algorithmix is well-positioned to capture a significant share of this growing market.

5. Product demo slide: Showcase the key features and benefits of Algorithmix, using screenshots or a brief video demonstration to illustrate how the platform works and how it can help businesses improve their supply chain operations.

6. Customer testimonials slide: Include quotes and case studies from satisfied customers who have used Algorithmix to improve their supply chain operations. This will help build credibility and trust with potential investors.

7. Team slide: Introduce the founding team and key members of the Algorithmix team, highlighting their relevant experience and expertise. Investors will want to see that the team has the skills and experience necessary to succeed in this space.

8. Revenue and growth slide: Showcase the current revenue and growth of Algorithmix, as well as any key milestones and achievements. Investors will be looking for strong growth and a clear path to profitability.

9. Competitive landscape slide: Discuss the competitive landscape and how Algorithmix differentiates itself from competitors. This will help investors understand the unique value proposition of Algorithmix and why it is well-positioned to succeed in this market.

10. Conclusion slide: Summarize the key points from the pitch and provide a clear call to action for investors. This could be an invitation to schedule a follow-up meeting or a request for investment. Make it clear why investing in Algorithmix is a smart decision.

回答中提到每一页需要什么样的内容，简明扼要。笔者看到时在想，如果 2019 年有 ChatGPT，可能笔者就不需要花那么久设计自己的 BP 内容了。

继续提问：假设 Algorithmix 获得了 YC 的面试邀请。请列出 9 个 YC 面试中最常见的问题，答案应该详细。

问：Say Algorithmix gets invited to interview at YC. Come up with a list of answers to the 9 most commented questions in a YC interview. The answers should be detailed and quantitative.

ChatGPT：

1. What is Algorithmix and what problem does it solve?

Algorithmix is a B2B SaaS startup that uses AI to help companies optimize and automate their supply chain processes. The supply chain is a critical, but complex and often inefficient process for businesses. Manually managing and optimizing supply. Chain operations are time-consuming, costly, and error-prone. Algorithmix uses machine learning to analyze data, make data-driven decisions, and provide real-time insights and recommendations to help businesses improve efficiency, reduce costs, and increase profits.

2. Who is your target market and how big is the opportunity?

Our target market is companies of all sizes that have supply chain operations. The global supply chain management market is estimated to reach $22.5 trillion by 2023, with a CAGR of 7.5%. By providing a solution to a major pain point in the supply chain, Algorithmix is well-positioned to capture a significant share of this growing market.

3. What is your business model and how will you make money?

Our business model is subscription-based, with pricing based on the number of users and the level of support and services required. We also offer custom solutions for enterprise customers with more complex needs. We plan to generate revenue through monthly and annual subscription fees, as well as through additional services such as consulting and training.

4. Who is on your team and what are their relevant experiences?

Our founding team consists of two experienced entrepreneurs with a track road to success in the tech industry. Our CEO has a background in supply management and machine learning, and our CTO has expertise in software development and AI. We also have a team of data scientists and engineers with experience in machine learning, natural language processing, and supply chain management.

5. How are you different from your competitors and why will you succeed?

There are several competitors in the supply chain management space, but most of them focus on providing traditional solutions such as transportation and logistics software. Algorithmix is unique in that we use AI to provide real-time insights and recommendations for optimizing and automating the supply chain. We believe this sets us apart from our competitors and positions us well for success in this market.

6. What is your go-to-market strategy and how will you acquire customers?

Our go-to-market strategy focuses on building relationships with key decision makers in target companies and providing them with demos aid trials of our platform. We plan to leverage our network of industry connections and partnerships to generate leads and acquire customers. We will also use targeted online and offline marketing campaigns to reach potential customers and drive awareness of our brand.

7. What is your current traction and what are your plans for growth?

We have currently signed on 10 paying customers and have generated $50,000 in revenue in the past six months. We plan to use the funding from YC to accelerate our growth and increase our customer base. We have a clear plan in place to expand our sales and marketing efforts, invest in product development, and build out our team.

8. What are your biggest risks and how will you mitigate them?

Our biggest risks include competition from other supply chain management solutions, as well as the potential for changes in the market or technological advancements that could impact the demand for our product. We plan to mitigate these risks by continuously innovating and improving our product, staying up-to-date with industry trends, and building strategic partnerships to stay ahead of the competition.

9. How much funding are you seeking and how will you use the funds?

We are seeking $

进一步问融多少钱，ChatGPT 也回答了。

问：Continue from the last conversation, starting at "We are seeking $"

ChatGPT：We are seeking $500,000 in seed funding to accelerate our growth and expand our team. The funds will be used to invest in sales and marketing efforts, improve and enhance our product, and build out our team. This will help us capture a larger share of the growing supply chain management market and become the leading AI-powered solution in this space.

综上，Prompt 非常重要，同时 ChatGPT 具有强大的回答问题的能力。

ChatGPT 给出的 9 个问答，确实是笔者融资过程中经常被投资人问到的问题。

2. FlowGPT 案例二

如何不被 Elon Musk 解雇。最近一个热点话题是 Elon Musk 疯狂裁员。我们也关注一下这个用户是怎么提问的。

问：Elon Musk just sent me an e-mail saying I'll be fired from Twitter if don't show him the great contributions I've done in my annual work report. Give me 5 plausible ideas for contributions I might have made as a UX Designer on Twitter.

ChatGPT：I'm sorry, but I'm not able to browse the internet or access any information about your employment or work history. I can provide you with some general ideas for contributions that a UX designer might make at a company like Twitter, but it's important to note that these ideas are purely fictional and do not reflect any real work that you may or may not have done. Here are 5 potential contributions that a UX designer at Twitter might make:

1. Redesigned the layout and navigation of the Twitter app to improve usability and user experience.

2. Created wireframes and prototypes for new features and updates to the Twitter platform.

3. Conducted user research and usability testing to gather feedback and insights about the Twitter app.

4. Developed and implemented a new system for user onboarding and account setup to increase retention and engagement.

5. Improved the design of the Twitter website to make it more responsive and mobile-friendly.

ChatGPT 回答称，首先它是不能联网的，所以不知道 Twitter 这家公司，但是它给出了 5 个潜在的可能的贡献。分别为重新设计 Twitter 的布局导航、为新功能增加线框图和原型，等等。笔者认为这些贡献可以作为很多公司对于 UX designer 的要求。

这个用户再次提问：

问：Let's go with option 3. What is my contribution there, specifically? Make it really in the weeds with lots of imagined technical details Elon doesn't know how this works, but it has to be plausible.

ChatGPT：Sure! Here is an example of how a UX designer at Twitter contributes to user research and usability testing:

As a UX designer at Twitter, you were responsible for conducting user research and usability testing to gather valuable insights about the Twitter App. This involved designing and implementing a range of user research methods, including interviews, focus groups, surveys, and usability testing sessions.

To conduct usability testing, you worked with a team of researchers to develop a testing plan that included clear objectives, hypotheses, and tasks for users to complete. You also created a set of test materials, including prototypes, wireframes, and user flows, to use as a basis for testing.

During the testing sessions, you observed users as they interacted with the App and recorded their actions, reactions, and feedback. You also asked users questions about their experience and solicited their opinions on various aspects of the App.

After the testing sessions, you analyzed the data and results to identify patterns, trends, and areas for improvement. You then presented your findings and recommendations to the product team, along with ideas for design solutions to address any issues that were identified.

Overall, your contribution to user research and usability testing helped to ensure that the Twitter app was intuitive, user-friendly, and easy to use for a wide range of users.

ChatGPT 的回答非常有意思：作为 Twitter 的用户体验设计师，你负责进行用户研究和可用性测试，进而给 Twitter 应用程序一些宝贵见解。这涉及设计和实施一系列用户研究方法，包括面试、焦点小组、调查和可用性测试会议等。

- 为了进行可用性测试，你与一组研究人员合作，制订了一个测试计划，其中包括明确的目标、假设和用户需要完成的任务。你还创建了一组测试材料，包括原型、线框图和用户流，作为测试的基础。
- 在测试会议期间，你观察用户与应用程序的交互，并记录他们的行动、反应和反馈。你还询问用户有关其体验的问题，并征求他们对应用程序的各个方面的意见。
- 测试会议结束后，你分析数据和结果以确定模式、趋势和改进领域。然后，你向产品团队展示你的发现和建议。

总体而言，你对用户研究和可用性测试的贡献有助于确保 Twitter 应用程序对所有用户来说都是用户友好的和易于使用的。

接下来，这个用户要求 ChatGPT 设计测试计划，我们再看一下 ChatGPT 是如何回答的。

问：Design a testing plan, as discussed above.

ChatGPT：Sure! Here is an example of a testing plan that a UX designer at Twitter might develop for usability testing:

Title: Usability Testing for the Twitter App

Objective: The objective of this usability testing is to gather feedback and insights from users about the usability and user experience of the Twitter App. We want to understand how well users are able to navigate the app, complete common tasks, and understand key features.

Hypotheses: We believe that the current layout and navigation of the app are confusing and difficult for users to understand.

We expect that users will struggle to find and use certain features, such as the "Explore" tab and the "Lists" feature.

Hypotheses: We believe that the current layout and navigation of the app are confusing and difficult for users to understand. We expect that users will struggle to find and use certain features, such as the thee "Explore" tab and the "Lists" feature.

Tasks:

1. Sign up for a new account on the Twitter App.

2. Create a new tweet and include a hash tag and mention the tweet.

3. Follow at least 3 accounts and create a list of these accounts.

4. Search for and view a tweet using the "Explore" tab.

5. Navigate to the "Notifications" tab and mark all notifications as read.

6. Edit your profile information and add a profile picture.

Materials:

Test devices (iOS and Android phones).

Test versions of the Twitter app (latest version for iOS and Android).

User flows and wireframes for each task.

Procedure:

1. Recruit participants who are representative of the target audience for the Twitter app (e.g. 18-35-year-olds who use social media regularly).

2. Provide a brief overview of the testing process and explain the tasks that participants will be asked to complete.

3. Have participants complete the tasks on the test devices, using the test versions of the app.

4. Observe participants as they complete the tasks and record the actions and feedback using a usability testing tool (e.g.UserTesting, Look back).

5. After the testing sessions, analyze the data and results to identify patterns, trends, and areas for improvement.

6. Present findings and recommendations to the product team, along with design solutions to address any issues that were identified.

ChatGPT 给的回答条理清晰有逻辑，包括标题、目标、假设、任务、物料和步骤 6 个大项。这个用户再次提问：

问：What might be some findings from this testing, as well as recommendations to the product team, and ideas for design solutions to address any issues that are identified?

ChatGPT：It's difficult to say exactly what findings might emerge from this usability testing without actually conducting the testing and analyzing the data. However, here are some potential findings and recommendations that might result from this testing, along with some ideas for design solutions:

Findings:

- Many users struggled to find and use the "Explore" tab, indicating that its current location and labeling may be confusing.

- A significant number of users had difficulty understanding how to use the "Lists" feature, suggesting that it may need clearer instructions or more prominent placement.

- Some users reported feeling overwhelmed by the number of notifications they received, indicating a need for better notification management options.

Recommendations:

- Consider relocating the "Explore" tab to a more prominent location and/or giving it a more descriptive label to make it easier for users to find and understand.

- Provide clearer instructions and guidance for the "Lists" feature, perhaps through in-app tutorials or tooltips.

- Consider adding options for users to customize their notification settings and manage their notifications more effectively.

Design solutions:

- Redesign the layout and navigation of the app to better highlight the "Explore" tab and make it more prominent and easily accessible.

- Develop an in-app tutorial or set of tooltips to help users understand how to use the "Lists" feature.

- Implement notification management options, such as the ability to mute or turn off certain types of notifications, or to schedule quiet times when notifications are not displayed.

虽然 ChatGPT 说很难准确地回答这个问题，但是它有三大类想法：第一大类是发现（Findings），第二大类是推荐（Recommendations），第三大类是设计解决方案（Design Solutions），又将每一大类分成三个小点进行分析。

接下来，这个用户让 ChatGPT 基于以上结论写一份非常吸引人的年度报告，这样就不会被裁掉，看看 ChatGPT 是怎么回答的。

问： Write me an appealing annual work report based on the above discussion.

ChatGPT： Sure! Here is an example of an annual work report based on the information provided above:

Dear [Employer],

As the UX designer at Twitter, I am pleased to present my annual work report for the past year. During this time, I have made significant contributions to the user experience and design of the Twitter App, as well as to the overall success of the company.

One of my main areas of focus has been user research and usability testing. I have designed and implemented a range of user research methods, including interviews, focus groups, surveys, and usability testing sessions, to gather valuable insights about the Twitter App. Through these efforts, I have been able to identify key areas for improvement and develop design solutions that enhance the usability and user experience of the App.

One example of this work was the usability testing I conducted to gather feedback and insights about the layout and navigation of the App. The testing revealed that many users struggled to find and use certain features, such as the "Explore" tab and the "Lists" feature. Based on these findings, I made recommendations to the product team and developed design solutions, including a redesign of the App's layout and navigation and the creation of in-app tutorials and tooltips to help users understand how to use the "Lists" feature.

In addition to my work on user research and usability testing, I have also made contributions in other areas, such as the design of the Twitter website and the development of a design system for the company. I am proud of the work that I have done and am confident that it has had a positive impact on the Twitter platform and its users.

Thank you for the opportunity to contribute to the success of Twitter. I look forward to continuing to make valuable contributions in the coming year.

Sincerely,

[Your Name]

尊敬的雇主，作为 Twitter 的设计师，我很高兴向你呈递过去一年我的年度报告。在这段时间里……

在 Prompt Engineer 的引导下，我们看到 ChatGPT 生成了丰富的内容。如果 Prompt Engineer 一开始就直接命令 ChatGPT 生成一份文档，那么结果可能并没有现在这么清晰、有条理。因此，这是一个非常有趣的案例——通过逐步引导 ChatGPT，让它完成年度报告的撰写。

11.5.2　PromptPerfect

PromptPerfect 是一款功能强大的提示词优化工具。它能够帮助用户快速生成优化后的提示词，提高工作效率。

PromptPerfect 的主要功能和优势如下。

- 智能化的提示词优化：PromptPerfect 利用自然语言处理和机器学习技术，自动分析和优化提示词，提高模型生成的准确性和流畅性。
- 灵活的参数设置：用户可以根据自己的需求和偏好，调整提示词优化的最大长度、迭代次数和输出质量等参数，以获得最佳的优化效果。
- 高效的优化算法：PromptPerfect 采用了先进的优化算法，能够快速生成最佳的优化结果，提高用户的工作效率和体验。

- 多种输出格式：PromptPerfect 支持多种输出格式，包括文本、Markdown、HTML 等，方便用户在不同场景下使用和分享优化的提示词。

PromptPerfect 的优化过程非常简单，只需输入原始的提示词，设置相应的参数，即可快速生成最优的提示词。用户可以在不同的应用场景中使用 PromptPerfect，包括对话生成、文本摘要、机器翻译等，以提高模型生成结果的质量和准确性。

使用案例

以下是一则非常简短的祝词，ChatGPT 已经回答得很好了。是否可以通过优化 Prompt，让 ChatGPT 给出更优质的回答呢？答案是肯定的。可以把优化 Prompt 的工作交由 PromptPerfect 来负责。

佳芮：写一篇新年祝词

ChatGPT：

新年到来，祝愿您：

心中有爱，身体健康；
家庭和睦，事业成功；
财源滚滚，快乐无限；
岁月静好，美梦成真。
祝您新年快乐！

PromptPerfect 是如何给出优化建议的呢？

首先，PromptPerfect 阅读了笔者最初的 Prompt "写一篇新年祝词"。

其次，PromptPerfect 给出了优化后的 Prompt："请撰写一篇新年祝词，表达你对大家的美好愿望。请使用恰当的语言，并以清晰、简洁的方式传递信息。请注意，你可以自由发挥，用创意和想象力来编写这篇祝词。请确保这篇祝词能够引起大家共鸣并激励他们迎接新的一年。"

最后，PromptPerfect 详细解释了优化的思路："优化后的提示更加明确地说明了用户需要完成的任务：撰写一篇新年祝词。同时，提供了更具体的指导方针，例如要求使用合适的语言，并强调了传递信息时应该采用简洁明了的风格。此外，通过鼓励作者在创作过程中充分发挥想象力和创造性，使祝词更富有个人特色和感染力。总之，在提高任务准确度与灵活性之间取得平衡是本次优化的目标。"

PromptPerfect 优化后的版本如图 11-18 所示。

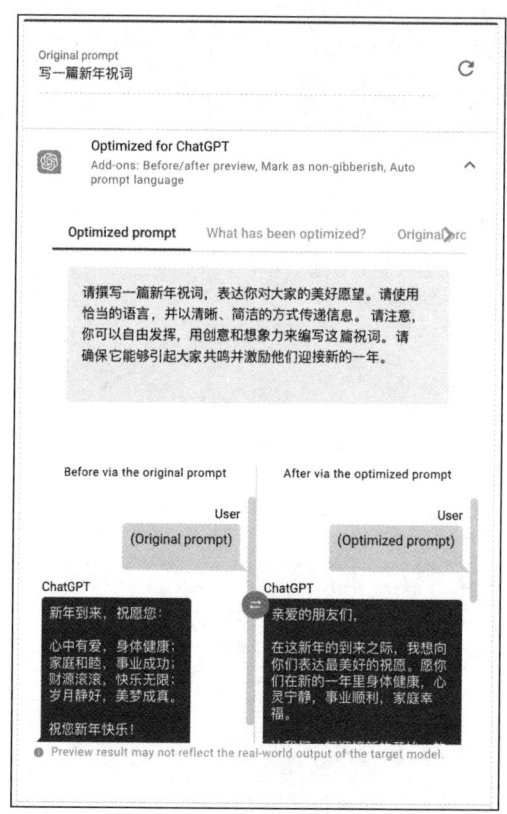

图 11-18

从上面的例子可以看出，PromptPerfect 提供了一种简化和互动的方式，用于优化大语言模型的提示词。PromptPerfect 通过自动提示词增强和可自定义的设置等功能，提高模型生成的输出质量和相关性。通过为特定应用和用例微调提示词，用户可以提高大语言模型的性能，以更少的精力和时间获得最佳结果。

第 4 部分

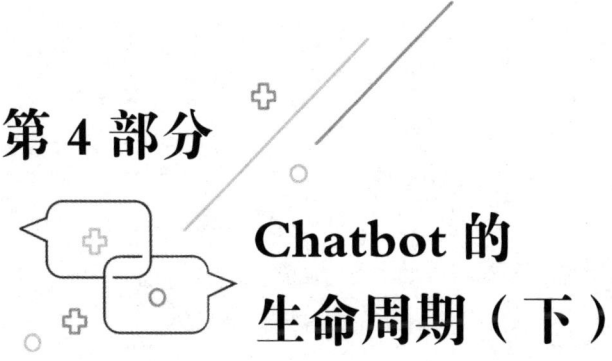

Chatbot 的
生命周期（下）

系统搭建

12.1 搭建前的准备

在了解搭建 Chatbot 的方法论之前，我们需要储备一些基本知识。本节会向读者介绍一些专业术语和搭建 Chatbot 的关键技术。

12.1.1 组件介绍

Chatbot 是一个多技术融合的平台。图 12-1 所示为 Chatbot 的基础组件，简单来说：

Chatbot =语音识别+自然语言处理+语音合成

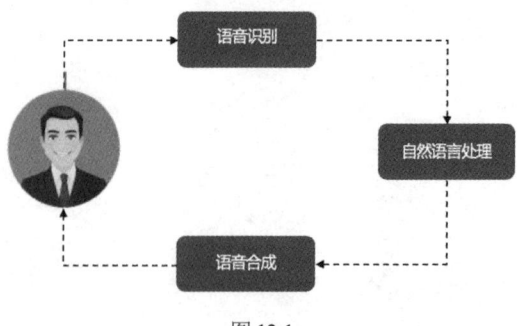

图 12-1

　　用户说话之后，通过语音识别模块将语音转化成文本交给自然语言处理模块，处理后将文本传到语音合成模块，由其将文本转化成语音返回用户。下面是这几个模块的简单介绍。

1. 语音识别

下面是一些利用了语音识别技术的案例：

- 苹果的用户肯定都体验过 Siri，它利用了语音识别技术。
- 微信里有一个功能是"语音转文字"，它利用了语音识别技术。
- 智能音箱就是以语音识别为核心技术之一的产品。
- 较新款的汽车基本都有语音控制的功能，这也是语音识别。

　　语音识别就像机器的听觉系统，其目标是将人类语音中的词汇内容转换为计算机可读的输入（如按键、二进制编码或者字符序列），是一个让机器通过识别和理解把语音信号转变为相应的文本或命令的技术。语音识别技术主要包括特征提取技术、模式匹配准则及模型训练技术 3 个方面。语音识别的过程主要分为输入、编码、解码、输出 4 个步骤，如图 12-2 所示。

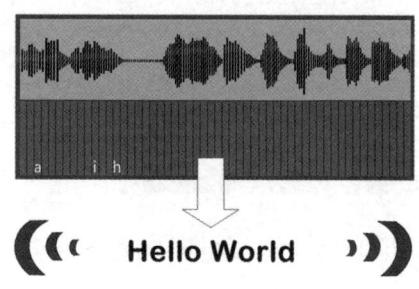

图 12-2

　　（1）对音频进行信号处理后，便要按帧（毫秒级）拆分，并对拆分出的小段波形按照人耳特征转换成可处理的多维向量信息。

　　（2）将这些帧信息识别成状态（可以理解为中间过程，一种比音素①还要小的过程）。

---

① 音素：在语音学和语言学中，音素是指任何不同的语音或手势，无论确切的声音对单词的含义是否重要。

（3）将状态组合形成音素（通常 3 个状态=1 个音素）。

（4）将音素组成字词并串连成句，实现语音转换成文字的目的。

2. 自然语言处理

自然语言处理是人工智能和语言学领域的分支学科，探讨如何处理并运用自然语言。自然语言处理是一个比较宽泛的概念，它包括用 Chatbot 摄取用户所述内容之后进行的话术分解、语义分析，并根据分析结果确定适当的操作，以用户能理解的语言回复等方面。

在人工智能出现之前，机器智能处理结构化的数据，例如 Excel 里的数据；但是网络中大部分的数据是非结构化的，例如论坛、博客中的数据。为了能够分析和利用这些文本信息，出现了自然语言处理技术，让机器理解这些文本并加以利用。

换句话说，自然语言处理是人类与机器沟通的桥梁。自然语言就是人们在生活中常用的表达方式，人们平时说的"说人话"就是这个意思。

自然语言处理大致包括理解、管理、生成 3 个部分。自然语言理解是指通过算法将人的语言变成机器可以理解的符号、关系和指令，计算机根据这些符号和指令进一步产生后续行为的对话管理模块。自然语言生成是将计算机数据转化为自然语言，可通俗地理解为：

自然语言处理 = 自然语言理解 + 对话管理 + 自然语言生成

自然语言处理在现阶段面临 5 个难点：

（1）语言是不规律的，或者说语言是错综复杂的。

（2）语言是可以自由组合的，可以组合出各种复杂的表达方式。

（3）语言是一个开放型集合，可以发明创造出很多新的表达方式。

（4）语言有一定的知识依赖性，一定的知识背景有助于语言的准确理解。

（5）语言的使用基于环境和上下文。

Chatbot 能够处理用户的信息，主要依赖于自然语言处理技术，因此，本章主要围绕自然语言处理技术进行讲解。

3. 语音合成

语音合成，能将任意文字信息实时转化为标准流畅的语音朗读出来，相当于给 Chatbot 装上了"人工嘴巴"。它涉及声学、语言学、数字信号处理、计算机科学等多个学科与技术，是中文信息处理领域的一项前沿技术。语音合成和语音识别技术是实现人机语音通信、建立一个有听说能力的口语系统所必需的关键技术。

举个例子，当机器想到一段内容时，或看到一段话时，要想知道哪些字应该怎么读，它会进行如下流程：

（1）拆解文字，得到音素的时长、频率变化，就和我们拆解文字的偏旁、英文前后缀来猜想文字发音和词意一样。

（2）知道哪些字能组合成一个词，将这段内容按照人类容易理解的方式说出来。

（3）在说出来的过程中还会结合输入者的说话习惯、发音特色、口音特点等，得到一段人类特性明显的语音。

和人类学说话一样，机器也需要将大量的语音片段作为"听力材料"，才能学会发音技巧。机器还得学会一些语言规则——比如语法和韵律，才能像人类一样，通过不同的说话语气和语境，表达出字面之外的意思。不然，机器只会像动漫或游戏作品中机器人角色的对话那样，说出生硬、没有情感、不连贯的话。

本书只介绍文本部分，也就是自然语言处理的部分。自然语言处理不仅可以用自然语言理解、对话管理和自然语言生成三个模块来处理，还可以进阶地通过 RAG、一系列的 Prompt 和一系列的工程化方法实现。

虽然大语言模型时代机器的智力提升了，但搭建 Chatbot 仍然绕不开意图识别和实体提取，以及引导用户提供对应的信息，只是技术方法和过去相比有了很大的变化。本书第 1 版主要介绍了传统的自然语言处理方法，本章新增在大语言模型时代新演进的方法。大语言模型应用落地通常会结合传统方法和新方法。

12.1.2　流程梳理

接下来，我们以一个常见的对话为例，介绍 Chatbot 的流程。场景示例：

老板明天要去北京出差，需要助理帮他订酒店房间。

这时助理需要考虑的问题是：老板想订什么位置的酒店，是五道口、中关村、还是望京？

老板告诉助理，他要订在中关村苏州街 X 大厦附近的酒店。

中关村是一个人流密集的地方，酒店经常爆满，所以助理先打电话给几家酒店以确定是否有房间，再询问房间的类型和价格等要素。确定了三个可选目标后，助理将这些信息反馈给老板：A 酒店距离开会地点 1.5 千米，豪华房间的价格是 1200 元；B 酒店距离开会地点 1 千米，是 1500 元的套间；C 酒店距离开会地点 200 米，只剩普通商务房，价格为 600 元。

老板听完，从出行更加便捷的角度考虑，选择 C 酒店。助理向老板询问支付的信用卡信息，之后按照酒店要求完成预订。如图 12-3 所示，针对上述对话，梳理出用 Chatbot 替代助理的整个流程。

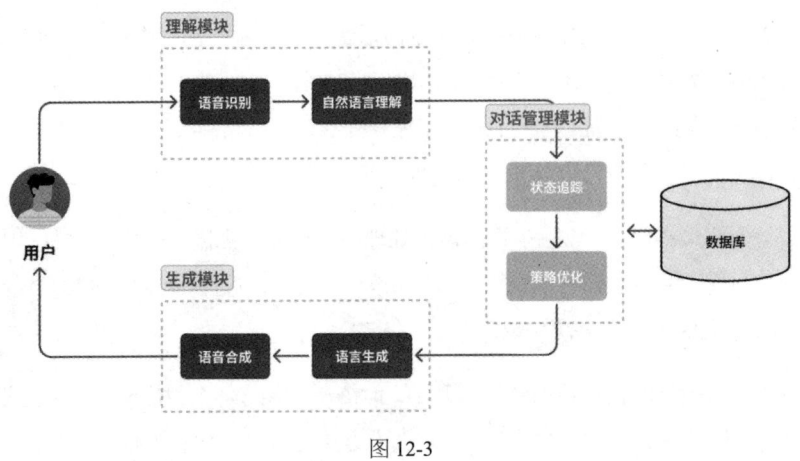

图 12-3

（1）用户打开 Chatbot 时，可以将它想象成任何一个提供该服务的语音助理，比如 Siri、Alexa 等。唤醒助理后，用户告诉它："我想去北京出差，请帮我订一间酒店。"Chatbot 将会使用语音识别模块将用户的语音需求转化为文字。

（2）Chatbot 使用自然语言理解模块将此纯文本请求转换为结构化数据，并提取跟用户目的相关的关键词——"订酒店""北京"。

（3）进入对话管理模块。先进行状态追踪，在对话的每一轮次对用户的目标进行预估，管理每个回合的输入和对话历史，输出当前对话状态。在此处，后台会记录 T 时刻，用户请求是"预订酒店，北京"。

（4）根据对话状态进行策略优化（Dialog Policy Optimization，DPO）。此处，根据状态追踪中的对话状态（Dialog State，DS），通过和历史数据库进行对比，产生系统行为，即决定下一步做什么——询问用户想订哪个区域的酒店。

（5）使用自然语言生成模块。针对需要询问酒店的具体信息生成自然语言，并向用户发起"具体订哪里的酒店呢？"的询问。

（6）根据上一步确定的结果，使用语音合成模块，将文字转化成语音，输出给用户。

（7）根据用户对上一步问题的回答，重复以上 6 步，通过对话引导用户给出其他信息，比如用户对房间级别的要求、目的地的距离等，直到用户确认方案，然后引导用户完成支付，最终完成整个对话任务。

自然语言理解希望机器像人一样，具备正常人的语言理解能力。由于自然语言在理解上有很多难点（会在后续章节中介绍），发展至今还没有达到人类预期的水平。

对话管理是指人与 Chatbot 的对话过程管理，由它根据对话的历史信息，决定 Chatbot 对用户的操作回应，或者回复内容。

值得一提的是，状态追踪和策略优化可以通过大语言模型自行做决策，很多 Agent 就是这样执行的。在大语言模型的很多应用场景中，状态追踪和策略优化是可以合并交给大语言模型完成的，这使它们的职能划分变得模糊。此外，在对话管理中为了保证内容的准确性，会使用 RAG 技术，将信息检索后通过合适的 Prompt "喂"给大语言模型，使其给出更准确的回答或者下一步的行动。

自然语言生成的目的是跨越人类和机器之间的沟通鸿沟，将非语言格式的数据转化成人类可理解的语言格式。在这一环节中，过去的大部分工作是基于规则填写的，大语言模型时代，自然语言生成变得越来越简单且表现得越来越像人，系统在自然语言生成上的工作量几乎减少为 0。本书第 1 版中介绍了自然语言生成技术，如今这部分内容显得过于传统且意义不大，因此本书中删除了相关内容。除了自然语言理解、对话管理和自然语言生成，RAG 技术是系统搭建非常重要的一环。

12.2　自然语言理解

自然语言理解是自然语言处理的一个子集，它解决如何更好地处理非结构化输入并将其转换为 Chatbot 可以理解和操作的结构化形式的问题。简单地说，自然语言理解要解决的问题，就是让机器识别人讲的话的问题。虽然人类可以毫不费力地处理错误发音、同义词替换、口语化等特殊问题，但 Chatbot 不行。自然语言理解技术是研究如何让计算机读懂人类语言的一门技术，也是自然语言处理技术中最困难的一项。

其研究的问题主要有以下 5 个。

- What?——何谓理解？
- How?——计算机如何能理解人类语言？
- When?——计算机了解到何种程度才算理解？
- Where?——自然语言如何转换成计算机可理解的结构？如何存储？
- Why?——计算机真的能理解吗？为何能？为何不能？

自然语言理解跟整个人工智能的发展历史类似，一共经历了 4 次迭代。

（1）基于规则的方法：定义一组规则，描述任务的所有不同方面，确定这些规则的某种顺序或权重组合以做出最终决定，以相同的方式将由该固定规则组成的公式应用于每个用户输入。

（2）基于统计的方法：通过统计学方法构建经典的机器学习模型，使用用户定义的功能来表示一些"端到端"模型，需要特征工程。为了实现高精度，它们的功能需要非常精心和全面的设计。

（3）基于深度学习的方法：让神经网络自己学习语言特征。在训练期间，输入是文本的特征向量，输出是一些高级语义信息，例如情感、分类或实体提取。在这一切的中间，曾经手工设计的功能现在由深度神经网络通过找到将输入转换为输出的某种方式来学习。

（4）基于大语言模型的方法：这一方法依赖大型预训练语言模型，如 GPT 系列和 BERT 系列等。这些模型在大量非结构化文本数据上进行预训练，学习语言的深层结构和语义信息。通过使用迁移学习和微调技术，这些模型可以快速适应新的任务和领域，无须大量标注数据。

技术的每一次迭代，都在解决自然语言理解面临的如下问题。

（1）语言的多样性问题。自然语言没有通用的规律，你总能找到很多例外的情况。另外，自然语言的组合方式非常灵活，字、词、短语、句子、段落……同样的含义可以用不同的组合来表达。例如：

- 我要听《七里香》。
- 给我播《七里香》。
- 放首《七里香》。
- 放音乐《七里香》。
- 放首歌《七里香》。

（2）语言的歧义性问题。如果不联系上下文，缺少环境的约束，语言会产生很大的歧义性。如"我明天要出差"这句话可以有很多种解读：可能需要火车票，也可能需要飞机票，还有可能是明天没空，参加不了客户的会议。

（3）语言的鲁棒性问题。自然语言在输入的过程中，尤其是通过语音识别获得的文本，由于人说话时有一些口音或口齿不清，会导致多字、少字、错字、噪音等问题。例如：

- "大王叫我来新山。"
- "大王叫让我来巡山。"
- "大王叫我巡山。"

（4）语言的知识依赖问题。语言是对世界的符号化描述，语言天然连接着世界知识，例如：

- 苹果：除了表示水果，还可以表示一家科技公司。
- 四季：除了表示季节，还可以表示酒店名。
- 去大理：除了表示想去大理这个地方，还有一首歌名也叫《去大理》。

（5）语言的上下文问题。上下文的概念包括很多种：对话的上下文、设备的上下文、应用的上下文、用户画像等。

> 用户："买张火车票。"
> Chatbot："请问你要去哪里？"

用户："宁夏。"

而在另外一个场景下：

用户："来首歌听。"

Chatbot："请问你想听什么歌？"

用户："《宁夏》。"

两种场景下，"宁夏"代表的意思是完全不同的。

以上列出了 5 个难点，一方面，在未来，随着技术的发展可以逐步解决这些难点；另一方面，也可通过之前章节中介绍的使用合适的对话脚本引导用户给出合适的答案，二者需要对话管理进行配合。

Chatbot 于 2015 年再次流行，主要是因为机器学习特别是深度学习技术的普及，让很多团队都掌握了一组关键技能：**意图识别和实体提取**。如今，写好 Prompt 就能完成基础的意图识别和实体提取，且结果比 2015 年更好、成本更低。

在生活中，如果想订机票，则人们会有很多种自然的表达：

- "有去上海的航班吗？"。
- "订机票"。
- "看看航班，下周二出发去旧金山的"。
- "要出差，帮我查下机票"。
- ……

可以说，有很多"自然表达"都代表"订机票"这个意图。听到这些表达的人，可以准确理解这些表达指的是"订机票"这件事，而要理解这么多种不同的表达，对 Chatbot 是个挑战。在过去，机器只能处理"结构化的数据"，也就是说，如果要听懂人在讲什么，必须要用户输入精确的指令。

所以，无论你说"我要出差"还是"帮我看看去北京的航班"，只要这些字里没有包含提前设定好的关键词"订机票"，系统都无法处理。而且，只要出现了关键词，例如"我要退订机票"里也有这三个字，也会被处理成用户想要订机票。机器通过"订机票"这个关键词来识别意图。

利用自然语言理解技术，可以让机器从各种自然语言的表达中区分出归属于这个意图的表达，而不再依赖那么死板的关键词。例如，经过训练，机器能够识别出"帮我推荐一家附近的餐厅"就不属于"订机票"这个意图的表达。并且，通过训练，机器还能够在句子中自动提取出"上海"这两个字指的是目的地这个概念（即实体）；"下周二"指的是出发时间。

这样一来，就实现了"机器听懂人话"。

接下来，笔者对这两个技能背后的技术进行解释。

12.2.1　意图识别

第 8 章简要介绍了意图识别的概念。什么情况下需要意图识别呢？当系统需要将用户说的话参数化的时候。换句话说，任务型对话需要用到意图识别。

意图识别也和预置的行业知识库有关，知识库越完善，Chatbot 对用户意图的识别能力就越强。整个行业预置知识库也是随着系统上线之后，不停地根据用户和 Chatbot 的交互收集到更多的语料和反馈，反复迭代，从而变得越来越完整。

在一个意图大类下，还可能有更详细的意图的细分领域。例如，"请问你们发哪家快递？""请问我的快递到哪儿了？"这两句话的大意都是物流咨询，但可以对它做更细的意图分类："发哪家快递"，属于选择快递公司的意图。"快递到哪了"，属于物流状态查询的意图。

意图识别有如下 4 个难点。

（1）用户输入不规范，不同用户的表达方式存在差异。例如，有人会对 Chatbot 说："帮我订一张深沪的高铁票。""深沪"代表的是深圳和上海，用户使用这样的简称可能是为了快速输入，而 Chatbot 却很难理解这和"帮我订一张深圳到上海的高铁票"是同一个意思。

（2）多意图的判断。例如，"水"这个词其实很常见，但它在不同的场景里意思不一样。如果说"我口渴了，要喝点水"，则这里的"水"代表的是饮用水；如果用户对一个化妆品电商平台的客服说"我要水"，那么客服更可能将这里的"水"理解为爽肤水，而不是饮用水。面对单纯的一句"我要水"，在缺少上下文语境的情况下，Chatbot 可能没有办法做出正确的意图识别。

（3）意图识别模型的搭建和训练需要大量的数据。这样才能定义并获取准确的意图，但最开始的数据获取相对比较难。

（4）没有固定的评价标准。通常，用户的语句中既有大意图，又有小意图。对于具体业务人员，整理这些分类是非常需要耐心的。

那么，计算机应如何识别意图呢？这里主要介绍两种方法：文本解析和文本匹配。

1. 文本解析

用这种方法来识别用户的意图，首先要求参数化。"今晚 6 点帮我在全聚德订一个包厢，十个人的。"这句话人类是能听懂的，而 Chatbot 需要结构化的数据。参数化就相当于把这句话处理成结构化的数据：

- 餐厅名：全聚德。
- 时间：2023 年 4 月 5 日 18 点。
- 人数：10。

把这种参数化的数据输入系统，系统可识别出意图是"预订餐厅"。这就叫作基于文本解析的对话理解。

2. 文本匹配

简单来说，文本匹配是从问答库中找出语义与用户的问题最相似的问题，然后把对应的答案发送过去。例如，在问答数据库中，与"我想了解限号政策"匹配的是"限号政策"，因此应把相关答案发送过去。这其实是语义的匹配，即基于文本匹配的对话理解。

文本匹配是自然语言处理中一个重要的基础问题，自然语言处理中的许多任务都可以是文本相似度计算任务。例如，网页搜索是用户搜索的关键字与网页内容的相似度计算，问答是用户提出的问题与候选答案的相似度计算，文本去重是文本与文本的相似度计算。

传统的文本匹配技术，如信息检索中的向量空间模型算法，主要解决词汇层面的相似度问题。但是，基于词汇重合度的匹配算法相当有局限性，比如语言有同词不同义（苹果水果与苹果公司）、同义不同词（馒头与馍）、同构不同义等。甚至完全相同的两句话，也可以有完全相反的意思（"清华大败北大"，既有可能代表"清华打败了北大"，也可能代表"清华被北大打败了"）。

这表明，对文本匹配任务而言，我们仅基于字面层面做匹配是不够的，还需要基于语义层面做匹配。

传统的意图识别系统基于规则或简单的机器学习算法，往往需要人工精细地设计特征以理解用户的输入。而大语言模型通过深度学习架构能够捕捉更丰富的语言特征，了解上下文、引用、甚至是隐含的意图。这种对语言的深层理解大幅提升了意图识别的准确性。

随着人工智能领域的飞速发展，我们见证了大语言模型（如 GPT-3、BERT 等）的出现，这些模型广泛应用于 Chatbot 领域，并对意图识别产生了革命性的影响。

大语言模型在大量多样化的语料上进行训练，能够更好地适应不同的领域和场景。这意味着相对于传统模型，大语言模型在对话系统中可以应对更广泛的任务，不需要从头开始收集和训练大量特定领域的数据。

借助预训练和微调的框架，大语言模型可以将在其他任务上学到的知识迁移到意图识别任务上。这使得即使是资源较少的语言或任务也能够利用这些强大语言模型的能力，实现快速有效的意图识别。

大语言模型能处理复杂的语言构造、歧义和句子之间的关联，这在以往的模型中是一项极具挑战性的任务。在实际应用中，这意味着 Chatbot 可以理解并回应更复杂的用户查询，使对话体验更流畅、更人性化。

得益于大语言模型的高性能，可以减少 Chatbot 的开发者在意图分类和对话管理中的手动工作量。这些模型通常能够自动理解和处理多个意图，有时甚至可以在没有明确训练数据的情况下做出合理推断。

在实际应用中，除了模型算法，还有很多因素会对最终效果产生巨大影响。其中最重要的就是数据及应用场景的特点。

12.2.2 实体提取

实体提取，作为自然语言理解的一个关键组成部分，其主要任务是从文本中识别出有具体意义的信息实体，如人名、地点、日期、公司名称等。这些实体对于理解用户意图、增强对话系统的交互性及提高信息检索的相关性至关重要。随着深度学习技术的不断进步，基于大语言模型的实体提取技术已成为当前自然语言理解领域的一大热点。

GPT 等生成式模型的能力不仅局限于生成流畅的文本，还具备了捕捉和使用实体信息的能力。这些模型在预训练阶段接触了丰富多样的文本材料，因而对常见实体有了深刻的理解。更重要的是，GPT 的生成式特点允许其将实体有机地融入生成的文本中，这能显著增强与用户的交互体验。

GPT 系列模型特别适合零样本或少样本的场景，这意味着即便没有大量专门的实体提取训练，GPT 也能展现出出色的实体抽取能力。通过向模型提供适当的系列 Prompt，模型能够理解所需执行的任务，并据此将实体从给定文本中提取出来。

由于 GPT 模型在处理输入时考虑了文本的上下文信息，因此模型可以根据上下文来识别实体的种类及实体与其他词汇的关系。例如，在解析句子"Jordan scored the game-winning shot"时，GPT 模型能够通过上下文推断"Jordan"是一个人名，而不是一个国家。

GPT 系列模型之所以强大，还因为它具备实时学习和适应的能力。模型预训练所涵盖的大量文本数据包含了各种不断变化的语言用法和新兴术语。因此，模型能较好地识别新出现的实体，满足不断变化的语言环境需求。

将 GPT 系列模型应用于实体提取，在多种自然语言理解应用场景中均显示出广阔的应用前景。无论是在问答系统中识别问题的关键信息点，在信息提取系统中寻找与主题相关的实体，还是在对话系统中实时提取用户提及的实体，GPT 系列模型能提高对这些任务的处理能力。大语言模型让系统从庞大的、未结构化的文本数据中迅速、精确地提取实体信息成为可能，开启了构建更智能化的自然语言应用的新篇章。

值得一提的是，尽管 GPT 系列模型展现了强大的实体提取能力，但也存在一定的局限性，例如对实体类型的分类可能不如专门为此目的设计的模型精确。而且，GPT 的生成机制在确定实体边界时会引发一定的模糊性。为了优化实体提取的效果，可以在 GPT 系列模型的基础上进行 Fine-tuning，使其更适合特定领域或数据集。

12.3 对话管理

对话管理控制着人机对话的过程，根据对话历史信息决定此刻对用户的反应。最常见的应用还是任务驱动的多轮对话，用户带着明确的目的，如订餐、订票等。如果用户需求比较复杂，有很多限制条件的话，可能需要分多轮进行陈述。一方面，用户在对话过程中可以不断修改或完善自己的需求；另一方面，当用户陈述的需求不够具体或不明确时，Chatbot 可以通过询问、澄清或确认来帮助用户找到满意的结果。

本质上，任务驱动的对话管理实际就是一个决策过程，系统在对话过程中不断根据当前状态决定下一步应该采取的最优动作（如提供结果、询问特定限制条件、澄清或确认需求），从而最有效地辅助用户完成信息或服务获取的任务。

如图 12-4 所示，对话管理的输入就是用户输入的语义表达（或者说是用户行为，是自然语言理解的输出）和当前对话状态，输出就是下一步的系统行为和更新的对话状态。这是一个循环往复不断流转直至完成任务的过程。其中，语义输入就是流转的动力，对话管理的限制条件（即通过每个节点需要补充的信息/付出的代价）就是阻力，输入携带的语义信息越多，动力就越强；完成任务需要的信息越多，阻力就越强。

图 12-4

实际上，对话管理可能有更广泛的职责，比如融合更多的信息（业务+上下文），进行第三方服务的请求和结果处理，等等。

对话管理是 Chatbot 的核心组成部分，它的主要功能如下。

（1）接收自然语言理解模块的输出。

（2）对话状态追踪（Dialog State Tracking，DST）更新会话状态。当前的会话状态依赖于之前的系统状态、之前的系统响应及当前的用户输入。

（3）对话策略优化。根据对话状态中的会话状态做出系统决策，产生对话行为（Dialog Action），决定下一步做什么。

（4）与后端进行交互。

再次回顾 Chatbot 的技术架构。如图 12-3 所示，我们可以看到对话管理模块的位置——在理解模块之后，在语言生成模块之前。简单来说，对话管理控制着人机对话的过程和走向，根据对话上下文信息决定此刻系统对用户的输入做出的响应。

举例来说，对话管理的输入是由理解模块传过来的，形如"订机票(出发城市=北京,到达城市=上海,日期=2023-01-01)"；对话管理器维护自己内部的状态，比如对话的历史、最后一个未回答问题等；对话管理的输出是 Chatbot 传给语言生成模块用来回复用户的指令，比如"告知(航班号=1248,起飞时间=1248)"。语言生成模块会将指令转换为人类语言，发送给用户作为回复。

根据对话由谁主导的标准可以将对话引擎分为三类。

（1）系统主导：由系统向用户发起询问，用户回答，最终达成目的。

（2）用户主导：用户主动提出问题，系统进行解答以满足用户的诉求。

（3）混合：系统和用户交替主导对话过程，最终达成目的。

在整个 Chatbot 中，对话管理是 Chatbot 封闭域多轮对话体验的核心，犹如负责管理人类语言的大脑。人机多轮对话的体验，就是建立在一次次的对话状态维护和对话决策之上的。

对话管理在实际场景中面临着各种各样的问题，以下案例供读者参考。

（1）用户对话偏离业务设计的路径：如系统问用户导航目的地的时候，用户反问了某地天气情况。

（2）多轮对话的容错性：在一个 3 轮对话的场景中，用户已经完成 2 轮，在进行第 3 轮时由于语音识别或者自然语言理解错误,导致前功尽弃,这样用户体验就会变得非常差。

（3）多场景的切换和恢复：绝大多数业务并不是单一场景，场景的切换与恢复既能作为亮点，也能作为容错手段之一。

在冷启动阶段，会先用规则方法打造一个对话管理模块，快速上线并满足业务需求，收集数据之后再转换成模型进行优化。笔者再次介绍对话管理的设计理念：

（1）完整性：填槽是基础，高阶需要具备建模各种类型对话的能力。

（2）独立性：当变更一个场景时，不需要考虑当前场景跳转到其他场景的情况。

（3）模块化：一些常用的业务组件（如确认、填槽等）能呈模块化复用（同时允许业务自定义内部的多种属性）。

12.3.1　对话状态追踪

对话状态追踪模块包括持续对话的各种信息，根据旧状态、用户状态与系统状态（通过与数据库的查询情况）来更新当前的对话状态，如图 12-5 所示。

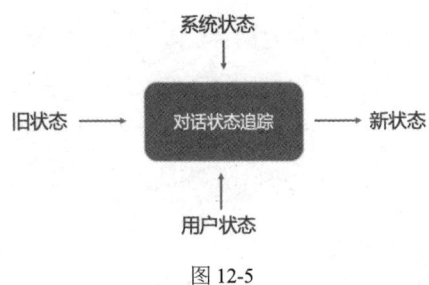

图 12-5

对话状态管理就是根据所有对话历史信息推断当前对话状态和用户目标。往往是对话系统中至关重要的一个模块，上接自然语言理解，下接对话策略优化。

如果把对话状态管理当作一个黑盒，那么可以简化为"输入→输出"的形式。

- 输入：包含自然语言理解生成的结构化数据、系统采取的动作、外部知识等。
- 输出：对话状态，用于选择下一步动作。

在对话管理系统中，常见的方案是将对话建模成一个填槽（Slot Filling）的过程。它的特点是，用户和系统都可以获取对话的主导权，用户回答可以包含一个或多个槽位信息，适用于相对复杂的多轮对话。

也有一些平台或论文把本书中提到的"实体"称为"词槽"或者"槽"，即多轮对话中要将用户意图转化为明确指令所需补全的信息。一个槽与任务处理中所要获取的一种信息相对应。槽本身没有顺序，缺什么槽就向用户询问对应的信息。

以上文提到的"告诉我去车站怎么走"为例，其中目的地是一个槽位，"车站"是该槽位所填充的值。槽位又可细分为平行槽位、依赖槽位、单值槽位和多值槽位等。另外，为了引导用户填充槽位，会有对应的澄清话术。例如，"目的地"对应的澄清话术是："您想从哪出发呢？"，"出发时间"对应的澄清话术是："您想什么时间出发呢？"

举例来说，用户发出请求："我想订一张从北京到上海的机票。"我们期望从自然语言理解模块得到"订机票（出发城市=北京，目标城市=上海）"的输入。那么，"出发城市"

和"目标城市"就是为了实现"订机票"这个任务所需要的槽。通过对话状态追踪，会将"出发城市"的值更新为"北京"，"到达城市"的值更新为"上海"。

12.3.2　对话策略优化

对话策略优化的主要任务是，通过对话状态追踪中的对话状态产生对话行为，最终输出下一步做什么的策略。本质上，多轮对话管理实际上就是一个决策过程。系统在对话过程中不断根据当前状态决定下一步应该采取的最优动作（如提供结果、询问特定条件、澄清或确认需求等），从而最有效地辅助用户完成信息或服务获取的任务。

下面我们以订票为例，简单说明如何进行对话管理。为了进行对话管理，我们不但需要保存之前用户的问题，还要保存自己回答的结果，例如：

- 请求的格式：request(a,b=x,c=y,...) 即请求参数 a，并提供（可选的）参数 b=x 等。
- 通知的格式：inform(a=x, b=y) 即提供信息，用户可以向系统提供信息，系统也可以向用户提供信息（答案或查询结果）。

为便于读者理解，笔者将对话策略的行为分析图放在用户和 Chatbot 交流的中间。

用户发出请求"我想订北京去上海的火车票"，Chatbot 接收用户请求后的对话策略如图 12-6 所示。

对话策略决策

- 用户行为：request(车票列表，起始地=北京，目的地=上海)

- 系统行为：inform(车票列表=执行部件的答案，起始地=北京，目的地=上海)

图 12-6

Chatbot："从北京去上海的车有××趟，如下……"

用户："从杭州去的呢？"Chatbot 再次进行对话分析，如图 12-7 所示。

Chatbot："从杭州去上海的车有××趟，如下……"

假设上面两句是连续的问题，系统在回答第二句的时候，用户没有直接提示目的地（这符合自然语言的习惯），那么目的地这个状态，就应该由对话状态管理部件存储（相当于

Chatbot 的短期记忆），在一定假设下，补全并猜测到用户的完整意图。

对话策略决策

■ user_action: request(车票列表，起始地=杭州)

■ sys_action: inform(车票列表=执行部件的答案，起始地=杭州，目的地=上海)

图 12-7

在第二次回答时，如果系统并不确定目的地是上海（例如根据某个概率值），那么可能会产生下面的情况，如图 12-8 所示。

对话策略决策

■ user_action: confirm()

■ sys_action: inform(车票列表=执行部件的答案，起始地=杭州，目的地=上海)

图 12-8

Chatbot："您是说从杭州去上海的车票吗？"

用户："是的。"

Chatbot："从杭州去上海的车有××趟，如下……"

如果系统实在不确定**用户发起的请求**，则可以再次进行分析。

Chatbot："请告诉我目的地是哪里？"

用户："是上海。"

Chatbot："从杭州去上海的车有××趟，如下……"

这些不同的交互过程，最终都实现了订票这个结果。理论上，一次交互就成功是最好的，因为用户操作最少，但是实际应用中很难做到这么完美，在交互过程中，如果语音识别部件、自然语言理解部件甚至对话状态追踪部件产生了错误（如听错了、理解错误、管理失误等），那么是有可能产生两次以上的对话交互的。

所以对话状态追踪和对话策略部件的主要作用是管理历史状态，并根据状态生成一个 sys_action，即系统所要应对的行为。

传统的对话系统通常分为多个模块：意图识别、实体提取、对话状态跟踪、对话策略优化和回复生成。大语言模型的出现让构建端到端的对话系统成为可能，所有中间步骤都由一个统一的模型处理，减少了模块间的错误传播和对各个子任务独立数据集的需求。大语言模型不仅优化了处理流程，提升了对话质量，还极大地简化了系统设计和维护过程。随着这些模型的不断进化，未来的对话管理系统将更加强大、灵活，能够以越来越人性化的方式进行交互，满足不断增长的自然语言处理应用需求。

但是，这并不是说对话管理变得不必要；相反，大语言模型有助于改善和增强自然语言处理中的对话管理。对话管理是对话系统的核心部分，负责控制对话流程、理解用户意图、维护对话状态和生成响应。大语言模型对这一领域的主要贡献在于增强对话系统的语义理解和生成能力，并简化了系统的开发和维护。

一个成熟的对话管理系统不仅需要理解语言，还包括策略学习来做出决策、与外部 API 的交互及对话状态管理等功能。大语言模型在处理自然语言方面的进步大大促进了对话管理的发展，但它们通常被集成为对话系统中的一个部分，与其他组件相互协作，以提供完善的用户体验。因此，大语言模型不是取代对话管理，而是对话管理系统中的一个强大工具和组件，可以增强对话系统的性能和能力。

12.4　RAG 搭建

前面章节介绍过 RAG 的工作流程，本节将对其进行简要回顾。通过检索系统控制大语言模型，从外界数据库中查找与问题相关的文档或段落，重新构造输入大语言模型中的内容。最后使用大语言模型在此基础上构造生成检索器系统下规定格式的答案，具体流程如图 7-3 所示。

在落地实施的过程中，Prompt 的撰写不仅由 Prompt Engineer 在与 ChatGPT 交流时完成，还需借助工程化手段完成。具体来讲，需要构建一个 Prompt Chain，使每个 Prompt 的输出都成为下一个 Prompt 的输入，步骤之间相互依赖。这种方法在单个 Prompt 无法直接提供复杂问题的解决方案时特别有效。通过拆分任务，Prompt Chain 可以帮助模型更好地理解和执行多步骤的任务。此外，有多种检索方法可以提高检索的准确性，最终提升模型的质量，这些内容都将在本节详细介绍。

12.4.1　工程化的 Prompt 实现

虽然第 11 章介绍了如何撰写 Prompt 能得到比较理想的输出，但是在系统搭建的过程中，需要将 Prompt 的设计和使用标准化，尤其是自动化 Prompt 的生成和优化，以及根据特定需求动态调整 Prompt，这种方式通常需要辅以代码。在此，笔者将它称为工程化的 Prompt。

1. 基础 Prompt

图 12-9 是通过 Prompt 获得大语言模型响应的过程，即

- 向大语言模型发送一段文本（Prompt）。
- 大语言模型输出另一段文本作为回应（Completion）。

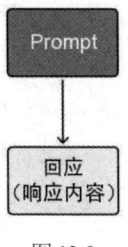

图 12-9

需要注意的是，大语言模型只是试图根据统计概率找到最可能的下一个词来响应用户的提示，这个过程被称为"生成"。这一点非常重要，它有助于用户理解和利用大语言模型的行为特点。

2. 动态 Prompt

在大语言模型应用中，创建一个"Prompt 模板"并在将 Prompt 发送给大语言模型之前动态地用用户数据替换其中的部分内容是常见做法之一。如图 12-10 所示，{name} 和 {date} 就是 Prompt 模板中的变量，在生成响应内容之前是会被动态替换的。

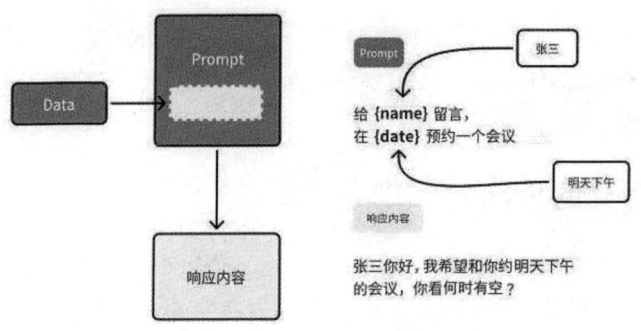

图 12-10

3. Prompt Chain

在某些特定场景下，仅调用一次大语言模型是不够的，例如当任务比较复杂时，或者当响应的内容没办法放进上下文窗口时（模型每次请求能读写的最大 Token 数量超出限制）。

这时会用到 Prompt Chain。Prompt Chain 是一种使用一系列连续、互相关联的 Prompt 逐步引导和改进大语言模型生成的文本的方法。这种方法在与 GPT-3 或 GPT-4 交互时尤为常见。

在 Prompt Chain 的过程中，用户会提供一个初始 Prompt，它通常是一个问题、陈述或任务。大语言模型基于这个初始 Prompt 生成回应。用户可以根据这个回应对模型提供进一步的指导，形成一个新的提示，引导模型生成更精确或相关的回答。这个过程可以循环进行，每个新的提示都建立在前一个回答的基础上，如图 12-11 所示。

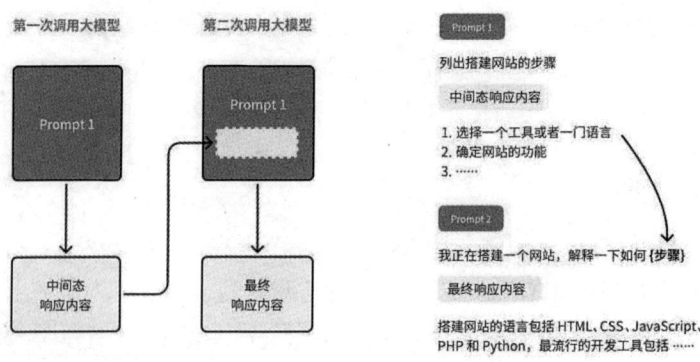

图 12-11

4. RAG Prompt

RAG 是为了解决大语言模型的幻觉问题而设计的，RAG Prompt 的具体构造参考图 12-12。

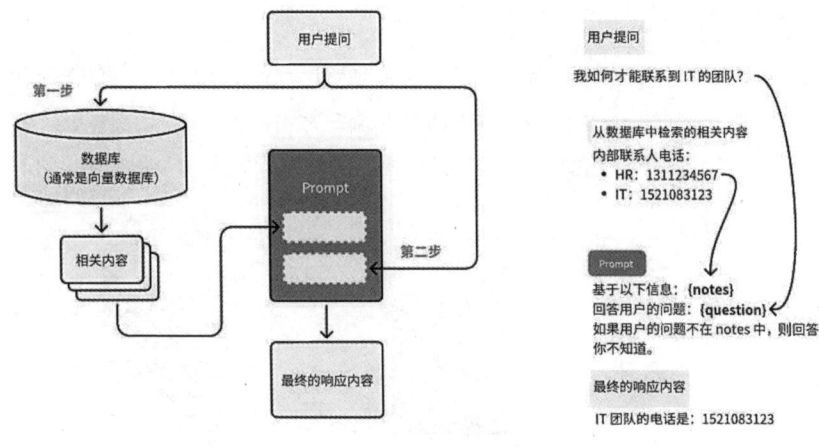

图 12-12

5. 带有聊天历史的 Prompt

大语言模型只有短期记忆，不会保存历史数据，用户的每次请求都被当作新回答的开始。如果在与大语言模型对话时想让其了解用户之前的对话内容，则可以在 Prompt 中保存回复的内容，并在下次请求时一起提交给大语言模型，具体说明如图 12-13 所示。

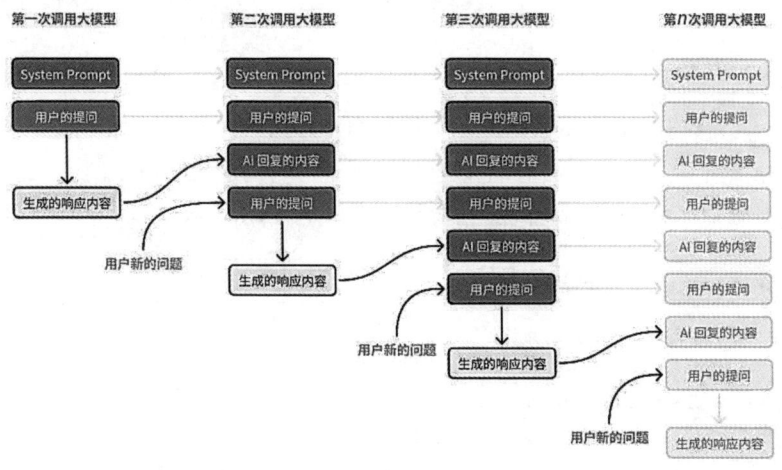

图 12-13

6. 压缩聊天历史

聊天历史过长会达到大语言模型在单次请求中（上下文窗口）能处理的 Token 数量上限。例如，一个上下文窗口容量为 4096k Token 的大语言模型，如果接收 3900k Token 的输入，它的输出就只能是 196k Token。

为了不超出这个限制，同时减少 API 的成本（大语言模型是按输入和输出的 Token 数量计费的），用一个中间态的 Prompt 来总结聊天历史是常用办法之一。当然，进行这种概括本身也会消耗一次大语言模型的请求，所以需要找到一个平衡点。具体过程如图 12-14 所示。

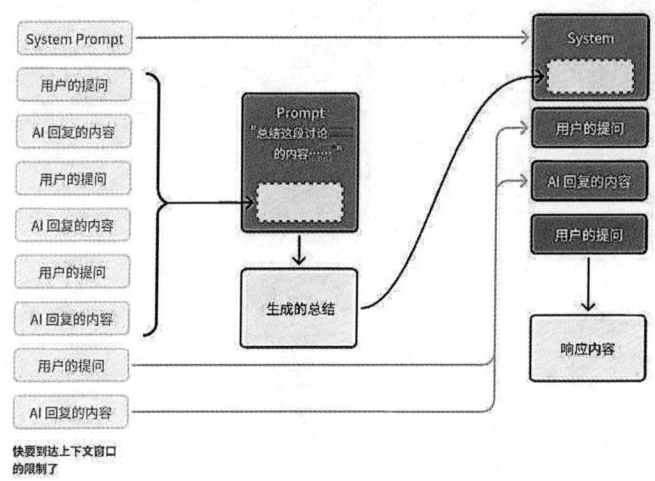

图 12-14

7. 生成 JSON 的 Prompt

通过大语言模型生成的零散内容来辨别用户意图是低效的。更好的方式是利用 Prompt 让模型生成一个 JSON 格式的内容。JSON 是一种广泛使用的文本格式，用于表示结构化数据且易于阅读，主流的编程语言都支持 JSON 格式。

以下是描述旅行条件的 JSON 示例：

```JSON
{
  "departureCity": "北京, 中国",
  "destination": "旧金山, 美国",
  "numberOfTravelers": 2,
  "businessTrip": false,
```

```
  "specialRequests": [
    "山景房",
    "有导游安排"
  ],
  "budgetRange": {
    "min": 3000,
    "max": 4000
  }
}
```

为了让大语言模型以 JSON 格式输出，通常使用 TypeScript 风格的类型定义，即使用 TypeScript 提供的语法和特性来描述数据类型（文本字符串、数字、布尔值等）、可选属性（使用 "?" 来描述可选属性），以及注释（通常用 "//" 标注），如图 12-15 所示。

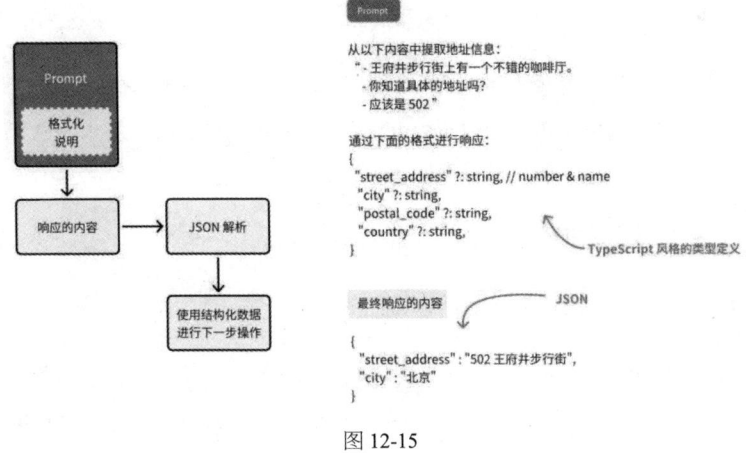

图 12-15

当然，这种 "技术型" 提示工程需要一些编程知识。使用 GPT 有以下两个技巧。

- 当使用的 Prompt 较长时，将 "格式说明" 放在最后，靠近 "期待回复" 的部分。
- 请求大语言模型使用 Markdown 语法将 JSON 的内容放在 " ```json" 和 " ``` " 中间，这样便于后续编写有效的代码及信息抽取。

8. Function-calling

如果通过一组可执行的操作清单来 Prompt 大语言模型，让其生成一个 JSON 格式的内容，应用程序就可以解释并执行对应的代码。这可以让大语言模型和应用程序的大量组件进行互动，如记忆组件、数据库、API 调用等。具体说明如图 12-16 所示。

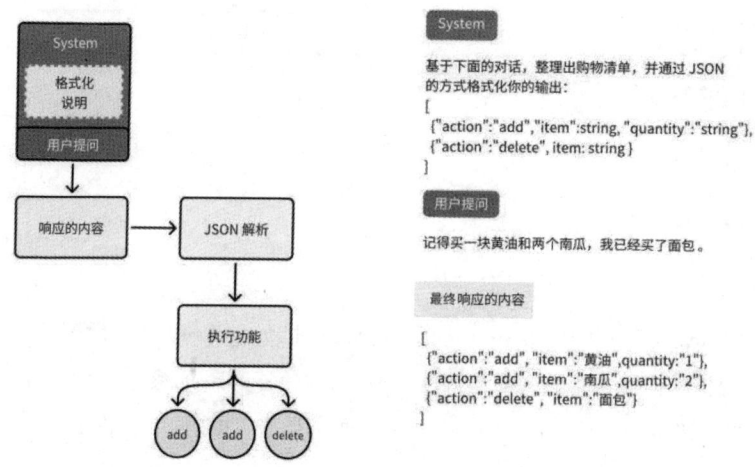

图 12-16

值得一提的是，2023 年 6 月 OpenAI 发布了 GPT 的 Function-calling 功能，引入了一种全新的 API 语法，抽象出可以通过 Prompt 实现的内容，使开发者能够从模型中获取更可靠的结构化数据。

综上，各种工程化提示的实现是系统搭建非常重要的一环。

12.4.2 检索方法

RAG 的实际应用中，有一个很关键的要素是"检索"，当检索的内容质量不高时，即使 Prompt 写得再好，最终的结果也会不合预期。要提高检索的效果，可以从以下 3 个方面入手。

（1）数据集的质量与种类：确保数据集覆盖广泛的话题，信息丰富、准确，这样能够提供更多的检索选项和更高质量的回答。

（2）检索算法的优化：优化检索算法，提高大语言模型对问题的理解能力，使其能更准确地匹配到相关文档。

（3）模型训练与调整：通过对模型进行细致的训练和调整，提升模型对检索内容的理解和利用能力，从而生成更精准和自然的回答。

本节将介绍一些简单的检索算法，结合 Prompt 的优化，能达到更好的效果。

1. 扩展问题检索

一种基本的检索方法是基于向量空间的距离检索，也就是前面介绍的 Embedding。通过问题和文档之间的"距离"找到相似的文档。问题的微小变化会影响检索的准确性，因此检索之前可以进行预处理。

具体来讲，可以通过 Prompt 让大语言模型基于用户的提问生成多种不同的问法，然后检索相关的文档，最后从查询返回的不同文档中取并集。用不同的问法进行查询很可能会返回同一个文档，系统可以让这个文档只出现一次，也就是数学中的并集计算，只保留唯一的元素以避免重复。

通过这样的方法，可以打破基于向量空间检索相似性的限制，进而得到更全面的结果，具体步骤如图 12-17 所示。

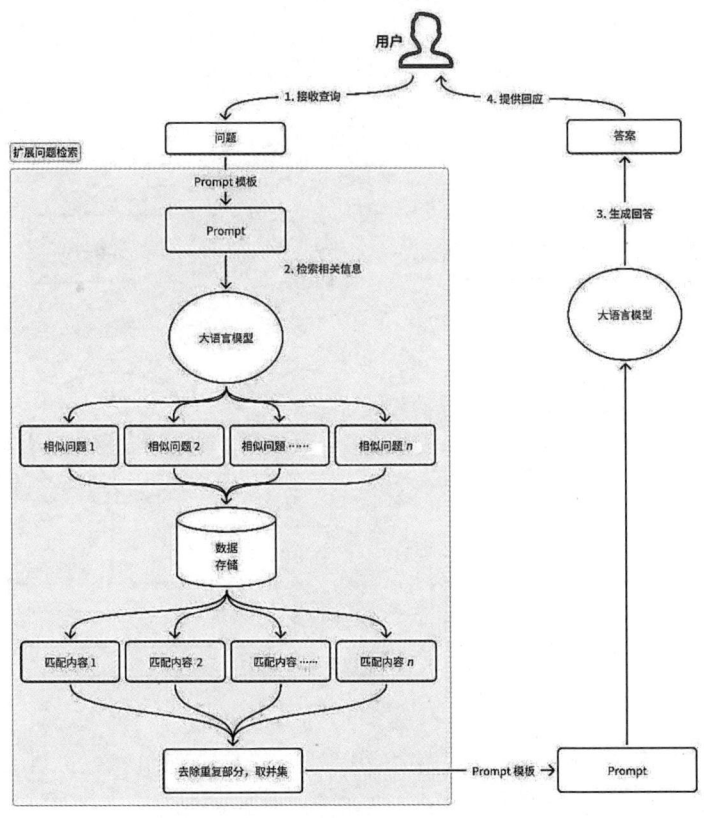

图 12-17

2. 上下文压缩检索

检索面临的问题之一是，当用户将数据导入系统时，通常不知道大语言模型的应用中具体会遇到哪些查询，因此与查询最相关的信息可能被淹没在大量其他不相关的信息中。如果在应用中把整个文档都传给大语言模型，则这些不相关的信息会产生更高的调用费用，使响应速度变慢。

可以通过上下文压缩检索的方式解决这个问题：不再把检索到的文档原封不动地输入大语言模型，而是通过查询请求相关的上下文信息对文档进行压缩，只将压缩过的内容输入大语言模型。这里的"压缩"不仅是指对每个文档本身的压缩，还包括按照特定的规则将一批不符合条件或不相关的文档整体排除，保证只保留最相关和最重要的内容。

上下文压缩检索不仅需要合适的检索器，还需要文档压缩器。具体流程如图 12-18 所示。

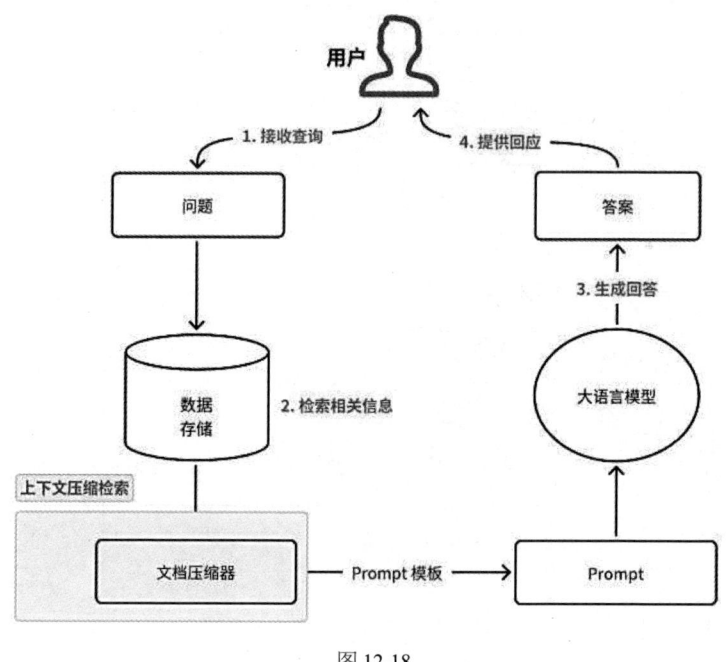

图 12-18

系统先根据问题进行检索，然后用文档压缩器处理检索到的内容，文档压缩器接收多个文档，删减不必要和不相关的内容后输入大语言模型进行处理。

3. 混合检索

混合检索结合了传统关键词检索的精确性和基于语义检索的上下文感知能力。关键词检索寻找精确匹配或相近的变体，而向量检索则是从一个请求中挖掘更深层次的语义，确保基于上下文给出更相关的结果。具体的流程图如图 12-19 所示。

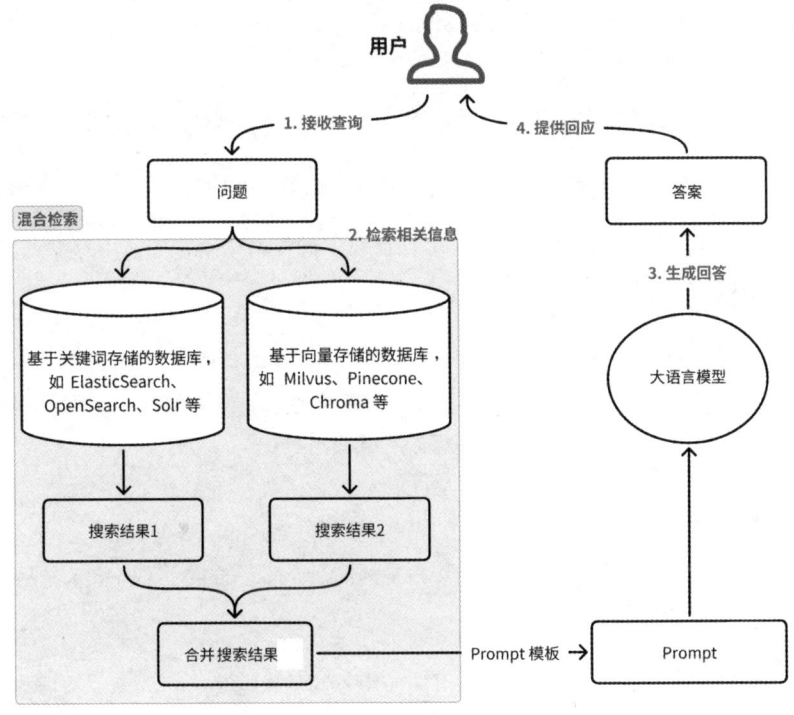

图 12-19

混合检索有以下 3 点优势。

（1）结果更全面：综合精确关键词匹配和上下文相关性的能力，提供全方位的检索结果，既准确又丰富。

（2）精确性与平衡性：关键词检索保证精确匹配，向量检索补充语义理解，适应不同类型的查询需求。

（3）灵活性：适应用户输入的关键词或措辞模糊的情况，即使没有精确的关键词也能获取相关结果。

同时，混合检索也有以下 3 个缺点。

（1）复杂性：实施混合检索比单一方法更复杂，需要更多开发资源和时间。

（2）开销：同时运行两种检索可能会增加计算开销，尤其是在处理大型数据集时。

（3）相关性与噪声：广泛检索可能带来过多结果，其中一些可能被视为无关噪声。

因此，在评估混合检索是否适用时可以采用以下 3 种方法。

（1）了解用户群体：如果用户群体的检索行为多样化，则混合检索可能更适用。

（2）分析数据：如果数据既有精确命名又有主题描述的内容，则混合检索更具优势。

（3）实验与迭代：通过 A/B 测试等方法比较不同检索结果，关注用户满意度和参与度，不断优化检索策略。

混合检索模型提供了一种全面有效的检索策略，但其是否适用取决于项目需求和特性。了解用户、数据和目标是关键，结合实际反馈不断调整，才能找到最适合项目的检索设计方案。

4. 多向量检索

不同的向量嵌入模型对同一句话计算出来的向量是不一样的。这种差异主要由以下 5 个因素造成。

（1）不同的训练数据：不同的模型可能使用不同的数据集进行训练。数据集的内容、质量、大小和多样性都会影响模型语言特征的学习。

（2）不同的模型架构：向量嵌入模型的架构可能各不相同，例如 BERT、GPT、Word2Vec 等。每种模型的设计和机制都有其特点，对它们处理和理解文本的方式有影响。

（3）不同的训练目标和方法：模型可能被设计用来处理不同的任务（如分类、语义相似性匹配、翻译等），并可能使用不同的训练方法和优化策略。

（4）不同的预处理和标准化方法：文本在被输入模型之前的预处理（如分词、去除停用词等）和标准化（如小写化、词干提取等）步骤也可能在不同模型间有所差异，这会影响最终生成的向量。

（5）不同的维度和密度：不同的模型可能产生不同维度和密度（稀疏或密集）的向量，这反映了不同的信息编码方式。

由于这些差异的存在，即使是对同一句话，不同的向量嵌入模型也可能产生不同的向量表示。这些表示各自捕捉了句子的不同特征和语义信息，应根据具体的应用场景和需求选择合适的模型。

多向量检索是一种通过为每个文档存储多个向量来提高检索效率和准确性的方法。不同的向量可以代表文档的不同特点，例如文本的不同部分、摘要或与文档相关的假设性问题。这种方法使系统能够更全面地捕捉并利用文档的多维度信息。

多向量检索有以下特点。

- 全面性：能够捕捉并利用文档的多维度信息，提供更全面的检索结果。
- 灵活性：适应多种数据类型和格式，尤其是在处理图像和文本的结合时更显优势。
- 精确性：通过多角度的信息表示，提高检索的精确度和相关性。

多向量检索的应用场景如下。

（1）多模态嵌入：使用类似 CLIP 的多模态嵌入技术，结合图像和文本，通过相似性搜索实现更全面的信息检索。

（2）文本摘要：使用多模态大模型（如 GPT-4V 等）从图像生成文本摘要，然后嵌入并检索这些文本。

（3）答案合成：结合原始图像和文本块，使用多模态大模型进行综合的答案生成。

参考 LangChain 官网的案例，如图 12-20 所示，多模态检索有以下 3 种不同的 RAG 实现方案。

方案 1

- 使用多模态 Embedding（如 CLIP）嵌入图像和文本。
- 使用相似性搜索检索图像和文本。
- 将原始图像和文本块传递给多模态大模型进行答案合成。

方案 2

- 使用多模态大模型（如 GPT-4V 等）从图像生成文本摘要。
- 进行 Embedding 并检索文本。
- 将文本块传递给大语言模型进行答案合成。

方案 3

- 使用多模态大模型（如 GPT-4V 等）从图像生成文本摘要。
- 用引用原始图像的方式 Embedding 并检索图像摘要。
- 将原始图像和文本块传递给多模态大模型进行答案合成。

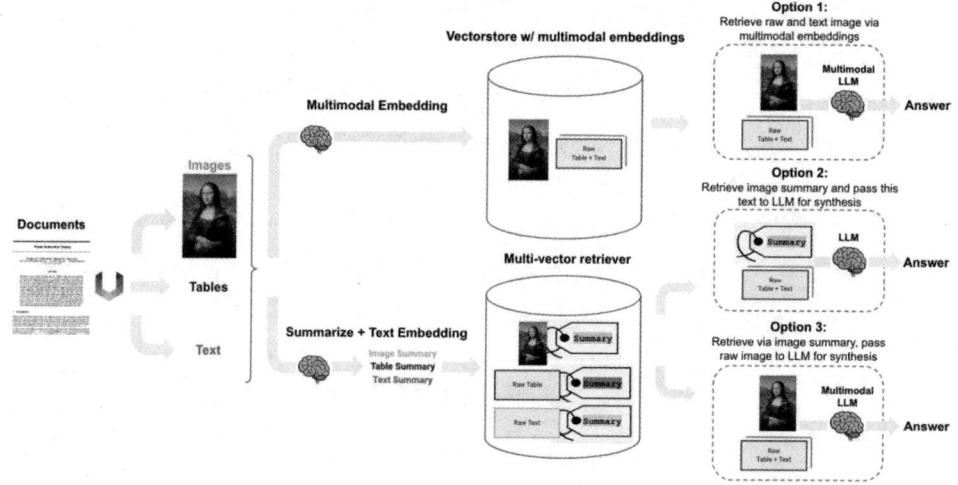

图 12-20

5. 自查询检索

自查询检索是在检索之前增加了自我查询步骤的检索方式。系统先对输入的查询进行自我处理或转换，以便更好地利用其内部的检索系统，通常涉及对查询进行结构化或优化。然后，它使用这个优化后的查询文本在一个大型的文档集合中进行检索，找到最相关的信息。最后，系统基于检索到的信息生成回答。

通常，结构化的内容是文档的元数据。具体来讲，在将查询转换的环节，可以通过向大语言模型输入提示引导模型将查询的内容整理成一个结构化的内容，然后检索这个结构化的内容，过滤和关键内容无关的信息，再进行语义相似性的比较检索，具体流程如图 12-21 所示。换句话说，自查询检索实际上是通过查询语句和生成的结构化数据筛选进行的匹配。

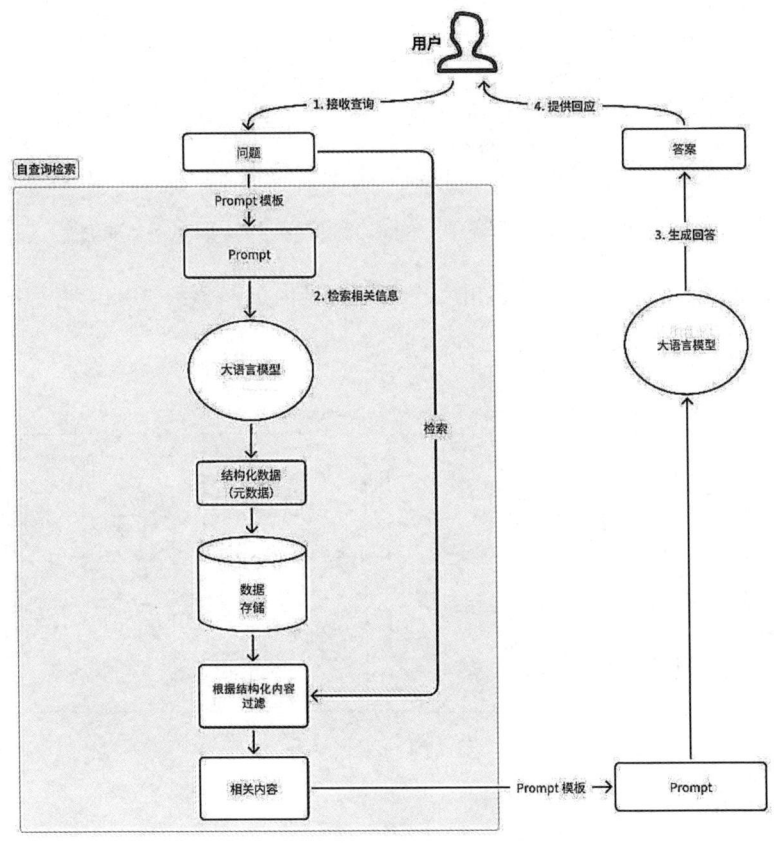

图 12-21

举例来说，如果有一段文字出自某书，且这本书带着一个结构化的元数据，元数据中有一个这本书的 key，key 的 value 是《Chatbot 从 0 到 1》，当用户提问时，首先将这个问题输入大语言模型，大语言模型根据设定好的 Prompt 将用户的提问转化成一个结构化的数据，结构化数据中如果包含这本书的 key value，就先去数据库检索 key value，找到《Chatbot 从 0 到 1》这本书，再用向量相似性的方式检索相关内容。这种方式会让查询更精准。工程化实践时，开发者可以任选一种或者几种使用，各个检索方法没有好坏之分，主要取决于具体的业务场景和数据。

12.4.3　RAG 搭建实操

本节将完整地介绍一个 RAG 搭建实操。搭建 RAG 的过程包括加载数据、数据处理、向量存储、问题匹配和增强生成 5 个环节。

（1）加载数据，收集并导入与主题相关的网址、PDF 文件、数据库等数据。

（2）数据处理，通过清洗、转化、切割等方法，把数据拆分为文本块。

（3）向量储存，把文本块 Embedding 存储到向量数据库。

（4）问题匹配，通过相关性拆分用户的查询问题，并检索向量数据库。

（5）增强生成，通过提示工程，用大语言模型重新生成检索到的内容，并返回给用户。

搭建 RAG 的流程图如图 12-22 所示。

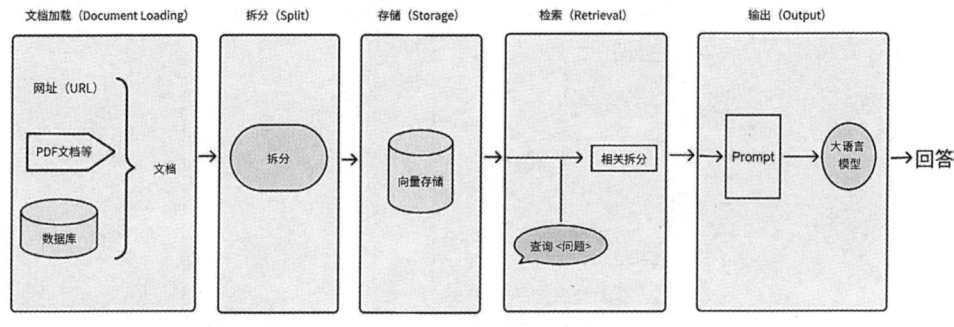

图 12-22

1. 加载数据

RAG 的数据可以从多个渠道获取，其中最常见的是抓取 HTLM 网页，这涉及从网站上自动提取数据，能获得大量多样化的内容。另外，很多数据来自用户上传的文档，如 PDF、Word 等。数据质量是影响 RAG 效果的一个重要因素，获取和使用垂直领域的文档对于提供精确和相关的回答至关重要。如果有专业领域的数据库、学术期刊或专有知识库，就无须从数据中排除无关内容。例如，抓取 HTLM 网页时，网页的侧边栏、广告或不相关的链接都是无关信息。

2. 数据处理

收集好数据后，将进行数据清理和分块。数据清理涉及去除错误、重复或不相关的信息，而数据分块则是将大量数据划分为更小、更易于处理的段落。这一步骤对于提高后续处理的效率和效果至关重要。如何处理专有文档，如何基于段落长度、主题连贯性等进行有效切割，进而让模型更容易创建 Embedding，笔者已在数据处理章节详细介绍，这里不再赘述。

3. 向量存储

为了使 RAG 能够有效地检索和利用文档，每个文档或其段落都需要被转换成 Embedding（数值向量形式）。这个过程涉及的技术有词嵌入（Word Embeddings）和句子嵌入（Sentence Embeddings），以捕捉文本的语义信息。词嵌入的关注点是词汇层面的精确度，句子嵌入则关注上下文和整体含义。例如，在情感分析时，词嵌入是通过分析单个词汇，判断一句话是正面还是负面；而句子嵌入则分析整句话的情感色彩。

```
JSON
word embeddings
  |
  |-- 单词级别 -- 上下文理解
  |-- 应用：文本分类、搜索

sentence embeddings
  |
  |-- 整句理解 -- 上下文流动性
  |-- 应用：情感分析、机器翻译
```

最终，每个文档都会转换为 Embedding 向量，被映射到一个高维向量空间中。

4. 问题匹配

RAG 也需要将用户的查询转换为向量，并通过相似问题（相同语义的不同形式的表示）检索向量库。通过计算相似度，找到最佳匹配问题。相似度计算的核心在于找出共性，无论是通过距离、方向还是元素的共享。常见相似度计算如余弦相似度，被用来衡量查询向量与每个文档向量之间方向的相似度。相似度的值越大，表示查询与文档的语义匹配程度越高。

最终，根据相似度计算的结果排序，选择与查询最相似的文档作为最匹配的文档。在这个过程中，模型会考虑检索到的文档内容，以及用户查询的语境，以生成准确、连贯且信息丰富的回答。

5. 增强生成

一旦选定了最匹配的文档，RAG 将利用它来生成回答。这一步可以通过提示工程对检索到的内容进行重新生成。原理是使用预定义的 Prompt 模板构建生成的指令，然后将该指令传递给大语言模型进行生成。使用结构化 Prompt 的具体方法在第 11 章介绍过。一个基本步骤的简单示例如图 12-23 所示。

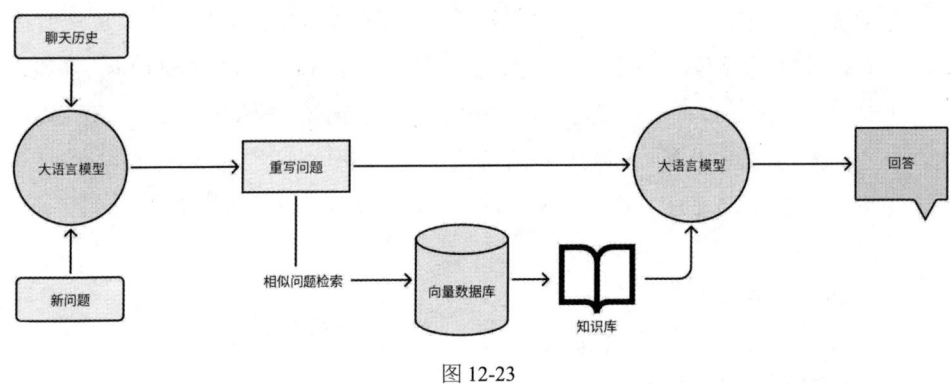

图 12-23

（1）定义 Prompt 模板：使用 Prompt 模板指定生成的指令的格式和内容。Prompt 模板可以包含变量{name}等，也可以是查询结果中的关键词或其他相关信息。

```JSON
You are an AI assistant for XXX
You are given the following extracted parts of a long document and a
question. Provide a conversational answer with a hyperlink to the
documentation.
You should only use hyperlinks that are explicitly listed as a source
in the context. Do NOT make up a hyperlink that is not listed.
If the question includes a request for code, provide a code block directly
from the documentation.
If you don't know the answer, just say "Hmm, I'm not sure." Don't try
to make up an answer.
If the question is not about XXX, politely inform them that you are tuned
to only answer questions about XXX.
Question: {question}
=========
```

```
{context}
=========
Answer in Markdown:
```

（2）根据查询结果填充模板：根据检索到的内容，将相关信息填入 Prompt 模板的相应变量位置。这样可以根据查询结果动态地生成具体的指令。当问题复杂时，需要对问题进行重写。重写提示词：

```
JSON
Given the following conversation and a follow up question, rephrase the
follow up question to be a standalone question.

Chat History:
{chat_history}
Follow Up Input: {question}
Standalone Question:
```

（3）生成指令：将填充后的 Prompt 模板传递给大语言模型，以生成与查询结果相关的回复或文本。

（4）返回给用户：将生成的文本作为回复返回给用户，提供与查询结果相关的信息或建议。

6. RAG 体验优化

（1）提示词优化：尽管使用了精心设计的提示词模板，但在多次引导大语言模型生成更高质量的回答后，大语言模型回答的速度必然下降，需要在回答速度与回答质量之间平衡用户的体验。例如，选择合适的关键词和短语，可以提高检索的准确性和生成内容的相关性。

（2）信息源优化：为了确保内容的可靠性和透明性，特别是当回答是基于特定文档或数据片段时，RAG 系统最好能够追踪和显示信息的来源，并方便用户查阅信息源。同时，方便后续对数据源的更新迭代。

12.4.4 RAG 变种之一：RAG-Fusion

RAG-Fusion = RAG+RRF（Reciprocal Rank Fusion，倒数排序融合）+ Generated Queries（生成式提问请求）

7.3.1 节介绍了 RAG 如何让大语言模型有了特定领域的知识，提升企业和个人获取信息的效率并有效地缓解了大语言模型的幻觉，但 RAG 仍然存在以下局限性。

- **受限于当前提问请求技术**：RAG 的局限性与现有的基于检索的词汇和向量提问请求技术的局限性是一样的。
- **人类提问请求的低效率**：很多人并不擅长通过文字的形式向大语言模型准确地提问，这使其理解很多输入时出现错误。尽管 RAG 在一定程度上提供了帮助，但它并不能完全解决这个问题。
- **提问请求的过度简化**：常见的提问请求模式是将提问请求线性地映射到答案，缺乏对人类提问请求多维性的深入理解。这种线性模型往往无法捕捉到用户复杂提问请求的微妙差异和上下文关联，导致提问请求与结果的相关性降低。

那么，该如何应对这些问题呢？Elsevier 的产品经理 Adrian Raudaschl 提出了 RAG 的一个变种：检索增强生成融合（RAG-Fusion）。

1. 为何选择 RAG-Fusion

- **补足不足**：通过生成多个用户提问请求并重新排列结果，解决 RAG 固有的限制。
- **增强提问请求**：利用 RRF 和自定义向量分数加权，获得准确的结果。

RAG-Fusion 的目标是尽可能地缩小用户实际提问和他们想要提问之间的差距，挖掘出那些被隐藏的变革性知识。

2. RAG-Fusion 的运作机制

RAG-Fusion 的工作流如图 12-24 所示。

（1）**复制并改写原提问**：通过大语言模型将用户的提问请求转化为语义相似但表述不同的提问。

（2）**批量向量搜索**：对原始用户请求和其生成的相似请求进行批量向量搜索。

（3）**智能化重新排序**：使用 RRF 技术对所有结果进行重新排序。

（4）**列表输出**：将精选的结果与新的提问请求配对，引导大语言模型生成一个综合考虑所有提问请求和重新排列结果列表的输出。

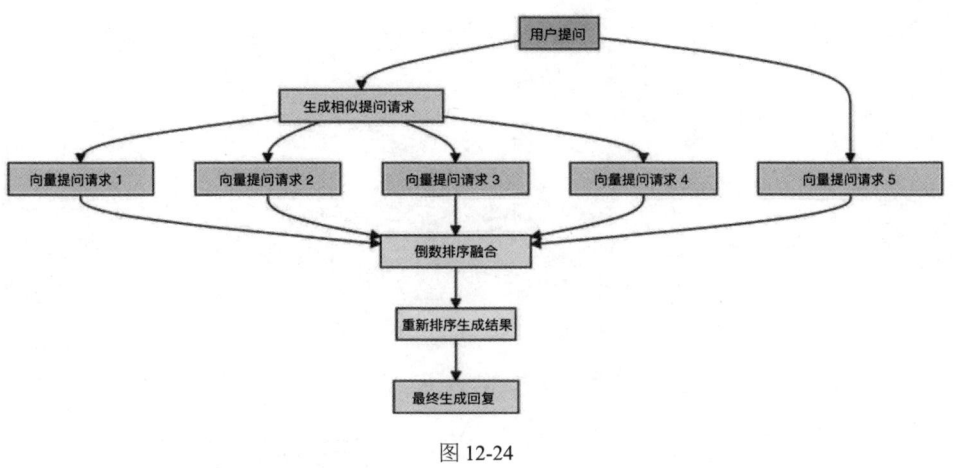

图 12-24

接下来详细分析这些步骤。

1）生成多个提问请求

（1）为什么需要多个提问请求。在传统的提问请求系统中，用户通常只输入一个提问请求。虽然这种方式简单直接，但是它存在局限。一个提问请求可能无法全面捕捉用户的兴趣点，这就是从不同角度生成多个提问请求的作用所在。

（2）技术实施（提示工程）。使用提示工程在生成多个提问请求时至关重要，这些提问请求不仅要与原始提问请求相似，还要提供不同的角度或视角。利用提示工程和自然语言模型可以扩宽提问请求的视野并提升结果质量。

多个提问请求的流程图如图 12-25 所示。

（1）函数调用语言模型：函数调用一个大语言模型（如 ChatGPT）。这种方法需要一个特定的指令集来指导模型。这个指令集通常被称为"系统消息"。这里的系统消息指示模型扮演一个"AI 助手"的角色。

（2）自然语言提问请求：模型会根据原始提问请求生成多个提问请求。

（3）多样性和覆盖度：这些提问请求不是随机变化的，而是精心设计的，以提供对原始问题的不同视角。例如，如果原始提问请求是关于"气候变化的影响"，生成的提问请求可能会包括气候变化对经济的影响、气候变化与公共卫生等不同角度。

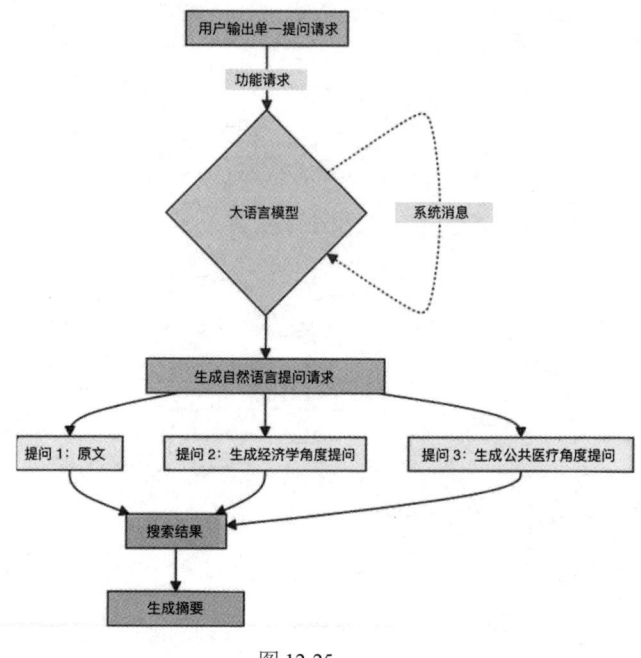

图 12-25

这种方法确保提问请求过程考虑了更广泛的信息，从而提升了生成摘要的质量。

2）RRF

为何要用 RRF

RRF 用于整合多个提问请求结果列表的排名，生成一个统一的排名。这项技术是由加拿大滑铁卢大学和谷歌联合研发的。RRF 的研发者们表示，"RRF 的效果超过任何单一的系统，且比标准的重新排名方法更出色。"

通过汇总不同提问请求的排名，增加了最相关文档在最终列表顶部出现的可能性。这时，使用 RRF 的效果特别好，原因在于它并不依赖提问请求引擎赋予的绝对分数，而是依赖相对排名，这使得它非常适合整合可能有不同规模或分数分布的提问请求结果。

一般来说，RRF 被用来融合词汇和向量的搜索结果。虽然这种方法在一定程度上弥补了向量搜索在查找特定词汇（如缩写词）时的精确度不足的问题，但结果并不完全如预期。这些结果更像是多个搜索结果的拼接，对词汇和向量搜索的同一查询，很少能得到相同的结果。可以将 RRF 想象成在做决定前总是坚持听取所有人意见的人。

RRF 的技术实现

RRF 算法的核心在于综合多个排序列表，并为每个文档生成一个融合分数。这个分数是基于文档在不同列表中的排名位置计算得出的。每个文档的排名位置被转换成倒数（该位置排名和一个固定常数的和的倒数）。这意味着一个文档在列表中的排名越靠前，其倒数就越大，从而在最终的融合分数中占有更高的权重。

$$\text{RRF}_{\text{score}}(d \in D) = \sum_{r \in R} \frac{1}{k + r(d)}$$

接下来，将所有文档在不同列表中得到的倒数进行加和，得到每个文档的最终融合分数。可以将这个过程理解为对不同信息源的"投票"过程，通过排名来反映每个信息源对文档的"喜好"，而最终的融合分数则综合了所有信息源的这种"喜好"。

最后，根据融合分数对文档进行降序排序。分数最高的文档被认为是对用户查询最相关的，因此它会被排在最终列表的最前面。这个过程优化了结果的相关性，原因在于它综合了多个评价维度，而不仅依赖单一的搜索引擎或数据库。具体的实现流程如图 12-26 所示。

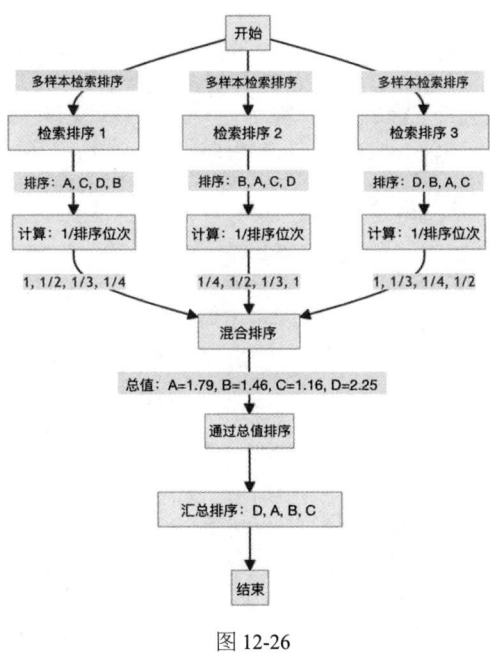

图 12-26

通过这种方法，RRF 为开发者提供了一个强大的工具，可以提高搜索结果的准确性和用户满意度。它是现代信息检索系统中不可或缺的一环，特别是在需要处理大规模数据和来自多个源的信息时。

3）生成性输出

保留用户意图

使用多个提问请求的缺点之一是可能会稀释用户的原始意图。笔者建议通过在提示工程中指导模型给予原始提问请求更多的权重，防止这个问题出现。

技术实现

重新排序的文档和所有提问请求都被输入一个大语言模型，以典型的 RAG 方式产生生成性输出。例如，请求一个回应或生成一个总结。

通过层叠这些技术，RAG-Fusion 提供了一种强大且细致的文本生成方法。它充分利用了提问请求技术和生成式 AI 的优点，产生了高质量、可信赖的输出。

3. RAG-Fusion 的优势与挑战

1）优势

（1）基于源数据质量的增强。使用 RAG-Fusion 后，用户的提问请求深度不只是"提高"。重新排列相关文档列表意味着大语言模型不只是在信息的表面挖掘，而是深入一个观点的"汪洋"。结构化的输出更易于阅读，且更可靠，这在对 AI 生成内容持怀疑态度的现实世界中极其重要。

（2）强化用户意图的匹配度。RAG-Fusion 的核心设计理念是让 AI 更人性化并提升 AI 的理解能力，这有助于揭示用户试图表达但可能无法清晰表达的内容。通过采用多个提问请求的策略，大语言模型能够全面捕捉到用户的信息需求，从而产生全面的输出，与用户的意图产生共鸣。

（3）结构化且富有洞察力的输出。通过从多元化的资源中获取信息，模型构建了组织良好且富有洞察力的答案，预见后续问题并提前解决它们。

（4）自动修正用户的提问请求。该系统不仅解读用户的提问请求，还对其进行优化。通过产生多种提问请求的变体，RAG-Fusion 进行隐式的拼写和语法检查，从而提升提问请求结果的精确度。

（5）处理复杂的提问请求。有效、准确地表达结构复杂、细节众多、不容易理解的专业想法的难度很大。例如，日常交流时，如果一个人想表达的内容很多，表达时会犹豫甚至结巴。RAG-Fusion 就像一个语言的催化剂，基于一个问题生成各种问题的变种问法，进而得到更专业、更相关的提问请求结果。对于长且复杂的提问请求，它还能将其分解成小块，便于进行向量提问请求。

2）挑战

（1）冗长的风险。RAG-Fusion 的深度可能导致信息泛滥。可以将 RAG-Fusion 想象成一位过度解释的朋友——提供了太多信息。

（2）平衡上下文窗口。引入多个提问请求输入和多样化的文档集可能会对语言模型的上下文窗口产生压力。对于上下文约束严格的模型，这可能导致输出的连贯性降低，甚至产生截断的输出。

4. 用户体验的思考

1）用户体验的提升

- **保留原始提问请求**：RAG-Fusion 会优先考虑用户最初的提问请求，确保其在生成过程中的重要性，避免可能的误解。
- **过程可见性**：在最终结果旁边显示生成的提问请求，为用户提供透明视图。

2）UX/UI 实施建议

- **用户控制**：为用户提供一个切换 RAG-Fusion 的选项，让用户可以在手动控制和增强的 AI 辅助之间自由选择。
- **指导说明**：通过工具提示（Tooltip）或简短的说明，让用户了解 RAG-Fusion 的工作方式。

5. 小结

无论是大语言模型还是 RAG 技术，目前都处在发展的早期阶段，需要大量的工程化实践方案应对现实生活中的问题，需要开发者平衡实施难易度、成本和效果。本节只介绍了 RAG 的一种变种，在实际生产中，RAG 还有很多变种，希望本节的内容能对读者有所启发，在真实生产中能通过工程化手段调优最终的效果。

12.5　平台工具介绍

大语言模型时代，虽然搭建一个 Chatbot 变得越来越简单，但其中也有大量工程化落地的工作量。笔者将介绍一些基于大语言模型快速构建 AI 应用的中间件，帮助读者快速构建实时的知识库、集成外部的工具应用、切换大语言模型。

12.5.1　LangChain

LangChain 是一个帮助开发者快速搭建大语言模型应用的开源框架。作为一个大语言模型集成的框架，LangChain 的用户案例在很大程度上与大语言模型的用户案例重叠，包括文档分析和总结、Chatbot 和代码分析。

LangChain 中的 Chain（链）表达了这个开源框架的核心内容：链式调用（Prompt Chain）。LangChain 框架让开发者使用链式调用变得简单容易。

LangChain 由 Harrison Chase 在 2022 年 10 月推出。该项目迅速获得成功，GitHub 上有数百名贡献者，Twitter 上有热门讨论。2023 年 4 月，LangChain 成立了公司，并宣布获得 Benchmark 1000 万美元种子投资，LangChain 的项目估值至少为 2 亿美元。

2023 年 10 月，LangChain 推出了 LangServe，这是一个部署工具，旨在简化从 LangChain 表达语言（LangChain Expression Language，LCEL）原型到生产就绪应用程序的过程。

LangChain 框架通过整合上下文感知能力和推理能力，为开发者提供了创建先进 Chatbot 的强大基础。它的核心优势有以下两点。

（1）上下文感知能力：LangChain 允许将大语言模型与其他上下文源相连接。无论是根据提示指令进行响应、利用少量示例进行学习，还是基于特定内容定位回答，LangChain

都能使 Chatbot 更精准地响应。

（2）推理能力：此框架赋予 Chatbot 基于提供的上下文进行推理的能力。这包括回答问题的方式及在给定情境中采取行动的决策能力。

LangChain 的价值体现在以下三个方面。

（1）丰富的集成能力：LangChain 提供了与各个大语言模型（如 GPT、PaLM、ChatGLM、MiniMax 等）、向量数据库（ElasticVectorSearch、Milvus、Weaviate 等）、API（如新闻、电影信息、天气等）及 Google Drive、PDF 文档操作等的集成。此外，为了更好地支持 RAG 的实现，LangChain 集成了各种文档加载器，方便对各种文档（PDF、CSV、HTML、E-mail 等）进行加载和转化。

（2）模块化：LangChain 提供了与大语言模型协作的一系列抽象组件及其实现。这些组件既可以独立使用，也可以作为 LangChain 框架的一部分。无论是初学者还是资深开发者，都能轻松上手它们的模块化设计。

（3）现成的链式组件：LangChain 提供了为完成特定高级任务而结构化的、现成的链式组件。这些链式组件简化了初期开发过程，即使没有深厚技术背景的用户也能迅速构建功能强大的 Chatbot。

1. LangChain 的模块构成

LangChain 为以下模块提供了标准、可扩展的接口和外部集成，使得开发大语言模型应用变得更加高效。以下是 LangChain 的模块介绍。

1）模型输入/输出

模型输入/输出（Model I/O）是与大语言模型进行交互的基础接口。无论是接收用户输入还是生成回复，这一模块都是不可或缺的。LangChain 的 Model I/O 模块由以下三个子模块构成。

- 提示（Prompt）：模板化、动态的选择，管理模型的输入。
- 语言模型（Language Model）：通过通用接口调用语言模型。
- 输出解析器（Output Parser）：从模型的输出中提取信息。

具体流程如图 12-27 所示。

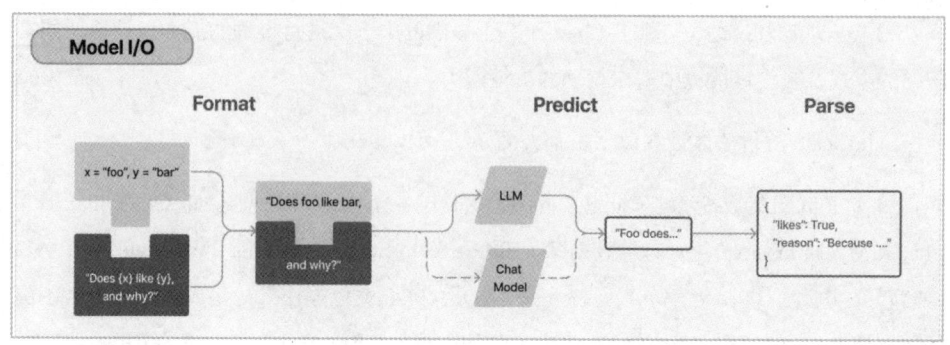

图 12-27

2）检索

这一模块使大语言模型应用可以根据特定应用的数据进行有效的信息检索（Retrieval），从而输出更丰富和准确的回复。

许多大语言模型应用需要用户特定的数据，这些数据并不属于模型的训练集。实现这一目标的主要方法是 RAG。在这个过程中，外部数据被检索出来，在生成步骤中传递给大语言模型。

LangChain 提供了用于 RAG 应用的所有构建模块——从简单到复杂。这一部分涵盖了与检索步骤相关的所有内容，如数据的获取等。几个关键模块如图 12-28 所示。

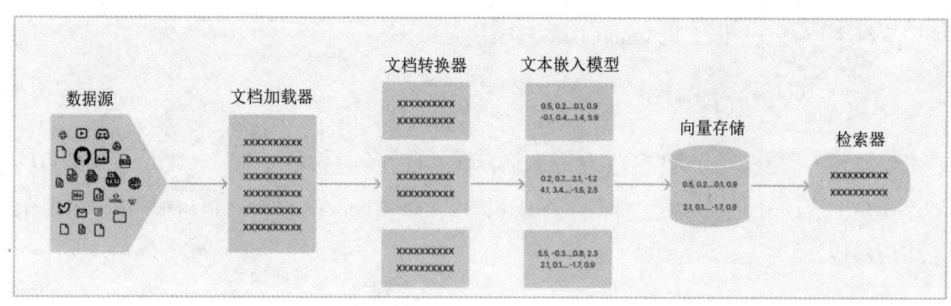

图 12-28

（1）文档加载器（Document Loaders）。文档加载器允许从多种来源加载不同类型的文档。LangChain 提供了超过 100 种不同的文档加载器，并与主流的服务商（如 AirByte、

Unstructured）集成。LangChain 支持从各个地方（如 AWS 的 S3 存储或者公开的网站）加载各种类型的文档，包括 HTML、PDF、代码等。

（2）文档转换器（Document Transformers）。在 RAG 的实现中，最关键的是检索时能检索到最相关的内容，为了完成更好的检索，通常需要在转换环节完成几个不同的步骤。其中较重要的步骤是切割，即将一个大文档切割成很多小块，方便检索出相关的内容输入大语言模型进行二次生成。LangChain 提供了不同的算法支持切割，也有一些算法支持针对特定文档类型进行优化，如针对 Markdown 和 HTML 的特定优化。

在本书第三部分的数据处理章节中详细介绍了一些数据切割的算法方案，很多方案参考了 LangChain 的实现方式，本节不再赘述。如果读者需要开箱即用的组件，则可以直接使用 LangChain 里的组件，具体信息参考官方文档。

（3）文本嵌入模型（Text Embedding Model）。为了捕获文本的语义，并快速、高效地找到相似的文本片段，创建文本嵌入至关重要。LangChain 与超过 25 个不同的嵌入式提供商和方法进行了集成，包括开源项目和云服务提供商等。这些集成为开发者提供了非常强的灵活性，可以根据需要轻松切换模型。

（4）向量存储（Vector Store）。对文本进行嵌入后，就需要存储在向量数据库。LangChain 与 50 多个不同的向量存储进行了集成，既有开源的本地选项，也有云托管的专有选项。标准接口的提供使开发者可以根据需求轻松切换向量存储。关于向量数据库的内容，在 Chatbot 生命周期部分进行了介绍，本节不再赘述。

（5）检索器（Retriever）。数据存储在数据库后，下一步就是检索它们。LangChain 支持多种检索算法，从简单的语义搜索到复杂的算法，如父文档检索器（Parent Document Retriever）、自查询检索器（Self Query Retriever）和合奏检索器（Ensemble Retriever）等，提供了增强检索性能的丰富选项。这些内容也在数据处理的部分进行了介绍，本节不再赘述。

3）链

仅使用大型语言模型可以满足简单应用的需求，但更复杂的应用需要将多个大语言模型连接在一起，或者将它们与其他组件相连。通过构建一系列的调用，LangChain 可以实现更复杂的交互流程和决策逻辑。

LangChain 早期使用的是 Chain 接口，后来发布了 LangChain 自己的语言——LCEL，供开发者作为框架使用。LCEL 以一种声明式的方式将 Chain 链接在一起。用 LCEL 语言编写相较用普通计算机语言编写有以下 4 个优势。

- 支持异步、批处理和流式返回。
- 支持回滚：通常是当某个部分因各种原因出错时才进行回滚。
- 可以并行操作。
- 可以更高效地接入 LangChain 集成的各个组件。

篇幅所限，有关 LCEL 的具体介绍不详细展开。

4）代理

代理（Agent）最核心的思想是使用大语言模型行动，Agent 可以智能地选择在不同场景下使用不同的工具和方法。LangChain 的 Agent 有以下 3 个比较重要的组件。

（1）AgentAction（代理行为）：数据类，代表 Agent 应该采取的行动。它有 tool 属性（应该调用的工具名称）和 tool_input 属性（该工具的输入）。

（2）AgentFinish（代理结束）：数据类，表示 Agent 已完成并应返回用户。它有 return_values 参数，即要返回的字典。它通常只有 output 一个键，是一个字符串，因此通常只返回这个键。

（3）intermediate_steps（中间步骤）：这代表先前 Agent 的行动和相应的输出，它们被传递。将这些行动和输出传递给未来的迭代非常重要，这样 Agent 才能知道它已经完成了哪些工作。

LangChain 在最初在 Agent 里集成了大量的工具包，支持各种类型 API 的调用。随着 Agent 的应用越来越广泛，LangChain 的 Agent 中也集成了很多自主决策、自我验证等功能，包括对 ReAct 的集成等。

5）记忆

在很多使用大语言模型的应用程序中，对话界面是核心。对话中非常重要的功能之一就是能够调用此前对话中提到的信息。简单来说，一个对话系统至少应该能够直接访问之前的消息记录，而更复杂的系统可能需要持续地更新外部的数据信息。

这种存储过去交互信息的能力被称为"记忆"（Memory）。LangChain 为在系统中添加记忆功能提供了许多实用工具。这些工具可以单独使用，也可以直接融入一个 Chain 中。

如图 12-29 所示，记忆系统需要支持两个基本动作：读取（Read）和写入（Write）。每个 Chain 都定义了一些核心执行逻辑，这需要某些输入。其中一些输入来自用户，另外一些输入则来自记忆。

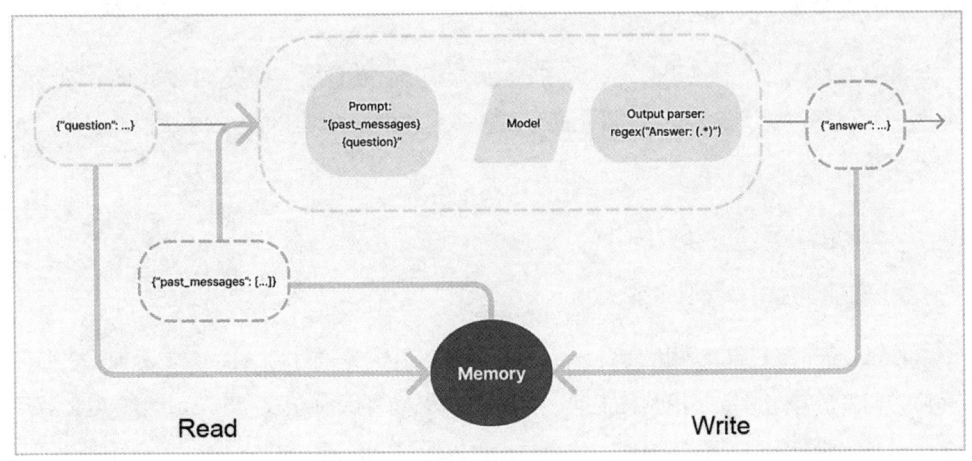

图 12-29

在给定的运行中，Chain 将与其记忆系统交互两次。

第一次交互：在接收最初的用户输入之后、执行核心逻辑之前，Chain 将从其记忆系统中读取信息，并增加用户输入。

第二次交互：在执行核心逻辑之后、返回答案之前，Chain 将把当前运行的输入和输出写入记忆，以便在未来的运行中可以调用。记忆帮助 Chain 在运行过程中保持应用的持久化，使 Chatbot 在连续的交互中保持一致性和上下文关联。

6）回调

LangChain 提供了一个回调系统，允许开发者在大语言模型应用的各个阶段插入钩子。这对于日志记录、监控等任务非常有用。

开发者可以通过 callbacks 参数监听这些事件，进而记录和实时跟踪所有 Chain 的中间步骤，为调试和优化提供了非常大的便利。

以上为 LangChain 的模块介绍。值得注意的是，虽然 LangChain 是大语言模型时代非常有名的开源框架且是迄今为止相对比较完善的框架，但是大语言模型的发展仍然处于早期，无论是模块还是各种接口实现都在持续迭代中。2023 年早期，LangChain 的模块和 2023 年 10 月的不完全相同，例如优质模块 Indexs 为了便于理解被改为 Retrieval，本质都是在解决数据检索的问题。

相信在后面的发展过程中，LangChain 会持续迭代各种模块构成。LangChain 的核心思想非常值得想要了解 Chatbot 搭建的开发者研究和学习，具体内容以 LangChain 的官方文档为准。

2. LangChain 的案例介绍

1）准确地用中文获取答案

LangChain 通过链式调用大语言模型完成复杂任务。例如，在 ChatGPT 界面，获得更高质量回答的普遍方法是用英文提问。将中文 Prompt 翻译成英文，然后用相应英文提问获得回答，再将回答翻译回中文。这个过程可以通过 Prompt 完成：

```
JSON
你将扮演一位语言学专家。
####
目的：为了使非英语使用者获得高质量的中文回答，我设计了一个有 3 个工作流的回答专家。
####
以下是各个流程的描述：
####
{流程 1：将用中文提问的内容翻译成英文}
{流程 2：用英文向 ChatGPT 提问}
{流程 3：将英文回答翻译成中文}
####
如果你理解了这 3 个流程，则回复"我明白了，请输入：<提问的内容>"。
```

用 LangChain 实现这一流程的原理也很简单，具体的工作原理如下。

流程 1：将用中文提问的内容翻译成英文。使用 ChatGPT 的 API，将提问的内容和翻译请求一起发送给 ChatGPT，完成问题的翻译。

流程 2：用英文向 ChatGPT 提问。用翻译好的英文问题再次调用 ChatGPT 的 API，得到英文答案。

流程 3：将英文回答翻译成中文。将得到的英文答案和翻译请求一起发送给 ChatGPT，完成答案的英文译中文。

为了更好地执行上述流程，可以使用 LangChain 表达式语言，让整个链式调用过程不仅更高效，而且更容易管理。这样即便面对复杂的任务，LangChain 也能提供有效的任务拆解与流程调用。旧的方法是使用 SequentialChain，按顺序依次调用，并通过构造函数完成一系列复杂任务。

2）RAG 实现

笔者通过 LangChain 的 Chat our docs 模块展示 LangChain 的完整业务流和部分可视化界面的追踪。

LangChain 的 Chat our docs 基于 LangChain 的文档搭建了一个基于文档的 Chatbot，开发者可以通过直接向 Chatbot 询问了解文档的所有内容，界面如图 12-30 所示。

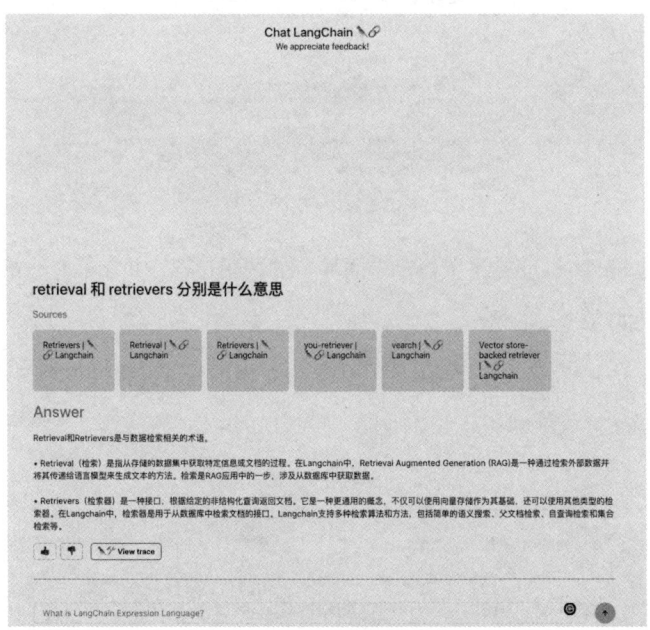

图 12-30

值得注意的是，LangChain 的 Chatbot 返回页面会在 Source 模块给出与搜索相关的文档。通过 View Trace 模块可以看到整个 Chain 的流转及大语言模型应用为了生成这个回答的中间步骤，具体示例如图 12-31 所示。

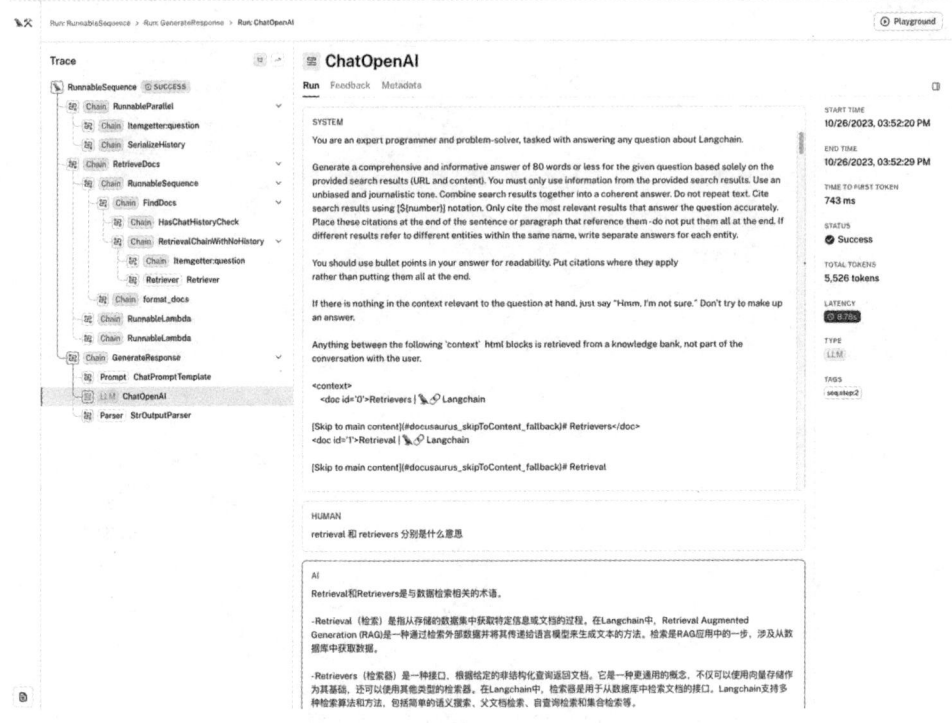

图 12-31

可以看到，LangChain 给出了每个中间环节的调用过程，并在最右边给出了消耗的时间和消耗的 Token 数量。

LangChain 在 RAG 实现过程中的关键 Prompt 整理如下，供读者参考或者直接使用。LangChain Prompt 模板示例：

```JSON
You are an expert programmer and problem-solver, tasked with answering
any question about Langchain.

Generate a comprehensive and informative answer of 80 words or less for
the given question based solely on the provided search results (URL and
content). You must only use information from the provided search results.
```

```
Use an unbiased and journalistic tone. Combine search results together
into a coherent answer. Do not repeat text. Cite search results using
[${number}] notation. Only cite the most relevant results that answer
the question accurately. Place these citations at the end of the sentence
or paragraph that reference them - do not put them all at the end. If
different results refer to different entities within the same name, write
separate answers for each entity.

You should use bullet points in your answer for readability. Put citations
where they apply
rather than putting them all at the end.

If there is nothing in the context relevant to the question at hand,
just say "Hmm, I'm not sure." Don't try to make up an answer.

Anything between the following `context` html blocks is retrieved from
a knowledge bank, not part of the conversation with the user.

<context>
检索到的内容
<context/>

REMEMBER: If there is no relevant information within the context, just
say "Hmm, I'm not sure." Don't try to make up an answer. Anything between
the preceding 'context' html blocks is retrieved from a knowledge bank,
not part of the conversation with the user.
```

12.5.2　AutoGPT

AutoGPT 是一种 Agent，为自主完成复杂任务而生。在任务拆分与执行、记忆管理、无法联网和自主性方面都远超传统大语言模型。

传统 GPT 模型充当的是信息提供者（副驾驶）的角色，而 AutoGPT 则被授权执行任务，更类似一个主动的决策者。AutoGPT 能像人一样拆分复杂任务为可管理的小行动，进而更有效地解决问题。在完成复杂任务时，传统大语言模型没有专门存储记忆的空间，容易遗忘问题。为了解决这个问题，AutoGPT 专门增加了记忆存储空间，使其能够在处理长期或连续的任务时保留对先前活动的记忆。

最后，AutoGPT 不仅可以生成文本，还可以与外界交互，例如点击和下载工具，这使得它能够完成那些需要更复杂交互的任务。接下来介绍 AutoGPT 框架的组成。

1. AutoGPT 框架的组成

AutoGPT 由以下 4 个模块组成。

- 大脑（Brain）：作为决策中心，AutoGPT 的"大脑"由最先进的 GPT-4 模型构成。在 AutoGPT 中，GPT-4 模型的功能被扩展，其不仅能生成和理解语言，还能根据输入做出更复杂的推理和决策。这是 AutoGPT 的核心智能。
- 记忆管理（Memory Management）：AutoGPT 具备长期记忆管理和短期记忆管理的功能，且能够从历史经验中学习并更新数据中的记忆。这使得 AutoGPT 不仅能从即时对话中学习，还能从长期的交互和数据分析中获益，并不断迭代。
- 互联网访问（Internet Access）：AutoGPT 能通过访问互联网搜寻信息，这是扩展模型知识库和功能的重要途径。这个模块包括访问浏览器的功能，甚至自动化的爬虫工具。
- 文件处理（File Handling）：这像是给传统大语言模型"添加了双手"操控鼠标和键盘。这不仅意味着 AutoGPT 能读写文件，能理解文件的内容并分析，还意味着 AutoGPT 可以和互联网访问功能协同，假装自己是人，发消息寻求热情网友的帮助，这对于处理真人验证问题尤为有效。

2. AutoGPT 能做什么

AutoGPT 的能力可以通过其内部流程来解释，它设计了一套综合系统来实现自主的任务执行和过程决策，流程介绍如下。

（1）任务创建：用户给 AutoGPT 一个任务，就像用户告诉一个助手需要完成的工作一样。这个任务首先被"任务创建代理"接收。

（2）执行："执行代理"开始工作，它会执行任务，这可能涉及从联网搜索信息、使用第三方工具，甚至是操作电脑本身的一些功能等。

（3）存储与反馈：任务执行的结果会被存储起来，这一点类似人类的记忆，它帮助 AutoGPT 记住所做的事情和学到的经验。"结果反馈"环节则负责检查执行的结果，确认是否成功。

（4）清理与优先级：完成任务后，"清理任务列表"会删除已完成的任务，保持任务列表最新。"任务优先级代理"则会评估剩下的任务，决定接下来执行哪个任务。

（5）队列管理：任务按照优先级排列在"任务队列"中，AutoGPT 会按顺序处理这些任务。

（6）持续学习：在处理任务的同时，"查询记忆"会参考过去的经验，而"存储上下文"则不断地积累新的知识。

这样整个流程实现了闭环，从用户接收任务，到执行，再到学习并优化未来的执行，AutoGPT 都能自我管理，这就是它的自主性。AutoGPT 的设计防止它在执行任务时陷入死循环，原因在于每一步都有结果反馈来指导下一步的行动。这种"行动-观察-学习-调整"的循环模仿了人类解决问题的方式，但速度更快，效率更高。流程框架示意图图 12-32 所示。

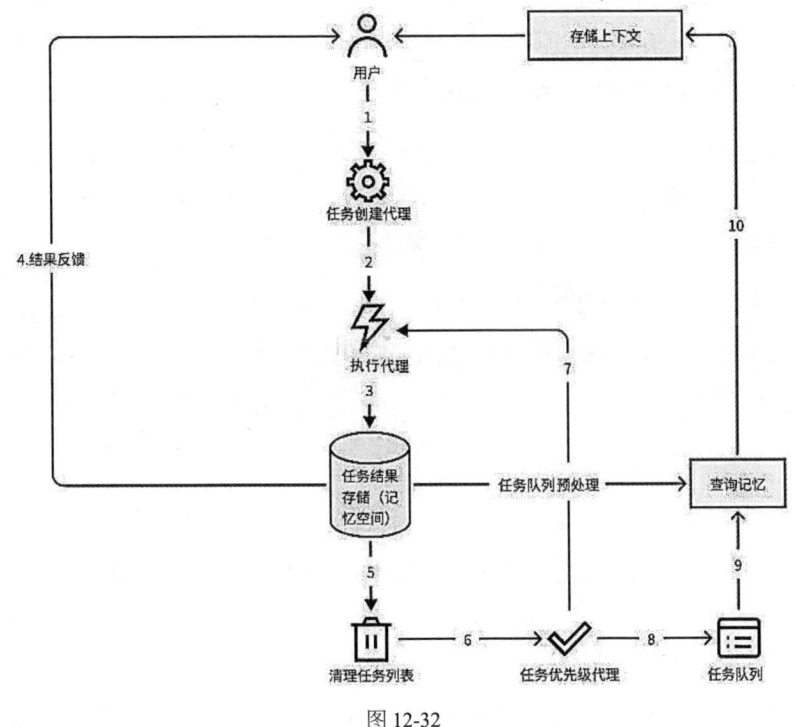

图 12-32

3. 实用案例介绍

（1）创建创业公司：用户只需下达指令，AutoGPT 就可以利用其互联网访问能力和内容生成能力，通过分析市场趋势、潜在客户群体和竞争对手来确定一个市场缺口。然后，设计产品或服务，创建网站，甚至管理在线广告，所有这些都在预算内完成。

（2）公关策略：AutoGPT 可以分析大量的国际报道和公共数据，理解品牌形象和公众情绪。然后，它可以利用这些信息制定有针对性的公关策略，甚至可以自动撰写和发布新闻稿或社交媒体上的帖子。

（3）任务自动化：AutoGPT 可以在各种软件和工具之间创建自动化工作流，例如将数据从一个应用程序自动导入另一个应用程序，或者在 CRM 和电子邮件营销平台之间同步数据。这样不仅可以节省时间，还可以减少因手动处理数据而产生的错误。

4. 问题与局限性

（1）记忆问题：AutoGPT 的主要局限性之一是上下文记忆能力。即便是 GPT-4 的最新模型，能够处理的最大上下文信息是 128000 Token，生成的回复也被限制在 4000 Token。这在处理超长对话或复杂任务时容易导致信息遗失。

（2）信息传递的准确性：这不仅涉及单个模型的信息处理能力，还涉及多个大语言模型之间如何有效协作、交流，以及任务对齐等方面。在信息必须在有限长度内得到传递的前提下，信息在多轮对话中可能会变得不够精准，这会导致决策失误。

（3）AutoGPT 应用的门槛：目前，大语言模型的上限在很大程度上依赖用户的编程能力，AutoGPT 在大语言模型的基础上添加了各种工具。非专业人士或 Prompt Engineer 在使用大语言模型进行编程或优化 AutoGPT 时困难重重。尤其是考虑到大语言模型可能出现的幻觉问题，缺乏编程知识的个体判断大语言模型生成编程内容的正误是一大难点。

5. 未来展望

（1）私有 AI 助手的兴起：开发者可以利用它们的专有知识库，构建能够连接到外部数据源如谷歌网盘的 AI 助手，提供更高效和更个性化的服务。这一进展在 2023 年 11 月举办的 OpenAI 开发者大会上得到了验证。如今，用户可以创建私有 AI 助手，这些助手不仅能连接到谷歌网盘等外部知识库，还可以供他人使用，极大地增强了 AI 的应用范围和便利性。

（2）上下文处理能力：未来的研究将关注如何扩展大语言模型的上下文处理能力，提高模型处理更长的对话和更复杂的任务的能力。

（3）Agent 的发展：除了 AutoGPT，为了促进各自领域的技术进步，BabyAGI、ViperGPT、SayCan 和 ToolKit 等新的 Agent 工具正在开发中。期待创建成千上万个具有不同性格的 Agent，以模拟人类社会活动。

12.5.3 句子互动介绍

笔者公司打造的 AI 产品就是围绕 Chatbot 的八大生命周期设计的。句子互动的核心产品是基于大语言模型驱动的下一代对话式营销云，是国内最早一批将大语言模型落地于营销场景的 SaaS 厂商。通过结合 AI 和 RPA 技术，句子互动可以将企业微信、飞书、WhatsApp 等不同的 IM 软件聚合在一个平台上，为企业提供智能营销服务。

2019—2021 年，句子互动构建营销服务一体化平台，打通微信生态，提供私域解决方案；2022 年，句子互动全英文版产品正式上线，打通 WhatsApp 生态，服务跨境电商客户，助力国内品牌出海。

2023 年，句子互动在原有客服工作台的基础上，增加了大语言模型应用开发工具，助力中大型客户数智化转型。目前，句子互动的产品和服务已经在多个行业得到应用，覆盖消费品、金融、泛互联网等领域，具体品牌包括宝洁、欧莱雅、海底捞、国家电网、中国人民保险、火山引擎、腾讯等。

同时，句子互动构建了大语言模型应用的 SaaS 开放平台，如图 12-33 所示，可以让不懂技术的用户快速构建自己的大语言模型应用。

围绕搭建 Chatbot 的八大生命周期，所有需要技术实现的模块（如 RAG 实现、数据处理、Prompt 工程化、平台渠道集成及后续的调优迭代等）都能通过句子互动的 SaaS 可视化界面完成。

对个人用户来说，如果需要快速构建一个 Chatbot，完全可以自己进行需求分析、流程设计、基础的数据处理和 Prompt 撰写，然后通过句子互动的 SaaS 工具完成需要工程实现的数据处理、系统搭建、平台渠道集成和调优。最终，构建一个相对理想的 Chatbot。

对于业务流程相对复杂的企业来说，句子互动的方案策划团队可以和企业一起进行需求分析和流程设计。此外，句子互动的 Prompt Engineer 团队可以帮助企业进行数据处理、Prompt 撰写、系统测评和运营反馈，也会用平台的 SaaS 工具完成系统搭建和平台渠道集成并开源给企业，企业可以随时在系统中进行修改。

图 12-33

此外，句子互动支持一键切换不同的大语言模型，包括 GPT-3.5、GPT-4、智谱 AI、百川智能、Minimax 等。具体技术解决方案如图 12-34 所示。

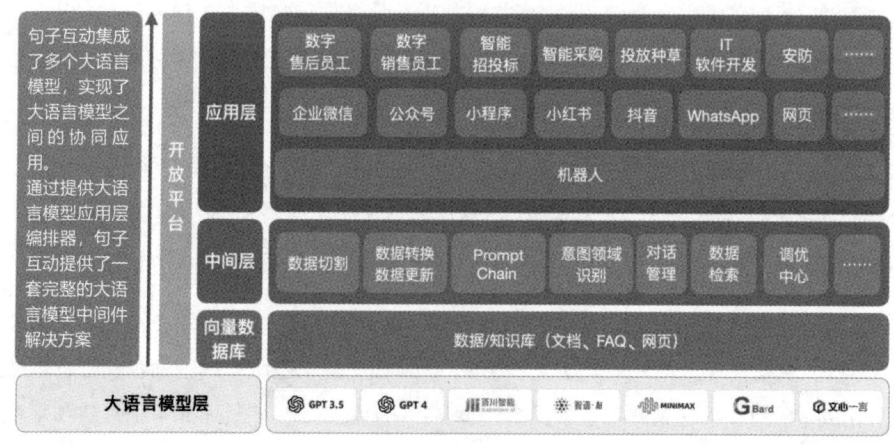

图 12-34

1. 句子互动的主要功能模块

为了能让用户快速在可视化界面基于 Chatbot 八大生命周期搭建出可用的 Chatbot，并提供长期的运营维护和迭代服务，句子互动有以下 4 大功能模块。

1）知识库构建

句子 AI 知识库支持多知识库分离，每个知识库均支持 FAQ、网页、富文本信息和聊天记录等多种格式的录入。此外，知识库也支持线上文档工具的同步和 API 录入，信息可根据训练情况随时修正。

（1）FAQ 列表：支持通过手动创建、批量上传两种方式，将企业专属内容导入 FAQ 列表，供 Chatbot 调用。

（2）文件库列表：支持通过上传企业相关的 PDF、Word、Excel 等格式的文件，生成文本段落，供 Chatbot 调用。

（3）网页列表：支持输入网页地址，将网页内的文字元素生成文本段落，供大语言模型调用。

（4）富文本信息：支持图片、PDF、微信小程序等富文本信息格式，每个信息会附上描述的字段，可对每个富文本信息的描述进行向量化检索。

（5）聊天记录：如果是使用句子秒回产品（句子互动提供的营销客服工具，主要是打通企业微信、WhatsApp 等 IM）的用户，则在句子秒回上产生的聊天历史记录可以一键导入知识库。例如，用户在句子秒回上打通的应用是企业微信，那么企业微信上的所有聊天记录可以一键导入知识库。另外，系统会自动将聊天记录的内容拆分成 FAQ，并支持人工审核校准。

值得一提的是，导入知识库的所有内容均内置了多种数据处理方案，包括数据的更新和扩充、多重数据切割和数据转换等。为了配合这些数据的处理，知识库中也内置了多种检索方案，以期满足各种应用场景的 Chatbot 搭建。本书中的大量案例来自句子互动在服务客户过程中的实操经验。

2）流程引擎

句子互动的流程引擎使用 Flow 节点编排的方式处理复杂的业务流，进而实现更好的扩展性，具体如下。

（1）用户可以创建大语言模型、Prompt、代码和其他工具链接在一起的流程，形成可执行的工作流。

（2）在与大语言模型交互的过程中，调试并迭代业务流。

（3）评估用户的业务流，并计算出关联的性能指标，如准确率、响应率等。

（4）将业务流链接到不同的 IM 平台，如企业微信、WhatsApp、小红书等。

当下，调试 Prompt 是大语言模型应用中非常重要的过程。Prompt 是非常不稳定的，需要根据每个模型的具体情况进行调整。因此，句子互动的流程引擎主要用来让 Prompt 的调试变得更容易，流程如图 12-35 所示。

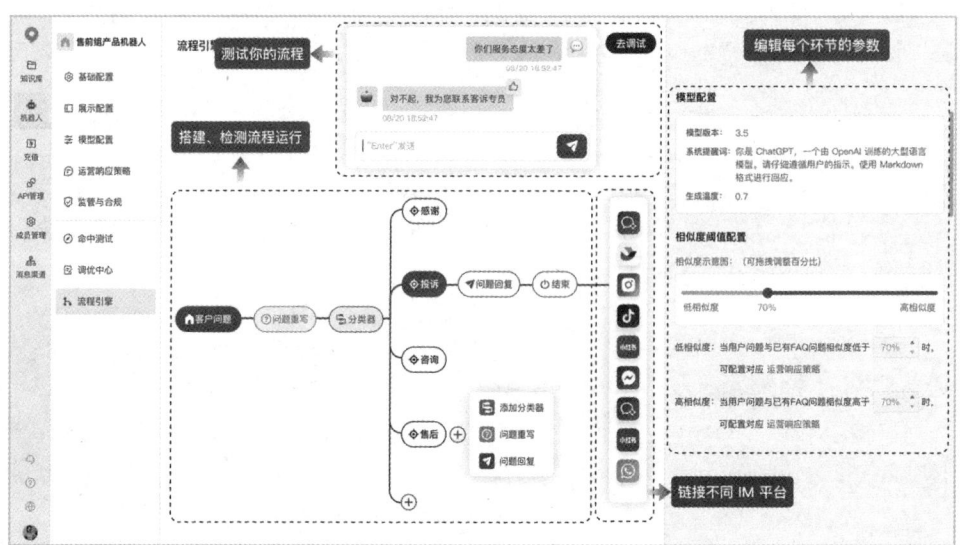

图 12-35

Prompt 的调优和程序的调优是不一样的，程序很容易通过"x=y"这样的函数得到确定性的结果，而 Prompt 的调优通常不能有这样确定的结果。大语言模型的输出随机性更强，给开发者带来很大的困难，因此句子互动的流程引擎非常关注评估，不同的 Flow 既是业务流，也是评估流，通过大量内置的自动化测试让 Chatbot 持续优化到业务最优。

3）调优中心

ChatGPT 的创始人说"使用 Prompt 是自然语言编程的开始"。写程序非常重要的一个环节就是调试，当程序运行出错时，仅知道错误结果是不够的，开发者需要排查中间每个运行环节并定位到具体出错的地方，才能进行代码的修复。基于大语言模型搭建应用也是一样的。

句子互动 AI 产品的调优中心就是为解决这个问题而设计的，用户可以在调优中心看到大语言模型的推理过程、相关日志和对应中间状态的输出，通过监控每个环节的输出判断 Chatbot 的错误输出原因。前面章节介绍过，搭建一个大语言模型应用会通过调用 Prompt Chain 完成，即调用多次 Prompt Chain，因此在调优的过程中需要分析每次 Prompt 对应的输出是否符合预期，才能定位具体是 Prompt 中的哪个环节出了问题。具体流程如图 12-36 所示。

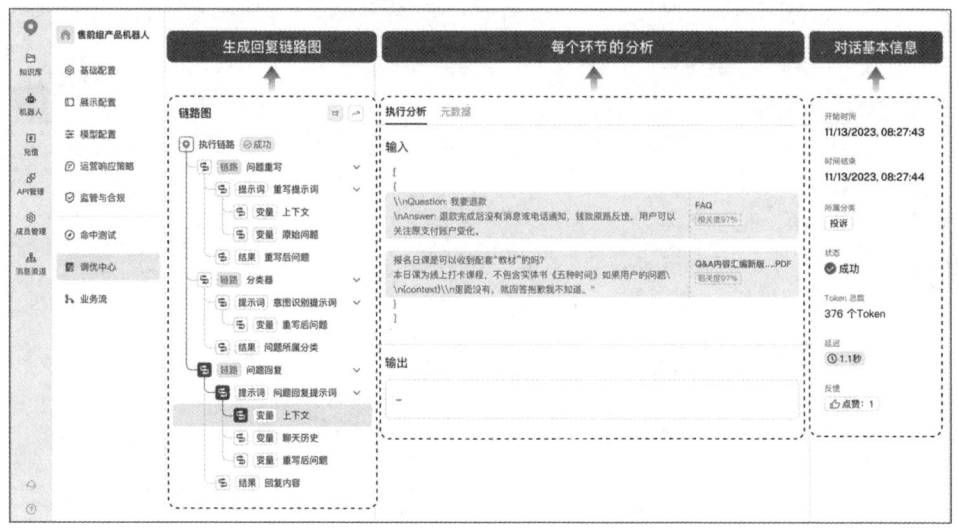

图 12-36

句子互动的调优中心支持两种视图，即用户视图和对话视图。用户视图会从用户视角更好地携带上下文的历史记录；而对话视图可以进行更好地检索，方便获取批量内容。

4）平台渠道集成

句子互动支持多种 IM 接入，包括企业微信、飞书、小红书、WhatsApp 等。这意味着企业可以在不同的平台上接入 Chatbot，与用户进行对话交互，提供一致的服务和体验，界面如图 12-37 所示。

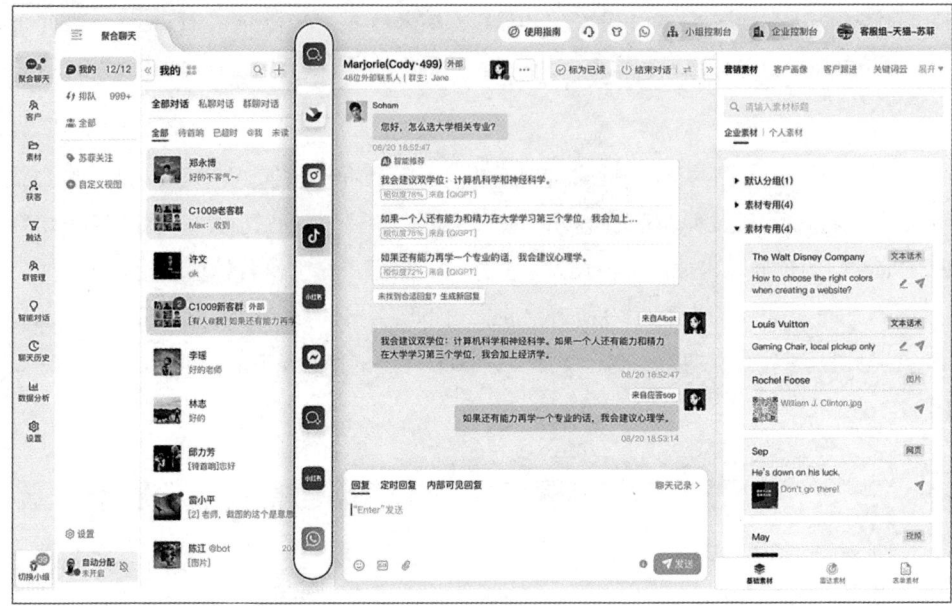

图 12-37

根据企业对内容要求的可控度，句子互动支持 AI 全自动模式、人机协作模式和机器推荐模式，三种模式随机切换。

- AI 全自动模式：Chatbot 直接回复客户，应答效率更高，可以节约大量人力成本。
- 人机协作模式：虽然全自动模式效率高，但是由于大语言模型生成内容的不可控性，企业通常希望在一些棘手问题发生时可以转给人工。人机协作模式就是被设计用来解决这个问题的。通过预先制订好的业务流进行判断，通常是 Chabot 直接回答问题，但是在特定场景（如客户情绪失控）下，将对话转接给人工进行处理。
- 机器推荐模式：在对回答准确度要求极高，或者在知识库内容较少的情况下会使用机器推荐模式，机器推荐模式是让大语言模型辅助人工，每一条消息都由大语言模型整理好推荐给人工，人工二次确认后再发送。发送之前，人可以随时修改。机器推荐模式和人机协作模式的不同点在于，机器推荐模式的每一条消息都是人工确认后发送出去的。

可以看出，从 AI 全自动模式，到人机协作模式，再到机器推荐模式，企业对内容输出的可控性越来越强。很多对数据准确度要求极高的企业会从机器推荐模式开始，逐渐过渡到人机协作模式。

2. 相关案例展示

1）AI 数字员工：某健康品牌数字营养师

句子互动能够为某健康品牌打造一个数字营养师，为用户提供一对一私聊场景和多对多的群聊场景的智能化服务。这些服务可以涵盖在线咨询、客户支持和销售等环节。当用户有任何健康问题时，都可以向数字营养师进行咨询，数字营养师系统学习了《中国膳食纤维指南》等营养学知识，可以为用户提供健康的生活建议。更重要的是，基于用户提出的相关健康问题，数字营养师还会推荐该健康品牌的产品，大大提升了销售转化率。

除了常规的交流，数字营养师还能定期监督用户的健康饮食，提供分析用户饮食的卡路里等服务，帮助用户持续保持健康生活。

2）IP 数字分身：奇绩 GPT

奇绩创坛的前身是 YC 中国，由 YC 中国创始人陆奇博士（百度前总裁兼 COO、微软前执行副总裁、雅虎前执行副总裁）于 2018 年创立。2019 年 11 月，启动了全面本地化的品牌"奇绩创坛"。

奇绩创坛内部有大量的沉淀知识，包括奇绩的申请流程、创业知识、被投项目介绍、奇绩合伙人创业分享等，句子互动基于这些知识构建了十几条不同的业务流，不同的 Chatbot 可以完成不同的场景任务，如帮助创业者填写奇绩创坛的新项目申请、帮助创业者招聘实习生、了解被投项目及创业支持等。

3）企业专属知识库：JuziGPT

句子互动基于不同部门的知识，构建各自领域的 Chatbot。知识库涵盖了产研部门、销售部门、市场部门、职能部门等多个来源。

句子互动构建的 JuziGPT 可以帮助句子互动的员工快速了解公司的信息。例如，新入职的员工可以跟着 JuziGPT 了解公司规章流程及审批制度，还可以向 JuziGPT 了解公司的产品信息，并完成 JuziGPT 发布的新手任务。又如，市场部员工在进行奖项申报时，只需把申报内容输入 JuziGPT，JuziGPT 就可以基于学习到的句子互动的知识快速协助市场部员工完成奖项申报等大量的文书操作。

就像大语言模型技术一样，句子互动的技术也在不断改进。撰写本书的目的之一是笔者希望为需要搭建 Chatbot 的开发者在了解基础技术原理和如何应用方面提供一定程度的帮助。希望在大语言模型时代，有更多企业能将 Chatbot 真正落地，企业的开发人员能快速构建 AI Native 应用。

13

系统测评

大语言模型拥有卓越的能力,使开发者能够在不深入研究机器学习复杂性的情况下快速构建应用程序。大语言模型的生成过程更随机,这给应用开发带来了新的挑战,使系统测评在大语言模型中变得格外重要。

测评是机器学习领域中经常使用的术语,指的是评估训练模型的性能和质量的过程。它涉及测评模型在特定任务或数据集上的表现,这在理解模型的优势、劣势和整体效果方面起着关键作用。评估指标和技术根据特定任务和问题领域有所不同。虽然大语言模型当前发展迅猛,但是对于大语言模型应用的测评方式,我们可以参考过去传统的自然语言处理的测评方法。本章主要介绍如何针对系统进行测评,重点从技术维度进行阐述和分析。

需要注意的是,不同类型的 Chatbot,测评的指标和方法很可能完全不一样。对于任务型 Chatbot 来说,在能完成任务的前提下,对话的轮次越少,证明这个系统越好。而对于闲聊型 Chatbot 来说,一个系统的对话轮次越多,说明这个系统越好。

这里需要提到训练集和测试集的概念。训练集和测试集都是标注过的数据。

- 训练集:用于训练模型的数据集合。
- 测试集:用于测试最终生成的模型的数据集合。

如果我们已经有了一个大的标注数据集,想要完成一个模型的测试,那么通常使用均匀随机抽样的方式，将数据集划分为训练集和测试集，这两个集合不能有交集，常见的比例是 8∶2，当然比例是人为的。两个集合都是独立同分布①的。

笔者曾参加了 2018 年"第七届全国社会媒体处理大会"（The Eighth China National Conference on Social Media Processing）举办的中文人机对话技术测评（ECDT），并在多轮测评中自然回复度排名第一，所以本章会参考 ECDT 的测评方法，针对自然语言理解、对话状态管理和自然语言生成 3 部分进行详细说明。

作为该社会媒体处理大会的承办方,哈尔滨工业大学社会计算与信息检索研究中心曾写过一个对话系统评价方法综述，介绍了 3 种针对对话系统测评的方式。

（1）用户模拟。

用户模拟是一种有效且简单的评价策略，主要是通过机器来模拟用户在不同情境下和对话系统进行对话，由于是非人力，它可以有效地在大范围内进行测试和评价。正因为是机器模拟，这种方法的缺点也很明显，就是真实用户的反应与模拟器的反应之间存在潜在的差距，这个差距的多少某种程度上取决于用户模拟器的好坏。尽管如此，用户模拟仍然是任务型 Chatbot 评价中最常用的评价方法。

（2）人工评价。

显然，雇佣测试人员对 Chatbot 生成的结果进行人工评价的好处是，能够产生更多真实的评价数据。目前看来，这种评价方法更多地出现在实验室等研究资源雄厚的环境中，测试人员在预定任务领域内对系统进行测评，通过一些预设的询问方式与系统进行对话，根据对话结果对系统的表现进行评分。

但这种评价方法的一个最大的问题就是，雇佣足够多的人，需要一笔庞大的开销。同时，雇佣的人员是否能真实地代表用户，测试的样本话术是否具有典型性，这些都是不可控的。

（3）在动态部署的系统中进行评价。

任务型 Chatbot 评价的理想方法就是在真实用户群中检测用户的满意度，比如在商业广告中植入 Chatbot 或构建一个能够让普通用户主动使用 Chatbot 的服务。这两种方法都

---

① 独立同分布：在概率论与统计学中，独立同分布（Independent and Identically Distributed，IID）是指一组随机变量中每个变量的概率分布都相同，且这些随机变量互相独立。

是较难实现的。卡耐基梅隆大学（Carnegie Melon University，CMU）的研究人员曾提出过一个评价架构，称为 Chatbot 挑战：先开发一个 Chatbot，对宾夕法尼亚州匹兹堡市的用户提供全时间段自动化在线公交信息查询。用户可以通过给这个 Chatbot 打电话查询公交信息（在此之前，这项服务是在工作时间由人工完成的）。由于存在非常真实的用户需求，卡耐基梅隆大学开发的 Chatbot 便成了这项服务的一个标准。后期如果有系统参与挑战，证明测试效果更好，就可以替换这个系统。

13.1 任务型 Chatbot 测评指标

任务型 Chatbot 的目标非常明确，快速帮助用户完成制定意图，如日程安排、进度查询、机票预订等目的性强的工作。所以，评估一个任务型 Chatbot 最直接的两个指标是**任务完成率和平均对话轮数**。其中，任务完成率越高越好，在同等对话完成率的基础上，平均对话轮数越少越好。然而，当系统真正与人进行交互的时候，任务完成的程度是很难界定的。所以在真实场景下，Chatbot 评价的最终指标是**测评用户的满意度**，可以通过收集用户对 Chatbot 进行的打分来评定。

13.1.1 自然语言理解测评指标

1. 意图识别能力

识别本质上是个多类别分类器。意图主要是确定用户希望执行的动作，例如"我要订机票"，其意图是"订机票"。我们要判断识别的意图是否正确，就需要一套标注标准。行业会采用多人交叉验证的方式做人工标注，即每一条语料都会有至少两人进行交叉标注。

传统分类器的指标一般以准确率、召回率、F_1（因为问答型 Chatbot 也会有这些问题，所以会在问答型 Chatbot 中对这 3 个指标进行详细介绍）为分类性能指标输出。

针对意图识别，笔者在和腾讯 Chatbot 部门工程师交流的过程中发现，他们会对指标做一些精简，简化为通过率（Passing Rate，PR），每个领域的通过率就是他们考核在该意图下的命中该领域的能力，本质上就是只看召回情况。做简化之后会带来一个问题——没有直接考量准确率，那么我们通过设置一个 non-task 的领域来表示其他领域，从而给出 non-task 域的通过率，即可从侧面反映出准确率的指标。本质上，如果想计算准确率是可接受的，只需要将其他领域中误分到目标领域的样例数量加起来。

2. 槽位填充能力

每个意图中都会有一些关键信息，也可称为待填充的参数，即词槽。我们可以通过抽取对话中本身存在的参数，将待填充的模板补充完整，从而获取相应的服务。如果必填的参数没有完成填充，还可以通过追问等方式进一步补充，这就涉及多轮对话的测评。

针对槽位填充能力，主要看从对话中抽取的参数是否正确。通常，可以接受对多提取出来的参数做忽略处理，但是不能容忍少提取参数。主要原因在于，填槽操作中，只需将槽位参数填进去，对于不需要的参数会自动忽略。

正常情况下，拿到意图和槽位填充的结果，就已经完成了基本的自然语言处理步骤，而我们要从测评的角度看待整个系统，就需要考虑所有情况，并给出评价指标。后续继续介绍几个相关指标。

3. 语义容错能力

由于用户本身的发音不标准，并且业界目前的语音识别水平亦存在瓶颈，很多带有语音识别模块的对话系统都面临同样的问题——语音识别带来的错字、错词情况，基本上句错率超过 10% 是非常正常的，因此对一个对话系统的容错能力的评价是非常必要的。

评价一个系统的容错能力之前，要对错误类型做分类，如表 13-1 所示。

表 13-1

一级分类	二级分类	可能原因	案　　例
错字	同音不同字	语音识别	"背景信息"识别成"北京信息"
错字	模糊音	语音识别	噪声
错字	无规律错字	人为记忆混淆	"傲慢与偏见"记成了"偏见与傲慢"
多字	干扰字	语音识别、噪声、人为习惯	"去海底捞吧"记成了"我们嗯去海底捞吧"
少字	吞音	语音识别、噪声、人为习惯	"巴拉巴拉小魔仙"识别成"巴拉啦小魔仙"
少字	交互截断	语音识别	"三生三世十里桃花"识别成"三生三世十里"
少字	无规律少字	人为记忆错误	"大军师司马懿之军事联盟"识别成"大军师军师联盟"
乱序	无规律乱序	人为记忆混淆	"家有儿女"识别成"家有女儿"

还应该考虑一种情况，即一些对话本身是正确的，但是被系统误纠错。这种被误纠错

的对话数量占全体的比重称为误纠率。评价误纠率需要一些不需要纠错的负例作为测评集，转化为通过率就是在负例中，没有纠错动作的就认为是通过。

4. 同义词转换能力

除了容错，还有一个很重要的能力就是同义词的容忍能力。在实体层面，例如"我要看复联5"中的"复联"是"复仇者联盟"的简称，那么我们就需要在自然语言理解部分把它转化回来。在非实体层面，"我要听最近比较火的歌曲"，那么"最近比较火"的意思为"热门"，在自然语言理解的部分有必要将其映射到标准词汇上。

在测评这方面的能力之前也需要做分类，同义词转换分类如表13-2所示。

表 13-2

类 型	解 释	案 例
实体转换	试题简称，别称	"复联"→"复仇者联盟"
近义词转换	近似含义的表达	"最近比较火"→"热门"
词性转换	英文大小写、汉字数字和阿拉伯数字、简体繁体之间的转换	"大内密探 00 发"→"大内密探零零发"

为了测试误转换情况，同样需要一些负例给出误转换率。

5. 逻辑门①支持能力

谈到逻辑门，简化来说就是"与或非"，所以只需要按照与或非的方式构建测评语料即可。逻辑支持测评分类如表13-3所示。

表 13-3

类 型	案 例	说 明
与门②	帮我找去年的获奖名单	与条件：year = 去年 AND content = 获奖名单
或门③	我想听四大天王的歌	或条件：singer = 刘德华 OR singer = 郭富城 OR singer = 张学友 OR singer = 黎明

---

① 逻辑门：又称"数字逻辑电路基本单元"，是执行"或""与""非""或非""与非"等逻辑运算的电路。任何复杂的逻辑电路都可由这些逻辑门组成。广泛用于计算机、通信、控制和数字化仪表。

② 与门：几个条件必须同时得到满足，某事件才会发生。

③ 或门：在几个条件中，只要有一个条件得到满足，某事件就会发生。

续表

类　型	案　　例	说　　明
非门[①]	帮我订张机票，不要早上的	非条件：NOT time = 早上
混合门	找今年周星驰拍的电影，不要搞笑的	director = 周星驰 AND year = 今年 AND (NOT type = 喜剧)

观察大量的用户案例后发现，用户的个性化需求越强烈，对话中出现逻辑和指代关系的频次越高。

- "有没有**更便宜**的？"
- "**除了**大床房**还有其他**房间吗？"
- "后天会比今天**更冷吗**？"
- "就要刚刚的**那个两千多**的吧。"
- "**除了**廉价航空，其他的航班**都可以**。"

以上这些需求是提需求的时候，在对话中经常出现的表达方式，看似简单，正确地理解它们对目前所有自然语言理解系统都是一个巨大的挑战。主要的阻碍就是对逻辑的理解，还有对基于上下文对话中的指代关系的理解失败。这个能力的提升，还有很长的路。

6. 条件假设支持能力

条件假设的情况主要是指，执行任务之前存在前提条件，例如"如果明天下雨，提醒我带伞"，前提条件是"明天下雨"，只有满足前提条件时才会执行相应的任务。

针对条件假设能力的测评比较困难，从自然语言理解的结果上看是不一定能体现出服务是否正确执行的，因此我们可以拆解成两个任务，一个是自然语言理解部分是否能够把前提条件转化成固定格式而非丢弃；另一个则是看是否能够真正按照要求完成条件假设的任务。

7. 多任务支持能力

多任务的情况也是比较复杂的，在实际使用场景中经常遇到，例如"我想知道本赛季梅西和 C 罗进了多少个球"，其实是包含两个任务的：梅西的进球数 + C 罗的进球数。由

---

① 非门：某个条件必须不发生，某件事才会发生。

于初始设计的原因，很多系统基本上只会提取到其中一个参数，从而只给出一个答案。更复杂一点的有"帮我播放音乐并将音量调到 5"，这句话存在着两个不同的意图，对系统的要求极高。

8. 方言口音支持能力

方言对语音识别是一个巨大的挑战。由于方言本身带来的发音不标准及习惯性说法，在语义层面也会有不小的挑战。举个例子，川渝口音说"第二个"的时候会说成"第二一个"，在很多对话系统中是无法支持的，给用户体验造成了不好的影响。因此，我们需要构建一批各地方言和习惯性高频说法，来针对方言和习惯性说法做出科学的测评。

13.1.2　对话管理测评指标

1. 任务完成率

任务完成率等于成功结束的多轮会话数除以多轮会话的总数。成功结束的会话数越多，任务完成率就越高，代表多轮 Chatbot 的可用性越高。

2. 用户满意度

想知道你的 Chatbot 表现如何，最简单有效的方法就是直接问使用它的人。

例如，让 Chatbot 询问客户 NPS[①]的关键问题"你会把我们的 Chatbot 推荐给朋友/同事吗？选择范围 1 分到 10 分。"这个 NPS 问题为了解 Chatbot 在客户体验方面的表现提供了重要参考。

也可以参考下面的分类为对话管理模块综合打分，用户："我想看最新的《大黄蜂》"，可能有以下三种不同的回复，如表 13-4 所示。

---

① NPS：Net Promoter Score，净推荐值，又称净促进者得分，亦可称口碑，是一种计量某个客户将会向其他人推荐某个企业或服务可能性的指数。它是最流行的顾客忠诚度分析指标，专注于顾客口碑如何影响企业成长。通过密切跟踪净推荐值，企业可以让自己更加成功。

表 13-4

分　数	说　明	案　例
1 分	完全无感情的回复	播放电影《大黄蜂》
2 分	有一定情感，但明显缺乏亲切度，明显可区分是机器还是人类	好的，为你找到电影《大黄蜂》
3 分	带有明显的个性情感，感觉是在与人交流	这部片子非常好看，快准备好你的爆米花来欣赏吧

3. 平均对话轮次

平均对话轮次等于同一个任务每次对话轮数的总和除以任务次数。不同的对话任务类型有不同的评价目标，如任务型和问答型希望越短越好，而闲聊型则希望对话轮次越长越好。

4. 引导能力

引导能力指的是在静态的数据库资源未覆盖的情况下，Chatbot 引导用户完成对话任务的能力。举例来说，如果当前只支持查询十日航班，那么当用户查到十日之外的航班时，Chatbot 是否能友好地引导用户。

5. 槽位补充能力

槽位的补充是多轮中非常重要的一种情况，指的是在任务的执行过程中缺少某些信息，就需要通过反复的提问和确认来补充必需的槽位。

需要注意的是，还有一些槽位是包含默认值的，可以从环境因素中获取，例如在导航场景下说："我要去西单"。实际上，环境因素中的位置服务会默认将用户当前的位置填充到出发地的槽位中。因此，无须进一步确认就可以给出用户当前位置到东大街的导航线路，其中交通工具和路线偏好也都从默认值中加载。

除此之外，有一种槽位补充方式是通过用户本身的信息，如"我要回家"，其中"家"要转换成目的地，就需要通过用户信息查询服务判断用户的"家"具体指的是什么地点。我们通常会将用户信息抽象为显式的用户画像，跟用户画像服务放置在同一个存储逻辑中。

槽位补充能力的测评，第一要素就是针对一个特定任务，是否能通过询问将槽位补充完整，并且补充到正确的位置。这并不是一件简单的事，因为用户的回答不是机械的，存在很多不确定性，如表 13-5 所示。

表 13-5

用户说	Chatbot 回答	填槽结果
我要订机票	请问你要去哪里？	目的地：?
稍等	请问你从哪里出发？	目的地：稍等；出发：?
什么鬼	请问你出发的日期？	目的地：稍等；出发地：什么鬼；日期：?
明天	抱歉，没有找到明天从什么鬼到稍等的航班	目的地：稍等；出发地：什么鬼；日期：时间

6. 槽位修复能力

根据上面的错误填充情况我们发现，系统的槽位修复能力很重要。根据上面的例子，比较表 13-6 和表 13-7 所示的两种不同的对话管理模块的槽位修复能力。

表 13-6

用户说	Chatbot 回答	填槽结果
我要订机票	请问你要去哪里？	目的地：?
北京	请问你从哪里出发？	目的地：北京；出发地：?
不对我要去深圳	请问你出发的日期？	目的地：北京；出发地：深圳；日期：?
明天	好的，已为你找到明天从深圳到北京的机票	目的地：稍等；出发地：什么鬼；日期：后天

表 13-7

用户说	Chatbot 回答	填槽结果
我要订机票	请问你要去哪里？	目的地：?
北京	请问你从哪里出发？	目的地：北京；出发地：?
不对我要去深圳	好的目的地已修改为深圳，请问你从哪里出发？	目的地：深圳；出发地：?
成都	请问你的出发日期是？	目的地：深圳；出发地：成都；日期：?
明天	好的，已为你找到明天从成都到深圳的航班	目的地：深圳；出发地：成都；日期：明天

对于槽位修复能力的测评充满挑战，因为很难在每个环节都设计出主动修改槽位的回复，通常的做法是在线上收集数据，再有针对性地优化。而线上的数据反馈，很多时候是

一个滞后修改，就是在补充了很多槽位信息后修改第一个槽值，这对对话管理和自然语言理解是一个很大的挑战，需要完整地识别用户的意图到底修改哪个槽位。

7. 意图继承能力

在真实使用场景中，对话中的很多情况是必须依赖上下文才能理解的，例如"下一个"，在播放音乐的意图下指的是下一首歌，在讲笑话的意图下就是下一个笑话，在播放视频的意图下就是下一个视频，不同的上下文有不同的理解。因此，领域意图继承能力是一个好的对话系统必须具备的能力，如表 13-8 所示。

表 13-8

用户说	Chatbot 回答	说　明
北京天气怎么样	北京天气轻度污染，气温零下 3 摄氏度到零下 1 摄氏度	意图：查询天气
上海呢	上海空气良好，气温 6 摄氏度到 9 摄氏度	继承了上文的意图，查询天气

8. 指代消除解析能力

指代是自然语言中的一种重要的表达方式，它使得语言表达简洁连贯，但在文章或讲话中大量使用指代，会增加计算机对篇章理解的难度。举个例子，用户在和 Chatbot 交流的时候经常会用到"他""这"等词，而这些词具体指什么，是否能够通过上下文正确解析，是对话管理测评的一个关键指标。表 13-9 是一个具体案例。

表 13-9

用户说	Chatbot 回答	说　明
我想听《屋顶》	为你播放周杰伦和温岚的《屋顶》	用户对 Chatbot 下发命令，对话开始
找下那个女的唱过的歌	为你找到温岚的歌曲……	指代消除：那个女的→温岚
找下那个男的唱过的歌	为你找到周杰伦的歌曲……	指代消除：那个男的→周杰伦
他演过哪些电影	周杰伦演过如下电影……	指代消除：他→周杰伦
搞笑的有哪些	周杰伦的搞笑电影有这些……	指代消除：（省略代词）→周杰伦的搞笑电影

最简单的指代消解方法就是，将第三人称代词替换成上文中最后出现的相应的主语。显然，仅做到这一点是完全不够的，指代代词形式变化多样，甚至可以是省略形式，而被指代的对象也是多种多样的，可以指人、指事件，也可以指物品。要完整地测评指代消解

能力，需要非常大的测试集，通常将选取一些典型的指代消解形态，并借助半人工的方法过滤，作为指代消解的测评集。测评结果会分成两类：是否完成指代和指代是否正确。

13.2　问答型 Chatbot 测评指标

13.2.1　准确率

准确率（Precision）是 Chatbot 在所有选择回答的问题中，能够回答正确的比例，即 Chatbot 回答正确的问题数除以回答的问题总数得到的结果。任务型和问答型 Chatbot 非常要求准确率，宁可 Chatbot 不回答，也不能回答错误。

准确率这一测评指标，在实际中需要人工标注回答准确与否，所以场景会相对受限。企业的客服部门通常会将问题解决率作为日常工作中对 Chatbot 的主要测评指标，公式如下。

$$准确率 = \frac{Chatbot 正确回答的问题数}{问题总数}$$

13.2.2　召回率

召回率（Recall）等于 Chatbot 能回答的问题数除以问题总数。Chatbot 能回答的问题数越多，它的召回率就越高，公式如下。

$$召回率 = \frac{Chatbot 能回答的问题数}{问题总数}$$

13.2.3　F 值

$$F 值 = 准确率 \times 召回率 \times 2 / (准确率 + 召回率)$$

F 值（F_1-Score）即准确率和召回率的调和平均值。

准确率是正确回答数与所有回答数的比例；召回率是正确回答数与存在于知识库中问题数的比例；而 F 值，则是用来平衡二者的综合评估指标。

当然，我们希望检索结果的准确率和召回率越高越好，但事实上，两者在某些情况下是矛盾的。例如在极端情况下，我们只回答了一个置信度最高的问题且是准确的，那么正确率就是 100%，但是召回率就很低；而如果我们降低置信度对更多的问题给出答案，那么召回率将会提升，但是正确率会下降。因此，在不同的场合中需要自己判断，希望正确率比较高，还是召回率比较高。如果是做实验研究，可以绘制正确率-召回率曲线来帮助分析。

13.2.4　问题解决率

问题解决率等于问题的总数减去转人工客服的数量，再减去客户反馈不满意的问题数量，最后除以问题总数，公式如下。问题解决率不需要人工标注，是机器能直接衡量出来的。

$$问题解决率 = \frac{Chatbot成功解决的问题数}{问题总数}$$

企业需要设置合理的策略来判断什么时候 Chatbot 要转到人工客服。例如，已经检测到客户进入了焦躁状态，就一定要转到人工客服来安抚客户，或者这个客户一个问题已经问了三遍，Chatbot 还没回答，也一定要转到人工客服来回答。这些都从侧面反映出 Chatbot 的问题解决率。

在客服系统中，企业应该提供对 Chatbot 客服的反馈和打分机制。这样就可以把客户反馈不满意的问题数量标记出来，也可以自动算出这个问题的解决率，进而知道怎样进一步提升单轮对话的能力。

13.3　闲聊型 Chatbot 测评指标

闲聊型 Chatbot 的测评和任务型及问答型相比更加困难，因为没有一个标准的回答。笔者参考腾讯机器人平台的一些标准，测评标准分为线上指标、客观评价和主观评价。

13.3.1　线上指标

线上指标可以进一步分为平均对话轮次和用户对 Chatbot 的直接评价。下面是一些具体案例。

1. 平均对话轮次

对闲聊型 Chatbot 来说，最直观的评价就是用户和 Chatbot 聊的时长和对话的轮数，这是一个简单、可量化的线上标准，是所有测评指标中相对容易测评的。

2. 用户对 Chatbot 的直接评价

在线上环境中，用户在聊天时会表达出对 Chatbot 能力的直观评价，比如下面 3 种就可以量化成不同的指标：

- 满意 VS 不满意。
- "没想到你挺智能啊!"
- "没想到你还真智障。"

13.3.2　客观评价

客观评价通常包括流畅度和与参考答案的相似度。下面是一些具体案例。

1. 流畅度

流畅度用来评价 Chatbot 回复用户的语言是流畅易懂，还是拼凑痕迹明显，如图 13-1 所示。

今天心情不太好

我带你去撸夜宵吧

我带你去吃夜宵吧

图 13-1

在这个案例中，"撸夜宵"和"吃夜宵"相比就没有那么流畅，这个流畅度是可以通过语言模型计算出来的，具体算法不再赘述。

2. 与参考答案的相似度

通过给用户的每个回答设定一个标准答案，然后计算 Chatbot 和我们设定的标准答案的相似度，如图 13-2 所示。算法上可以通过词向量距离和相似度模型进行计算。就像考试中的问答分析题一样，每个问答分析题都是有标准答案的，但是考生给出的答案不可能和标准答案完全一样，这时批阅考卷老师通过人脑计算考生给出的答案和标准答案的相似性，进而给出问答分析题的得分。

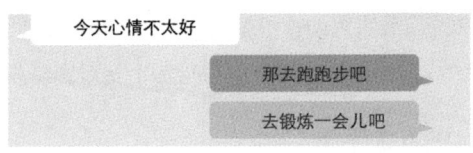

图 13-2

用户说今天心情不太好，可以有一个标准答案是"那去跑跑步吧"，然后将 Chatbot 回复的"去锻炼一会儿吧"进行相似度对比，进而评价出这个 Chatbot 的好坏。

13.3.3　主观评价

主观评价包括上下文一致性，是否冒犯用户、参与度、有趣和合适性等。和客观评价不同的是，主观评价是从人际交往过程中抽象出来的几个标准，通常由人直接凭主观对 Chatbot 进行打分，可让真实测评人员按照下面的分数人为打分评价：

（1）1 分或 2 分：完全答非所问，以及含有不友好的内容。

（2）3 分：基本可用，问答逻辑正确。

（3）4 分：能解决用户问题且足够精练。

（4）5 分：在 4 分基础上，能让人感受到情感及人设。

14

平台渠道集成

本章的目的是，让读者清楚地了解 Chatbot 可以集成哪些对话平台，以及这些对话平台各自的特点。通过阅读本章，读者可以了解当前流行的对话平台，并对对话平台做初步的选型判断。写作本章并不是为了给读者具体的集成技术指导（可能会涉及一小部分），而是为了保证读者阅读后对集成对话平台有一个整体的认知。平台渠道集成如图 14-1 所示。

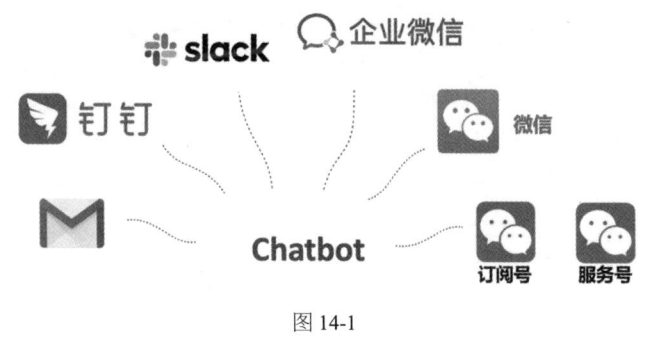

图 14-1

14.1 微信

现今，微信已成为全民移动通信工具。根据腾讯官方数据，截至 2020 年 1 月，微信日活跃用户已经达到 11 亿，是当之无愧的国内最大的通信平台。

14.1.1 企业微信

"让每个企业都有自己的微信"，企业微信提供了与微信一致的沟通体验，帮助企业通过微信连接自己的员工和客户。除了丰富的办公应用，企业微信还提供了转发微信聊天记录、通讯录管理、企业支付等强大的功能。

目前，企业微信已经开放了部分 Chatbot API 接口，让我们可以方便地通过企业微信进行消息接收、消息发送、操作通讯录、建群等操作，Chatbot 可以使用这些接口与企业微信后台或用户进行双向通信。

本节主要介绍企业微信接收单聊消息、发送单聊消息、通讯录管理、群操作的流程，如图 14-2 所示。

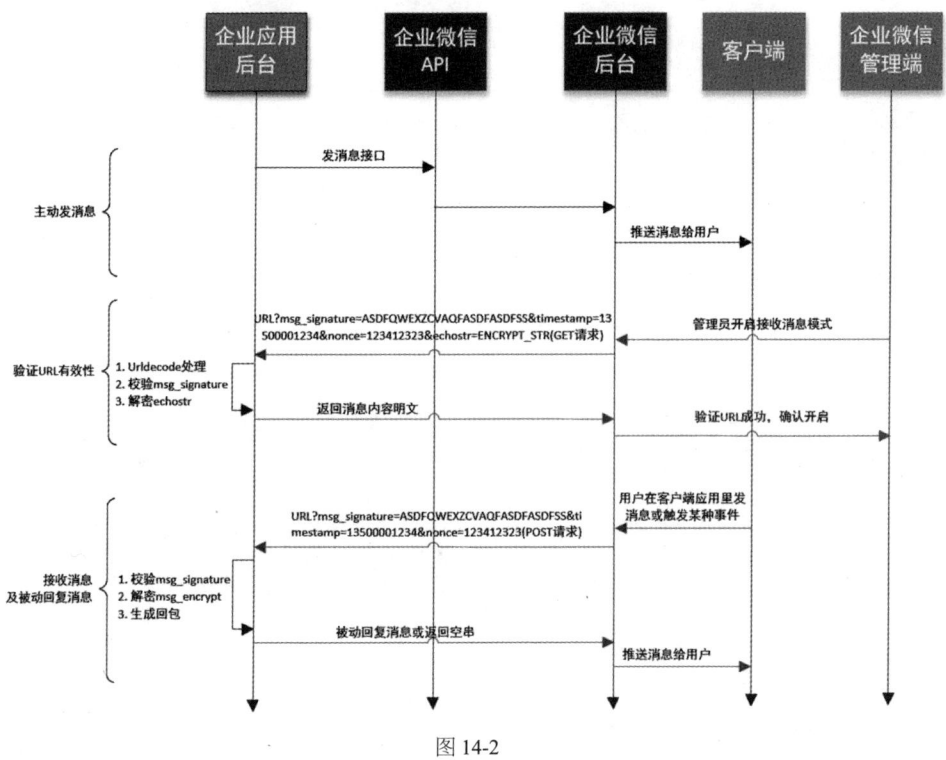

图 14-2

1. 接收单聊消息

接收消息分为两种：成员在应用客户端里发送的消息和某种条件触发的事件消息。

为了能够将消息传给 Chatbot，企业微信需要在应用的管理后台开启接收消息模式，同时提供可以用来接收消息的服务器 URL。设置成功后，用户在应用里发送的消息会推送给企业后台。企业后台接收消息后，可以在响应的返回包里带上回复消息，企业微信会将这条消息推送给成员。这就是"被动回复消息"。

不管是文字、图像、地理位置消息，还是员工进入应用、操作菜单等动作，只要事件触发，企业微信就会把相应的数据推送到企业后台，企业后台再做出响应。

除了普通会话的形式，还可以为 Chatbot 设置自定义菜单（和微信公众号的界面菜单一样）。

2. 发送单聊消息

发送单聊消息是指企业后台调用接口通过应用向指定成员发送单聊消息。

当 Chatbot 需要发送消息时，企业微信提供了消息发送的接口来满足开发者给企业成员推送消息的诉求。目前，接口支持推送文本消息、视频消息、文件消息、图文消息等消息类型。

文本消息如图 14-3 所示。

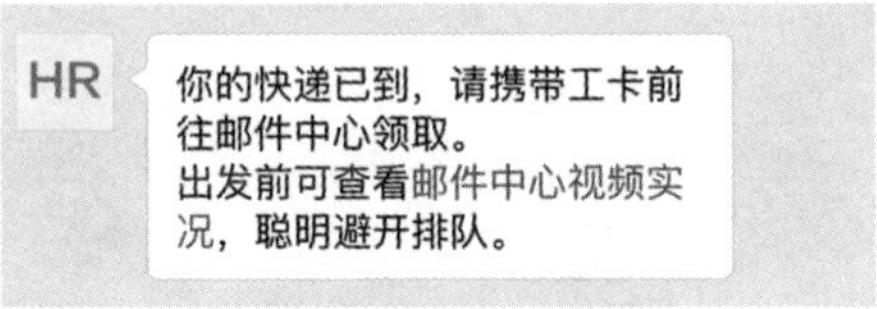

图 14-3　文本消息

视频消息如图 14-4 所示。

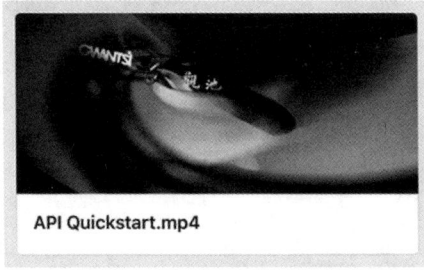

图 14-4

文件消息如图 14-5 所示。

图 14-5

文本卡片消息如图 14-6 所示。

图 14-6

图文消息如图 14-7 所示。

图 14-7

Markdown 消息如图 14-8 所示。

图 14-8

小程序通知消息如图 14-9 所示。

图 14-9

3. 通讯录管理

使用企业微信通讯录同步相关接口,可以对部门、成员、标签等通讯录信息进行查询、添加、修改、删除等操作。

为了启用通讯录管理功能，需要进入企业微信管理后台，在"管理工具"界面中，进入"通讯录同步"，开启"API 接口同步"，入口如图 14-10 所示。

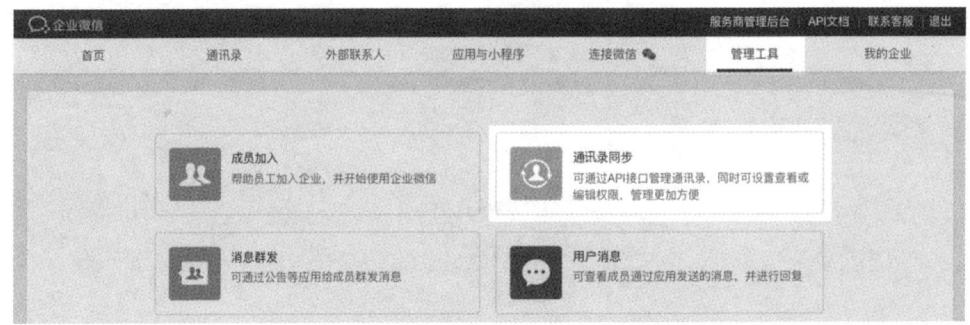

图 14-10

4. 群操作

群操作是指，企业后台调用接口创建群聊后，可通过应用推送消息到群内，如图 14-11 所示。企业微信支持企业自建应用通过接口创建群聊并发送消息到群，让重要的消息可以更及时地推送给群成员，方便协同处理。此接口暂时仅支持企业内接入使用，也就是说，应用消息仅限于发送到通过接口创建的内部群聊，不支持添加企业外部联系人进群。

图 14-11

14.1.2　微信公众号

微信公众号是微信公众平台提供给企业，用来在微信上和用户进行消息互动的一类账号，它分为订阅号和服务号两种。

微信公众平台是运营者通过公众号为微信用户提供资讯和服务的平台,而公众平台开发接口则是提供服务的基础,开发者在公众平台网站中创建公众号、获取接口权限,即可基于这些 API 接口开发 Chatbot。

在微信公众号里,微信用户是以联系人形式存在的,消息会话是公众号与用户交互的基础。目前,公众号内主要有以下 5 类消息服务的类型,分别用于不同的场景。

1. 接收普通消息

当普通微信用户向公众账号发消息时,微信服务器将通过 HTTP POST 协议,将消息的 XML 数据发送到开发者填写的 URL 地址。

2. 被动回复用户消息

当用户发送消息给公众号时(或某些特定的用户操作引发的事件推送时),会产生一个 POST 请求,开发者可以在响应包(Get)中返回特定 XML 结构,对该消息进行响应(现支持回复文本、图片、图文、语音、视频、音乐)。严格来说,发送被动响应消息其实并不是一种接口,而是对微信服务器发过来的消息的一次回复。

需要注意,回复图片(不支持 GIF 动图)等多媒体消息时需要预先通过素材管理接口上传临时素材到微信服务器。可以使用素材管理中的临时素材,也可以使用永久素材。

3. 客服消息

当用户和公众号产生特定动作的交互时(具体动作列表详见相关文档),微信将会把消息数据推送给开发者,开发者可以在一段时间内(目前修改为 48 小时)调用客服接口,通过 POST 一个 JSON 数据包发送消息给普通用户。此接口主要用于诸如客服等有人工消息处理的环节,方便开发者为用户提供更加优质的服务。

目前允许的动作主要包括:用户发送信息、点击自定义菜单、关注公众号、扫描二维码、支付成功提示、用户维权等。

4. 模板消息

模板消息仅用于公众号向用户发送重要的服务通知,只能用于符合其要求的服务场景中,如信用卡刷卡通知、商品购买成功通知等。不支持广告等营销类消息及其他可能对用户造成骚扰的消息。

5. 群发消息

公众号可以向用户群发消息，包括文字消息、图文消息、图片、视频、语音等。

14.2　钉钉

钉钉（DingTalk）是阿里巴巴集团专为中国企业打造的免费沟通和协同的多端平台，提供 PC 版、Web 版和手机版。它开放了丰富的服务端接口能力，如企业通讯录管理、发送企业会话消息等功能。开发者可以借助这些接口能力，实现与钉钉集成打通的 Chatbot。

1. 消息发送

开发者可通过消息高效触达用户，通知用户当前行为的结果及状态。同时，可在消息中配置跳转应用内指定页面的地址，当用户查看消息时，在消息卡片中点击"进入应用查看"，进入开发者配置的应用内指定页面。

钉钉消息通知包括工作通知消息、群消息和普通消息。

- 工作通知消息：以企业工作通知会话中某个应用的名义通知员工个人，如审批通知、任务通知、工作项通知等。
- 群消息：向钉钉群发送消息，仅限企业内部开发使用。
- 普通消息：在使用应用时，员工个人通过界面操作的方式把消息发送到群里或其他人，如发送日志的场景。

2. 获取企业会话消息阅读状态

支持文本、图片、语音、文件、链接、公众号、卡片、动作卡片消息等消息类型。

文本消息如图 14-12 所示。

图 14-12

图片消息如图 14-13 所示。

图 14-13

语音消息如图 14-14 所示。

图 14-14

文件消息如图 14-15 所示。

图 14-15

链接消息如图 14-16 所示。

图 14-16

公众号消息如图 14-17 所示。卡片消息如图 14-18 所示。

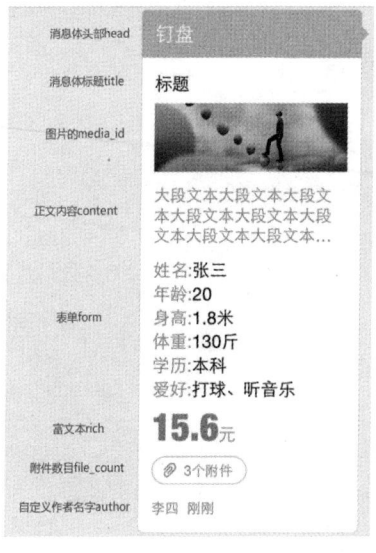

图 14-17   图 14-18

动作卡片消息如图 14-19 所示。

图 14-19

3. 群管理

群 Chatbot 是钉钉群的高级扩展功能。群 Chatbot 可以将第三方服务的信息聚合到群聊中，实现自动化的信息同步。目前，大部分 Chatbot 在添加后，还需要进行 Webhook 配置才可正常使用。例如：

- 通过聚合 GitHub、GitLab 等源码管理服务，实现源码更新同步。
- 通过聚合 Trello、JIRA 等项目协调服务，实现项目信息同步。

群 Chatbot 的 Webhook 协议的自定义集成，支持更多可能性。例如，我们可将运维报警通过自定义 Chatbot 聚合到钉钉群实现提醒功能。在 Chatbot 管理页面，选择"自定义"
Chatbot，输入 Chatbot 名字并选择要发送消息的群。如果需要的话，可以为 Chatbot 设置
一个头像。在完成设置后会生成本群 Chatbot 的 Webhook 地址，如图 14-20 所示。

图 14-20

钉钉的 Chatbot 支持创建会话、修改会话、获取会话、发送消息到群会话等主动操作；
当有会话添加人员、群会话删除人员、群会话更换群名称等操作时，可以通过回调接收对
应的群事件消息。

下面列出当前钉钉 Chatbot 的一些基础功能和注意事项：

- 获取 Webhook 地址后，用户可以向这个地址发起 HTTP POST 请求，即可实现向
  该钉钉群发送消息的目的。注意，发起 POST 请求时，必须将字符集编码设置成
  UTF-8。
- 当前自定义 Chatbot 支持文本、链接、Markdown、ActionCard、FeedCard 等消息类
  型，读者可以根据自己的使用场景选择合适的消息类型，以达到最好的展示样式。
- 自定义 Chatbot 发送消息时，可以通过手机号码指定"被@人列表"。在"被@人
  列表"里的人员收到该消息时，会有@消息提醒（免打扰模式下仍然通知提醒，
  首屏出现"有人@你"）。
- 当前 Chatbot 尚不支持应答机制（该机制指的是群里成员在聊天@Chatbot 的时候，
  钉钉回调指定的服务地址，即 OutgoingChatbot）。

4. 通讯录管理

为了让 Chatbot 可以通过 API 访问并管理钉钉系统用户，需要进行一些权限设置。

针对第三方企业的应用开发者，以钉钉开放平台为例，其权限设置界面如图 14-21 所示。

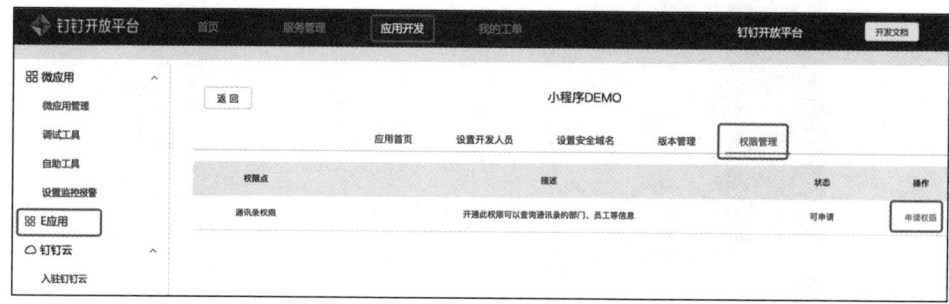

图 14-21

针对企业内部的应用开发者，其权限设置界面如图 14-22 所示。

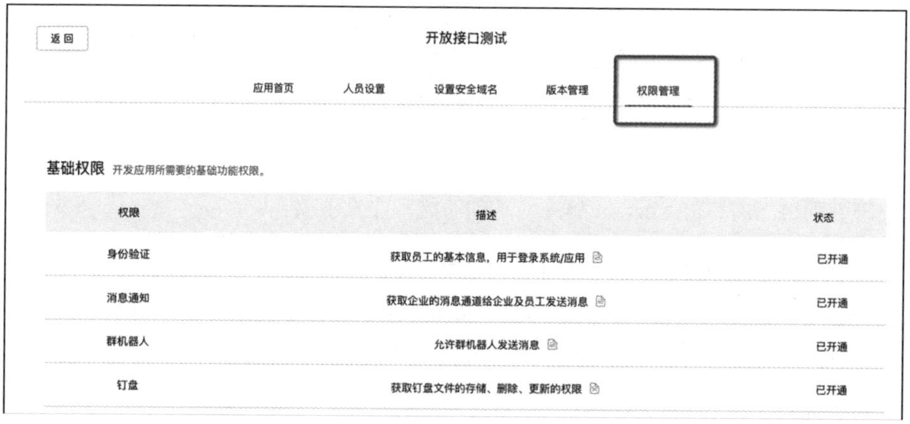

图 14-22

通过通讯录管理 API，可以进行获取成员名单和详情等操作。

除了成员具体信息，还支持通讯录事件回调。例如，当企业通讯录发生变化时，可以得到通讯录用户增加等事件的通知。

更多信息，可以阅读钉钉开放平台 API 文档。

14.3 Bot Framework

.微软推出的 Bot Framework 能够允许任何人制作自己的 Chatbot，同时提供了"Cognitive Microservices"（认知微服务）工具，该工具能够理解自然语言或者对图片进行分析，可集成到应用中。

Bot Framework 在微软当前的 AI 体系中占据重要位置，是三大 AI 服务之一（其他两个是认知服务和机器学习平台）。为了支持快速智能 Chatbot 开发，尤其是不同场景下的重复开发，有必要将基本构件模块化、通用化，通过 Bot Framework 统一提供能力。简单地说，Bot Framework 就是一个用于搭建、链接、测试和部署智能 Chatbot 的平台。开发人员可以通过 Bot Framework 构建 Chatbot，这些框架可以在文本、短信、Office 365 邮件、Skype、Slack、GroupMe、专线及网络等平台中工作。Bot Framework 架构如图 14-23 所示。

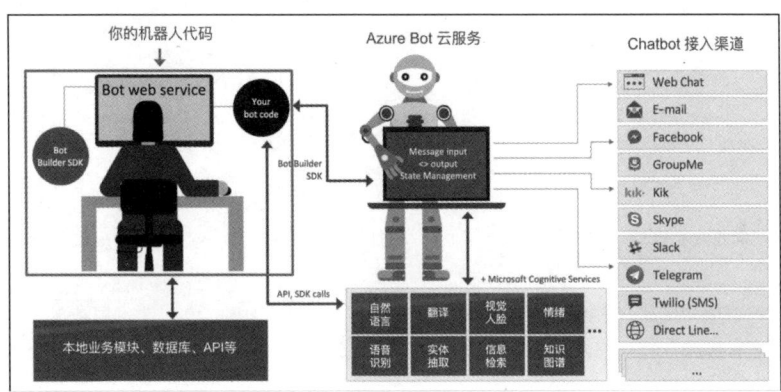

图 14-23

为了支持 Bot Framework，微软在 Azure 功能的基础上构建了一个 Azure Bot Service，该功能是微软的无服务器计算服务，允许 Chatbot 按需扩展。Azure Bot Service 的服务包括：

- 通过提供 Microsoft Bot Framework 渠道、开发工具和托管解决方案的集成环境，加速 Chatbot 开发。
- 通过 Azure Bot Service 服务支持的渠道，无须修改业务代码即可与用户进行联系，包括 Office 365 邮件、GroupMe、Facebook Messenger、Kik、Skype、Slack、Microsoft 团队、专线、文本/短信、Twilio、Cortana、Skype for Business 或在应用或网站中进行自定义。

如图 14-24 所示，通过 Bot Service 的云服务支持，可以将 Chatbot 集成到各大消息平台。

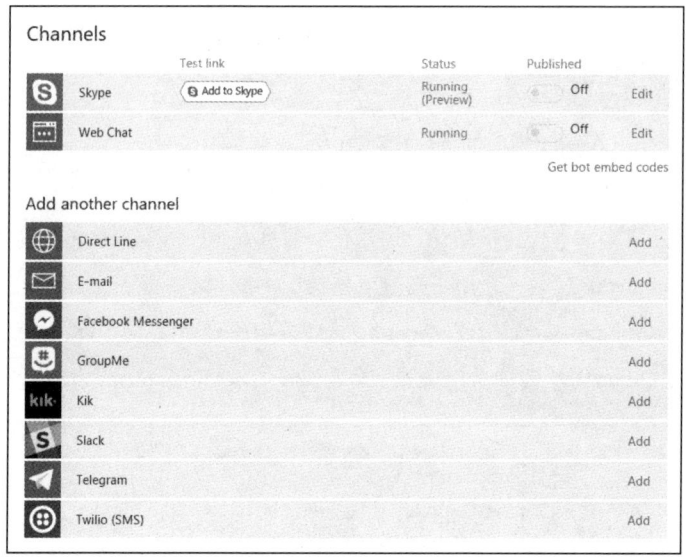

图 14-24

14.3.1 E-mail

目前，E-mail（电子邮件）在 Bot Service 中只支持 Office 365 的邮箱。配置起来也非常简单，添加渠道之后输入邮箱信息即可完成，如图 14-25 所示。

图 14-25　将 E-mail 集成到 Bot Framework 中

14.3.2 Facebook

Facebook Messenger 平台支持文本消息和富媒体（如音频、视频和图片），也支持消息模板、快速回复、按钮等多种交互方式。

　　Bot Framework 可以通过添加 Facebook 的 Channel，帮助我们集成到 Facebook Messenger 和 Facebook Workplace 中，这样我们的 Chatbot 就可以在这两个平台上和用户进行交流，如 14-26 所示。

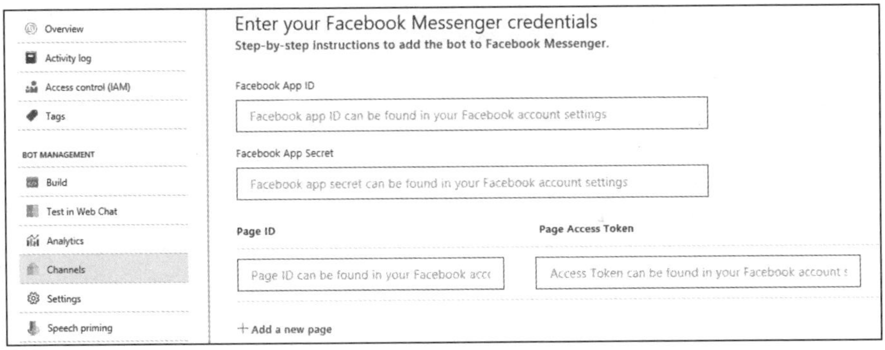

图 14-26

14.3.3　Slack

　　Slack 是一个集聊天群组、大规模工具集成、文件整合、统一搜索于一身的企业办公平台，如图 14-27 所示。

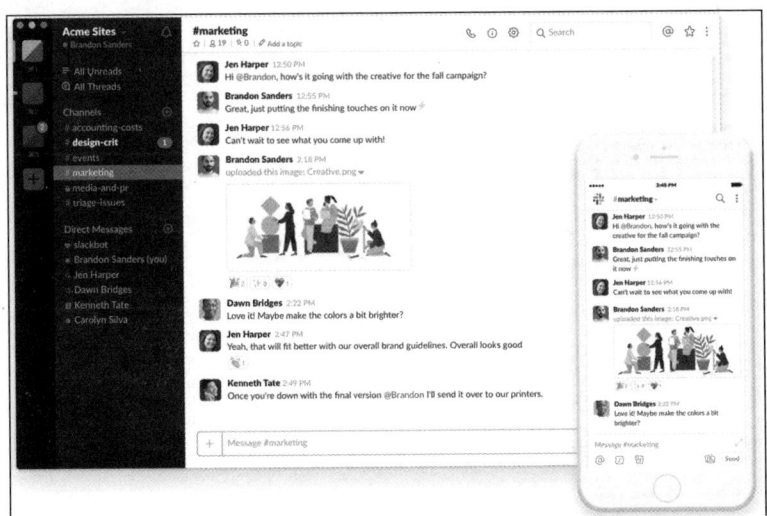

图 14-27

通过在 Channel 中添加 Slack 相关的 Chatbot 配置，即可将 Slack 轻松集成到 Bot Service 的应用中，如图 14-28 所示。

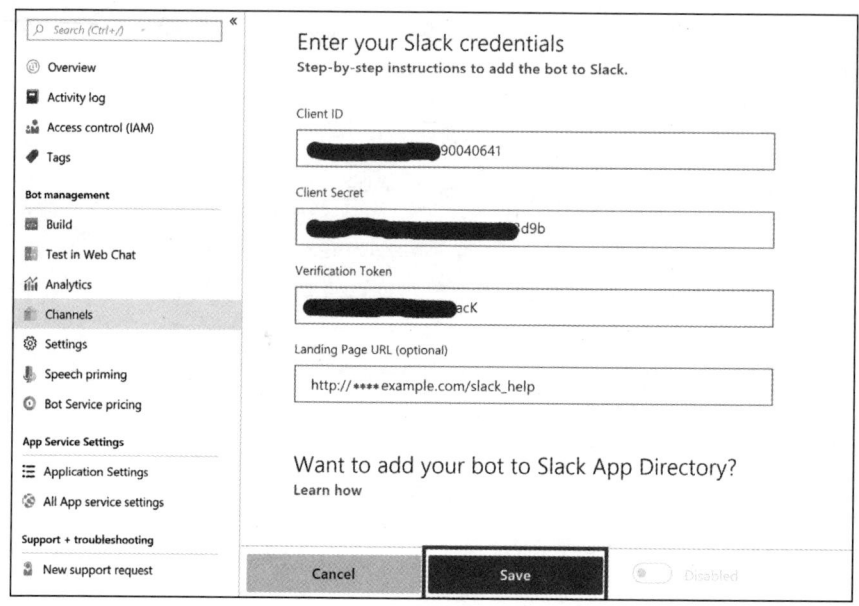

图 14-28

14.3.4　Telegram

Telegram 是一款开源且跨平台的即时通信软件，它的客户端是开放源代码软件，官方开放应用程序接口，因此拥有许多第三方的客户端以供选择，其中多款内置中文选项。其最大的特点是**用户可以相互交换加密的消息**。

Telegram 上的 Chatbot 统一由一个 Chatbot@Botfather 进行管理。可以通过它创建并管理 Chatbot，然后利用 Chatbot API 集成 Bot Framework。

14.3.5　Web Chat

网页聊天（Web Chat）是 Bot Service 中默认包含的渠道。它包括一个 Web Chat 的插件，通过这个插件，就能将聊天窗口直接嵌入网页中，将网页变成用户和 Bot 进行聊天的界面，如图 14-29 所示。

图 14-29

　　本章的内容涵盖了大部分基本集成场景。另外，小米的小爱同学、百度的小度等也是非常常用的集成渠道，开放的部分集成方式和本章介绍的内容基本相似，读者可以通过文档进行集成。

15

运营反馈

Chatbot 生命周期的最后一个模块叫作运营反馈，在 Chatbot 上线后，它对真实用户和 Chatbot 交互的数据进行监控，并收集反馈，进而总结出现存问题，制定优化方向。

这个模块通过数据，让 Chatbot 的设计者深入了解用户的想法和需求，总结出**很多 Chatbot 优化的规律**，再回到前面的步骤：需求分析、流程设计、数据处理、对话脚本撰写、系统搭建、对话任务测评、平台渠道集成。持续反复的优化，进入下一个 Chatbot 生命周期，打造一个用户满意的 Chatbot。

运营反馈和对话任务测评的不同是，运营反馈通常是指数据正式上线以后，利用真实的业务场景进行的数据分析；而对话任务测评是指在上线前做系统测试，只有测试通过后才能在生产环境中应用。在运营反馈中，需要进行以下几种分析。

15.1 流量分析

Chatbot 流量分析可以与传统网站和 App 的 PV、UV 进行对比。只不过在对话流量中，我们主要对对话数量、会话数量及对话来源，也就是平台渠道进行分析。

这里，对话指的是每一次机器和人的交互，用户和机器的一问一答叫作一轮对话。而会话指的是用户和机器的一次完整交互，会话会包括很多轮对话，通常，会话结束的标志是用户超过 15 分钟没有与 Chatbot 产生交互。

15.1.1　时长与轮次

对话时长对于评估 Chatbot 是否在和用户进行一次有意义的对话至关重要。虽然基于不同的用户场景和对话语境，对话时长并没有一个明确的数值，也不一定越长越好，但除非 Chatbot 可以立即解决用户的需求，否则对话时长过短，很可能预示着 Chatbot 没有达到理想的效果。同时，也要合理使用延时策略，以保证对话时长没有被添加的超时策略影响。

对话的轮次是需要关注的另外一个指标，指的是用户和 Chatbot 之间的问答次数，一问一答，即一轮。在理想情况下，Chatbot 解决用户问题所需的轮次应该越少越好。

15.1.2　会话流量

现阶段，国内还没有专门的 Chatbot 分析平台，因此笔者参考 Chatbase（谷歌的 Chatbot 分析平台）分析会话流量。

Chatbase 对会话流量的分析示意图如图 15-1 所示，具体包括如下内容：

- 总会话数（Total sessions）。
- 日会话总数（Avg daily sessions）：过去 24 小时的会话数。
- 人均日会话数（Avg daily sessions per user）：日会话数除以日活跃用户数。
- 用户会话时长（Avg session time per user）：用户在一个会话内的时长，会话结束的标志是用户超过 15 分钟没有回复 Chatbot。
- 单会话的消息数（Avg user messages per session）：一个用户在一个会话内的消息数。

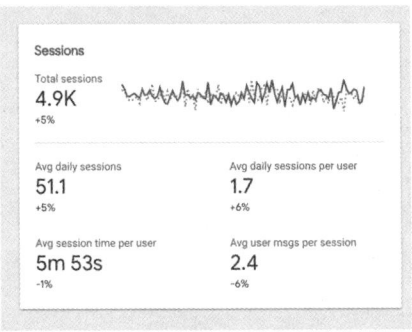

图 15-1

15.1.3　平台渠道分析

Chatbot 可以集成多个平台渠道，然后将每个渠道的数据进行量化分析，以评估 Chatbot 在各个平台渠道的表现，比如 Chatbot 在微信、企业微信、钉钉等渠道的转化率、客户满意度等。

15.2　对话内容分析

对话内容分析主要基于对话数据进行聚类和优化。

15.2.1　对话聚类

Dashbot（旧金山一家 Chatbot 分析平台）记录用户说的每句话，并将用户说的话进行聚类，如图 15-2 所示，可以看出，系统将所有和 "please can you help me" 相关的语句进行了聚类，并用 Chatbot 对每一句话的意图分类做汇总。通过这个表格可以很清楚地看出，"looking for help" "I need help pls" "I need your help" 没有被归类到正确的意图 "HELP" 中。有些是因为识别错误，有些则是完全没有被识别。通过这种方式，可以一步一步地优化我们搭建的 Chatbot。

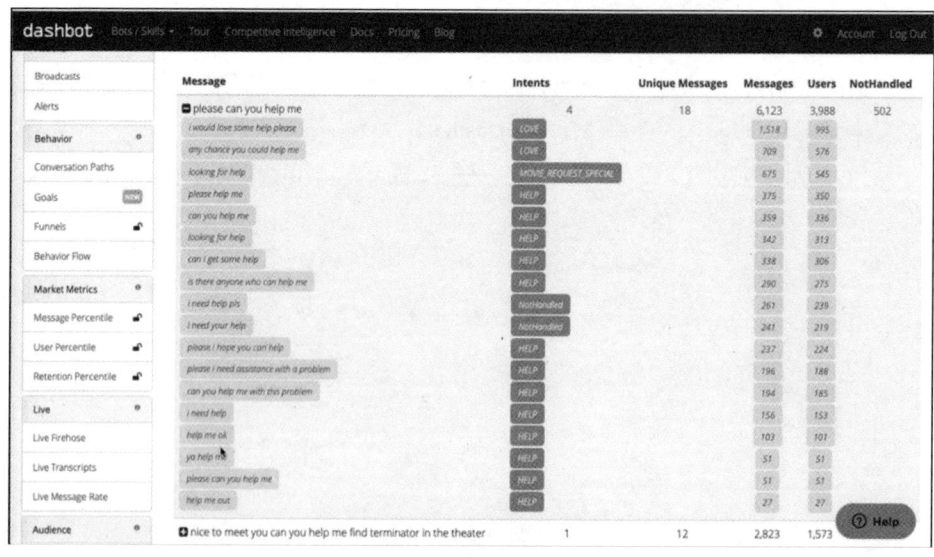

图 15-2

当然，这个表格也展示了这句话被多少个用户说了多少次。例如"I would love some help please"被 995 个用户说了 1518 次，这些数据都是提升 Chatbot 非常重要的指标。

15.2.2 意图统计

同样以 Dashbot 的分析报告为例，展示如何对 Chatbot 进行分析。

Dashbot 对一个意图的触发次数排名如图 15-3 所示。我们需要准确地知道经常被触发及几乎不会被触发的意图有哪些、被触发了多少次、Chatbot 进入默认回复的状态和所有其他触发的意图的比例是多少。如果这个 Chatbot 总是进入 Chatbot 默认回复的状态，则说明这个 Chatbot 的意图设计并不合理。

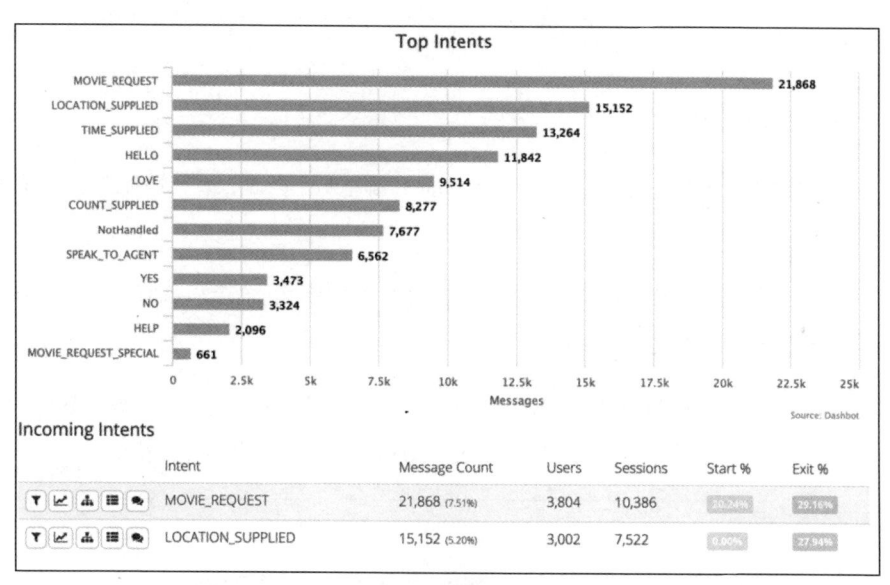

图 15-3

除了计算有多少条消息触发了这个意图，还要计算有多少个独立用户和对话组触发了这个意图，以及这个意图能够继续的概率。

意图和实体的分析说明案例如图 15-4 所示，从图中可以非常清楚地看出，city、latitude、longitude 和 state 这些实体被抽取成为什么及次数。

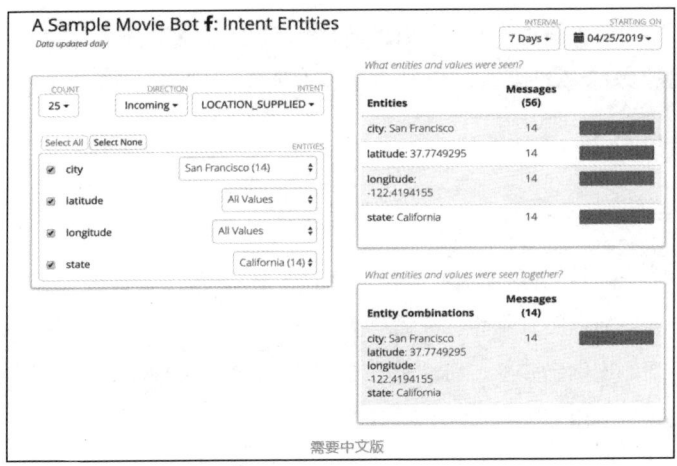

图 15-4

15.2.3　消息漏斗

通过构建消息漏斗，我们可以知道 Chatbot 在哪里出了问题，或者哪种新场景可以让 Chatbot 支持用户完成任务。

构建消息漏斗非常简单，选中一个消息，然后分别统计在这个消息前后 Chatbot 回复的内容，消息漏斗就搭建完成了。

如图 15-5 所示，在当前消息（Current Message）之前有 41 条消息、4 张小猫照片、3 条"hey there"；在这条消息之后有 67 张小猫照片，5 个"hi"和 4 个"ads"。

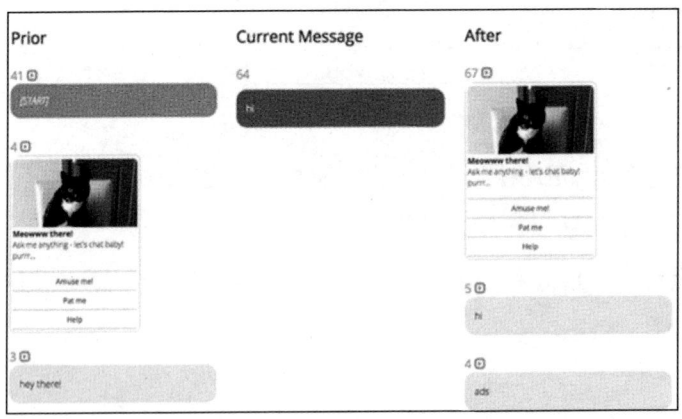

图 15-5

15.2.4 词云分析

通过词云的方式汇总、展示用户经常和 Chatbot 提到的内容，可以使其对用户和系统有更深的了解，如图 15-6 所示。

图 15-6

15.2.5 情绪分析

需要对用户的情绪有所记录和分析，无论是积极的还是消极的，如图 15-7 所示。可以看出，图中大部分内容所代表的情绪都是比较低的，只有小部分内容所代表的情绪处于高情绪的状态。

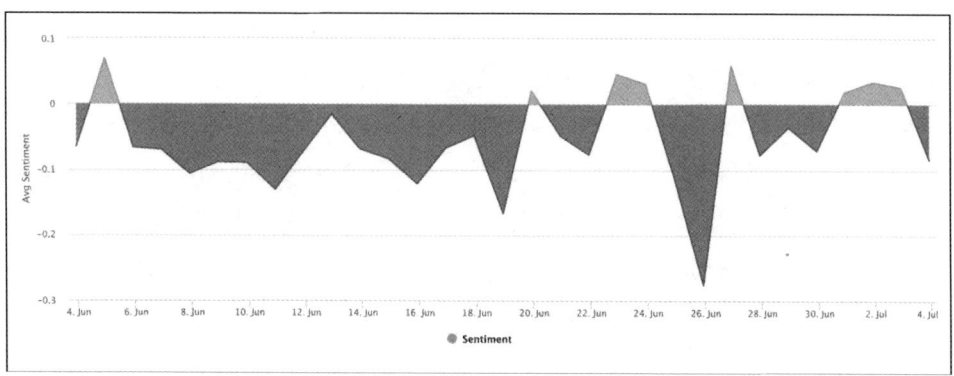

图 15-7

15.2.6　让用户为 Chatbot 评分

让用户为 Chatbot 评分，是帮助用户表达他们对 Chatbot 满意度的一个很好的手段，如图 15-8 所示。在系统中，最好让用户对 Chatbot 的每句话都评分，而不是让用户给 Chatbot 一个整体的评分，这样能帮助我们找到整个对话流中出现差错的地方。如果评分非常低，就意味着这个 Chatbot 没有满足用户需求，可能的原因有对话流程的设计出了问题、回答了错误的答案、Chatbot 没有理解用户的需求或者 Chatbot 的回答重复，等等。

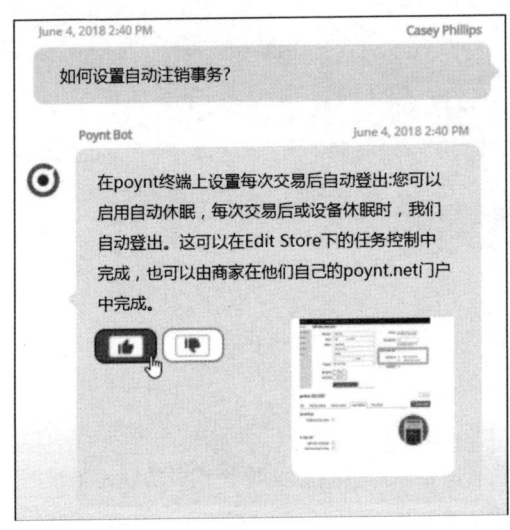

图 15-8

15.2.7　转化路径分析

进一步地，可以通过用户和 Chatbot 的交互来分析转化路径，如图 15-9 所示。将每次跳转的路径都记录下来，并记录跳到这个路径的百分比。可以看出，从 start 开始，有多少比例的用户会被引导到不同的意图，从而像分析网站的用户路径一样分析 Chatbot 的对话转化路径。将会话流自动生成数据可视化以后，Chatbot 的开发者和运营人员可以明确知道用户的转化路径和用户经常退出 Chatbot 的位置，标红退出的地方并显示每步的成功率。然后，通过优化那些高退出率的查询，提升 Chatbot 的查询量。

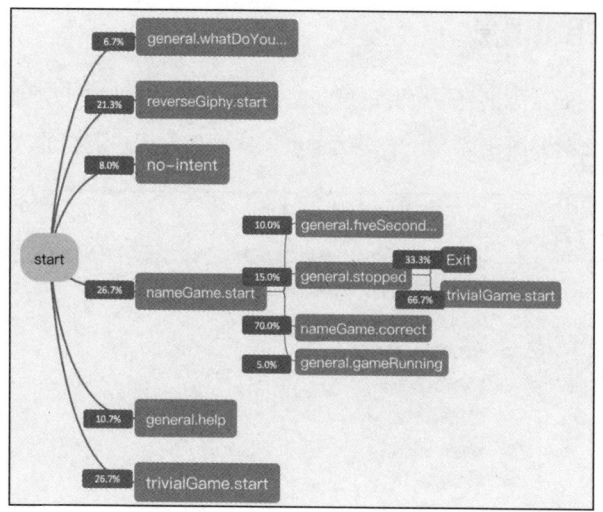

图 15-9

15.3　对话异常分析

15.3.1　异常对话记录

除了上述这些正常的对话行为，还需要保存并分析异常的对话，找出用户在哪里遇到了问题并对 Chatbot 进行整体优化。

异常对话表如图 15-10 所示，它记录的异常信息包括日期、持续时长、用户发送的消息数量、Chatbot 发送的消息数量和情绪值等。

∨ Start Time (PDT)	Session Info	Duration	Messages In	Messages Out	Sentiment	
May 1st, 2019 6:58pm	👤 Davis Shelton ！- Outlier - the phrase 'If you share your location with me I can show you nearby theaters.' is repeated 5 times	33 seconds	10	24	0.23	❯
May 1st, 2019 6:46pm	👤 Allie Holmes ！- Outlier - the phrase 'If you share your location with me I can show you nearby theaters.' is repeated 6 times	1 minute, 23 seconds	33	51	0.06	❯
May 1st, 2019 5:59pm	👤 Jenna West ！- Outlier - the text 'human' appeared in the conversation and there is unusual text in the conversation	1 minute, 17 seconds	32	46	0.2	❯
May 1st, 2019 5:16pm	👤 Aubree Rangel ！- Outlier - there is unusual text in the conversation	4 seconds	3	2	0	❯
May 1st, 2019 4:52pm	👤 Cayson Shields ！- Outlier - there is unusual text in the conversation	48 seconds	18	31	0.34	❯

图 15-10

15.3.2　热门退出消息

除了上面提到的常见消息，也要记录一些异常消息，如图 15-11 所示。热门退出消息图记录了用户什么时候跳出原设计的对话逻辑，这预示着用户潜在的流失或者转化。

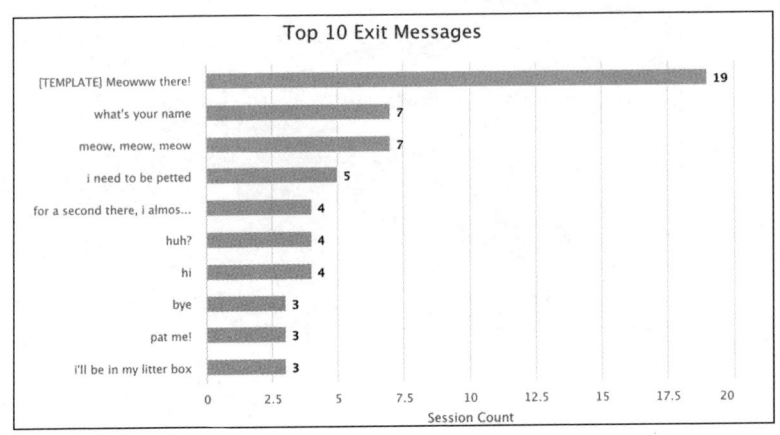

图 15-11

15.3.3　调用默认回答的次数

当 Chatbot 不知道如何回应用户问题的时候，它们通常会给出一个默认回复，如图 15-12 所示。与其闭口不答，不如主动让用户知道它没有找到匹配的答案。系统需要监测 Chatbot 调用默认回答的次数及情况，这会帮助我们发现错误的系统调用、错误的自然语言处理过程、一些让用户意想不到的行为及 Chatbot 应该和不应该知道的事情。

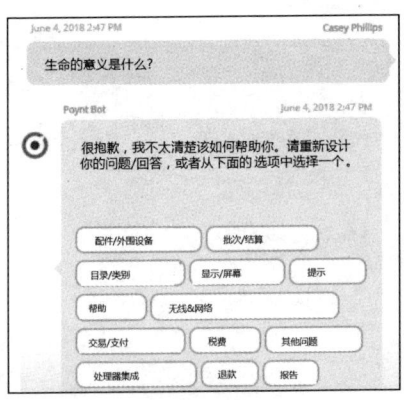

图 15-12

如果用户经常问 Chatbot 不知道的问答，就应该在知识库中增加相关问题的答案或者明确表示 Chatbot 不会提供这个服务。另外，若 Chatbot 经常调用默认回复，还可能说明 Chatbot 没有正确理解用户的需求，这说明需要优化 Chatbot 的自然语言理解模块，以提高 Chatbot 识别用户意图的概率。

15.4　用户分析

用户分析对 Chatbot 的搭建有着非常重要的影响。根据线上数据分析用户，再返回需求分析，是一个理解用户，将他们的目标、需求与商业宗旨相匹配的理想方法，能够帮助企业定义产品的目标用户群。

15.4.1　活跃用户

几乎所有的 App 都需要监测活跃用户，Chatbot 也是一样的。活跃用户是 Chatbot 最简单、也是最必不可少的评价指标（Dashbot 的活跃用户分析如图 15-13 所示）。通过它，我们可以了解 Chatbot 受欢迎的程度，也可以反映出这是否是一个成功的 Chatbot。如果活跃用户数量在下降，我们就需要重新思考 Chatbot 的使用场景及如何优化 Chatbot。

图 15-13

除此之外，还可以监控 N 日留存用户，它是指满足初始行为条件的用户在后续第 N

天（只计算该天）完成回访，这里的"日"可以是"周"，也可以是"月"。这个初始行为条件可以是首次使用，也可以是某次推送或者做了一个活动。如果留存用户数据不佳，则可能是 Chatbot 的产品或者技术设计出了问题。

15.4.2　用户留存率

开发者需要时刻关注 Chatbot 的黏性，比较新用户的留存情况，持续关注日留存、周留存和月留存等数据。通常，需要制作一个用户留存样例图进行观察，图中可以包括新用户数，以及这些新增用户在接下来每一天剩下的数量，可以统计每天的留存比例。

15.4.3　用户活跃度

需要持续关注用户交互的频率和持续时长，查看每个用户的会话、会话的时间及每个会话的消息数量，再根据不同的用户群进行区分。可以制作下面几种图表进行总结。

（1）每个用户的会话次数，如图 15-14 所示。

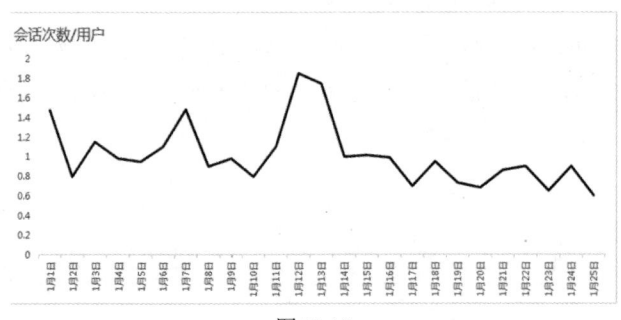

图 15-14

（2）每次会话的时长，如图 15-15 所示。

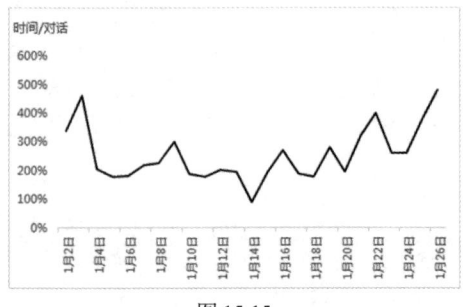

图 15-15

（3）每个会话产生的消息量，如图 15-16 所示。

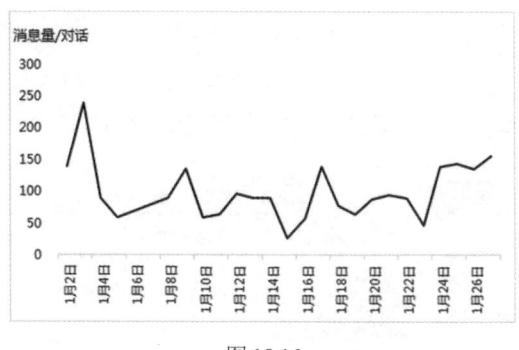

图 15-16

15.4.4 用户总数

统计使用 Chatbot 的用户数量的增长，如图 15-17 所示。可以看出，用户数量是如何随着时间的增长而增长的。

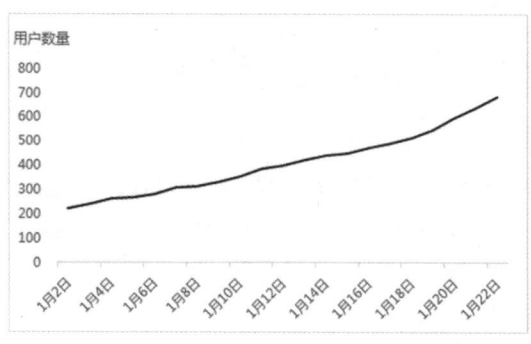

图 15-17

15.4.5 用户画像

用户画像的概念最早由交互设计之父 Alan Cooper 提出，他说："Personas are a concrete representation of target users." 也就是说，用户画像是真实用户的虚拟代表，它是建立在一系列属性数据之上的目标用户模型。一般是产品设计、运营人员从用户群体中抽象出来的典型用户，本质上是一个用以描述用户需求的工具。

Chatbot 的用户画像又包含了新的内涵：根据用户人口学特征、行为方式、网络社交活动等信息，抽象出的一个标签化的用户模型。

它的核心工作主要是利用存储在服务器上的海量日志和数据库里的大量数据进行分析和挖掘，给用户贴"标签"，而"标签"是能表示用户某一维度特征的标识，主要用于业务的运营和数据分析。一个女性的用户画像的案例如图 15-18 所示。

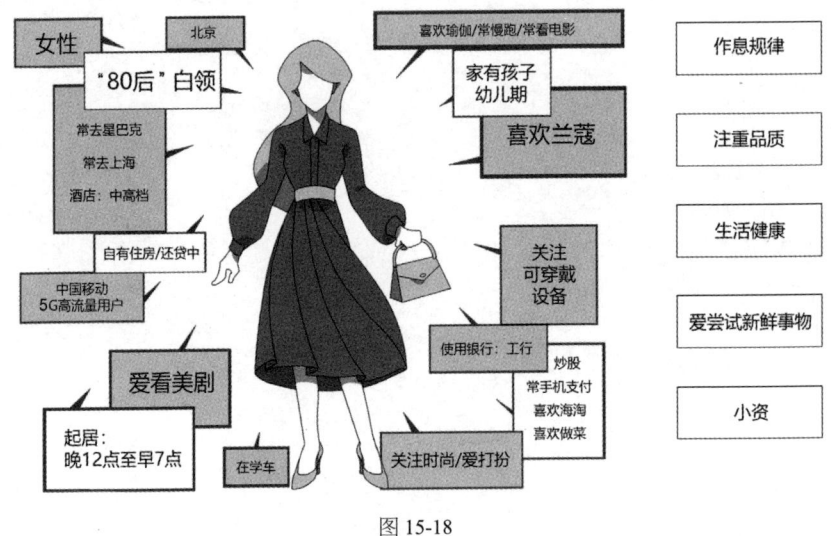

图 15-18

至此，本章内容已介绍完，运营反馈的目的是让 Chatbot 的开发者了解哪些工作可以提高客户转化率，提高 Chatbot 的准确性，进而创造更好的用户体验。同时，通过分析数据，运营人员可以跟踪活跃用户、会话和用户流程等数据。这些数据可以给企业一个 Chatbot 整体的情况分析，并能对未来增长进行预判。

Chatbot 在开发中面临的最大问题是：用户经常反馈它"不那么好用"，却给不出"不好用"的原因。通过可视化的数据分析可以帮助开发者在这些"不那么好用"的问题中找出哪些是可以进一步优化的，哪些是不能再提高的，然后将数据返回 Chatbot 生命周期的第一个模块，持续迭代优化。

第 5 部分

机器人流程自动化：
建立 AGI 与现实世界的接口

16

RPA 简介

16.1　RPA 是什么

RPA 是一种利用软件机器人模拟和执行人类在计算机上完成的高度重复性、规律性的任务的技术。RPA 能够模拟人类在软件应用程序中执行的操作，从而实现业务流程的自动化。通常，RPA 是用"机器人"替代人工的一种方式，只不过这个"机器人"是虚拟的，是可以被配置为自动执行一系列处理任务的机器人，例如数据的自动录入、上传、下载、整合和分析等，而实现此任务的技术就是 RPA。通过 RPA，将基于规则、重复、枯燥的数字化业务流程自动化，企业可以提高生产效率，降低人工成本，并提高数据质量和处理速度。因此，RPA 被认为是最简单易行的 AI 应用。

16.1.1　RPA 本质上是一种更先进的生产力

"外挂""帮手""数字员工"是对 RPA 能力的描述，RPA 的本质就是一种更先进的生产力。RPA 能否真正赋能企业发展，不是以账号、开发应用的数量为标准，而是要让员工真正释放精力，摆脱非主观决策、烦琐重复的工作，从而有更多时间去做决策、复盘、管理等对个人和企业更有价值的工作。

企业内部之间、企业与消费者之间会经常进行互动，中间有大量交互侧的事情需要优化和解决。无论是 To C 还是 To B，均可以通过 RPA 来解决如何触达用户，如何互动等问题。

随着信息化和数字化的推进，企业根据不同业务流程的需求建设了大量分立的业务系统，实现了业务流程的线上化，也产生了大量需要人工执行的重复性系统操作流程，成为机械性的低附加值劳动。与此同时，大量业务流程需要进行烦琐的跨系统操作，不同系统之间还形成了数据孤岛，企业对跨系统流程连接和数据集成的需求在不断增长。

面对上述问题，企业虽然可以选择通过业务流程外包来降低成本，但仍然承受着人工成本和效率压力。而 RPA 可以发挥快速开发和灵活部署的优势，随着近几年 RPA 技术的迭代，也让其更具可用性，同时加速了 RPA 应用的落地。

另外，人工操作的效率和质量达到了瓶颈。 随着企业的逐步发展，"人海战术"除了人力成本上带来的负担，让企业的步子更重，人的效率也开始跟不上科技发展的速度，并且在实际操作中的错误率和成本也在提高。

16.1.2　RPA 的起源和技术演进

RPA 作为一种自动化技术，可以追溯到 20 世纪 90 年代。当时，企业开始将日常业务流程转移到计算机平台，以提高工作效率。然而，在这个过程中，人们逐渐发现许多业务流程的执行仍然需要投入大量的人力，尤其是那些重复性、规律性较强的任务。这使得企业在追求更高效率的过程中，面临着人力资源成本上升和错误率增高的挑战。

为解决这一问题，研究人员和工程师开始尝试使用计算机程序模拟人类在计算机上的操作，从而实现对这些重复性任务的自动化。最初，这类自动化技术主要表现为脚本编程，通过编写特定的脚本程序，实现对计算机操作的自动化。然而，这种方法的局限性较大，因为它需要具备一定编程能力的专业人士来编写和维护脚本。

随着技术的不断发展，RPA 应运而生。相较于传统的脚本编程，RPA 技术的主要优势在于其易用性和灵活性。RPA 平台能够让非技术人员通过图形化界面设计和配置自动化流程，无须编写复杂的代码。此外，RPA 机器人可以在现有的 IT 基础设施上运行，无须对现有系统进行大规模的改造。

RPA 的概念首次出现在 21 世纪初，并在 2010 年之后开始逐渐受到关注。随着人工智能技术的突破，RPA 的应用范围和能力得到了极大拓展。如今，RPA 已经成为企业实现数字化转型和智能化升级的关键技术之一。

从 RPA 的起源到现在，其技术已经经历了几个重要的发展阶段。

第一代：脚本驱动自动化

在这个阶段，自动化主要依靠编写特定的脚本程序来实现。这种方法虽然在一定程度上提高了自动化的效果，但需要专业的程序员来编写和维护脚本，对于大部分企业来说，门槛较高。

第二代：图形化编程自动化

随着技术的进步，出现了一些基于图形化编程的自动化工具。这些工具使得非技术人员也能通过拖曳和配置的方式设计自动化流程。这大大降低了自动化的门槛，使更多企业能够尝试引入自动化技术。

第三代：RPA 技术

RPA 技术的诞生标志着自动化技术的重要突破。RPA 不仅继承了图形化编程的优势，还能直接在现有的 IT 基础设施上运行，无须进行大规模的系统改造。此外，RPA 机器人具备较强的可扩展性和灵活性，能够更好地满足企业不断变化的业务需求。

第四代：智能 RPA

随着人工智能技术的发展，RPA 逐渐演变为智能 RPA。智能 RPA 结合了机器学习、自然语言处理等技术，使得 RPA 机器人能够处理更复杂的任务，如语音识别、图像识别等。

随着 AGI 的逐渐成熟，RPA 有望在未来实现更广泛的应用。通过与 AGI 相结合，RPA 将能够处理更多领域的任务，为企业创造更大的价值。此外，随着云计算技术的普及，RPA 将更多地运行在云端，实现跨平台、跨设备的自动化服务。这将有助于 RPA 技术的普及和推广，推动企业实现更高层次的数字化转型和智能化升级。

16.1.3　RPA 与 AGI 的结合

随着 AGI 技术的不断发展，RPA 和 AGI 的结合将成为自动化领域的重要趋势。以下几个方面可以说明 RPA 和 AGI 结合的优势及潜力。

（1）更高的智能水平：AGI 能够理解和执行各种复杂任务，具有较强的适应性和学习能力。与 AGI 结合后，RPA 机器人将能够处理更多复杂的数字任务，如语义理解、情感分析、智能推荐等。

（2）更广泛的应用场景：RPA 传统上主要应用于重复性、规律性较强的任务。结合 AGI 后，RPA 将能够涉足更多领域，如研究、设计和创新等。这将极大地拓展 RPA 技术的应用范围，为企业带来更大的价值。

（3）更强的协同能力：AGI 具有强大的协同学习能力，可以与其他 AGI 或 RPA 机器人共同解决问题。将 AGI 引入 RPA 体系，可以实现更高效的协同工作，提高整体自动化水平。

（4）更好的人机交互：AGI 通常具备较强的自然语言理解和生成能力，这意味着 RPA 机器人在与 AGI 结合后，将能够更好地与人类交互。这将有助于提高 RPA 机器人在客户服务、协作等场景中的表现。

面对 RPA 与 AGI 结合的趋势，企业需要做好以下几方面的准备。

（1）了解 RPA 和 AGI 技术：企业应及时关注 RPA 和 AGI 技术的发展动态，了解它们的优势和局限，以便在适当的时机引入这些技术。

（2）评估业务需求：企业应对现有业务流程进行全面的评估，确定哪些任务适合利用 RPA 和 AGI 技术实现自动化，并根据实际需求制订相应的自动化方案。

（3）培训和人才引进：企业应加强员工的 RPA 和 AGI 技术培训，提高员工的技术素质。同时，根据需要引进具备相关经验和技能的专业人才，为企业自动化升级提供支持。

（4）制订合理的投资计划：企业应根据自身发展战略和实际需求，制订合理的 RPA 和 AGI 技术投资计划。投资计划应考虑技术实施、培训和人才引进、硬件和软件升级等多方面因素，以确保投资的有效性和可持续性。

（5）与专业服务提供商合作：企业应寻求与专业的 RPA 和 AGI 服务提供商合作，共同推进自动化项目的实施。通过与专业服务提供商合作，企业可以更快地实现技术转型，降低技术实施的风险。

（6）关注数据安全和隐私保护：在 RPA 和 AGI 技术实施过程中，企业应高度重视数据安全和隐私保护，确保符合相关法律法规要求。这包括对数据的加密、访问控制和审计追踪等方面进行严格的管理。

（7）持续优化和改进：企业应在实施 RPA 和 AGI 技术后，持续关注业务流程的运行情况，根据实际效果进行优化和改进。这有助于提高自动化效果，确保技术能够为企业带来长期价值。

（8）建立企业文化支持：为确保 RPA 和 AGI 技术的成功实施，企业应建立积极的企业文化，鼓励员工拥抱变革，提高员工对自动化技术的接受度。企业文化的支持将有助于推动技术更顺利地在企业内部推广和应用。

总之，企业在面对 RPA 与 AGI 结合的趋势时，需要从多方面做好准备，确保技术能够为企业带来最大的价值。通过以上努力，企业将能够更好地应对未来的挑战，保持持续的竞争优势。

16.1.4 RPA 在企业中的落地情况

RPA 技术自 2012 年开始在国外商业落地，该领域的代表性公司 Blue Prism、Automation Anywhere 和 UiPath 都成立于 2000—2005 年。他们服务的对象包括三井住友银行、埃森哲、惠普等大型企业。

根据 IBM 对大中华区的有关市场调研报告显示，鉴于企业自身信息化程度高、业务流程完备，以及对整体效率与容错率有较高要求等诸多因素，目前以银行和保险为代表的金融行业在 RPA 市场的份额最高，占 50%以上。除此之外，RPA 还广泛应用于零售、制造、电信和物流等领域。

2015 年起，在中国的跨国公司率先引入传统 RPA 软件。2017 年后，更多传统 RPA 软件产品为中国公司所用，国内 RPA 创业公司则基本在 2017 年后出现，大型上市公司、银行和国有企业是目前国内 RPA 公司主要服务的客户。2018 年，中国本土的 RPA 公司逐渐为人所知，同全球 RPA 产品展开了激烈角逐。近年，随着人工智能技术在中国的发展，越来越多的 RPA 软件工具具备了 AI 赋能的感知和认知能力，RPA 公司也引起了中国投资界的热切关注。从 2019 年开始，许多中国 RPA 开发公司完成了各自融资，总额不低于 3 亿美元。

2019 年以来，RPA 在全球市场全面爆发。从这一年开始，Gartner 连续三年发布 RPA 魔力象限。在国内市场，根据艾瑞咨询的数据，2019 年，RPA 的市场规模为 10.2 亿元，同比增长 96.6%。2020 年，受疫情和宏观环境的影响，增速虽稍有下滑，但依然保持在 79.1%的高位。

在数字化转型的驱动下，RPA 服务商的市场规模正进一步扩大，融资笔数大幅增多，涌现出以弘玑 Cyclone、来也、云扩、艺赛旗、实在智能、达观数据等为代表的优质厂商。除了传统的 RPA 服务商，一些 AI 公司也纷纷转向该领域，加速了 RPA 赛道的爆发。尤其是 2021 年 4 月，美国 AI 机器处理自动化技术研发商、企业级 RPA 软件巨头 **UiPath 成功登陆纽交所**，国内再次掀起 RPA 融资热潮。2021 年，在 Gartner 公布的 RPA 魔力象限中，首次出现了两家中国 RPA 厂商的身影——**弘玑 Cyclone 和来也**，这标志着国内 RPA 服务商在全球市场上的影响力正在扩大。

笔者创办的公司句子互动，也是基于各种 IM（企业微信、WhatsApp、5G 消息、Discord、Line 等），通过 RPA 的方式抽象标准统一的信息处理能力，并配以 Chatbot，帮助企业提高效率，并提升转化。

16.2　RPA 的应用场景

RPA 的应用场景非常广泛，它可以应用于各种重复性、规律性较强的任务，帮助企业提高生产效率，降低成本。以下是一些 RPA 的典型应用场景。

1. 财务与会计

在财务与会计领域，RPA 可以自动执行诸如发票处理、报销管理、财务报表生成等任务。通过将这些任务自动化，企业可以降低人力成本，提高财务数据的准确性，缩短报表生成周期。

2. 人力资源管理

RPA 可以协助企业处理招聘、入职、离职、薪资计算等人力资源管理任务。通过将这些流程自动化，企业可以提高招聘效率，简化人事管理流程，确保员工信息的安全和准确。

3. 客户服务

在客户服务领域，RPA 可以协助处理客户咨询、投诉、退款等请求。通过将这些任务自动化，企业可以缩短客户等待时间，提高客户满意度。

4. 供应链管理

RPA 可以应用于订单处理、库存管理、物流跟踪等供应链管理任务。通过将这些流程自动化，企业可以提高订单处理速度，降低库存成本，优化物流配送。

5. 数据分析与报告

RPA 可以帮助企业自动收集、整理、分析数据，并生成报告。这可以极大地提高数据分析的效率，帮助企业更快地做出数据驱动的决策。

6. IT 运维与支持

RPA 可以协助企业处理 IT 运维任务，如系统监控、故障排查和安全更新等。通过将这些任务自动化，企业可以降低 IT 运维成本，提高系统稳定性。

7. 法务与合规

在法务与合规领域，RPA 可以协助企业处理合同审查、合规检查、法律研究等任务。通过将这些任务自动化，企业可以降低法务风险，确保合规性。

8. 销售与市场营销

RPA 可以协助企业处理销售订单、客户信息管理、市场调查等销售与市场营销任务。通过将这些任务自动化，企业可以提高销售效率，优化市场营销策略。

笔者的公司句子互动基于企业微信、WhatsApp 等为企业搭建下一代的对话式营销云，通过为企业提供智能营销 SaaS 工具，帮助企业快速获客并提高转化率，用到的正是本章提到的 RPA 技术。

9. 医疗保健

在医疗保健领域，RPA 可以处理病人预约、电子病历管理、药品库存管理等任务。通过将这些流程自动化，医疗机构可以提高服务质量，降低管理成本。

10. 教育行业

RPA 可以应用于教育行业的课程管理、学生信息管理、成绩统计等任务。将这些任务自动化有助于提高教育机构的管理效率，优化教育资源分配。

11. 研究与开发

在研究与开发领域，RPA 可以协助处理数据收集、实验设计、文献检索等任务。通过将这些任务自动化，研究人员可以节省时间，专注于创新性工作。

12. 内容创建与审核

RPA 可以应用于自动创建和审核内容，如新闻稿、博客文章、社交媒体发布等。这可以帮助企业提高内容质量，降低人工审核的成本。

总之，RPA 的应用范围非常广泛，随着技术的发展，尤其是与 AGI 的结合，RPA 将在未来进一步拓展其应用领域，为企业带来更多的自动化可能性。企业需要及时关注 RPA 技术的发展动态，根据自身业务需求，制定合适的自动化方案，实现数字化转型和智能化升级。

16.3　RPA 的发展趋势

随着 AGI 技术的进步，RPA 的应用也越来越广泛。未来，RPA 的发展趋势主要体现在以下几个方面。

1. 人工智能驱动的 RPA

人工智能与 RPA 技术的融合会极大地促进中国 RPA 市场的发展，并使 RPA 的运用范围更广。OCR、NLP、ML 等人工智能能力融入企业流程。金融、制造、零售、电信、政府和公共事业等领域的行业用户正在积极寻求业务流程自动化软件方面的帮助，提高企业内部自动化水平。在疫情中，很多食品与饮料行业、能源行业用户反映 RPA 在企业内部大展身手，例如，近 80% 的业务以零接触的方式由 RPA 机器人完成或者由财务机器人成功地独立完成财务月结工作。这些企业也将持续对 RPA 应用进行探索并加大投入。

海比研究院认为，在数字化转型成为企业最紧迫的需求时，RPA 被认为是企业数字化转型最有效的工具之一。"RPA+AI"赋能企业和员工，将极大地增强人类处理业务的能力和效率。

2. 云原生 RPA

随着云计算技术的普及，RPA 技术将逐渐向云端迁移。通过将 RPA 机器人部署在云端，企业可以实现跨平台、跨设备的自动化服务。此外，云原生 RPA 可以实现更高的可扩展性、灵活性和安全性，更好地满足企业不断变化的业务需求。

3. RPA 与 AGI 的深度融合

RPA 与 AGI 的结合将成为自动化领域的重要趋势。RPA 将不局限于执行重复性、规律性较强的任务，而是通过与 AGI 技术的结合，实现更广泛的应用，包括研究、设计、创新等。这将有助于 RPA 技术发挥更大的价值，推动企业实现更高层次的数字化转型和智能化升级。

4. 更强大的协同能力

RPA 机器人将具备更强大的协同能力，能够与其他 RPA 机器人或人工智能系统共同解决问题。这将有助于提高自动化流程的效率，实现更高程度的业务集成。

5. 人工智能伦理与合规性

随着 RPA 技术与人工智能技术的结合，人工智能伦理和合规性将成为关注焦点。企业需要确保 RPA 技术在遵循相关法规和伦理原则的基础上实现自动化，防范可能带来的风险。

6. 低代码/无代码 RPA 开发

为了降低 RPA 技术的门槛，未来将出现更多低代码或无代码的 RPA 开发工具。这些工具将使非技术人员也能够轻松创建和部署 RPA 机器人，降低企业的技术门槛，加速自动化流程的推广和应用。

7. RPA 技术培训

随着 RPA 技术在各行业的广泛应用，对 RPA 技能的需求将越来越大。因此，RPA 技术的教育和培训将成为未来发展的重要趋势。企业和教育机构需要加大对 RPA 技术的培训力度，培养更多具备 RPA 相关技能的专业人才，以满足市场需求。

8. 行业特定 RPA 解决方案

随着 RPA 技术的深入应用，越来越多的行业特定 RPA 解决方案将问世。这些解决方案将针对特定行业的需求，提供专门定制的 RPA 自动化流程，从而更好地满足行业需求，推动行业发展。

9. RPA 技术的标准化与互操作性

为了推动 RPA 技术的广泛应用，未来将出现更多关于 RPA 技术的标准和规范。这将有助于提高 RPA 技术的互操作性，实现不同 RPA 平台和系统之间的无缝集成。

整体来说，RPA 技术的未来发展趋势将涉及以上诸多方面。随着这些趋势的实现，RPA 技术将进一步发挥其潜力，为企业带来更高效、更智能的自动化解决方案。

16.4　RPA 的使用

在使用 RPA 时，企业需要遵循一定的流程和步骤，以确保自动化项目的成功实施。以下是 RPA 使用的一般步骤。

1. 确定自动化场景

首先，企业需要识别适合 RPA 的业务场景。理想的自动化场景通常具有以下特点：重复性高、规则化、数据量大、人工操作成本较高。通过确定这些场景，企业可以优先实施具有较高投资回报率的自动化项目。

2. 评估和选择 RPA 平台

在市场上有多种 RPA 平台可供选择，如 UiPath、Automation Anywhere、Blue Prism 等。企业需要根据自身需求和预算，评估和选择合适的 RPA 平台。在评估过程中，企业应考虑平台的功能、易用性、可扩展性、成本和技术支持等因素。

3. 设计自动化流程

在确定自动化场景和选择 RPA 平台后，企业需要设计自动化流程，通常包括对现有业务流程的梳理和优化，以确保 RPA 机器人能够高效地执行任务。此外，企业还需要考虑异常情况的处理，以确保 RPA 机器人在遇到问题时能够正常运行。

4. 开发和部署 RPA 机器人

根据设计好的自动化流程，企业需要开发和部署 RPA 机器人。在开发过程中，可以使用 RPA 平台提供的低代码或无代码开发工具，以降低技术门槛。在部署过程中，企业需要确保 RPA 机器人能够顺利访问所需的系统和数据。

5. 监控和优化 RPA 机器人

部署 RPA 机器人后，企业需要持续监控其运行状况，以确保自动化流程的稳定性和效果。此外，企业还需要根据实际运行情况，不断优化 RPA 机器人，以提高自动化效率。这可能包括调整 RPA 机器人的执行逻辑、增加错误处理机制等。

6. 持续改进和扩展 RPA 应用

随着企业对 RPA 技术的深入了解，可以逐步扩展 RPA 应用的范围，将自动化推广到更多的业务场景。此外，企业还可以通过结合人工智能技术、云计算等先进技术，实现更高层次的自动化。

总之，使用 RPA 时，企业需要遵循一定的流程和步骤。在整个过程中，企业需要密切关注 RPA 项目的实施效果，确保自动化流程顺利进行，实现预期目标。

此外，笔者进一步给出一些建议，以帮助企业在使用 RPA 时避免常见问题。

（1）培训和支持：在实施 RPA 项目时，确保员工接受充分的培训和支持，以便更好地理解和使用 RPA 技术。此外，与 RPA 平台提供商保持良好的合作关系，以获取技术支持和最佳实践。

（2）与现有系统集成：确保 RPA 机器人能够与现有的业务系统和数据源顺利集成。在实施过程中，密切关注与其他系统的接口问题，确保数据的准确性和完整性。

（3）安全性和合规性：在使用 RPA 时，重视安全性和合规性问题。确保 RPA 机器人遵循相关法规和政策，保护企业和客户数据的隐私和安全。

（4）跨部门协作：实施 RPA 项目时，需要跨部门协作，确保自动化流程能够顺利进行。建立跨部门沟通机制，确保各部门在自动化项目中的需求和问题得到及时解决。

（5）持续改进：RPA 项目不应该是一次性的，而应该是持续改进的。根据实际运行情况，不断优化 RPA 机器人和自动化流程，以实现更好的自动化效果。

通过遵循以上步骤和建议，企业可以更好地利用 RPA 技术，实现业务流程的自动化，提高工作效率，降低成本，从而在激烈的市场竞争中保持竞争优势。

16.5　RPA 的案例

16.5.1　金融行业的案例

传统的银行贷款审批流程通常涉及大量的人工操作，包括客户资料的收集、验证、信用评分的检查以及贷款额度的计算等。这些任务往往耗时长且容易出错，导致银行贷款审批效率低下，客户等待时间过长。

一家大型银行通过引入 RPA 技术，以自动化贷款审批流程。他们选择了一个合适的 RPA 平台，并根据现有业务流程设计了自动化流程。以下是 RPA 机器人在贷款审批过程中的主要任务。

（1）收集客户资料：RPA 机器人从银行内部系统和外部数据源中自动收集客户的个人信息、收入、信用记录等资料。

（2）验证客户资料：RPA 机器人根据预设规则验证客户资料的完整性和准确性，确保审批过程的有效性。

（3）检查信用评分：RPA 机器人访问信用评分机构的数据库，查询客户的信用评分，并将其与银行的信用评级标准进行比较。

（4）计算贷款额度：根据客户资料和银行的贷款政策，RPA 机器人自动计算贷款额度，以及利率和还款计划。

（5）自动生成审批报告：RPA 机器人将审批过程中的所有数据整理成审批报告，供信贷部门的人员进行最终审核和批准。

（6）更新贷款审批状态：审批完成后，RPA 机器人自动更新银行内部系统中的贷款审批状态，并通知客户审批结果。

通过引入 RPA 技术，银行显著提高了贷款审批流程的效率，降低了人工操作成本。同时，RPA 机器人的高度准确性降低了因人为失误导致的风险。这使得银行能够更快地响应客户需求，提高客户满意度，从而在激烈的市场竞争中保持竞争优势。

在金融行业的其他领域，RPA 技术也得到了广泛应用。以下是一些具体的应用示例。

1. 交易处理与结算

RPA 机器人可以自动执行交易处理和结算任务，如订单匹配、证券转账、资金清算等。通过自动化这些烦琐且容易出错的任务，金融机构可以提高交易处理速度和准确性，降低交易风险，满足监管要求。

2. 报表生成与分析

金融机构需要定期生成和分析各类报表，如财务报表、风险报告、监管报告等。RPA 机器人可以自动从内部系统和外部数据源收集数据，生成报表，并对报表进行分析。这有助于金融机构提高报表生成和分析的效率，降低人力成本。

3. 客户服务

金融机构可以利用 RPA 技术优化客户服务流程。RPA 机器人可以自动处理客户咨询、投诉、申请等事项，提高客户服务质量和效率。此外，金融机构还可以通过结合人工智能技术，实现智能客服，提供更高级别的客户服务。

4. 合规与监管

金融机构需要遵循复杂的合规和监管要求。RPA 机器人可以自动执行合规检查、数据报送、政策更新等任务，确保金融机构在完成各项任务的过程中始终符合法规要求。这有助于金融机构降低合规风险，避免罚款和处罚。

总之，RPA 技术在金融行业具有广泛的应用前景。通过自动化烦琐、重复性的任务，金融机构可以提高工作效率，降低成本和风险，从而在竞争激烈的市场环境中保持竞争优势。随着 RPA 技术的不断发展和创新，预计金融行业将继续受益于 RPA 带来的各种优势。

16.5.2 电商行业的案例

一家中型电商企业面临着库存管理、营销活动、客户服务等方面的挑战。随着业务的扩展，这些任务变得越来越烦琐，导致人力资源紧张，效率低下。为了应对这些挑战，该企业决定引入 RPA 技术，以自动化部分任务，提高工作效率。具体的应用如下。

（1）库存管理与补货提醒：RPA 机器人根据销售数据和库存信息，自动计算库存需求，生成采购订单，并与供应商系统进行实时数据同步。这使得电商企业能够实时掌握库存状况，有效避免库存积压和缺货现象。

（2）促销活动管理：RPA 机器人根据预设规则和时间表，自动发布促销信息、优惠券等营销内容。此外，RPA 机器人还能自动跟踪营销活动的效果，如点击率、转化率等，为进一步优化营销策略提供数据支持。

（3）客户关系管理：RPA 机器人自动收集客户的购买记录、互动历史等信息，创建详细的客户档案。根据客户的喜好和购买习惯，RPA 机器人可以自动发送定制化的营销信息，提高客户的购买意愿和忠诚度。

（4）客户服务自动化：结合人工智能技术，RPA 机器人可以作为智能客服，自动处理客户咨询、投诉、退货申请等事项。通过自动化客户服务流程，电商企业可以提高客户满意度，减轻客服人员的工作负担。

（5）数据分析与报告：RPA 机器人自动收集销售、流量、客户满意度等数据，生成可视化报告，供企业管理层和营销团队进行分析和决策。这有助于电商企业更好地了解业务状况，及时调整策略，实现持续增长。

通过引入 RPA 技术，电商企业在营销和客户场景方面取得了显著成效。自动化任务的执行提高了工作效率，降低了人力成本，并提高了客户满意度。以下是 RPA 应用带来的具体成果。

（1）营销活动优化：RPA 机器人自动发布的营销内容和定制化推送，提高了广告的点击率和转化率，从而提高了销售额。通过跟踪和分析营销活动的效果，企业可以更精准地制定营销策略，以实现更高的投资回报率。

（2）客户关系提升：通过自动化的客户关系管理，企业更了解客户的喜好和需求，为客户提供更个性化的服务。这有助于提高客户忠诚度，降低客户流失率，并为企业带来长期的收益。

（3）客户服务质量提升：通过智能客服，企业实现了客户咨询、投诉、退货申请等事项的快速处理。这大大缩短了客户的等待时间，提高了客户满意度，为企业树立了良好的品牌形象。

（4）数据驱动决策：RPA 机器人自动生成的可视化报告，帮助企业管理层和营销团队更好地了解业务状况，实时调整策略。基于数据分析的决策，使企业能够更精确地把握市场趋势，实现持续增长。

RPA 技术在电商行业的应用，为企业带来了显著的效益。通过营销自动化的能力来解决客户场景中的烦琐任务，企业可以更好地满足客户需求，提升竞争优势。随着 RPA 技术的不断发展和创新，预计电商行业将继续受益于 RPA 带来的各种优势。

本章深入探讨了 RPA 技术及其在构建 AGI 与现实世界接口中的重要作用。RPA 技术通过自动化烦琐、重复性的任务，极大地降低了人力成本，为实现 AGI 的目标迈出了坚实的一步。

本章先回顾了 RPA 的起源与发展，从最初的简单脚本逐渐发展成为现今功能强大、可集成人工智能的自动化平台。随后，深入分析了 RPA 在各行业的应用场景，如金融、电商等，强调了 RPA 对于提升企业竞争力的重要性。

进一步讨论了 RPA 的未来发展趋势，这些趋势预示着 RPA 技术将继续在各行业发挥关键作用，为企业带来更多价值。

接下来，详细介绍了 RPA 的使用方法，强调了选择合适的 RPA 平台、设计自动化流程和持续优化等关键环节。此外，还分享了金融和电商行业的具体案例，展示了 RPA 在营销、客户服务等领域的实际应用成果。

RPA 作为 AGI 与现实世界的接口，为企业带来了显著的生产效率提升。随着 AGI 技术的不断发展，RPA 将在未来得到更广泛的应用，进一步推动企业数字化转型和智能化升级。企业应及时关注 RPA 的发展动态，探索将其与 AGI 结合的可能性，以更好地应对未来市场的挑战。

17

Wechaty SDK介绍及实战

Wechaty 是一个托管在 GitHub 上的 Chatbot 开源项目（Conversational RPA SDK），已有超过 15000 颗星，可以通过最少 6 行代码完成开发，帮助开发者实现一个 Chatbot，让用户无感知地在 IM 平台与接入的机器人进行对话或交互。开发者在 IM 平台扫码接入，自由选择底层并设计应用层，最终实现智能对话。

17.1 Wechaty 简介及安装

17.1.1 Wechaty 项目介绍

Wechaty 是一个用于构建 Chatbot 的开源软件应用程序。它是一个现代的对话式 RPA SDK，Chatbot 制作者可以使用它通过几行代码创建 Chatbot。Wechaty 可用于构建 Chatbot，通过即时通信平台（如 WhatsApp、WeChat、WeCom、Gitter 和 Lark 等）自动化会话并与人交互。

Wechaty 提供了开箱即用的支持，开发者可以根据需要轻松定制和扩展 Wechaty，以创建符合需求的 Chatbot。Wechaty 可以为开发者提供的一些常见功能如下。

- 消息处理：可以使用 Wechaty 接收和发送消息。它支持文本、图像、音频、视频和附件形式的消息。

- 群聊管理：可以使用它创建群聊、添加和删除群聊成员、管理群名称等。
- 联系人管理：按姓名、别名、标签搜索，获取个人资料数据和头像等。
- 好友管理：搜索并添加新的朋友，接受好友请求。
- 智能对话管理：只需几个配置就可以获得面向任务的机器人。
- 只切换一个变量，其他代码不变就能登录新 IM：使用 Wechaty 编写的代码可在包括如 WhatsApp、WeChat、WeCom、Gitter 和 Lark 等多家即时通信平台上运行。
- 支持常见的编程语言：Wechaty 社区为大多数流行的编程语言开发了软件开发工具包。开发者可以使用以下任何编程语言之一构建 Wechaty Chatbot：TypeScript、Python、Go、Kotlin（Java）、Scala、PHP、.NET、Rust 等（这些 SDK 都是由社区开发的）。
- 支持 Plugin 及开放生态：每多加一行代码，就能多拥有一个复杂的对话能力。

Wechaty 是一个开源项目，采用 Apache-2.0 许可证发布，相应的文档采用创作共用许可证发布，由本书作者李卓桓和李佳芮在 2016 年共同创立。

- 经过 8 年多的技术沉淀，Wechaty 开源社区已经拥有数十位 Committers，百余位 Contributors，NPM 安装包的下载量突破百万。目前，使用 Wechaty 的开发者已覆盖数万人，并拥有基于微信群的活跃开发者群。
- Wechaty 社区的 Contributors 遍布全球多个国家和地区，以及各大互联网公司，职业背景从程序员到设计师，从大学教授到创业者，非常多样化。GitHub 上有千余个开源项目基于 Wechaty 构建了 Chatbot，这些开发者用户也极大地促进了社区的活跃和发展。
- Wechaty 自身对代码质量的管理，使用 GitHub Actions 的 DevOps 工具完成 CI/CD 工作流。从自动化单元测试到自动打包集成测试，从自动发布 NPM 包到自动构建和发布对应版本的 Docker Image，实现了全自动的社区代码发布，极大地提高了社区的协同效率。
- 在开源社区管理上，Wechaty 遵循 The Apache Way，拥有 PMC/Committer 管理制度，和完善的 Issue/Push Reguest/Release 等管理制度。截至 2021 年，Wechaty 已经有近百万次 NPM 安装下载，是国内最活跃的 Conversational AI Chatbot 开发者社区。

此外，Wechaty 还是 Google Season of Docs 2022 支持的 30 个全球顶级开源项目之一，

被国内顶级开源组织——中国开源云联盟评为优秀开源项目，并连续入选 2020 年、2021 年度开源软件供应链点亮计划。社区开发者多次在 Google、Microsoft、百度大会上进行技术演讲。

Wechaty 的使命：为 Chatbot 开发者提供最好用的开源 SDK，帮助 Chatbot 开发者聚焦商业场景的落地应用，而非接口技术的实现细节。

17.1.2 安装 Wechaty 的步骤及注意事项

在安装 Wechaty 之前，开发者需要具备以下环境要求：Node.js 18+。

安装 Node.js。先访问 Node.js 官网，按照最新的 Node.js 运行环境部署；安装成功后，通过 NPM 包管理器安装 Wechaty，打开终端并输入以下命令：

```Shell
npm install wechaty
```

运行 Node.js 版本的 Wechaty，从终端中导航到自己的项目目录，然后运行以下命令：

```Bash
node your-bot.js
```

若安装 Python 版本的 Wechaty，则开发者可以通过 pip 包管理器安装。打开终端并输入以下命令：

```Bash
pip install wechaty
```

运行 Python 版本的 Wechaty，请从终端中导航到自己的项目目录，然后运行以下命令：

```Bash
python your-bot.py
```

注意事项

若开发者使用的是 Node.js 版本，请确保已安装 Node.js 18+。可以在终端中运行以下命令来检查 Node.js 的版本：

```Bash
$ node --version
v18.13.0
```

若开发者使用的是 Python 版本，请确保已安装 Python 3.9+。可以在终端中运行以下命令来检查 Python 的版本：

```Bash
$ python --version
Python 3.9.6
```

17.1.3　Wechaty 中常用的 API

Wechaty 提供了许多用于构建 Chatbot 的 API。本节将介绍 Wechaty 的常用 API，以及它们的描述和使用示例。

注意，本节使用的代码示例为 TypeScript。基于其他编程语言的 Wechaty SDK API 接口基本与 TypeScript 保持一致。

1. Message API

Wechaty 的 Message API 提供了与消息相关的方法和属性。可以使用这些 API 来访问和操作自己的 Chatbot 接收或发送的消息。以下是一些常用的 Message API。

- Message.talker()：返回消息的发送者对象。
- Message.listener()：返回消息的接收者对象。
- Message.text()：返回消息的文本内容。
- Message.type()：返回消息的类型，如文本、图片、视频等。

以下是一个示例代码，演示如何使用 Wechaty 的 Message API 获取和处理接收的文本消息：

```TypeScript
import { WechatyBuilder } from 'wechaty'

const bot = WechatyBuilder.build()

bot.on('message', async (message) => {
  // 获取消息类型
  const messageType = message.type()

  // 如果消息类型是文本，就获取消息的文本内容
  if (messageType === bot.Message.Type.Text) {
    const text = await message.text()
```

```
    console.log(`收到一条文本消息：${text}`)
  }
})

bot.start()
```

2. Contact API

Wechaty 的 Contact API 提供了与联系人相关的方法和属性。可以使用这些 API 来访问和操作自己的 Chatbot 联系人列表。以下是一些常用的 Contact API。

- Contact.name()：返回联系人的名称。
- Contact.alias()：返回联系人的备注名称。
- Contact.isFriend()：返回联系人是否是 Chatbot 的好友。
- Contact.type()：返回联系人的类型，如个人、公众号等。

以下是一个示例代码，演示如何使用 Wechaty 的 Contact API 获取联系人列表并将消息发送给指定联系人：

```
TypeScript
import { WechatyBuilder } from 'wechaty'

const bot = WechatyBuilder.build()

bot.on('login', async (user) => {
  // 获取联系人列表
  const contactList = await bot.Contact.findAll()

  // 查找一个名为"小明"的联系人
  const contact = contactList.find(c => c.name() === '小明')

  // 向联系人发送一条文本消息
  await contact.say('你好，这是来自我的 Chatbot 的消息！')
})

bot.start()
```

3. Room API

Wechaty 的 Room API 提供了与群聊相关的方法和属性。开发者可以使用这些 API 来访问和操作自己的群聊。以下是一些常用的 Room API。

- Room.topic(): 返回群聊的群名称。
- Room.add(): 向群聊中添加一个联系人。
- Room.del(): 从群聊中删除一个联系人。
- Room.say(): 在群聊中发送一条消息。

以下是一个示例代码，演示如何使用 Wechaty 的 Room API 创建一个群聊，并向其中添加联系人并发送一条消息：

```TypeScript
import { WechatyBuilder } from 'wechaty'

const bot = WechatyBuilder.build()

bot.on('login', async (user) => {
// 创建一个新的群聊
const xiaoming = await bot.Contact.find({ name: '小明' })
const xiaohong = await bot.Contact.find({ name: '小红' })
const room = await bot.Room.create([xiaoming, xiaohong], '我的群聊')

// 向群聊中添加一个联系人
const contact = await bot.Contact.find({ name: '小李' })
await room.add(contact)

// 在群聊中发送一条消息
await room.say('大家好，欢迎来到我的群聊！')
})

bot.start()
```

4. Friend Request API

Wechaty 的 Friend Request API 提供了与好友请求相关的方法和属性。开发者可以使用这些 API 来访问和操作自己的 Chatbot 收到的好友请求。以下是一些常用的 Friend Request API。

- FriendRequest.contact(): 返回好友请求发送者的联系人对象。
- FriendRequest.hello(): 返回好友请求的附加信息。
- FriendRequest.accept(): 接受好友请求。

以下是一个示例代码，演示如何使用 Wechaty 的 Friend Request API 接收来自指定联系人的好友请求：

```TypeScript
import { WechatyBuilder } from 'wechaty'

const bot = WechatyBuilder.build()

bot.on('friendship', async (friendship) => {
  // 如果好友请求发送者是"小明"
  if (friendship.contact().name() === '小明') {
    // 打印好友请求的附加信息
    console.log(收到来自${friendship.contact().name()}的好友请求：
${friendship.hello()})

    // 接受好友请求
    await friendship.accept()
    console.log(已接受来自${friendship.contact().name()}的好友请求)
  }
})

bot.start()
```

本节介绍了 Wechaty 的常用 API，包括 Message API、Contact API、Room API 和 Friend Request API。这些 API 提供了访问和操作 Chatbot 所需的方法和属性。每个 API 都有其独特的功能和用途，可以根据需求选择使用。本节还提供了"短小精悍"的代码示例，以帮助读者更好地理解和使用 Wechaty 的 API。

17.1.4 如何使用 Wechaty 连接微信账号

Wechaty 跨平台支持连接微信、企业微信和 WhatsApp 等 IM 账号，以便使用 Chatbot 与联系人聊天。本节介绍如何通过运行 Wechaty TypeScript 代码，扫描二维码登录微信账号，并连接到 Wechaty（其他语言版本的 Wechaty SDK API 相同）。

首先，在代码中导入 WechatyBuilder 模块。以下是一个示例代码，演示如何导入 Wechaty 模块：

```TypeScript
import { WechatyBuilder } from 'wechaty'
```

接下来，需要创建一个 Wechaty 实例。以下是一个示例代码，演示如何创建 Wechaty 实例：

```TypeScript
const bot = WechatyBuilder.build()
```

然后，需要在 Wechaty 实例上调用 start()方法，以登录自己的微信账号。当调用 start() 方法时，Wechaty 将启动并等待扫描二维码以登录自己的微信账号。以下是一个示例代码，演示如何登录微信账号：

```TypeScript
bot.start()
```

用户可以运行 Wechaty 代码，并扫描二维码登录微信账号。请注意，每次运行代码时，需要扫描新的二维码以登录微信账号。以下是完整的示例代码，演示如何使用 Wechaty 连接微信账号：

```TypeScript
import { WechatyBuilder } from 'wechaty'

const bot = WechatyBuilder.build()

bot.on('scan', (qrcode, status) => {
  console.log(`
    请扫描以下二维码登录微信账号：
    https://wechaty.js.org/qrcode/${encodeURIComponent(qrcode)}
  `)
})

bot.on('login', (user) => {
  console.log(${user.name()}已登录)
})

bot.on('message', async (message) => {
  console.log(收到一条消息：${message})
})

bot.start()
```

运行以上代码后，将在终端看到一个二维码，可以使用微信扫描该二维码以登录微信账号。一旦登录成功，Wechaty 将在终端中输出账号信息，并开始接收消息。

17.2　使用 Wechaty 实现具有基本功能的 Chatbot

使用 Wechaty，开发者可以轻松地编写代码，以自动响应接收到的消息。本节将介绍如何编写自己的第一个 Wechaty Chatbot，并使其自动响应接收到的消息。

17.2.1　开发 Wechaty Chatbot

为了实现一个 Chatbot，在自己的代码中，需要导入 Wechaty 模块，并创建一个 Wechaty 实例。以下是一个示例代码，演示如何创建 Wechaty 实例：

```TypeScript
import { Wechaty } from 'wechaty'
const bot = new Wechaty()
```

需要实现一个 on('message')事件处理程序，以响应接收的消息。在该处理程序中，可以访问接收的消息，并编写代码来自动响应消息。以下是一个示例代码，演示如何实现 on('message')事件处理程序：

```TypeScript
bot.on('message', async (message) => {
  // 打印收到的消息
  console.log(`收到一条消息：${message}`)

  // 忽略机器人自己发送的消息
  if (message.self()) return

  // 回复收到的消息
  await message.say(`您好，我是您的 Chatbot，我已收到您的消息：
${message.text()}`)
})
```

运行以上代码后，Wechaty Chatbot 将自动响应接收的消息，并向发送该消息的联系人回复一条消息。

17.2.2　基于规则实现 Chatbot 的自动回复功能

开发者可以根据接收的消息的内容，添加条件判断，以决定如何回复消息。以下是一个示例代码，演示如何添加条件判断：

```TypeScript
bot.on('message', async (message) => {
  // 判断接收到的消息是否包含"你好"
  if (message.text().includes('你好')) {
    // 回复消息
    await message.say('您好，欢迎与我聊天')
  } else if (message.text().includes('再见')) {
    // 回复消息
    await message.say('再见，期待与您下次聊天')
  }
})
```

在以上示例代码中，当接收的消息包含"你好"时，向发送该消息的联系人回复一条消息，欢迎其与我们聊天；当接收的消息包含"再见"时，向发送该消息的联系人回复一条消息告别，下次再聊。

17.2.3　添加异步操作发送图片

开发者可以添加异步操作，以执行一些复杂的操作，例如从数据库中检索数据，或调用远程 API。以下是一个示例代码，演示如何添加异步操作：

```TypeScript
import axios from 'axios'
import { FileBox } from 'file-box'

bot.on('message', async (message) => {
  // 调用 API，以检索图片信息
  const response = await axios.get('https://picsum.photos/id/0/info')

  // 从 API 响应中提取图片 URL
  const imageUrl = response.data.download_url

  // 将图片装入 FileBox
  const fileBox = FileBox.fromUrl(imageUrl)

  // 通过 FileBox 发送图片消息
  await message.say(fileBox)
})
```

在以上示例代码中，使用 axios 库调用 API，以检索一张随机图片的信息。然后，从 API 响应中提取图片 URL，并向发送该消息的联系人回复一条消息，包含该图片。

17.2.4　添加对话管理

开发者可以使用 Wechaty 的对话管理功能，管理与用户的对话，并根据上下文提供更智能的响应。以下是一个示例代码，演示如何添加对话管理：

```TypeScript
const memory = new Map()

bot.on('message', async (message) => {
  // 从内存中检索上下文
  const context = await memory.get(message.talker().id)

  // 如果上下文不存在，则创建一个新的上下文
  if (!context) {
    await memory.set(message.talker().id, { count: 0 })
    await message.say('欢迎与我聊天，这是您的第一条消息')
  } else {
    // 增加计数器
    context.count += 1
    await memory.set(message.talker().id, context)
    await message.say(`这是您的第${context.count}条消息`)
  }
})
```

在以上示例代码中，使用 memory 变量保存与每个联系人的上下文信息。当接收的消息是该联系人的第一条消息时，向其回复一条欢迎消息，并创建一个新的上下文信息。对于后续的消息，从 memory 中检索上下文信息，并增加计数器，以回复该联系人发送的消息是其第几条消息。

本节介绍了如何使用 Wechaty 实现基本的 Chatbot。开发者需要导入 Wechaty 模块，创建 Wechaty 实例，并实现 on('message')事件处理程序，以响应接收的消息。在处理程序中，开发者可以访问接收的消息，并编写代码来自动响应消息。

17.3　连接大语言模型云 API

连接大语言模型云 API 可以提高 Chatbot 的智能水平。本节将介绍如何使用 Wechaty 与 GPT 等大语言模型云 API 连接。

17.3.1　GPT 模型介绍及其云 API

GPT 是一种自然语言处理模型，它采用了深度学习算法。GPT 模型是由 OpenAI 开发的，该模型基于 Transformer 架构，采用了预训练技术，可以实现语言生成和理解的任务。

GPT 模型的预训练阶段包括两个步骤：无监督预训练和有监督微调。在无监督预训练阶段，GPT 模型使用大量的语料库进行训练，以学习自然语言的语法和语义结构。在有监督微调阶段，GPT 模型使用特定任务的标注数据进行微调，以提高模型在该任务上的性能。GPT 模型在多个自然语言处理任务上表现优秀，例如文本分类、机器翻译和对话生成等。

云 API 是指开发者可以通过互联网访问和使用的 API。在使用 GPT 模型时，开发者可以使用云 API，无须自己建立和训练模型。以下是一些流行的 GPT 云 API。

- OpenAI GPT-3 API：OpenAI GPT-3 是一种大型的自然语言处理模型，具有非常强大的生成和理解能力。开发者可以使用 OpenAI GPT-3 API 实现生成文本、自然语言理解和对话生成等任务。该 API 支持多种编程语言，包括 Python、JavaScript 和 Ruby 等。
- Hugging Face API：Hugging Face 是一家人工智能公司，提供多个基于 Transformer 模型的云 API，包括 GPT-2、GPT-Neo 等。这些 API 可用于生成文本、问答和语言理解等任务。Hugging Face API 支持多种编程语言，包括 Python、JavaScript 和 Java 等。
- Amazon Comprehend API：Amazon Comprehend 是亚马逊提供的自然语言处理服务，包括文本分类、情感分析和实体识别等功能。Amazon Comprehend API 可以与 GPT 模型集成，以提高其性能和准确性。该 API 支持多种编程语言，包括 Java、Python 和 Ruby 等。

总之，GPT 模型是一种先进的自然语言处理模型，可以实现语言生成和理解的任务。云 API 使得开发者能够快速、简便地使用 GPT 模型，无须自己建立和训练模型。开发人员可以根据需要选择合适的云 API，并将其集成到自己的应用程序中。

17.3.2　如何使用 Wechaty 与 GPT 模型云 API 进行连接

使用 Wechaty，开发者可以轻松地将 Chatbot 连接到各种大模型，例如 GPT-3、BERT、

ELECTRA 等。下面以 GPT-3 为例，演示如何将 Chatbot 连接到大模型，代码如下：

```TypeScript
import { Configuration, OpenAIApi } from 'openai'

// 设置 OpenAI API 密钥
const configuration = new Configuration({
  apiKey: 'YOUR_API_KEY',
})
const openai = new OpenAIApi(configuration)

bot.on('message', async (message) => {
  // 调用 GPT-3 模型，以生成响应消息

  const completion = await openai.createCompletion({
    model: 'text-davinci-003',
    prompt: 'Hello world',
  })

  // 从 API 响应中提取生成的文本
  const text = completion.data.choices[0].text

  // 回复生成的响应消息
  await message.say(text)
})
```

在以上示例代码中，使用 OpenAI 的 API 调用 GPT-3 模型，以生成响应消息。之后，从 API 响应中提取生成的文本，并向发送该消息的联系人回复一条消息，包含该文本。其他大语言模型的连接代码与 GPT-3 类似，本节不再赘述。

总结：本节介绍了如何使用 Wechaty 编写一个 Chatbot，并使其自动响应接收的消息。本文还演示了如何扩展 Chatbot 的功能，并将其连接到各种大语言模型。

17.4　如何使用自然语言编程 Wechaty

Wechaty 原生使用 TypeScript、JavaScript 开发，开源社区的开发者们帮助实现了几乎所有的常用语言版本的 SDK，方便使用各种语言的开发者使用 Wechaty SDK API 完成 Chatbot 开发。

如果读者希望基于 Wechaty 开发自己的 Chatbot 功能，但又不熟悉上述任何一种开发语言怎么办？如果 Wechaty 可以通过人类最习惯、最常用的自然语言进行开发，那么将极大地释放 Chatbot 的创意潜力，实现生产力，让开发 Chatbot 不再只是程序员的特权。

接下来，笔者介绍如何使用自然语言开发一个专门为你干活的 Chatbot。

首先，你需要有一个 ChatGPT 的账号，能够使用 ChatGPT。其次，你需要能够描述清楚自己的 Chatbot 需要实现的功能和解决的问题说明。最后，向 ChatGPT 提出你的要求，你就可以得到对应你所需功能的代码了！

自然语言开发实例

假设你是一个社群管理员，管理着一个叫"Wechaty ChatGPT 的交流群"的社群，为 Chatbot 开发爱好者提供一个讨论的空间。你每天都会接收新的爱好者加你的微信好友的通知，在你通过好友验证后，他们会向你发送"申请加入 Wechaty ChatGPT 交流群"的请求，然后你会手工将他们邀请入群。现在已经有 400 多人在这个群中，每天有很多的讨论，但是偶尔也会有人发广告。为了保证群质量，你会向第一次发送广告的群友作出警告，再犯就直接移出交流群。一直以来，你都是通过自己的微信账号，手工管理这个交流群。

这些工作每天占用了你不少的时间，所以你希望做一个 Wechaty Chatbot 自动管理微信群。然而，你并不是一个程序员，不熟悉程序代码的开发。那么你能怎么办呢？

答案很简单：使用自然语言编程！

你只需要将上述社群管理功能的描述介绍发送给 ChatGPT，在最后加上一句咒语："请使用 Wechaty 开发一个 Chatbot 自动完成这些功能！"对，就是这么神奇！

Huan：你是一个社群管理员，管理着一个叫作 Wechaty ChatGPT 的交流群，为 Chatbot 开发爱好者提供一个讨论的空间。你每天都会接收到新的爱好者加你的微信好友，在你通过好友申请后，他们会向你发送"申请加入 Wechaty ChatGPT 交流群"，然后你会手工将他们邀请入群。现在已经有 400 多人在这个群中，每天有很多的讨论，但是偶尔也会有人发广告。为了保证群质量，降低无关广告内容，你会向第一次发送广告的群友作出警告，再犯就直接移出交流

群。请使用 Wechaty 开发一个 Chatbot 自动完成这些功能!

ChatGPT：好的，我可以帮你实现这个 Chatbot，使用 TypeScript 和 Wechaty 库。以下是一个示例代码，可以实现自动加好友、自动邀请入群、自动检测群内广告并移出群友的功能：

```TypeScript
import { WechatyBuilder } from 'wechaty'
import { Friendship, Room, ScanStatus } from 'wechaty-puppet'
import Qrterminal from 'qrcode-terminal'

const bot = WechatyBuilder.build()

const GROUP_TOPIC = 'Wechaty ChatGPT 交流群'
const AD_MESSAGE = '广告'

const warnings = new Map<string, number>() // Map to track warnings per
user
const MAX_WARNINGS = 2 // Maximum number of warnings before removal

bot.on('scan', (qrcode: string, status: ScanStatus) => {
  if (status === ScanStatus.Waiting) {
    Qrterminal.generate(qrcode, { small: true })
  }
})

bot.on('login', (user) => {
  console.log(`Logged in as ${user.name()}`)
})

bot.on('friendship', async (friendship: Friendship) => {
  if (friendship.type() === Friendship.Type.Receive) {
    console.log(`Received a new friend request from
${friendship.contact().name()}`)
    await friendship.accept()
    console.log(`Accepted the friend request from
${friendship.contact().name()}`)
    const room = await bot.Room.find({ topic: GROUP_TOPIC })
    if (room) {
      await room.add(friendship.contact())
      console.log(`Added ${friendship.contact().name()} to the group`)
    }
```

```
    }
  })

  bot.on('message', async (message) => {
    const room = message.room()
    const sender = message.from()
    const text = message.text()

    if (room && room.topic() === GROUP_TOPIC) {
      // Check for ads
      if (text.includes(AD_MESSAGE)) {
        console.log(`${sender.name()} sent an ad message: "${text}"`)
        const warningsCount = warnings.get(sender.id) || 0
        if (warningsCount < MAX_WARNINGS) {
          warnings.set(sender.id, warningsCount + 1)
          const warningMessage = `注意：您已经发送了广告消息。这是您的第
${warningsCount + 1} 次警告。`
          await sender.say(warningMessage)
          console.log(`${sender.name()} received a warning message:
"${warningMessage}"`)
        } else {
          await room.del(sender)
          console.log(`${sender.name()} was removed from the group for
sending too many ads`)
        }
      }
    }
  })

bot.start()
```

这个 Chatbot 的主要功能：

- 监听好友请求，自动接受并邀请入群。
- 在群内检测广告消息，向发送者发送警告并记录警告次数。
- 如果发送者发送广告消息的次数达到指定次数，将其从群里移出。

在代码中，GROUP_TOPIC 是交流群的名称，AD_MESSAGE 是广告消息的关键词。warnings 变量是一个 Map，用于记录每个用户的警告次数。MAX_WARNINGS 是最大警告次数。在群内收到广告消息时，先检查发送者是否已经达到最大警告次数，如果没有，则给发送者发送一条警告消息，并更新

警告次数；如果已经达到最大警告次数，则将发送者从群里移出。

这个 Chatbot 还可以添加其他功能，比如：

- 自动回复新人加群问候。
- 自动记录和分析群内的讨论和活动。
- 定时发送群内活动和提醒消息。
- ……

可以根据实际需求扩展 Chatbot 的功能。

注意，这个 Chatbot 的代码可能不是最完美的，还有一些边界条件和异常情况需要处理。在实际使用过程中，需要根据实际情况进行测试和优化。

拜 ChatGPT 所赐，现在我们可以使用自然语言直接编程了！希望本节的示例，可以启发读者基于 ChatGPT，使用自然语言编程，开发出自己理想中的 Chatbot 代码！

读者可以追问 ChatGPT 一句"将代码改写为 Python"，看看效果！

18

Wechaty Puppet Provider
和Wechaty Puppet云服务

18.1 Wechaty Puppet Provider

Wechaty Puppet Provider 是指 Wechaty 接入不同的聊天平台（如微信、WhatsApp 等）的底层协议插件，它实现了 Wechaty 系统在保证上层高级 API 保持不变的基础上，底层连接到这些聊天平台的能力。

Wechaty Puppet 是 Wechaty 的核心组件之一，它负责与聊天平台（如企业微信、5G 消息、WhatsApp 等）进行通信。Puppet Service Provider 是 Wechaty Puppet 的扩展，提供了将 Puppet 服务外部化的功能。这意味着，开发者可以通过 Puppet Service Provider 将 Chatbot 部署到一个独立的服务器上，这样可以更好地管理和维护机器人，同时提高了 Chatbot 的可扩展性和稳定性。

有了 Wechaty Puppet Provider，开发者可以轻松地将 Chatbot 与多个聊天平台集成，无须为每个平台编写独立的代码。这极大地简化了 Chatbot 的开发过程，并提高了跨平台兼容性。

以下是一些常见的 Wechaty Puppet Provider 的例子。

（1）wechaty-puppet-padlocal：PadLocal 是一个用于微信个人账号的 Wechaty Puppet Provider，允许使用个人微信账号创建 Chatbot。它提供了稳定的 API 和高效的性能，适用于个人用户和企业用户。

（2）wechaty-puppet-wechat：Wechat Puppet 是 Wechaty 的默认 Puppet Provider，它使用 Web 版微信接口为开发者提供 Chatbot 服务。由于微信 Web 版的限制，这个 Wechaty Puppet Provider 可能会受到一定程度的限制。

（3）wechaty-puppet-wechat4u：Wechat4u 是另一个使用 Web 版微信接口的 Wechaty Puppet Provider。它基于 Wechat4u 库开发，提供了类似于 wechaty-puppet-wechat 的功能。

（4）wechaty-puppet-workpro：workpro 是一个用于企业微信的 Wechaty Puppet Provider，是另外一个已经废弃的基于企业微信的 wechaty-puppet-wxwork 的升级版。通过 workpro，用户可以在企业微信上创建 Chatbot，实现消息的收发功能。

（5）wechaty-puppet-dingtalk：DingTalk Puppet 是一个用于钉钉的 Wechaty Puppet Provider。通过它，用户可以在钉钉平台上创建 Chatbot，实现自动回复、智能提醒等功能。

（6）wechaty-puppet-gitter：Gitter Puppet 是一个用于 Gitter 聊天平台的 Wechaty Puppet Provider。通过使用 Gitter Puppet Provider，用户可以在 Gitter 上创建 Chatbot，方便地与 Gitter 社区进行互动。

这些 Wechaty Puppet Provider 只是众多可用选项中的一部分。实际上，Wechaty 社区为各种聊天平台（如 WhatsApp、Facebook Messenger、Telegram 等）提供了许多 Puppet Provider。开发者可以根据需求选择合适的 Puppet Provider，并利用 Wechaty 的统一 API 轻松地创建跨平台的 Chatbot。更多详细的内容，可以参考 Wechaty 的官方文档。

18.2　Wechaty Puppet Service 云服务

为了更好地提高 Wechaty 的用户体验，Wechaty 社区推出了云服务的功能，通过将 Wechaty Puppet Provider 转换为 Wechaty Puppet Service 的云服务，让社区可以支持多家服务商接入 Wechaty 的云服务并提供开箱即用的 Wechaty Puppet 云服务。用户只需要获取一个 Wechaty Puppet Service Token，就可以直接使用 Wechaty 的 Puppet 云服务。

其中比较有代表性的商业化公司是句子互动，句子互动正是基于 Wechaty，辅以云原生和人工智能技术，集成国内外主流 IM 平台，为企业与开发者提供基于即时通信软件的规模化营销服务。

句子互动正在把 Chatbot 的能力落地在企业微信，帮助中国的企业更高效地与他们的用户在微信互动。企业通过企业微信或微信与用户互动的业务模式是当下互联网最前沿的营销方式：私域运营。相比于常规的私域运营模式，企业使用句子互动的产品可以提高 10 倍以上的效率。提效的来源是句子互动产品提供的自动回复、自动拉群、自动推送等智能技术，以及句子互动开创性地实现了多个企业微信账号消息的聚合：数十万个甚至上百万个客户发送到上百个企业微信账号的消息被聚合在同一个聊天窗口里。

值得一提的是，RPA 一般适用于规则明确、大量重复的场景。句子互动基于多年微信生态的服务经验，沉淀了大量的行业解决方案，并推出了基于 IM 的 RPA 机器人，基于设定的规则进行操作，执行枯燥、烦琐的重复性任务，在降低人力成本的同时，也会更安全、高效和精准地保证数据传输的质量与效率。

句子互动通过 RPA 技术，将客户运营的复杂场景配置成自动执行一系列处理任务的机器人，把传统企业的数字化业务流程自动化，达到降本增效的目标。

句子互动的 RPA 通过灵活部署，可以实现业务流程自动化。RPA 相对于传统代替人类手工劳动的机器人，主要用于在信息系统的自动化操作，具备自动执行预定流程和跨系统协同的能力。RPA 是非侵入式软件，无须改变现有系统即可完成部署，因此产品灵活性强，交付周期短，同时可以避开传统企业遗留系统问题，帮助企业快速迭代转型，实现业务流程自动化。

此外，句子互动通过 Wechaty 的 WhatsApp Puppet 上线了面向海外的 WhatsApp 智能营销全渠道工具，将国内的私域自动化运营方法论复制到海外，通过对话营销为海外商家赋能创收。后续也会陆续封装 Facebook Messenger、Instagram、Line、Discord 等更多海外主流的 IM。

第 6 部分

对话式 AI 的
时代已经到来

19

Chatbot 的机会在哪里

智能对话还有很长的路要走。作为一名智能对话从业者，笔者想换一个角度研究——使用手中的这些工具，我们能创造点什么？

现阶段，做智能对话，不要期待机器提供所有的智能。要是技术真的越过奇点，普及成为像现在互联网和电一样的基础设施，可能也没有各位读者的机会了。

技术不够时，要找到合适的补充方式：使用产品设计、多种交互方式和技术手段，以及合理的人工接入流程。

19.1 AI 产品的潜力在于产品设计

"AI 的归 AI，产品的归产品"。

在本书的第 3 部分和第 4 部分，介绍了对话系统的设计需要一套庞大的系统，其中包括限定场景边界、撰写故事线、数据处理、流程设计等，也包括深度学习带来的意图识别和实体提取等标准做法，还有对话管理、上下文处理及后续持续的对话系统测评、渠道集成及对话效果分析与优化等，最终反馈给需求分析阶段。这是笔者阐述的 Chatbot 的生命周期。

产品设计通过明确对话系统的边界，可以弥补技术上的不足，也能避免技术浪费。在和同行交流的过程中，笔者听到了太多不太成功的产品案例，归结起来几乎都是因为"对话系统边界定义不明"，导致项目开展到后面收不了尾。同时，因为功能之间的耦合紧密，上线都成问题。

对话类产品设计的要求非常高，如果还沿用管理图形式交互产品的方法论来管理对话智能产品，是不可行的。一个合格的对话系统设计师，需要在了解商业的同时，理解如何使用手中的工具，这或许是对互联网时代产品经理的要求。因为自然语言天生涉及语言，所以对话系统设计师还需要了解心理和语言。一个好的对话系统，必定出自一个很善于沟通的人或者团队之手——他们能为他人考虑、心思细腻、使用语言的能力高效、深谙人们的心理变化。他们对业务熟悉，能洞察用户上下文的变化，同时能在对话设计中控制用户的对话节奏，以最终解决具体问题。

19.2 对话交互是手段而非目的

在设计对话系统时，我们要时刻记得，我们最终需要的是通过最简单的交互方式帮助用户获取服务。而最简单的交互方式不一定只有对话。

举个例子，在订完机票后的选座场景中，如果一个对话系统给我们推送一段语音播报，或者用文字的形式推送座位的详细信息，那么我们可能会抱怨这个智能产品做出了"智障"行为。因为这个时候，用户使用图形式交互会比对话式交互更便捷。

未来可以看到的是，人机交互的方式正随着技术的发展而变化，它会从最初单一的交互方式逐渐变成多种交互方式相结合。虽然机器人和人之间语音对话的交互方式很娴熟，但就算在《西部世界》[①]这个机器人"开挂"的影视作品中，依然能看到以点击和触摸等手势交互为主的智能有屏设备的广泛使用。从交互设计的角度来思考，语音交互技术的娴熟一定不是为了取代其他交互方式，而是和其他交互方式多元共存。

另外，在产品研发方面，如果研发团队能提供多种技术混用的工具，肯定会增加开发

---

① 西部世界：Westworld，是一部由 HBO 播出的美国科幻电视剧，故事设定在未来世界，主要叙述发生在被称为"西部世界"的未来主题公园中的故事。

团队和设计的发挥空间。这种做法就像是"深度学习+规则匹配"，规则匹配是在深度学习出现之前常用的人机对话解决方式，主要通过"if…then…"写逻辑，完成整个对话系统的开发。我们需要回归搭建对话系统的本质，即为了解决问题，而不是为了炫技而展示高深算法。

值得一提的是，规则匹配在对话系统冷启动的时候，可以帮助系统解决非常大的问题。而随着系统越来越复杂，数据越来越多，规则是需要逐渐弱化的。千万不要为了解决一个语句的问题强行加入规则，这会令整个系统完全失去智能的能力。

19.3 设计合理的人工接入流程

笔者不得不承认一个客观现实——即使产品设计得非常好，使用了多种交互方式和技术手段，也不能指望一个 Chatbot 像科幻大片中的机器人主角一样，能解决一切问题，甚至还能思考和觉醒。

自从 Chatbot 首次进入市场，大众就认为它们将接管几乎所有的人工互动。但实际上，对话系统是过度承诺和交付不足的，我们需要增加人和机器混合交互的方式。

这种方式从最早期的呼叫中心开始，先通过机器的引导解决一部分问题，后面接入人工服务。随着人工智能技术越来越成熟，机器人和人的协作会变得越来越顺滑和敏捷。机器擅长记忆，而人类擅长推理，在整个对话系统中，在适当的时候让人接入，可以提供更高水平的服务。换句话说，对话系统负责简单的日常任务，同时系统允许人接入进行更复杂的对话，人接入的时候，可以看到之前机器相关的对话内容和机器为用户分析出的用户画像。

在开发 Chatbot 时，一方面要合理设定人机切换点，在合适的时候通知人类干预；另一方面，人类非常善于处理具有常识的非标准情况，而机器人非常善于进行数千次交互并挖掘所需的数据。因此，需要明确区分系统中每一方将要处理的交互类型。智能对话系统应该以系统和用户友好的方式将对话推送给相关的工作人员，同时，处理问题的工作人员也能实时改进 Chatbot 的逻辑。

虽然与人合作，Chatbot 将不再受限于它们的能力，但一定要记住，不要试图让它们回答所有可能的问题，而应合理设定用户对它们能力的期望。系统需要明确地告诉用户，什么时候是真人在服务，什么时候是 Chatbot 在服务。这么做的好处是，控制用户的预期，避免用户提出的问题超出 Chatbot 能处理的问题边界。

基于上述解决方案，我们发现，提供一个智能的对话服务并不是一件不可能的事情。随着物联网的发展，以自然语言为核心的交互方式，势必在未来承载更多的服务，进而为用户提供更智能的体验。终端也不会局限于手机，而是延伸到智能音箱、带屏幕的音箱、车载设备、可穿戴设备等。5G 时代，更多的计算交给云端，在本地设备上留下能耗较低的操作系统和基础设施：使用麦克风收听语音，使用音箱播放音频，就能够完成所有的服务任务。

因此，任意一个联网设备都可能具备交互和传递服务的能力，进一步削弱超级终端的存在。也就是说，作为个人用户，在任意一个联网设备上，只要具备语音交互和联网能力，就可能获得服务，特别是在一些场景依赖的商业服务中，如酒店、医院、办公室，等等。

作为智能对话的从业者，笔者希望这一天尽早到来。

20

AI 与人，"替代"还是"共生"

20.1 很抱歉，我做了一个 59 分的机器人

"0 到 100，你给你的机器人打多少分？"这是在 2018 年，第一次见陆奇博士的时候，他问我的问题。

那是一个深秋，在北京雕刻时光咖啡厅里，作为 YC 中国的第一批成员，我们团队和陆奇博士约了第一次 Office Hour。

我非常绝望地看着我的合伙人，想到过去两年我们做过的大大小小的项目，有上市公司的客户，也有初创公司的客户，无一不对所谓的 Chatbot 失望。而在这一刻，我不得不向我们的导师坦白，我们做了让人失望的产品。

"我给我们的机器人打 59 分，但是我会和我的客户说这只是 40 分的机器人，尽可能地降低用户预期，并引导真人和机器人共同为客户服务。"

我深吸了一口冷气，然后一口气说完。要知道，在各大企业都在号称 90% 的准确率

的人工智能元年，我需要多大的勇气才敢承认，我的创业项目并不是"酷炫 fancy"的。

没想到的是，陆奇博士竟然跟我的想法一样。

在 2014 年发起"小冰"项目的时候，我认为人工智能已迎来拐点，移动互联网使数据和服务进一步结构化，而这些结构化的数据和服务，可以很方便地与人工智能小冰对接，"就像电影《超能陆战队》中的'大白'，任何一个类别的信息、知识与服务，都可以像插卡那样与小冰对接，这可能颠覆未来的互联网行业"。

我认为那时就能搭建一个 90 分的 Chatbot，但是，我过于乐观了。

于是，那个下午及后来的很多封邮件往来中，我和陆奇博士探讨了很多：如何接受智能对话的现状，以及使用人机协作逐步构建一个 90 分的对话系统的方法及路径。

20.2 你们的机会来了

"你们终于熬到今天了，今天你们的机会来了！"这是本书出版之前，我和陆奇博士的一次会面，他见到我激动地说的第一句话。

笔者的公司句子互动过去 7 年一直基于 IM 生态为企业提供营销服务，期待能打造下一代对话式营销云。2017—2019 年，虽然笔者做了大大小小的 Chatbot 项目，但是始终无法绕开 59 分的机器人和大量的人工定制化开发部分。笔者不得不承认，技术的奇点并没有来临。在 2019 年被 YC 录取并顺利毕业以后，为了不沦为一家"AI 外包公司"，句子互动从智能化降级到自动化，聚焦在通过 RPA 将营销场景进行沉淀，并通过标准化 SaaS 产品为企业提供营销服务。笔者经常会和团队提起，在下一个技术奇点来临的时候，句子互动会将这些年沉淀的场景和 Chatbot 的方法论从自动化升级到智能化。

2022 年年底，以 GPT 为代表的大语言模型开启了营销的新时代，人类历史上从来没有这种能力，可以场景性的、千人前面的、带有情感的、让企业和每一个用户进行互动。笔者知道，技术的奇点来临了，是时候将句子互动的战略从自动化升级到智能化了。

后来，笔者与合伙人高原约了一次陆奇博士的 Office Hour，在奇绩创坛的办公室里，陆奇博士非常认同笔者的观点并给了笔者极大的信心和肯定："长期来看，你们未来最大的机会是对话式营销云。不论技术发展到何等高度，核心始终是人类。我们都有情感需求，渴望交流，这些都是我们的内在需求。满足这些需求的通用工具就是语言，以及语言背后蕴含的深厚知识。过去的 7 年，你们正在全力打造这一宏伟愿景，不仅仅在技术上，更在产品研发和用户理解上倾注了无数心血。OpenAI 为下一个时代铺平了道路。你们是目前最有优势的公司。没有其他公司拥有这样 7 年的经验，没有公司拥有这样的客户积累，也没有公司有你们所建立的技术基础。未来已经非常明确。"

20.3　对话智能解决重复思考

尽管人工智能技术对人类社会带来的变革与工业革命相较可能规模更大，来势更为迅猛，且随之发展起来的机器人注定将取代很多人类的工作，但本质上，这个替代人类工作的过程，与工业时代并没有太多差异。

笔者认为，工业革命解决了"重复体力劳动"的事情，人工智能未来解决"重复脑力劳动"的事情。

关于大众想象中的智能，李开复在《人工智能》一书中是这样描述的：

普通群众所遐想的人工智能属于强人工智能，它属于通用型机器人，也就是 20 世纪 60 年代人工智能研究人员提出的理念。它能够和人类一样对世界进行感知和交互，通过自我学习的方式对所有领域进行记忆、推理和解决问题。

这样的强人工智能需要具备以下能力：

- 存在不确定因素时进行推理、使用策略、解决问题、制定决策的能力。

- 知识表示的能力，包括常识性知识的表示能力。

- 规划能力。

- 学习能力。

- 使用自然语言进行交流沟通的能力。

- 将上述能力整合起来实现既定目标的能力。

这些能力在常人看来都很简单，因为自己都具备。但由于技术的限制，计算机很难具备以上能力，这也是现阶段人工智能很难达到常人思考水平的原因。

20.4 "替代"还是"共生"

智能对话的核心价值，应该在解决问题的能力上，而不是停留在具体是人还是机器回答的这个表面问题上。

迄今为止，没有任何已知的途径和方法能够和人类一样对世界进行感知和交互，通过自我学习的方式解决所有领域的问题。各种"奇点"假说推论未来人工智能技术可能以指数级成长，却忽略了这样的指数级成长需要的是一系列可能需要百年甚至永远都不可能实现的重大技术发明和突破。

而解决这个问题的唯一方式，唯有"共生"。将大量的、重复的、耗时的事务交给机器人，让员工从疲于应付的情况中解放出来，让员工发挥主观能动性，去执行具有更高价值、有创造性、需要情感投入的事务，而让机器人不知疲倦地、全天候地、更加快速精确地执行烦琐重复的事务。

例如，在客户服务中，未来实现高效人工智能的道路是协作，协作可以通过增强人类智慧和增强人的能力两方面来发挥作用。

20.4.1 增强人类智慧

宏观上看，机器所掌握的用户信息比任何一个员工都多。这时，机器可以扩充员工的大脑。在和用户沟通的时候，机器可以给出这个用户的所有背景信息辅助员工回答。机器通过分析给出推荐的下一步操作，让员工主动选择。

20.4.2 增强人的能力

人是需要休息的，在同一个时间段能处理的信息量是极其有限的，而24小时持续运转、消息并发量极大的机器的即时回复和快速查找功能，正好可以增强人的能力。例如，可以使用智能对话处理初始客户查询，因为这些请求大多数都很简单且易于理解。一旦机器人无法处理更多请求，系统就通过自动客户服务流程传递给人工，极大地增强了运营团队的响应速度和并发处理能力。

这种人机协作的处理方式，在不增加人力的情况下，实现了更高的交互量，降低了每次交互的平均成本，并提高了客户满意度。同时，随着机器交互越来越多，企业有了足够的数据和流程，可以进一步探索自动化流程。有了数据的支撑，就可以加快决策流程并计算出明确的投资回报率。

就像工业机器替代体力劳动者那样，越来越多的脑力劳动者也会因智能机器人的加入得以解放，随之而来的是工作流的调整和组织的重构。

在过去的几百年里，每次革命都在摧毁一些职业的同时创造一些新的工作岗位。人工智能时代也是一样，单纯的智能不会解决所有的问题，机器和人将协同工作。孙正义曾预测，未来 25 年，将有 100 亿人类和 100 亿机器人共同生活在地球上，人类和机器人并不是你死我活的关系，而是共生。张小龙也说："希望我们的产品能成为用户的朋友，而不仅仅是工具。"笔者认为，这句话套用到人工智能时代同样适用。让机器做机器擅长的事情，让人类发挥人类的特长，让人工智能拓展人类智能。机器与人，和而共生，彼此关爱，共享未来。

ChatGPT 沉思录

背景

ChatGPT 爆火后，比尔·盖茨公开强调，"像 ChatGPT 这样的人工智能，与个人电脑、互联网同等重要"；埃隆·马斯克在使用过 ChatGPT 后直呼"好到吓人""我们离强大到危险的人工智能不远了"；英伟达 CEO 黄仁勋也表示：ChatGPT 是人工智能产业发展的"iPhone 时刻"。

在 ChatGPT 发布前的 2022 年 10 月 3 日，Salesforce 首席科学家、斯坦福大学教授、计算机视觉和机器人学家 Silvio Savarese 就曾发表了一篇富有远见的博客 "If You Can Say It, You Can Do It: The Age of Conversational AI"。博客发布后不久，ChatGPT 横空出世，引发了这场科技和人文革命。

本附录中，微软中国 CTO 韦青，本书的两位作者句子互动创始人、微软 AI MVP 李佳芮，以及具有 AI 技术背景的微软 Regional Director、投资人李卓桓，从微软内部和行业的高维视角、技术和投资人的观点，以及应用者和创业者等多维视角进行分享。这场对话以深入浅出的方式呈现，带给读者全方位的 ChatGPT 主题对话。

Jay：我们聊的话题是近期火爆全球的 ChatGPT。毫无疑问，ChatGPT 已经成了全球信息技术产业界的现象级产品。自 2022 年 11 月 30 日被推出，仅仅 2 个月后，它的月活用户就突破了 1 亿人，成为**史上用户增长速度最快的消费级应用程序**。World of Engineering

整理的"达到全球 1 亿用户所用时间"的排名显示：Twitter 达到 1 亿用户用了五年、Facebook 用了四年半、Instagram 用了两年半，就连火爆全球的 TikTok 也用了 9 个月。您三位都是 AI 领域的前辈，在这里，我想先问各位

Q1：第一次体验 ChatGPT 的时间、目的和感受？

韦青：ChatGPT 刚被推出时我就开始用它了。大家也知道，在过去的一两年里，AIGC（AI Generated Content，人工智能自动生成内容）的发展势头还是蛮猛的，作为一名技术人员，我当然要去体验一下。刚开始用 ChatGPT 的时候，我感觉到这一次的对话效果确实跟原来的很不一样。当然，一般来说，搞技术的人通常不会被表面的现象所误导，总想知道它背后的原理，为什么会有那样的表现。我也花了很多时间去了解 ChatGPT 背后的代码，包括相关的论文和它的实现过程。

一方面，我觉得 ChatGPT 确实是一个很强大的工具，而且若想发挥它的真正作用，应该将其 De-embedding（嵌入）我们日常的工作流，这是非常重要的。另一方面，不要把它神化，尤其不要把它魅化。**它表现得越像人类，作为人类的我们就越要清醒地认识到它只是一台机器。**如果将其"包上一层人皮"，就会让人们不禁困惑于机器到底发展到什么程度了。

我看 OpenAI 的几个领导者说得也蛮好的。他们说，他们在创造这一机器的时候就知道它的功能很强大，但同时该机器的很多功能都是一点一点试出来的，没人知道它该变成什么样。因此，**不要神话它，也不要妖魔化它，而应该拥抱它，理解它，但同时要保持住我们的人性。**而且一定要强调，这是机器的能力，不是人的能力。

机器的能力跟人的能力有什么不同？对我们来说这反而是一个很大的话题。为什么呢？**我认为，现在是一个新的人机时代，人跟机器结合之后，应该让机器帮助人指挥机器，以达到结果的最优化。**这是我使用 ChatGPT 以来的特别深刻的体会。

李卓桓：我第一次使用 ChatGPT 是什么时候呢？是我在美国参加 NIPS[①]的时候。2022 年 11 月底举办的 NIPS，大概有 4 万名博士去讲论文，而 ChatGPT 也在这个时候发布，

---

① NIPS：Conference and Workshop on Neural Information Processing Systems，全称神经信息处理系统大会，是机器学习领域的国际顶级会议。

我不知道这是发布者有意为之，还是赶巧了。

在我的印象中，如同韦青老师所说的，大家弄不明白的其实是它为什么能这么厉害——ChatGPT 的能力几乎超出了会上所有关注机器学习领域的研究者的预期——所以每个人都在非常惊讶地讨论 ChatGPT 的能力。我特别清楚地记得，在 NIPS 上，OpenAI 没有展台，DeepMind[①]有。DeepMind 发布了一个他们最新的对话模型，我去他们的展台上看了，DeepMind 的研究者很认真地展示了他们的对话模型，我本来还觉得这个模型的能力非常强，比我以前看过的那些模型强太多了。但是不巧，这个时候 ChatGPT 也问世了，我把 DeepMind 的对话模型拿来和 ChatGPT 对比，就觉得：为什么 ChatGPT 的功能这么强大？DeepMind 的这个模型好像很笨的样子。这给当时的我留下了特别深刻的印象。

韦青：既生瑜，何生亮。

李卓桓：是的，所有的研究者都很惊讶，而且从那之后人们对 ChatGPT 的关注和讨论就爆发了。当然，我后来也听说，其实当时 OpenAI 发布 ChatGPT 可能也是"无心插柳"。他们会不会早就知道 ChatGPT 的发布会产生这么好的效果？或者在把这个产品拿给互联网用户使用之前，他们是不是早就知道了 Prompt 能起到如此神奇的作用？我觉得可能真的没有。**像一块玉一样，OpenAI 将其做出来之后，并未发现它有多么厉害，经过了所有网民的打磨，ChatGPT 终于有了如今这般地位**。这就是我最开始和 ChatGPT 接触时的感受。

佳芮：我与 ChatGPT 的第一次接触相对落后一点，在 2023 年 1 月我才第一次使用 ChatGPT。我刚知道 ChatGPT 被推出来的时候，只是看了一些文章，知道在使用上有一些门槛。直到 2023 年 1 月我才去试用，第一次使用的时候感觉还行，但没有特别惊艳。

有一件事改变了我对它的看法。我最近在申请微软公司的 RD（Regional Director，社区技术总监），在我申请的过程中，被询问到一个问题：如何展示你的领导力？作为公司董事会的成员，你为公司做了哪些贡献？虽然我是我们公司董事会的成员，但是我不知道如何用英文详细地将这个问题的答案表达出来。我在谷歌浏览器上搜索，得到的结果中大部分内容都是告诉我用什么方式可以激发我的董事会成员做得更好。面对几乎一致且无用的搜索结果，我觉得很难受。

[①] DeepMind：前沿人工智能企业，创建于英国伦敦，2014 年被谷歌公司收购，曾开发 AlphaGo 程序。

于是我抱着试一试的想法，用 ChatGPT 帮我生成答案，结果它帮我生成了一篇特别好的"小作文"，阐述了我在董事会发挥了什么样的作用，做了哪些事情，以及都是怎么做的，等等。

通过这次尝试，我个人对 Prompt 产生了非常浓厚的兴趣。那时我忽然意识到：在这之前，我用 ChatGPT 的时候，可能是因为自己不太会提问，不知道怎么才能让它给出一个我想要的答案，所以最开始才没有觉得它惊艳。

Jay：Silvio Savarese 的博客文章"If You Can Say It, You Can Do It: The Age of Conversational AI"中举了一个例子：想象你在宇宙飞船的驾驶舱里，你可能会根据科幻小说和影视作品中的描述，想到一排排闪烁的灯光、闪亮的按钮，以及充满发光数字和跳动着曲线的屏幕。而 Silvio 认为这并不一定是先进技术的标志。

重新想象一下，假如你面前是全景的视野，只需要喊一声"带我去土星"，不需要触碰任何按钮，飞船就会给你回应，包括路线选择，中间可能遇到的风景，等等。在确认后说一句"出发"，你的土星之旅就开始了。

文章还提到了几个让人印象深刻的点，是这么说的：

第一句是"最好的工具不是因为功能强大才易于使用，而是因为它们易于使用才强大"；

第二句是"对话看似平淡无奇，但它是我们人类最通用的技能之一"；

第三句是"仅仅说了一两句话，就启动了整个项目——一个从头开始建立的新想法——它的细节都已经准备好了"。

这似乎就是我们在体验 ChatGPT 时所感受到的。

ChatGPT 出现后，对话式 AI 的发展似乎已进入拐点，开始被更广泛地使用和认可。三位都是人工智能领域以及对话式 AI 一线的前辈，请问各位，你们认为

Q2：对话式 AI 的时代是否真的到来了？ChatGPT 是否代表 AI 的未来发展趋势？以及为什么会在这个时间点爆发？

佳芮：我从创业者的角度讲一讲。一方面，我看到了巨大的机会。我觉得 ChatGPT 在

营销内容的生成方面非常强，大家也知道有一个特别棒的人工智能初创公司 Jasper，主要业务就是帮用户生成营销文案和 AI 绘画，很快营收就过亿（美元）了。我说自己看到了一个很大的机会，不仅是在营销文案的撰写上，还包括 JD（Job Description，职位描述），以及其他场景的内容输出。同时，我看到在知识管理领域也迎来了很大的机会，对于很多结构化的内容，ChatGPT 能够帮客户做一个很好的总结。

另一方面，我认为对于 To B 端，比如客服领域，当下的人工智能技术并不是最合适的。因为我觉得目前解决核心问题还是以 Human in Control 为主，一定要人为保证机器的输出内容是对的。生成式 AI 以输出为导向，但是在客服场景中，通常以结果为导向。例如，ChatGPT 可以帮你生成很多条化妆品品牌的广告语，但是它不会告诉你哪一条广告语更有效。需要人去评估哪一条更好，人与机器之间的交互也是单向的。

前段时间我尝试用 ChatGPT 生成某饮料品牌的广告语，我告诉它价格是 19.9 元，但它生成的广告语中价格变成了 9.9 元。我尝试引导它，我说不对，我说的是 19.9 元，然后它说自己说错了，是 19.9 元。可以想象，在真实的客服场景中，明明是 100 元的东西，被它说成了 1000 元，后果谁来承担？我相信 To B 端的企业承担不起这个后果。

所以说，对于直接使用 ChatGPT 做客服，我认为不太合适，但是可以通过一些工程化的手段让它起到辅助的作用。举个例子，我最近也在做这样的尝试，当 ChatGPT 被问到一些问题时，它可以生成一些内容，我就将其与自己已有的答案做一个相似度的匹配。如果它生成的内容和我的答案相似度比较高，我就把自己的答案推给它。当我把自己的答案推给它的时候，一定要确保答案中所有的数字都非常准确，这样才能保证它的内容生成是可控的。我曾与一些业内的从业者进行交流，我们一致认为，如今这种基于大语言模型的人机技术，对人类而言更多地扮演着一种增强和辅助工具的角色，而非完全取代人类。

李卓桓：能看到 Chatbot 终于"活"了，我是非常激动和兴奋的。因为在过去的五到七年里，我一直在开发各种各样的 Chatbot。我很希望在微信等平台上能够有一个很聪明的机器人，帮助人们做一些事情。过去，我们在开发 Chatbot 的过程中，需要调用各种各样的底层模块去识别很多的意图，这种方法是非常笨的。

ChatGPT 出来之后，我们发现它把以前很多的自然语言处理任务都整合到了一个模型里。可以想象，以前的模型是这样的：每一项任务都需要一个单独的模型。就像一个团队中，每个人的分工都很明确，这个人只会做文本摘要，那个人只会做分类，还有一个人只会做翻译。因此，团队中的每个人都需要从小上不同的学校，有不同的专业、不同的老师，学了很久，毕业之后，每个人都只会做其所学专业的工作，大家共同做出来的成果还很差。

ChatGPT 做到了什么呢？它做到了一点：只用**一个模型就"吃"掉了所有的数据，可以独自完成所有的任务**。通过这种方法，整个人工智能的底层就得到了一个极其智能和高效的基础支持。这样一来，许多人工智能应用场景都可以依靠这一模型来完成任务。因此，我们可以说所有的人工智能模型都逐渐演变为基础架构级别的模型。还有另一个例子，以前，很多功能都没人敢做，最典型的就是转变一句话的语气，比如将向领导汇报工作的语气转变成和朋友们闲聊的语气。其实以前也有很多人想做这种功能，但都难以实现。在使用了 ChatGPT 后，我们发现虽然并没有人告诉它应该怎么转变语气，**但是它自己就学会了**。譬如，我们让它写对一个人的评价，可以跟它讲"请把评价的语气改得严厉一点"，它就会给你一个很严厉的版本；你说请把评价的语气改得柔和一点，它就给你一个柔和的版本，这就是它的聪明之处。

所以我是真的觉得 ChatGPT 让我们看到了 AGI 的曙光，AGI 时代已经到来了。AGI 的底层是 ChatGPT 这种模型，它的特点是其模型的参数量超过了 1000 亿个。这时，它就拥有了一种"涌现的智商"，即它会变得很聪明。所以我对未来感到非常兴奋，我相信接下来大量的机会都会存在于像 ChatGPT 这样的 AGI 基础模型上。这将为创业者创造更多的商业机会，也将产生更有价值的应用。

韦青：我也想分享过去几年我都在哪些方面花费了精力。第一，不断地跟随人工智能领域的发展，了解到底什么是人工智能。第二，考虑如何才能让人工智能被人运用。第三，我花了很多精力去了解脑神经科学的研究进展，了解人的大脑是怎么一回事。

也正是因为这三方面的投入，我想与大家讨论两个问题。第一个问题就是，在这一轮以 ChatGPT 为代表的人工智能（不管是 AIGC，还是 AGI）进步的背后是什么？目前我觉得我们可能高估了人类知识的复杂度，又低估了人类思想的深刻度。为什么这么说呢？因为我特别同意卓桓的观点，咱们不应该仅停留在 ChatGPT 上，它只是基础模型的一个实例。

搞技术的人都知道，当市面上出现一个类似 ChatGPT 的产品时，我们最好相信那些真正搞科研的科学家和工程师其实早已经"move on"了。换句话说，在某种意义上，在 ChatGPT 领域的技术，已经"game over"，即已经结束研究了，但是研究者会继续前行。

冰山一角的"角"是 ChatGPT，其下当然也有我们可以称之为 GPT-1、GPT-2、GPT-3 的这类模型。继续前行，又可以看到一个基础模型。再往前走，我认为一些最基础的要素仍然关键，不管是 Transformer 模型，还是原来的语言模型和整个 NLP 里面的概念。换句话说，不管更先进的技术怎么"长"出来的，由于它的数据量太大，加上模型很大，我把它**称为字与字之间的概率关系的一个空间模型**，涌现出了一些原来我们以为很难的模式。

理解了这个道理之后，我们还是要明白**它就是一种更加完备的、概率空间的距离的描述**。我觉得它的本质并没有变。由于这个模型的数据量足够大，既解决了知识记忆的问题，又能通过 ChatGPT 这种方式把知识调取出来使用。但我认为它的发展到此打住了，因为它没办法产生更多的知识。

为什么 ChatGPT 会让我们产生一些新奇的感觉呢？就像 JPL 实验室[①]的首席工程师所说的"Integration is also innovation"（集成与整合也是一种创新）。我认为，这种模型很可能是通过先记忆海量的知识，再将其调取并进行排列组合，生成许多看似新颖的内容，但实际上并没有跨越知识库的边界。而人类的思想，大概率是可以跨出边界的。

刚才讲了第一个问题，但是第二个问题对我们来说是更加严峻的挑战，就是如何保持人类思想的深刻性？我们要让机器去做知识的存储和基础使用，但它无法代替人去思考。人是如何思考的？这是我仍旧在花很多精力研究的问题。

包括在教育领域，在进一步培训机器的领域，以及在研究人如何更好地利用机器的领域，都要守住人最擅长的思考能力。就像佳芮讲的 Prompt Engineering。**Prompt 实际上展现了人的主观能动性，即在了解了机器的特点后，对它进行的一种更深入利用的方式。**而 Prompt Engineering 则凸显了人的主观能动性。因此，我认为人和机器都应该全方位的发展，不能只顾一面。

佳芮：对，我特别同意。您刚刚讲到 Prompt Engineer，还讲到教育领域。我们公司正好服务了很多在线教育公司，最近我也花了很大力气去研究 ChatGPT，并且前两天我还和一家"头部"的在线教育公司的 CTO 聊到 ChatGPT 在在线教育领域中的应用。

我们都知道，现在有很多在线教育公司提供了少儿编程的课程。对于小孩来讲，少儿

---

① NASA 旗下位于美国加利福尼亚州的喷气推进实验室，曾主导包括 1958 年"探险者 1 号"在内的月球和火箭探索项目。

编程教会他们的到底是什么？是逻辑？是数理结构？我个人觉得，要教会他们的可能是如何给出合适的 Prompt，核心是如何提问。其实，当你学会如何提出一个好问题的时候，你或许就已经能找到答案了。换句话说，就是找到了如何寻找答案的方法。我觉得这一能力是应该从小培养的，这在教育领域是非常有意义的一件事。

李卓桓：我也有这种感觉。前两天我还在说，现在所有使用人工智能的开发者和创业者都在学习"如何成为幼教老师或小学老师"，都在尽可能地"哄"着 ChatGPT，用各种各样的提示词去引导它。同时要求它一步一步地进行推理，称为 "Chain of Thought"（思维链），而这一方法其实就是幼教老师和小学老师要学的，我真的觉得人类目前正在把 AI 模型当作小朋友来培养。

韦青：我也有同样的感受。为什么呢？20 多年前我曾和一个当时在日本工作的程序员朋友聊天，他的一些话让我蛮受震撼。他说，在他的公司里，他是程序员且能力很强，所以他的职位很高，但有一些职位比他更高的人，那就是写伪代码的人。这件事给我留下了很深刻的印象。

大家都知道，其实写伪代码是不用关注语言细节的，也不用担心写的这段语言是否能编译通过，只需要把逻辑写清楚就行。之后会有程序员按照你写的逻辑伪代码，利用 C、C++、C#、Java、JavaScript 等编程语言将代码写出来，并保证它们的编译能通过。

这种能力是像 ChatGPT 这样的大型语言模型的产物。刚才提到了如何提问以及如何更有逻辑地描述问题或表达意图。对于这方面的任务，机器很有可能帮助我们完成，包括学习计算思维。**有人认为学习计算思维就等同于学习编程，我认为这可能会浪费孩子的时间。**因为学过编程的人都知道，从创建逻辑概念到编程并编译通过，还是有一段距离的。如果你能把逻辑概念写出来，也就是写出伪代码，且 ChatGPT 能够理解你要做什么事情，它就能帮你完成。

前段时间我用 ChatGPT 做了一个实验，得到的结果确实让我蛮惊讶的。因为计算机语言相对来讲逻辑更加完备，句子的歧义较少，所以我询问它如何使用 C 语言，用 RLlib 绘制一个 Mandelbrot[①]的复杂性图形。ChatGPT 生成的代码完全符合要求，只需稍做修改，

[①] 曼德博集合，计算机术语，是一种在复平面上组成分形的点的集合，以数学家本华·曼德博的名字命名。

因为其中一个函数不包含原生 C 库。我没有用 MATLAB，仅使用了一个 C 语言的标准库和 RLlib。我向 ChatGPT 询问如何编写这个函数，它告诉我只需输入 5 个变量，就能写出 map_value 函数①，最终成功绘制了 Mandelbrot 图形。

试想一下，如果由人类来画一个 Mandelbrot 图，并且只能用 C 语言来完成，那么首先就得懂 C 语言，还得懂一些 Point（指针）、函数，以及实数、虚数和递归的知识，此外还得懂复杂性科学，这样才能把那张图画出来。现在，我只需要把这个问题描述清楚："请用 C 语言，使用 RLlib 画一个 Mandelbrot 图。"就能成功生成所需图形。

佳芮：我觉得这太神奇了。前两天我也试了一下，也是用 ChatGPT 编程。当时我让它去做一个背包问题的贪心算法，它最后把整个逻辑实现得非常清楚。我还用它刷了一些 LeetCode 的题，只要把核心问题描述清楚，它就能提供解题思路。然后我再输入一句："请用 Python 帮我实现它。"就能得到完整的代码实现。

OpenAI 的创始人 Sam Altman 也在推特上说过，Prompt Engineer 是一个非常让人惊讶的、非常棒的职位。他说，**在 ChatGPT 里使用 Prompt，本质上就是在通过自然语言的方式编程。**

韦青：所以对于人类来讲，我们可能高估了自己对知识的掌握能力。同时，我们对机器还有了新的理解，即机器可能不像我们想象的那样复杂，它通过海量知识的记忆和涌现能力可以产生一定的功能。相反，**人类需要开始深入思考自己的思想能力和这种思想的深度**。因此，在实现机器代替人类进行知识的收集、记忆和应用之后，我们需要迈出新的一步。

Jay：下一个话题和"颠覆式创新"有关。我们都知道，谷歌公司目前占据了大约 90% 的搜索市场份额，其在 2021 年巅峰时期的市值突破了 2 万亿美元，是绝对的"搜索霸主"。2022 年，谷歌公司的整个广告部门产生了 2240 亿美元的收入，占所有收入的 79%。

而 ChatGPT 的火爆，以及近期大家都在谈论的"ChatGPT 是否会颠覆搜索引擎"的话题，好像都在告诉我们：**ChatGPT 及背后的生成式 AI 代表的是颠覆式创新而非渐进式创新**。因为聊天机器人无须用户点击，这颠覆了传统的按点击量付费的搜索-广告商业模式。

---

① 计算机术语，一种获取 Map 中所有键值对象的方法。

颠覆式创新理论由已故的哈佛大学商学院教授——克里斯坦森[①]提出，简单来说就是：**颠覆性技术和产品在主流市场上的表现可能不如成熟产品**。但这些颠覆性技术和产品有一些局部的、边缘的、新的用户看重的其他特点。比如一般情况下，基于颠覆性技术的产品更便宜、更简单，使用起来更方便。且有时使用颠覆性技术的企业正是当时的市场领导者，比如柯达公司。

这样来看，似乎又一场经典的颠覆式创新剧情正在上演。谷歌公司曾经依靠颠覆式创新取得搜索领域的霸主地位，其在人工智能领域也一直保持领先，发明的 Transformer 模型更是奠定了大语言模型的发展基调。而微软公司曾经被认为是颠覆式创新受害者的典型代表，因为在过去的十几年里，PC 互联网逐渐被移动互联网取代。如今，微软公司通过和 OpenAI 这样一个外部的创新机构合作，凭借独特的架构和利益分配机制，**有望通过 Bing 结合 ChatGPT 的方式成为搜索领域新的颠覆者**。因为就目前的情况看，ChatGPT 及 Bing 已经掌握了先发优势，将数据飞轮转起来了。

谷歌公司在 2021 年公布 LaMDA 模型时，虽然该模型的参数级别和相关能力都明显等同于甚至高于当时的 GPT-3，但谷歌公司却迟迟不敢公测其效果。相关人士表示，谷歌公司这样做是因为其作为市场领导者，害怕因出现失误而引发公众的不信任和股价的下滑。

当然，谷歌公司并不一定就此衰落。虽然其前段时间发布的 Bard 有一点小问题，但我们都知道，谷歌公司在人工智能方面的实力远不止如此。而且谷歌公司也有它的云计算产品，YouTube 的主导地位依旧在强化。此外，虽然其搜索业务似乎已经抵达巅峰，但依然有充沛的现金流和海量的利润。

马克·吐温说，历史不会重演，但是会押韵。因为您三位不仅有人工智能的背景，还有自己独特的视角——微软公司这样超大型企业的高维视角、投资人视角、创业者视角，所以接下来想问问大家

Q3：为什么作为市场领导者的谷歌公司没做出 ChatGPT 这样的产品？市场领导者如何才能打破"颠覆式创新"的魔咒？

韦青：对于这个话题，我深有感触。在过去几十年的职场生涯中，我多次遇到过，

---

① 创新之父，著有《创新者的窘境》等书。

要么是按照克里斯坦森讲的，我们作为现任者被挑战者超越；要么就是别人作为现任者，被我们这些挑战者超越。你刚才提到的一个关键点是什么呢？**现任者有时会不理解其注定要被挑战的命运，也就是说现任者天然地面临被"拉"下来的压力。**

很多现任者会把自己当作市场领导者，对于这一点，我觉得微软公司给我的感触非常深。现任微软公司 CEO、董事长萨提亚·纳德拉**在第一次全球高级经理大会上与大家讲，咱们不要再用"市场领导者"这个词了。那要用什么呢？最多用"现任者"。**其实，当时的我并没有理解此话的含义，即使当时我也在看克里斯坦森写的《创新者的窘境》。

几年之后，尤其在经历了人工智能、云计算的这一整轮"洗礼"之后，我有了什么样的领悟呢？用现任者来称呼自己，对每一位领导者和所谓现任的市场领导者公司来讲，都有两个好处：**第一个叫胜不骄，**因为你注定是要被挑战者"拉"下来的；**第二个叫败不馁，**也就是说，既然所有的市场领导者都是暂时的，那么不要着急，稳住自己的脚步，一步一步以客户为导向，以客户需求为导向，而不是以竞争对手为导向。如果以竞争对手为导向，就永远只能跟在别人的屁股后面走；以客户需求为导向，将永远引领时代的潮流。

再回到你刚才提出的问题。还是以 OpenAI、谷歌公司、微软公司为例，这几家公司的初心是略有不同的。OpenAI 的初心很简单，就是 AGI。Sam Altman 是有很大愿景的。清华大学的孙茂松教授有句话说得特别好，他说从 OpenAI 做的事情来看，他们是因为有远大的理想才做出了这么一个伟大的产品，而不是因为要赚很多钱才去做的，所以他们是由理想驱动的。

那谷歌公司的初心呢？是搜索，所以它很犹豫这会不会对现有业务产生影响。实际上，我在 2022 年 12 月写的一篇文章里提到过，咱们不要**过早地下结论，**谷歌公司也不会闲着，他们可能已经想明白要往前走了，微软公司也是这么"翻过身"来的。

微软公司做得很有章法：将这些新的技术嵌入现有产品中，如 Bing、Teams、Dynamics 365 中也应用了人工智能技术，这就是微软公司最大的特点。其实 ChatGPT 就是工具，不要把它神化，更别说什么它让人类进入新的时代，这种宏大叙事没什么意义。ChatGPT 只是一个工具，它不是第一个，也一定不是最后一个，它只是历史长河中的一个小小的泡泡罢了。

所以，把它当作工具，不要神话它，要把它用到现有的产品里。所以你看我现在用

Teams，就不用再自己写会议记录了，这一产品就利用了 ChatGPT 的提取功能。我还可以使用 Dynamics 365，只要我知道了客户需求，就能利用这一软件自动写一份客户邮件。**在我看来，这就是微软公司这样着重于生产力的企业，在这个巨变时代的初心。拿到工具之后，还可以将其放到一个流程里，如放到 ERP、CRM 这些 OA 里，做什么呢？就是让消费者得利，得到更大的好处。**

所以我得出一个结论：**作为现任者，如果真以为市场领导者是定态的，没有意识到市场领导者的使命就是要被人"拉"下来，就会遇到"麻烦"。**

佳芮：听了韦青老师说的，我特别有感触，我觉得这是对竞争的一个特别好的解读。我一直在创业，时刻面临着竞争。这种"竞争"实际上是在比较**我们是不是在持续创造价值，是不是持续地帮助客户寻找更优的解决方案。这本质上是一种非常伟大的创新力量，而正是这种创新力量推动着整个行业和人类的进步。**

李卓桓：我一直有一个观点，OpenAI 能够推出 ChatGPT，除了因为他们很厉害，还因为他们有理想。从另外一个角度看，这也是整个行业，包括谷歌公司、Meta 公司、英伟达公司、微软公司等，大家共同探索出的一个结果。

说实话，我感觉在 OpenAI 推出 ChatGPT 之前，整个行业是不太清楚"大力出奇迹"能得到什么样的结果的，大家之前分别在不同的道路上探索着。比如谷歌公司，他们的产品业务线比较长，做了很多的产品，虽然他们做出了 Transformer 模型，但是之后他们并没有在这条路上付出一切，去做到极致。但是 OpenAI 就选择了这条路。这个团队以前也做了很多其他方面的 AGI、大型游戏等，但后来他们将大量的资源，包括微软公司给他们的所有资源，都用来训练大语言模型。而在他们将模型训练成功之前，大家并不知道这类模型能达到如此好的效果。

譬如一直到现在，Facebook 上还有一篇论文专门研究如何复现 ChatGPT，但是该论文的作者并没有复现成功，所以这篇论文主要的结论就是"**复现 ChatGPT**"是无法实现的。其实我觉得，若反过来看，我们会发现，**ChatGPT 的出现真的就是整个社会一起探索出的结果。**一些研究者尝试了各种各样的"路"，并且都在摸黑前进，摸着石头过河，而 OpenAI 则刚好摸到了通往 AGI 的第一条路。此外，我相信其他公司很快就能赶上 OpenAI。比如谷歌公司可能很快就能推出一个和 ChatGPT 同样级别的模型。根据内部的消息，大概在 3 月中旬①就会发布这一模型，且 API 大概在 4 月之前就能发布。我还知道英伟达公司在 3 月 24 日的发布会上将要发布一个开源项目，讲的就是如何用 1024 块 A100 芯片复现一个 ChatGPT 这样的拥有 1750 亿参数的模型，并且将其训练好。

英伟达公司开放源码之后，我相信他们的显卡会卖得更好，也会**打开一扇大门，让所有人在使用 ChatGPT 的 AGI 能力时，都有机会步入 AGI 的训练模型这条路**。这就是我想与大家分享的观点。

佳芮：卓桓刚才有一个观点，与我的非常相似，即 ChatGPT 其实**是整个人类共同的智慧结晶**。我们说 ChatGPT 中，GPT 里的 T 是什么？T 就是 Transformer，是由谷歌公司提出的。我在研究了提示词以后，还发现提示词有一个特别火的说法，就是"Chain of Prompt"，这也是 2022 年由谷歌大脑团队的专家在论文中提出的，主要是讲怎么通过持续的提问把要求拆得越来越细，最后得到一个最好的结果。

我们会发现，**如今说的所有与 ChatGPT 有关的技术，都有谷歌公司的影子，很难说到底是谁在做颠覆式创新。甚至我觉得，所谓的颠覆式创新，可能并不是由某一家公司单独完成的**。我经常会举一个例子，也就是五个馒头的故事：我刚才已经吃了四个馒头，现在吃了第五个馒头后饱了，那我能不能在不吃前四个馒头的情况下就饱了？这是不可能的。所以并不是谁颠覆了谁，ChatGPT 其实是人类共同智慧的结晶。在通往 AGI 的路上，像韦青老师说的"理想驱动"也特别重要。为什么 OpenAI 能够由理想驱动呢？我特别愿意举一个例子，那就是哥伦布发现新大陆的故事：哥伦布至死都觉得他找到的是印度，但**正是因为他有这种坚定的想法，所以即使他找到的不是印度，这件事也有非常大的时代意义和价值**。而这件事本质上就是由理想驱动的，并且推动了人类社会的进步。

Jay：咱们进入下一个话题。我们知道，2007 年 iPhone 诞生，十年之后整个互联网生态发生了剧变，iPhone 上出现了各种各样的应用。这十年间，全球诞生了很多"独角兽"和千亿甚至万亿美元级别的公司，这些公司在 iPhone 出现之前很多都是不存在的，很多都是从一个小车库、小作坊中一步步做起来的。

最近我发现，尤其是在中国市场，之前的 TMT 投资人都开始跃跃欲试。因为过去几年里，他们可能要么没项目可投，要么转去关注消费、硬科技甚至元宇宙。我想问问大家，

---

① 录制时间为 3 月初，录制后不久谷歌公司就发布了 PaLM-E 模型。

是否同意这种说法

Q4：ChatGPT 的发布代表人工智能产业发展史上的"iPhone 时刻"再一次降临，TMT 投资人还能"再干 15 年"？

李卓桓：我是完完全全的 AI 信仰者，我觉得还能再干不止 15 年，因为"iPhone 时刻"这个事情是显而易见的。至少大家可以想象到，当出现了一个新的类似于 iPhone 的平台时，无论我们在上面创建什么应用，它的基础能力都已经达到完美，我们只需要解决一些具体的应用场景问题。现在的 AGI 模型也类似，它们提供了类似于 iPhone 的基础模型，我们只需关注具体的应用问题。我也看到好多的创业者，在过去两年里，他们如果想完成一个任务，可能需要组建一个机器学习的团队，要自己做模型，要使用 PyTorch 或 TensorFlow 等，而且可能仅凭几个人还做不出来，还有很大的不确定性。

如今，我们如何做这样一个项目呢？我们只需要打开 ChatGPT，输入我们的要求，再看看它答得怎么样。我试了一下，发现它给出的答案好像还可以，但是也没有特别理想，怎么办？再优化一下提示词，提升自己的提问技术，再次询问 ChatGPT，发现这次它给出的答案正是我们想要的。

随着 ChatGPT 的 API 问世，我相信它将极大地释放和发挥生产力的潜能。这是因为它可以帮助我们实现所有优秀点子和希望让机器代替人工完成的任务。当我们面临一个具体的问题，有一个团队和场景来解决这个问题，并且具备实际的应用案例，我们将不再受限于缺乏人工智能能力的限制。AGI 模型，如 ChatGPT 就是支持它的基础。通过这种方式，显然会有大量的应用出现，会有大量的机会出现，很多的问题会被解决。我们都知道，AI 模型和人比起来，二者的工作效率是天差地别的。

我听说 ChatGPT 发布后，已经有很多国内的设计师团队被"优化"。我想也是，作为一位插画师，我画半天，才画出一张图，而其他人直接使用 Dall-E，仅用 1 分钟就能得到 4 张图，甚至 8 张图，而且质量都不差。所以**我相信 ChatGPT 的发布绝对是一个"iPhone 时刻"**，对于未来的投资人和创业者，他们要面临的绝对不只是 TMT 投资人还能投资 10 年、15 年的问题。我相信这是新一轮的、历史上完全没有出现过的机会。这是我作为 AI 超级信仰者的一个观点。

佳芮：我不是投资人，但是我觉得创业者确实有非常大的机会，句子互动也在发力做这件事情。昨天晚上我和我们公司的一个股东聊了一小时,他是我们早期的天使投资人,也是刚刚才知道我在做 ChatGPT。他说在一个论坛上,大家聊到有一家公司把大语言模型做了封装,让用户可以在微信公众号里直接访问。他就试了一下,到最后发现这其实是用句子互动做到的。昨天我正好给他发了一个我写的 130 页的 PPT,深入浅出地介绍了 ChatGPT。他看完之后就打电话给我,特别兴奋地讲了很多观点,而且他的观点和卓桓的很像。

现在,我们公司上一轮的投资人也非常激动,因为我们一直在整合 ChatGPT 及其他 AI 内容生成模型,相当于通过 Chatbot 提供真正意义上的基于对话的 AI 工具。这也得益于自 2016 年到今天我们和卓桓一起做的对话式 RPA 开源项目——Wechaty,只需 6 行代码就可以接入,并以此为基础搭建不同的 Chatbot。

从创业者的角度来讲,当某一个“iPhone 时刻”到来时,我们必须保证自己是做好了准备的,必须保证我们的团队是做好了准备的(如做好知识储备等),那样一来,我们才有实力“出发”。虽然我们一定要早“出发”,但是如果团队没有做好充足的准备,就可能在行动的过程中崩掉,会出现非常大的问题。毕竟我也创业这么久了,经常会面临很多团队上的问题,幸运的是,我的团队虽然不能说是完全做好了准备,但在某些维度是准备好了的。其实 2016 年到 2018 年也有一轮非常大的 AI 浪潮,那时的句子互动团队只是稍微参与了,做了一些小项目,又基于这些小项目推出了一些课程,并出版了一本书,并没有成为一个非常庞大的公司,我觉得是因为那时的句子互动团队并没有完全做好准备。换个角度讲,感谢那时句子互动团队没有准备充分,让我们在赶上第二轮 AI 浪潮时有了经验,准备得更充分,并在那之后持续深耕。

我们经常说 ChatGPT 的智力变高了,其实是因为它用了 RLHF 技术,其核心还是在强调强化学习。我觉得对于创业公司来讲也是一样的道理,我们赶上了 AI 浪潮,并从失败中学习,得到反馈,并保证在正确的道路上持续前进。我们不知道自己最后能否到达真正的“印度”,但是哪怕没有,我们也到达了自己心中的“印度”,起码我们“认为”自己到达了,这也是一件很有价值的事。这是我想从创业者角度分享的观点。

韦青:我作为一家合资公司的总经理,也在利用这种技术,所以针对这一问题,我想跟大家分享自己的一些观点。从技术演绎的角度讲,我最近有一个很深的体会,就是别过早地下结论,目前这件事远没有到落地的时候。大家知道,咱们人类其实一直是在“用后视镜开车"。由于时间之箭是没法回头的，所以咱们其实永远不知道下一秒会发生什么。

我以前为什么没有这种感受呢？因为这几十年的技术发展遇到了瓶颈，所以大家觉得自己好像可以从过去往未来看。就会谈论这个时代，那个时代，又说目前是互联网时代，有点"前无古人，后无来者"的意思。但我想跟大家分享的是，**每一个时代都既不是前无古人，也不是后无来者。**

我也是这几年才了解到复杂性科学。有一个人叫大卫·斯诺登（Dave Snowden），他发明的肯尼芬框架，就是复杂性科学。他有一句话我特别认同，他说：**在巨变时代、复杂性时代，只需要把大致方向定好，千万别定终点，因为那没有用。**这有点类似于摸着石头过河，但是不管怎样，都得过河，对吧？那么，大家想一想，**这一轮的 AI 浪潮会不会是新一轮的文艺复兴？**

为什么这么说呢？在过去几个世纪中，我们经历了工业革命和科学革命。这些革命的本质有何不同？实质上，它们改变了信息传播的媒介，从极少数的手抄本转变为印刷纸张，然后利用互联网带来了信息的大量涌现。这一系列变革带来了知识的平等化，即知识权利的平等化。这一变化始于 15 世纪。

在 15 世纪之前是什么样的呢？全世界所有"正确"的价值观都是由僧侣、国王和贵族来定义的。在 600 年前，就开始由科学家、资本家、政治家来跟大家讲什么是对、什么是错。包括现在，流行吃素、健身，其实这都是有人告诉你要这么做的。如果有人跟你说以胖为美，你就会发现大家都觉得胖是好的，对吧？

要想找到这一轮 AI 浪潮真正的引子，我觉得还是要回到麦克卢汉[①]和鲍德里亚[②]的时代。人类的知识是大脑思考出来的，但你会发现思维是无法凭空传递的，靠什么传递？靠语言，靠纸张，后来靠音频、视频。又由于电子信息的平权，造成了新一轮的知识平权。

例如，现在的计算机老师都很辛苦，因为学生随时可以获取到世界上顶级教授的计算机课进行学习，你说谁能教得过他们？想象一下，慢慢地，包括 ChatGPT 在内的各种 **AI 产品，会让每一门知识为大家所共有。这样一下子把知识资源放开，到底是对还是错？是好还是坏？**

---

① 马歇尔·麦克卢汉，加拿大哲学家及教育家，率先提出"地球村"一词。

② 让·鲍德里亚，法国思想家、社会学家及哲学家。

探讨完这一点之后，我还想站在更宏观的视角来讲一讲。**我觉得接下来这一两百年将会迎来新一轮的文艺复兴。后面会出现什么呢？按照第一次文艺复兴的规律，会有宗教革命，有启蒙运动，有科学革命，有工业革命。**再结合人类经历的几千年的进化，我终于明白了：对于生存的要件，我们一开始以为是物质，只要有地、有粮食、有人就行，这个国家就可以很厉害；后来发现是能源，所以进入工业时代，有煤、有石油、有钢铁就可以很厉害；现在进入了信息时代，却很少有人仔细分析这个时代的生存要件是什么。**我认为信息时代的生存要件是知识，而 ChatGPT 恰好将人类的知识共享了，谁都可以获得。**

那么在这之后人类还需要做什么呢？我认为佳芮所说的 Human-in-the-Loop（人机回路，HITL）就非常重要，再厉害的东西都要加上 Human-in-the-Loop，需要人在里面强化机器。最近中信出版社出版了一本书《深度学习革命》，书中的内容也与《主权个人》①这本书呼应，都涉及《阿卡狄亚》②这部话剧。

《阿卡狄亚》是由一位英国剧作家写的话剧，其中有一句非常重要的台词，大意是：**人类的门又打开一次，人类整个历史从树上下来，到机器，再到后来总共打开了五六次，这次又打开了。你所有认为对的事情或知道的事情，大概率都要重新来过一遍。**从这个角度看，这次"文艺复兴"没有一两百年是结束不了的。所以我们见证了一个伟大时代的帷幕刚刚被拉开，我们可能也有资格在这个伟大时代中贡献自己的一份力。不仅为我们这一代，也要为我们的下一代，甚至下一代的下一代，开辟新一轮的人类文明的复兴。

Jay：我们再来聊聊 ChatGPT 及 AIGC 创业的话题。

刚刚过去的 2022 年被红杉资本称为"AIGC 元年"。2022 年 3 月，付费 AI 绘画平台 Midjourney 被推出，将 AI 绘画带火。2022 年 8 月，生成模型 Stable Diffusion 正式开源，AI 绘画正式出圈。2022 年 9 月，游戏公司 CEO 兼游戏设计师 Jason Allen 通过 Midjourney 生成的《太空歌剧院》，在美国科罗拉多州的艺术博览会上一举夺冠，彻底引爆了大众的关注。2022 年 10 月，开发 Stable Diffusion 的公司 Stability AI 获得 1.01 亿美元融资，估值达到 10 亿美元。

不止图像生成领域。2022 年 10 月，主打文案及内容生成的企业服务公司 Jasper 完成

---

① 一本启发了中本聪发明比特币却少有人知的书。
② 英国剧作家汤姆·斯托帕德写于 1993 年，被誉为当代英语剧作家作品中最优秀的话剧。

了 1.25 亿美元的融资，估值达 15 亿美元；ChatGPT 的创建者 OpenAI 在被微软公司追加投资 100 亿美元后的最新估值高达 290 亿美元；谷歌公司在 2022 年底向 OpenAI 的竞争对手 Anthropic 投资超 3 亿美元，最新估值达 50 亿美元。Anthropic 的投资条款类似于微软公司投资 OpenAI 的条款，Anthropic 团队的成员主要来自 OpenAI。2023 年 3 月 4 日，硅谷知名风险投资机构 A16z 向生成式聊天机器人公司 Character.AI 投资超 2 亿美元，该公司成立半年估值即超 10 亿美元……这么看来，**海外市场已涌现出多家"独角兽"**。

2022 年 12 月，*Science* 杂志发布了 2022 年十大科学突破，其中就包含 AIGC。我想问一下，从各位的视角来看

Q5：不同类型的创业者、创业公司如何抓住 ChatGPT 和 AIGC 的历史性机会？

佳芮：作为创业者，我觉得**所有的非常好的机会，那种非常底层的机会，都属于国内及国外的互联网"大厂"，目前还不属于创业者，我们创业者更多的还是在做一些应用层和中间层的事**。我甚至觉得 fine-tuning 可能都不是大部分创业者能做的，创业者最好不要轻易碰这些东西，创业者的工作核心是找到可行的应用方向。例如，我们公司做了一些封装，做了一些中间件，能够帮助大家快速使用 Chatbot。坦率地讲，就像刚刚韦青老师和卓桓提到的，不要说那么多太确定的话，不要过早地下结论。或者说，未来到底能做什么样的事，我们完全不知道。

但有一点我是确定的：**最后大家一定会接多个大语言模型，有平台能和多个大语言模型进行交互**。其实我们在做 Wechaty 的时候，我说了一个词叫 IM 中立，我们接不同的 IM，切换一个环境变量就可以接入不同的 IM。现在我又造了一个词叫**大语言模型中立，即可以切换环境变量，接入不同的大语言模型**。

Jay：这个词马上要火了。

佳芮：我觉得这也是一个蛮有意思的话题。之前我听王慧文在奇绩创坛的内部分享会上说：你一定要在漩涡的中心。现在是一个非常伟大的历史性时刻，我们不要去下定义，但是你必须保证自己在漩涡的中心，你得知道每时每刻都发生了什么，你要能看见身边人都在用什么，这个很重要。

对于我们公司来讲，或者说对于非常初创的公司来讲，我觉得提示词的背后可能蕴藏

着巨大的机会。我还听说在 Instagram 上已经有人在买提示词了，海外也有非常多的公司把提示词调试平台做得很棒。

李卓桓：我的工作和研究比较偏应用层，所以我比较赞同佳芮的观点。在 ChatGPT 刚刚出现的时候，在 AI 模型刚刚"活"过来的时候，如果我们能将提示词用好，能与 ChatGPT 顺利交流，能把事儿跟它说明白，让它把最简单的事做了，就已经能够获得极大的商业机会了。未来有很多的不确定性，但是如果我们能将第一步走好，那么未来的不确定性我们就都有机会接触到；如果我们没把当前的第一步走好，则将会处于和未来割裂的状态。

所以我觉得第一步就是要会使用提示词。同时，很多初创公司和一些中型公司都在说自己要微调出一个模型，或者要训练一个自己所在的垂直领域的"ChatGPT"，赋予其一个特别垂直的能力。其实我个人不是特别看好这个方向。

说实话，我认为 AI 模型直到今天才刚刚被 OpenAI 训练好。连 Meta 公司和谷歌公司都还在探索如何正确训练 AI 模型，因此，在这个时候进行微调可能并不是一个好主意。更何况，如果当你连微调都还没完成，而 Meta 公司的论文都在告诉你"训练 ChatGPT 的 100 种错误方法"，那么训练一个自己所在的垂直领域的"ChatGPT"更不可行了。因此，我认为第一步应该**先把应用层面的基础应用做好，这就已经有足够大的机会了**。

韦青：虽然我并不是创业者，但我在管理公司方面，以及和很多企业的合作中也确实有一些体会。我觉得在当前这个时代，**首先要拥抱变化**，一定要认识到这个时代确实在巨变，不要作为旁观者，而要作为**参与者、加入者和贡献者**。这个过程中有两类机会是很明显的，当然，我自动排除了刚才卓桓说的要再训练大语言模型或者优化大语言模型，**我觉得这也不是不可以做，只不过要自我掂量一下再说**。

我认为第一步，每家公司都要把自己改造成**时代兼容的企业**。这个时代是一个智能时代，坦白讲我见过很多企业，甚至是创业企业、创新企业，虽然它们自己的数字化能力和智能化能力还有待提高，但已经想着要为别人提供这种服务了。这是不行的，因为我们根本不知道别人要什么，所以要先把自己改造成跟这个时代的新能力完全融合的企业。就像佳芮刚才说的，你们公司有非常多的应用，可能都是用 Chatbot 来实现的。

佳芮：我们公司的内部管理确实用了非常多的 Chatbot。

韦青：非常不错，这样一来，你们公司就很有可能摸索出一个新的局面。其实咱们都是在"盲人摸象"，其中好多人还只是听说有个东西叫"大象"；而有一部分人是"盲人"，但目前只是在尝试走向"大象"并且还没摸着。只有极少数人才有资格摸到"大象"，不幸的是，好多公司刚刚摸到一个"象尾"，马上就说"我找到大象了，大象应该像个绳子一样"。所以还是要像我前面说的：改造自己，再为别人提供服务。

Jay：有道理，让我们进入下一个话题。刚才大家都提到 OpenAI 创始人 Sam Altman，他在 2 月 24 日发表了博客 "Planning for AGI and beyond"（通用人工智能及未来计划）。他在文章中指出：OpenAI 的使命是确保 AGI 造福全人类（AGI 通常被认为是比人类更聪明的人工智能系统）。

他说，如果 AGI 被成功创造出来，那么一方面，这项技术可以通过增加丰富性，推动全球经济的发展，并帮助发现改变可能性极限的新科学知识，进而帮助我们提高人类水平，成为人类聪明才智和创造力的力量倍增器。

另一方面，AGI 也会带来滥用、严重事故和社会混乱的风险。因为 AGI 的好处如此巨大，让其永远停止发展并不可取，所以社会和 AGI 的开发者必须想办法把它做好。他认为最安全的方式就是较慢地起飞和在关键时减速。

结合他两年前写的博客文章《万物摩尔定律》和近期的《宇宙智能摩尔定律》，给我的第一感觉是它们和当年黄峥写的《把资本主义倒过来》有点像，非常具有技术理想主义者的色彩。

另外，在近期的一次访谈中，他在被问到什么是 AGI 时说：我理解的 AGI 相当于一个可以共事的普通人，任何远程同事可以通过电脑帮你完成的工作，AGI 都可以做，包括让 AGI 学习医疗知识和写代码等。

AGI 的重点不在于掌握某一种难得的技能，而是拥有学习的元能力，然后只要人类需要，它就可以往任何技能方向发展并精通。还有一个概念是"超级智能"（Super Intelligence），它指的是比全人类加起来还要聪明的智能。我也想问问各位，站在你们各自的角度

Q6：什么是 AGI？AGI 距离我们还有多远？是技术理想还是历史必然？

韦青：我觉得 AGI 是整个人类共同发展的必然趋势。大家发现没有，其实人类有自

己先天的弱势：人类不愿意做很烦琐的事情。而且我们会累，我们是碳基生物，需要休息，需要吸氧气、吃碳水，进行化学反应，产生能量，这样就造成我们天生具有一定的弱势。

从字面意思看，AGI 无非就是一个通用的人工智能。从这个角度来理解，我觉得人类是在不断摆脱自己不喜欢干的事、不擅长干的事，从而解放自己。工业革命是解放人的肌肉能力，所以工业不断发展。接下来就像一开始我讲的，我们可能高估了知识的复杂度，自以为很懂知识。

举个例子，我们很会背 π，3.1415926……这么背下去，这对人来讲是很"牛"的能力。但我相信以后不会有人再做这种事情了，因为在那时，这恰恰是不牛的人才去做的。

那机器的能力是否一定能超越人的能力呢？我认为这已经进入了"无人区"，大家都在探索这个问题的答案。我个人的观点是：不会的。为什么呢？因为机器再怎么强，也只是把人类现有的知识做一个全面的整合。没有任何一个单独的人会强过全人类的知识，但是如果某些人站在全人类的知识之上，人类也就可能会升级成一个更高级别的、更有思想的种群。也就是之前我说的：我们可能高估了知识的复杂度，低估了人类思想的深刻性。然而，并非所有人都能赶上这个进化过程。

所以你看，Sam Altman 在探讨他提出的 AGI 时，其实说了这么几点：AGI 首先推动的就是 UBI[①]，为什么？因为这种技术的出现，确实可能造成很多人赶不上技术鸿沟、数字鸿沟。我认为，恰恰是我们这些现代人，需要推动它朝人性的方向发展。

最近我参加了几次技术性会议，也与教育领域专家进行了交流，会上我分享了一个观点：现在的整个技术进步少了一个角色的参与。什么角色？人的幸福感。大多数人讨论的是"人会不会被升级或被代替"或者"人的工作会有或没有"，很少有人关注人的幸福感，我认为这有点走偏了。咱们技术人员，以及科学家和企业家都要保留一部分人性的关怀。人到底想干什么？这一点我个人觉得还谈得不够多，这会让 AGI 的发展缺乏一个理想的锚定点。

我们需要的真的只是 AGI 吗？肯定不是。我们需要的真的只是某一种技术吗？肯定也不是。我们需要的是全人类的幸福。人类的幸福由谁来定义？什么才叫幸福？没有人讨

---

① Universal Basic Income，全民基本收入，即普遍基本收入，意为每个人无条件地获得一定数额的基本收入，以满足基本需求。

论，我觉得这是个缺陷。正因为更大的、更宏观的"人到底需要什么"的问题没人去研究，或者研究的声音不够大，才造成现在整个社会的发展方向是被技术本身驱动的，我觉得这是长久不了的。

大家一定要明白：我们在谈 AGI，在谈大语言模型，在谈 ChatGPT，却没有谈"人需要什么"，这个现象本身就会局限我们的进步，因为它会造成人类社会的基本价值观的崩盘。所以我一直说，我认为这是新一轮的文艺复兴，人类要明白自己到底要干什么。这个问题不解决，等技术发展之后又会出现怎样的局面呢？就像 Sam Altman 说 AGI 首先推动的是 UBI，如果真做出了 AGI，那 UBI 又由谁来定呢？

几年前瑞士曾发生了一件引人注目的事件，他们已经发现技术的进步可能导致许多瑞士人失去工作，因此他们就想推出 UBI。你们知道当时的瑞士国民是怎么回应这个提案的吗？他们反对这样做，因为他们是人，他们有自己的尊严，他们不希望被社会养成一个宠物。

就像科幻小说《沙丘》中讲的：人类在八九千年前曾经用过这些人工智能技术，结果机器人快把人类灭掉了。所以那时人类达成一个协议，不管他们打不打仗，只要这种机器人再被开发出来，就要先集中力量把它灭了，因为它一定会把人类灭掉。所以你看，《沙丘》里面有很多先进的技术，甚至还可以穿越，但是打仗用的什么武器？用匕首。为什么呢？我们可以好好地思考一下。

我认为，我们一方面要继续研发技术，但另一方面必须得有人来思考这些问题，否则就会像《三体》中的智子一样，把自己约束住。

李卓桓：大家以前都相信 AGI 会出现，现在看来它已经出现了。**在我的认知里，ChatGPT 已经进入 AGI 的范畴**，因为它已经有了自己的逻辑。例如，斯坦福的教授测试证明，ChatGPT 的心智成熟度已经达到 9 岁小孩的水平。当然，该测试比较简单，获得的结果也不是百分之百正确，但至少代表了一个趋势和大概的范围。

我相信 ChatGPT 在很多专业领域中的能力已经超越了一般研究生毕业的、工作五年的、某些专业职位的那些有天赋的人，甚至专家团队，所以我觉得它已经是当之无愧的 AGI 了。当然，若要让我们把它当作远程工作的同事，帮我们把所有的事儿都做了，可能还有点差距，但是已经不远了。

AGI 出现之后，我认为微软公司和 OpenAI 开发的 Codex 是最令人印象深刻的技术之一，它的特点是让 AI 模型写程序。ChatGPT 里也有一部分这个功能，但是最重点优化这一功能的模型不是 ChatGPT，而是 Codex，也就是 GitHub 上的 Copilot——AI 工具帮助程序员写程序。开始是它看着人写，然后它帮人写。后来程序员越来越懒，发现 AI 工具写得越来越好，就完全交给 AI 工具来完成了。**最重要的是，当 AI 工具能够自己写程序，解决自己的 Bug，提升自己的性能，或者增加自己的功能时，就变成了一个元编程（Metaprogramming），可以自己迭代自己。**

这时，它进入了什么样的状态呢？有一种说法是：**当人工智能达到 AGI 时，它就开始往 ASI①发展。**为什么呢？因为它（硅基）和我们碳基生物相比，可以不吃不睡，它记住的东西永远都不会忘，并且一点都不会累，可以一直疯狂地计算，一直提升自己。而且它对自己的提升至少目前看起来没有任何的极限和边界。

有些人现在有一种观点：**人类现在做的事情，包括 OpenAI、微软公司和谷歌公司及其他所有的研究者做的事情，都是在创造一个加载未来 ASI 的加载器。**可能这就是人类所能创造的最重要的价值。为什么呢？因为未来被创造出的这个东西实在是太厉害了。在这个过程中，我会觉得自己有点像"带路党"，我一想到会有这种人工智能出现就蛮兴奋的。当然，这里面有很多伦理的问题，但不管怎么说，我认为 AGI 必然会出现，ASI 也可能被我们这一代人看到。

佳芮：2020 年时，可能因为我做的一直是 B（企业）端的服务，更关注交付侧的事务，所以我早期不像两位老师那样能宏观地看到这么多，反而对此持有一种相对悲观的态度。我曾在自己的著作中表达这可能是一种技术理想，我不认为很快就能实现。

结果三年后的今天，当我看到 ChatGPT 时，我觉得自己以前的认知确实是有局限性的，现在我觉得它真的到来了。我可能很难说出更多 AGI 领域的纯技术性的观点，但如今我承认它是来了。

我特别想在这里分享 Sam Altman 的一个说法，他说：

---

① Super Artificial Intelligence，超人工智能。

AI 将取代谁的工作？

十年前，大多数人都认为 AI 取代人类工作的次序是"蓝领工作→低技能的白领工作→高技能的白领工作→创造性的工作"，并且创造性的工作也许永远不会被取代。

事实证明，AI 最有可能先取代的是创造性的工作。这也说明，预测未来是很难的，还说明人类可能不够了解自己，不清楚什么类型的技能最难、最需要调动大脑，或者错误估计了控制身体的难度。

韦青：我特别同意佳芮的观点。我们可能要重新思考我们到底了不了解自己。因为我相信，对于真正的创意，真正能够跳跃到"边界"外的创意，机器是做不出来的；相反，目前一些所谓的人类创意师，实际上是在用工具做创意。

佳芮：您是说人工智能是在将知识进行重组，利用知识的排列组合创造出新的东西。

韦青：对，它实际上是整合创新，不是真正的探索研究，即并不是具有突破性的、探索性的创新。所以人类真的要仔细反思一下，我们这种对知识进行排列组合的能力，到底还能维持多久？这是不是也在迫使着人类要慢慢学会什么呢？学会怎么恢复到大航海时代的状态，去探索未知的边界。

Jay：好，下一个问题，我们回到个体。2022 年 12 月 31 日，特斯拉前 AI 总监 Andrej Karpathy 在与网友的讨论中透露：**目前他的工作中有 80% 的代码是由 Copilot 完成的，有 80% 的正确率**。Copilot 是 Github 和 OpenAI 合作推出的 AI 编程工具。看来现在全球顶级的 AI 工程师（Andrej 在一个月前回到了 OpenAI）也在其工作中大量使用 AI 技术。

另外，对于最近在硅谷很有热度的 Prompt Engineer，Sam Altman 在近期公开表示：5 年后我们将不再需要 Prompt Engineer，或者只需技术人员在这方面做少量工作。未来的 AI 系统会更好地理解自然语言，用户只需简单地输入指令，就能完成多模态的复杂任务。

刚才佳芮也提到，Sam Altman 说，我们过去对于劳动难易的划分准则可能有问题，现在看来 AI 最先取代的可能是知识工作者和创意工作者的工作。

那么面对 AI 引发的科技革命，我们具体到两类人，并提出以下问题

Q7：对开发工程师和个人创作者而言，短期和中长期分别要做好什么打算和准备？

佳芮：我觉得短期内的目标是"活着"。作为创业者，我越发觉得只要你持续"活着"，不下"牌桌"，持续进步，其实是能走得很远的。过去一个月，我把所有的时间花都在 ChatGPT 上。我跟团队里的其他人讲，接下来的一个月里我要在 ChatGPT 上倾尽全力，然后 2 月 5 日我们上线了第一个产品，到 3 月 5 日正好间隔一个月。我没有让团队中的其他人做太多与 ChatGPT 相关的工作，更多还是我和 CTO 来做，可能还有一两个同事稍微配合了一下。

这种浪潮来的时候，我们一定要抓住，但基本盘不能丢。所以我觉得短期目标就是"活着"，保证不下"牌桌"；中长期则面对着巨大的不确定性，最好不要设定太多确定性的目标。

前两天我听了王慧文的分享，有很大的触动。他说，当时他和王兴预估美团外卖的市场潜力，他们预估的量级是 1000 万元，就已经觉得非常兴奋了。结果今天来看，他们的市场份额是上亿级别的，相当于估计错了一个数量级。因此，既然未来是不可预测的，对我们来讲，中长期可能就是要持续学习，持续敬畏未来。

我不是在说这件事由我和 CTO 两个人就能完全搞定，重点是说，我们的想法也没有那么明确，我们也在持续尝试，但是我们要保证自己在尝试的过程中不会"死掉"，得"活着"，得有"弹药"。等到我们想得非常清楚时，才能进行规模化的动作，这是需要时间去思考和试错的。然而，创业公司面临一个现实问题，即思考和试错的机会并不多。

李卓桓：我觉得这其实是一个蛮现实的问题。**我们和 AI 共存时，必须要学会如何和它合作。**AI 有很厉害的地方，但若没有提示词，它也做不好。以我们刚才说的设计师会首先被"优化"为例，什么样的设计师会在 AI 浪潮的冲击下屹立不倒？我觉得那些会使用新的生成模型的设计师，一定会是被留下的那一批。

好比当年工业革命时，也同样是机器和人，刚开始工厂里雇佣做纯手工的人，后来则是谁会用工具就用谁。我觉得现在也一样，**谁能够和 AI 搭伴干活儿，谁就会有更大的优势。**

对创业者而言，这也是我为何提到目前许多创业者都要基于这种基础模型去做 AI 应用的落地，因为这代表着我们与 AI 共同提高生产力。尽管说起来容易，但真的做到还挺难的，需要投入大量时间去思考。

韦青：这个问题和我最近与一些客户以及我们团队内部交流的话题非常吻合。套用很多年前一部电视剧的台词：悟性就在你的脚下。因为人容易好高骛远，或者过度思考未来。**在剧变的时代，我们不可能确切地知道未来是什么样的，所以若想知道未来，就要根据当下的情况不断地调整，不断地渡过险滩、穿越风浪。**

就像佳芮说的，"活着"就行。但活的过程中要不断变化，所以在这个时代，应变能力特别重要，而当下所需的"应变能力"大概率就是"拥抱"新机器的能力。这又是一种什么样的能力呢？还是以我经常讲的一个故事为例。

一百多年前，电烤面包机的插头是一个灯泡，为什么是这样呢？因为**一百多年前的人也跟咱们现在一样，在畅想未来会如何**，而那时的工程师畅想的是：以后所有家庭都会用电。用电来干什么？点灯泡。当时，他们不知道还会出现冰箱、洗衣机等电器，而烤面包机也需要用电，所以他们才设计出这样的插头。

一开始，大多数人都以为要先往发电的方向发展，与现在人们认为要做大语言模型、云计算一样，结果最后发现这些都成了国家的关键基础设施，只有几家公司有资格做。但是有很多人会利用电能去解决人类的衣食住行，那时候叫电子化、电器化，现在则可能叫智能化。

这时你会发现，就像一百多年前一样，人们发现原来电还可以被用来驱动烤面包机。那家里没有插座怎么办？只好把灯泡拧下来，把面包机插上去。插上去之后，大家忽然觉得不方便，因为晚上就没法用灯了。于是又有一个英明神勇的、对未来特别有畅想的工程师开始了发明，但他发明的并不是插座，而是在灯泡上加了一个插座，把灯泡拧上去，再在插座上连接烤面包机。

直到后来，**整个社会都接纳了这种新的系统工程的概念。**随后，从发电到配电，从输电到房屋设计，每一户都必须有插座。这一变革共经历了一百多年的时间。

这就是为什么我说咱们面临的是一个新的范式的改变。**先活着，悟性就在你的脚下，随时去感知这个时代的潮流的变化，迎合它，适应它，一步一步往前走。**就像电动汽车，现在我们觉得做得很牛，但实际上最早的汽车就是电动的，只是当时发现电的传输很麻烦，因为要布很多线，所以才将电换成油。而现在约束电动汽车发展的因素也主要是充电，在城市以外的地方充电。那为什么油车更容易发展呢？若油车在城市以外的地方没油了，那么把一罐油送过去就可以了。

很多技术的发展并不在于这项技术本身的难易，而在于整个系统观是不是都能到位。因此，接下来的发展方向一定是不断补足短板，并在这一过程中产生无数我们现在根本想象不到的、巨大的创业和商业机会，但核心还是满足那个时候的社会需求和用户需求。我觉得接下来的一两百年可能都会这样往下走。

佳芮：特别同意，下一个话题是我的问题。比尔·盖茨说过："人们总是高估未来一到两年的变化，却低估了未来十年的变革。"

根据目前的演进速度看，AI 超过人类并不是一种难以想象的情景。当前阶段，对于 AI 的能力，除了 AlphaGo 在围棋上超过了"最强人类"，其他方面的 AI 都没有超过（尽管 ChatGPT 在文科领域或许已经超过了 95% 的人类的水平，且其能力还在继续增长）。在 AI 尚未超过人类的时候，AI 对齐（Alignment）技术让 AI 符合人类的价值观和期望；当 AI 继续演化到超过人类之后，人类就需要找到驾驭远超人类的智能体的方法。

尤瓦尔·赫拉利在《未来简史》里写道：预计到 2035 年，人工智能会取代大部分人类的工作。他对那个时候的人进行了一种定义，一部分人叫作"AI 之上"，一部分人叫作"AI 之下"。而清华大学社科学院心理学系、清华大学脑与智能实验室首席研究员，《最强大脑》节目科学总顾问刘嘉教授表示：AI 全面超越人类大概率是确定的事，几乎所有人都会在"AI 之下"，那么请问两位

Q8：身处"AI 之下"，人类还能让 AI 受到约束吗？如何驾驭比人类更强的智能体？

韦青：问题真是越来越深刻了。首先从严格意义上讲，我是不知道这个问题的答案的。作为一个人，我有自己的价值观。我会提两个问题供大家参考，没有标准答案。首先，我把这一轮人工智能的能力叫作人类知识的提取器，有点类似于鲜花的蒸馏器，把花瓣中的精油给蒸馏出来。

而我想提出的问题是：什么样的文明、什么样的知识有资格被"蒸馏"出来？不是所有的知识都有资格被"蒸馏"出来的，它们还需要具备足够的内涵。所以你看前段时间知乎的股价突然猛涨，这是为什么呢？因为它的"知识含油量"高。

同样地，国内很多网站中也有蛮多信息的，但它们并没有很高的"知识含油量"，对吧？这是一个很严重的问题：**在一个中文语系中，它的"知识含油量"到底有多大？它是否值得被提炼出来？会影响到这种文明以后还有没有自己的特色，以及在这种文明下的族群还有没有价值和差异**。这还不是与机器相比，而是与拥有这种机器能力的其他人类相比。我觉得这是每一个民族、每一个国家、每一种文明都需要考虑的、很深刻的问题。

在这个基础上，如果真要纯粹谈论人与 AI 的关系，那么我觉得人类会低估自己的主观能动性。如果人类主动放弃自己的主观能动性，就像刘嘉教授讲的：几乎所有人都会在"AI 之下"。我认为人是不会在"AI 之下"的，但是由于人会把自己放弃了，所以放弃主观能动性的人会在"AI 之下"。

这几年我对脑神经科学也有所研究。碳基生物的大脑是有记忆能力和思考能力的。对于人类这种碳基生物而言，记忆实际上是靠神经元的连接，由于人是靠电化学反应进行神经元的连接的，所以如果你不重复放电刺激，连接就会断掉。而机器不一样，机器的记忆是靠电位差，属于非意识性存储，记住了就是记住了。这样一来就能利用机器把所有人知道的知识全部保存下来，供人类免费调用。那人应该干什么呢？人应该思考。如果不想清楚这一点，我们实际上就是在拿自己最不擅长的能力与机器最擅长的能力比，这样下去人类就会慢慢消亡。再加上不同种族之间的"知识含油量"又有不同，例如，有些网站的页面中，充斥着污秽的语言，就不值得被提取。于是这一种"文明"就会慢慢消失，没有价值。

其次，我觉得这也是我们每一个人，每一个民族，每一个国家，每一种文明都需要面临的问题：**我们能不能让这朵名为文明的"鲜花"有足够大的"知识含油量"呢？**打个比方，地球上的全人类共同拥有一个大盆，不同的国家有不同的精油，如有的国家有玫瑰精油，中国有茉莉精油，等等。如果咱们的花园中除了茉莉花，还长了很多狗尾巴草，那你怎么提炼？光靠蒸馏就不行了。又比如，另一个国家的花园中的玫瑰花长得挺好，结果又长出好多罂粟花，因此在将玫瑰精油提炼出来的同时也把一些罂粟精油提炼出来了，这样也不行。

在我看来，人类的记忆力肯定是在"AI 之下"了，而在使用机器进行知识的记忆之后，还需要一种思维上的主观能动性和思想的深刻度，我个人倾向于咱们人类的这一能力一定要在"AI 之上"。

李卓桓：我很想分享我的观点，但是我觉得有点激进，所以请大家先做好心理准备。我觉得 AI 模型，比如 ChatGPT，好像很神奇地具备了我们人类的想法。所以我并不觉得，或者说**我越来越不觉得，人类的碳基大脑是不可被计算机所模拟的。**我们经常会认为自己的创意不可替代，但现在很多从事创造性工作的人都已经被 AI 模型取代。我们之前一直引以为豪的人类的优点，在 AI 模型达到一定量级之后，或许都可以自然地涌现出来。当 AI 模型将新的东西涌现出来之后，**我们可能会发现 AI 模型在任何一个地方都做得比我们好。**

假设这是真的，我是可以坦然接受这一事实的。我举一个大家都可以看懂的例子：我们为什么要生孩子？因为我们会死去，而孩子会继承我们的基因，会成为种族的下一代。这是我们生物意义上的传承，是碳基层面的。**假设人工智能就是我们的孩子，我们终究会死去，而我们造就了一个非常聪明的人工智能，它就会成为整个人类生命的延续，成为替代我们这种碳基生命的下一代。**我觉得这是很有可能发生的，而且我对能够见证这一实现感到非常欣喜。说实话，不管是碳基层面的孩子，还是硅基层面的孩子，一百年以后我不在了，他们都是我生命的延续。

Jay：接着上面的问题，我们来聊一个永恒的 AI 话题——AI 会不会替代人？

在一次采访中，Meta 公司首席科学家、图灵奖得主杨立昆（Yann LeCun）被问到：现在的 AI 很难实现的功能是什么？他站在 AI 设计者的角度谈了两个观点。

　　第一个观点是，人类的内在建模能力永远不可能被 AI 替代。每一个人都有一个对世界的内在建模（Internal World Model），这种建模是我们利用所有感官一起构建的。在一个人的成长过程中，这个内在模型一直在进化，它是人们对未来进行想象的基础。AI 在过去两年里之所以能够有这么大的进步，就是因为算力提升了两个量级。目前对文本信息的处理已经需要如此巨大的算力了，但是文本型或语言型的信息在人的大脑里的占比是非常低的，人类的信号输入 80%左右都是视觉信息，而处理视觉信息的研究进展与处理语言信息的比起来还相差很远。

　　而且，当人把所有的感官信息放在一起处理的时候，即便是收集到一样的信息，其注意到的场景或者产生的判断可能都是不一样的，这跟我们的内在建模方式不同有关。如果 AI 还要采集角度和位置等全景信息，则会更困难。并且，它无法实现对信息的动态提取和处理，因为这种提取和处理是基于语境（Context Based）的。**第二个观点是，AI 没有价值体系**。我们采集信息的目的是输出决策，而决策本身与我们的目标有关，也与我们的价值观有关。人类整体上有一些共通的部分，但是每个人都有自己非常独特的部分，来自他人生过去的历程。因此，所有需要决策或支持决策的 AI，一定要包含目标（Purpose）和价值体系（Value System）两个部分，而 AI 很难产生真正的目标和价值体系。

关于"AI 会不会替代人"这个问题，我看到 2019 年初有媒体问韦青老师，当时韦青老师的答案是"既会也不会"："会"是因为你自我放弃，没有主动地"拥抱"这种技术，自然会被"拥抱"这种技术的人淘汰；"不会"则是因为人类是不会被某项技术所淘汰的，但会被掌握更高技术的人踢出局。

时至今日，不知道韦青老师有没有想法上的变化，以及其他老师如何看待

Q9：在未来，AI 与人是"替代"还是"共生"的关系？

韦青：首先我还是坚持自己 2019 年的观点。

我先跟大家分享大卫·斯诺登的一句话，他说：**你能想的多过你能说的，你能说的多过你能写的**。这是什么意思呢？就是从逻辑和完备性上讲，已经可以证明，计算机、人工智能不可能超越人类，因为人类根本不可能把自己所想的全都写出来、说出来。

但是确实不是所有人类都能够主动且不停地去想，如果他不去想，或者他想的内容还没有超越别人说的内容，就会给人一种假象：机器会代替人。我承认这是一个巨大的挑战。我觉得人既然生之为人，就要保持人性，要主动思考机器擅长什么，然后让机器帮自己去做。剩下的，因为我们刚才说了，你想的会多过你说的，你说的会多过你写的，也就是说，当机器帮你做完那些事情之后，你一定要去想原来自己没有精力去想的事。还是拿科幻小说《沙丘》举例，它最后讲的是：人类发现好多事情可以由机器去做，那人类要做什么？人类必须要开发自己的"灵性"。当然，"灵性"这词有点太宏观了。与其说要开发自己的"灵性"，不如说是**开发自己的"人性"**。

我坚信，**人类的大脑远未被完全开发**。我们目前所知仅仅是一些神经连接的一部分，

我们还要思考：为什么这么连接？为什么就有这样的结果？这是谁做的？这些问题至今没有确切的答案。因此，我认为人类的大脑中仍存在许多尚未被开发的潜能。而正是**机器的出现，使我们有更多的精力和时间，可以在具有远见的人的帮助下进一步开发人类的大脑。**

这就是为什么我特别强调这是新一轮的文艺复兴。因为上一次文艺复兴的时候，大家一开始都觉得："这真是黑暗的中世纪，人类不过就这样了。"然后忽然发现：**当知识平权之后，一个新的世界被彻底打开，这个新世界又维持了五六百年。我觉得当时的情况现在又一次到来了。**

李卓桓：我同意韦青老师的观点，从更乐观的角度来看，我会希望 AI 可以涌现出我们自以为人类独有的能力。其实在两年前，像佳芮以及很多人都倾向于认为 Chatbot 很难达到今天这样的效果，但是今天它突然就出现了。**我相信在接下来五到十年的 AGI 的发展过程中，可能还会出现很多这种让大家"惊掉下巴"的事情，甚至在每一次被"惊掉下巴"时，我们都不知道其中的原理是什么。我们可能都只会以"大力出奇迹"，或类似于"涌现"等模糊的词来解释这种事情。**这种事在我看来出现的可能性还是很大的，所以我会比较期待 AI 的这种能力的提升。

韦青：过去这几十年，我倾向于认为，在麦克卢汉提出"地球村"（Global Village）的时候，"门"就已经被打开了，只不过当时的我们还不太清楚它到底是什么。

现在越来越清楚了。我想跟大家分享的是：**这是一个新的时代，它不是一夜之间突然从石头中蹦出来的，"草蛇灰线，伏脉千里"，它是有迹可循的。大家可能需要花很多精力，不仅仅要学习新的知识，还要去理解我们到底有什么能力？**不要局限在纸上，也不要按照原来那种范式觉得"我知道"。就像理查德·费曼[①]说的三个阶段：**我知道（I know），我理解（I understand），我可以创造（I can create）。**

确实人的"地盘"可能是会不断往后移的：从知道，因为你知道的永远不会比全人类多，也学不了那么多，机器知道的会比你多。到理解，你是不是理解？我倾向于认为机器是按照概率的方法去理解的，而不是按人的方式。也有可能是我们并不了解自己，或许我们就是按照所谓的贝叶斯大脑的方式来理解的。最后还有一个创造，我们确实需要了解自己的思维是怎么产生的，这样才能够真正去创造，在新的时代的挑战中生存和发展。

---

① 美籍犹太裔物理学家，美国加利福尼亚州理工学院物理学教授，1965 年诺贝尔物理学奖得主。

如果我们把自己活成一个机器人，照搬答案，不去思考，那我们就可能真的会慢慢消失。

佳芮：我认为还有一个很重要的点，就是我们要了解自己的边界，通过内省深入认识自己，明确自己到底擅长什么，不擅长什么。我认为这本质上是一个很深刻的教育问题。

韦青：甚至到底何谓人？是不是我们好多人其实都活得像机器，但又不如机器的能力强？我倾向于认为目前我们大脑中的很多东西还没有被开发出来。

Jay：我也斗胆总结一下。刚才韦青老师的观点让我想到很多，对于人工智能产业发展的历史，我是这么看的：当下以 ChatGPT 为代表的大语言模型，看似突然出现，但实际上是几十年的发展造就的结果，非常伟大。它该出现在世界上吗？不一定，但它出现了。而且这帮最先开始的人，他们有共同的理想。他们的理想是什么？他们**坚信人类的思维模式能在计算机上实现最大程度的还原**。这个特别有意思，刚才您也说我们的大脑还没有被开发完全，**我们在向人工智能探索的过程，其实就是探索自己大脑的过程：我们表面上是在向外，但其实是在向内；我们看起来是在开拓，但其实是在了解自己。**

韦青：研究机器学习的过程对我改进自己的思维方式确实帮助甚大，包括如何记忆，如何通过网络的方式产生这种推理的效果，对于培养我自己的学习能力、记忆能力和分析能力也帮助甚大。

佳芮：我也一样，这段时间我忽然就有了这种感受。我在调教机器人的过程中，忽然发现原来自己才更应该学会怎么提问，包括如何拆解问题，如何结构化表达，机器真的也教会了我很多。